预警机

信息化战争的空中帅府

（第二版）

曹 晨◎著

电子工业出版社·

Publishing House of Electronics Industry

北京·BEIJING

内 容 简 介

预警机作为典型的高科技信息化武器装备，具备强大的战场态势感知、信息通联、指挥控制与战斗管理等功能，在"侦、控、打、评"杀伤链的构建、组织与优化中发挥核心作用，自诞生以来经历了多次局部战争的检验，取得了丰硕战果，证明了自身的重大价值。随着信息技术的发展和战争形态的演变，其装备定位、产品形态、技术形态、主要功能和运用方式正在发生深刻变化。本书全面、生动和深入浅出地介绍了预警机的主要组成、工作原理、主要技术和相关使用特点，系统阐述了预警机的起源、发展过程及在历次战争中的作用发挥情况，并结合未来作战概念对预警机的发展趋势进行了预测，同时也第一次系统回顾了我国预警机装备研制的艰辛历程，并热情讴歌了我国预警机事业发展的伟大成就。

本书是预警机系统及雷达、电子战、通信、导航和识别等相关电子技术领域的基础读物，可作为研制技术与管理人员、部队使用人员、广大军事爱好者和科技情报研究人员了解预警机或其他信息化武器装备的参考书。

图书在版编目（CIP）数据

预警机：信息化战争的空中帅府 / 曹晨著. —2版. —北京：电子工业出版社，2024.1
ISBN 978-7-121-47101-8

Ⅰ. ①预… Ⅱ. ①曹… Ⅲ. ①预警机—普及读物 Ⅳ. ①E926.37-49

中国国家版本馆 CIP 数据核字（2024）第 010075 号

责任编辑：张正梅
印　　刷：中煤（北京）印务有限公司
装　　订：中煤（北京）印务有限公司
出版发行：电子工业出版社
　　　　　北京市海淀区万寿路 173 信箱　邮编　100036
开　　本：787×1 092　1/16　印张：23　字数：558 千字
版　　次：2009 年 11 月第 1 版
　　　　　2024 年 1 月第 2 版
印　　次：2025 年 7 月第 3 次印刷
定　　价：128.00 元

凡所购买电子工业出版社图书有缺损问题，请向购买书店调换。若书店售缺，请与本社发行部联系，联系及邮购电话：（010）88254888，88258888。

质量投诉请发邮件至 zlts@phei.com.cn，盗版侵权举报请发邮件至 dbqq@phei.com.cn。

本书咨询联系方式：（010）88254757。

序
Foreword

预警机最早是将雷达搬上飞机以提高其探测视距的装备，迄今已有近 80 年的发展历史。现代预警机作为最典型的信息化武器装备之一，集成的电子与信息系统越来越多，在"侦、控、打、评"杀伤链中的作用不断拓展，已经成为空中联合作战体系的枢纽，是世界各军事强国着力发展的重点装备，也是国家在电子与航空等多个领域发展水平的重要标志。

从技术上看，信息技术一直是发展最为活跃的领域之一，芯片的集成度每 18 个月左右就会增长一倍，而价格下降一半；网络的带宽每 6 个月就会增加一倍，网络的价值以网络用户数量的平方速度增长，为无线宽带技术的快速普及和网络化的发展带来强大动力；软件的占比逐步提升，开放性不断拓展，并不断采用和推广服务化的理念；人类与机器的分工正在变得更为科学与和谐，对信息和数据的处理能力达到空前水平……这些都为预警机的未来发展提供了革命性的技术条件。

从需求上看，美军近几年来先后提出第三次抵消战略及分布式作战、电磁频谱战、马赛克战和联合全域指挥控制等多种作战概念，并发挥其在系统集成和无人化、新质化装备研发等方面的优势，建设 DCGS（分布式通用地面系统）、GIG（全球信息栅格）和 ABMS（先进战斗管理系统）等信息系统，持续引领世界范围内的军事变革。在预警机装备和空中作战体系发展方面，美军通过将其融入 NCCT（网络中心协同目标瞄准）、NIFC-CA（海上一体化防空火控）和 ABMS 等信息系统，并较早地开展预警机的无人化探索及与无人机的协同运用，不断实现预警机的体系赋能和赋能体系。

在技术和需求的双牵双驱作用下，预警机的研发理念、技术形态、产品形态和运用方式都在发生深刻变革，全面进入了从单装到体系、从情报到指挥、从有人到无人、从集中到分布等转型发展的新时期，而信息系统通过自身无以替代的连通性、渗透性及与人工智能的融合，在预警机转型发展中所起的作用也必将得到不断巩固和空前加强。而在世界范围内实现军事转型的同时，我国的预警机装备建设也取得了重大成就，在较短时间内实现了零的突破并一步跨入世界先进行列。当前，我军正在基于网络信息体系提升联合作战能力和全域作战能力，从而为预警机装备的发展提供新的遵循与动力，可以说，"体系"驱动发展，"网信"奠基未来。

本书作者长期从事国内外预警机装备的技术发展研究，对相关情况非常熟悉。本书第一版为普及预警机的专业技术知识和促进人们对装备的了解发挥了独特作用，但在国内外预警机发展呈现出新态势的情况下，第一版的内容需要与时俱进、尽快更新。从修订情况看，本书第二版全面而又生动地阐述了预警机的基本原理和使用特点，反映了不少新理念、新技术和新应用，既总结了预警机的发展规律，也对未来进行了展望，同时第一次比较系统地介绍了我国预警机发展的历程。因此，我很高兴为本书作序，也借此机会衷心感谢我国预警机事业的每一位关心者和支持者，希望本书再版后能够更加有助于越来越多的人熟悉预警机装备，能够更加有助于部队对装备的理解和使用，能够更加有助于我们的一些想法和理念通过传播得到批评指正，从而为我国预警机事业的进一步发展贡献力量。

中国工程院院士

陆军

2023 年 6 月

前 言
Preface

本书第一版出版于 2009 年 11 月，距今已有 14 年了。其间，国际上预警机装备发展方兴未艾，出现了很多新理念，研发了很多新装备，应用了很多新技术，我国的预警机事业也持续取得了举世瞩目的重大成就。在电子工业出版社的建议下，作者开始了第二版的编写工作。考虑到第一版的内容安排、编写体例和写作风格经过了读者的认可，第二版仍然沿用，但为进一步扩大受众面，特别是针对有一定技术基础的非专业读者、刚入门的专业研发人员以及新从事装备使用与维护的部队人员的阅读需求，第二版在内容上做了较多的拓展与加深，主要调整有 5 个方面：一是涉及预警机各分系统的技术内容（第一至第八章）几乎予以重写，以在满足读者基本需求的同时反映最新技术和最新认识，同时有适当的前瞻性；二是考虑到复杂电磁环境对预警机的设计和使用带来的重大影响，增补相应的章节，即第九章；三是增加系统总体集成的技术内容与系统实现过程，为新从事装备研制和管理的人员提供参考，并呼应前面介绍的各个分系统相关内容，即第十章；四是以预警机装备定位与作用的演进为主线，介绍其主要功能与未来发展，特别是强调预警机在"侦、控、打、评"杀伤链中的作用，即第十一章；五是响应广大读者的高度关切，将国产预警机的发展情况单独作为一章，即第十二章。

回想我自己读过的一些书，例如 Paul A. Samuelson 先生所著《经济学》、George W. Stimson 先生所著《机载雷达导论》、冯友兰先生所著《中国哲学简史》及王小谟院士所著《监视雷达技术》，都通过深邃的观点和浅显的表达，给予了我深刻的影响，成为我写作的榜样。而可能也只有如此，才能达成著述的初衷，实现传播的价值。所以，全书尽量介绍清楚物理概念，力求深入浅出；且考虑到本书的定位与特点，尽量减少公式的使用，因为每多出一个公式，可能就会减少一些读者；对于有些加深、补充或强调的内容，则采用楷体，并分别用 ★、◎ 和 ◇ 等符号做出标记，以供不同需求的读者选择使用；考虑到本书内容有限，每章后列出了参考文献，它们不一定都是被引用的，但都是推荐阅读的，感兴趣的读者可据此了解细节。此外，本书也力图通过对预警机技术及其发展历史的解读，展现人类在突破认知局限和报效国家的过程中所绽放的智慧与品格的光辉，以及隐藏在看似冰冷的技术性文字背后其实无处不在的浪漫与诗意；在历史的天空中，它们将能够经受时间的荡涤，并因此变得更加闪亮与鲜活，更是永远铭刻在我们的记忆里。

出于统一写作风格的考虑，全书由我独立完成，但预警机技术覆盖专业面非常宽广且高度复杂，为减少谬误，我国预警机事业的开拓者、国产首型预警机和首部出口型预警机的总设计师陆军院士百忙之中为本书作序，并提出了宝贵的编写建议；相关章节则依大致顺序分别由中国电子科技集团有限公司（以下简称"中国电科"）罗健研究员，电子科技大学杨建宇教授，西安电子科技大学纠博教授，中国电科张良研究员，北京航空航天大学祝明教授，中国电科叶斌研究员、李江勇研究员，四川九洲电器集团公司（以下简称"九洲集团"）王红林高工，中国电科陈赤联研究员、熊健研究员、王瑜研究员、唐政研究员、樊建文研究员、马思强研究员、丁轶研究员、唐晓斌研究员、李超强研究员、朱建良研究员和蔡爱华研究员等专家审阅；有的专家完整审阅了某一章或两章，有的专家则重点审阅了某一章中的部分专题内容。中国人民解放军93209部队王怀军高工、93950部队郭子林上校，九洲集团陈玉忠研究员和北京邮电大学侯文军教授在某些专题的研究中予以了具体指导；写作过程中，我还多次向中国电科李承延研究员、王文生研究员、马榆斌高工、黄琦博士、黄帅博士、胡瑞贤博士、冯博博士、吴涛研究员、夏德平研究员、张垒研究员和赵晓莲研究员请教；"从心推送的防务菌"公众号创立者陈志宏同志在国外动态方面提供了很多协助；本书责任编辑张正梅同志认真审阅了书稿。本书的出版，还得到了作者所在单位的大力支持。在此谨向相关所有人士致以衷心的感谢和崇高的敬意！每每回忆那些使我如沐春风的洞见，我总是感慨，能够与如此众多的精于业务而又忠于祖国的专家学者共事，自是个人的职业生涯之幸，更是我们的事业发展之幸！

此外，需要特别说明的是，在编写本书之初，我得到了我国预警机事业的奠基人王小谟院士的肯定与鼓励，而我也有幸师从先生整整25年，见证了事业发展中的很多概念由先生亲自提出，很多方向由先生亲自推动，很多知识由先生亲自传授；然而未等到作者完成书稿，先生却永远离开了我们。斯人已逝垂青史，来者当追告先生。谨以此书纪念王小谟院士，并献给所有关心、支持和从事我国预警机装备建设的人们！

衷心祝愿我国的预警机事业永远"机"丁兴旺，"机"业长青！

曹　晨

2023年9月，北京

目 录
Contents

第一章 登高丘，望远海——雷达为什么要升空

古老的神话 /001

电眼初睁——世界上第一部雷达的诞生 /002

研制机载雷达——Mission Impossible /004

无心插柳柳成荫——从空中截击到水面监视 /007

破解字母背后的秘密——雷达工作频率的选择 /008

一头永远吃不到胡萝卜的驴——理解磁控管原理 /012

水光潋滟晴方好，单个脉冲可测角 /015

脉冲压缩——鱼与熊掌可以兼得 /019

小变换，大作用——分贝的概念与使用 /020

登高丘，望远海 /023

参考文献 /030

第二章 "浅草"不能没"马蹄"——机载预警雷达的"三高"技术

远离和靠近你的火车 /031

减少"杂草"茂密程度的三件"法宝" /033

"鸠占鹊巢"——杂波多普勒频率分布范围的展宽 /033

杂波是弹簧，你强它也强——超低副瓣天线技术 /036

问渠那得清如许——高纯频谱发射机技术 /038

"杂草"丛中的"割草机"——高性能的雷达信号处理 /040

简单重复背后的玄机——三种脉冲重复频率的选择 /042

应对脉冲多普勒雷达的"障眼法"——低径向速度飞行 /047

看海面舰船与看海面上空的飞机 /048

预警机在 20 世纪 50 年代后期至 90 年代的发展 /049

参考文献 /058

第三章 从蜻蜓的眼睛谈起——相控阵雷达技术

用天线的扫描构筑恢恢天网 /059

划桨与相位 /061

为有源头活水来——从相位噪声再理解发射机的频率稳定性　/063

从无源相控阵到有源相控阵：仿生学的杰作　/065

从 F-22 到"费尔康"——艰难的收发组件研制之路　/069

"慢扫、快扫、跳扫"与相控阵雷达的基因　/072

青蝇点玉，白璧有瑕　/075

传统与现代的优美结合——机相扫使机械扫描和相控阵互相赋能　/077

有源相控阵预警机的发展历程　/078

参考文献　/089

第四章　预警机可以貌相——雷达天线形式的选择与载机的改装

从"大下巴"到"平衡木"　/090

圆盘的兴盛、消隐与回归——天线罩体形式选择的中庸之道　/093

为什么天线罩总是扁的　/095

天线里蕴含的奥秘　/096

飞机的适应性补偿与改装　/099

"境自远尘更待咏，物含妙理实堪寻"　/103

预警机也要搞装修，舒适性就是战斗力　/104

"谢菲尔德"号驱逐舰的沉没与预警直升机　/106

预警机不能貌相——传感器飞机与无人预警机　/108

"临近"更能致远，"帅府"再上层楼——平流层预警指挥飞艇　/114

参考文献　/119

第五章　预警机中的"顺风耳"——无线电侦察与红外预警雷达

躲在暗处的"窃听器"　/120

兼收并蓄的侦察设备　/122

你从哪里来？——侦察设备对方向的测量　/124

调谐的收音机——侦察设备对频率的测量　/130

辐射源参数提取与建立"犯罪嫌疑人"的"指纹"库　/132

最接近于眼睛的雷达——外辐射源雷达　/134

无源探测的新贵——机载红外预警雷达　/136

参考文献　/142

第六章　预警机上的"生死问答"——敌我识别器与二次雷达

敌我识别器——无线电"对暗号"　/143

"暗号"中的秘密　/145

水冲龙王庙，不识自家人——俄乌冲突中的敌我识别　/148

敌我识别器容易做错的"作业题"　/150

可以"点名"的询问与应答——S 模式　/155

与一次雷达的"一唱一和"　/159

"嫁鸡（机）随鸡（机）"——通用系统与特定平台的关系　/161

不断拓展的识别概念　　/162

区块链技术对目标识别的一些启示　　/165

"无人化"照亮识别系统的未来　　/166

参考文献　　/167

第七章　现代战场的"经络"系统——数据链及其在预警机中的应用

永不消逝的电波　　/168

载波——运载信号的"宽体"或"窄体"客机　　/169

理解耳熟能详的"电台"　　/170

信息系统连接武器系统的捷径——数据链　　/173

预警机上使用的主要数据链　　/175

从应用看消息，从消息看应用　　/181

超越视距的传输——短波与卫星通信　　/183

IP 技术在数据链中的应用——TTNT（战术瞄准网络技术）　　/186

分布式作战系统的先驱——"协同交战能力"（CEC）系统　　/188

发展中的预警机数据链　　/191

参考文献　　/194

第八章　从陀螺飞转到"星星点灯"——预警机上的导航系统

陀螺中隐藏的奥秘　　/197

惯性导航——导航系统中的"全能冠军"　　/197

并不完美的惯性导航　　/199

"斯普特尼克 1 号"催生全球定位系统（GPS）　　/200

中国的北斗，世界的北斗　　/204

卫星导航系统不能用时怎么办　　/205

拿什么拯救你，我的信号　　/208

星星点"灯"，照亮你的前程——天文导航　　/211

预警机上任务电子系统的基准　　/217

Link 16 数据链中的相对导航　　/219

参考文献　　/221

第九章　魔高一尺、道高一丈——复杂电磁环境中作战的预警机

从对马海战到贝卡谷空战——电子战前三个阶段的发展　　/222

雷达对抗中的"蛮道"与"诡道"　　/226

你有"铁砂掌"，我有"金钟罩"——机载预警雷达的反干扰　　/230

横看成岭侧成峰，一维二维大不同——空时二维信号处理　　/235

通信也有"铁布衫"　　/241

"生存还是毁灭——这是一个问题"　　/246

从电子战到电磁频谱战——不止改名这么简单　　/248

参考文献　　/251

第十章　预警机研制技术的龙头与核心——系统实现中的系统总体

预警机作为系统的五个主要特征　/252
系统工程及其管理的基本内涵　/253
技术状态管理的"四管"和"四要"　/257
系统总体在装备研制中的地位和作用　/260
系统总体的几项重点技术工作　/267
预警机集成架构三个阶段的演变　/273
向左走？向右走？——综合化设计的权衡　/281
E-2C 预警机的人机界面　/284
预警机的地面配套系统　/286
王国维治学三境界，预警机集成三层次　/288
系统总体需要处理好与分系统的关系　/290
参考文献　/291

第十一章　预警机支撑构建杀伤链——七十余年来的发展划代

预警机发挥作用的基本机理　/293
预警机早期发展回顾　/294
预警机上的"双头鹰"——俄罗斯 A-100　/296
预警机系统的基本作战功能　/298
"杀伤链"概念与第三代预警机　/306
从"杀伤链"到"杀伤网"，从"数据链"到"数据网"　/315
第四代预警机　/321
参考文献　/324

第十二章　铸大国重器 挺民族脊梁——中国预警机事业的发展

自主研制的早期尝试——空警-1 号　/326
新时期的"两弹一星"——国产化相控阵预警机的研制　/330
运-8 也能背盘子——飞出国门的"喀喇昆仑之鹰"　/337
"小平台、大预警"——空警-500　/338
擎举中国雷达，共圆强军梦想——国产运-8 系列中型运输机　/340
我国预警机在网络信息体系和"三化"融合中不断发展　/343
太阳每天都是新的——新时期预警机装备的试验鉴定　/348
青山埋忠骨，伟绩慰英魂　/350
参考文献　/355

第一章　登高丘，望远海

——雷达为什么要升空

预警机最早是指装有预警雷达、用于尽远探测低空飞行目标的特种军用飞机。现代预警机除了加装更为先进的预警雷达，通常还集成电子侦察、敌我识别、通信、导航、指挥控制和雷达对抗/光电对抗等信息系统，不仅能及早发现空中和海面目标，还能对己方战斗机和其他武器进行引导或控制；不但是升空的"千里眼"，也是云间的"中军帐"。随着作战需求的演变与信息技术的发展，预警机在战争中的作用日益拓展，其形态也发生了深刻变革。那么，人们为什么要研制预警机？组成预警机的各类电子与信息系统的基本原理是什么，都用到了哪些先进技术？预警机的过去、现在和未来分别是什么样的？因为最早的预警机就是把雷达装上飞机，所以，就让我们从"雷达为什么要升空"开始探索吧！

古老的神话

人类自古以来总是希望自己能够看得更远、听得更远，并且一直在为此努力。但是，在科技不发达的年代，人们只能用神话的方式寄托自己的美好愿望。在道教天后宫的前殿两侧塑有两尊神像：一尊是千里眼，四肢裸露，散披衣裤，右手执叉，左手搭凉棚，作远视状；另一尊是顺风耳，祖胸露肚，略披袍褂，左手提着一条红蛇，蛇缠绕手臂，右手持一方天画戟，侧耳作听音状。当然，这两位神仙之所以能名扬天下，得益于《西游记》这部小说，在小说中，这两位神仙是玉帝的得力耳目。当初石猴诞生之时，玉帝聚集仙卿，见有金光焰焰，即命二人前去南天门查看（图1-1），只见千里眼探头细看，顺风耳伏耳倾听，看得真、听得明，须臾查明情况，向玉帝报告说："臣奉旨观听金光之处，乃东胜神洲海东傲来小国之界，有一座花果山，山上有一仙石，石产一卵，

图1-1　中国古代神话中的千里眼和顺风耳（刘继卤 绘）

见风化一石猴，在那里拜四方，眼运金光，射冲斗府。如今服饵水食，金光将潜息矣。"玉帝随即说道："下方之物，乃天地精华所生，不足为异。"

也许是玉帝见多识广、见怪不怪了，小看了尚未出道的孙悟空，竟然忘了有如此的一个神猴，直到他闹东海偷神针，搅地府改生死簿，被东海龙王和阎王上告到天庭。玉帝询问"妖猴"的来历："这妖猴是几年产育，何代出身，却就这般有道？"一言未已，班中闪出千里眼和顺风耳，道："这猴乃三百年前天产石猴。当时不以为然，不知这几年在何方修炼成仙，降龙伏虎，强销死籍也。"二神可谓将"妖猴"的来历一一奏明，准确无误。千里眼和顺风耳能够超越空间的限制，突破人类的本能，延伸肉眼的平凡，把任何事物都看得清清楚楚、听得明明白白，这是何等的神奇和令人向往啊！

科学幻想常常孕育先进的科学技术。经过艰辛的科学探索，特别是发现电磁波以后，人类终于拥有了"千里眼"和"顺风耳"。在武器装备中，"千里眼"一般指雷达，"顺风耳"一般指对雷达、通信等电磁波辐射源所辐射出来的电磁波信号进行侦收的信息系统，它们都是预警机的重要组成部分。

电眼初睁——世界上第一部雷达的诞生

作为飞机重要类型之一的轰炸机，在第一次世界大战中扮演了重要的角色。人们最早只能通过光学（如探照灯）或声学的手段来发现入侵的轰炸机，这种方法对付老牛般的旧式飞机还勉强可以，对付速度较快的新式轰炸机，提供的预警时间太短，不能满足防空需要。1934 年 7 月，英国皇家空军进行了一次演习，轰炸机躲开了战斗机的拦截，顺利"轰炸"了英国空军总部。

为了缓解巨大的防空压力，也可以说是缓解从早到晚笼罩着的"轰炸机随时都会飞到头顶上"的恐怖，英国物理学家、国家无线电研究实验室主管沃森·瓦特（蒸汽机发明人詹姆斯·瓦特的后代）发现，即使使用当时最强功率的无线电波，也不会对飞机和飞行员造成任何损伤，但是，无线电波照射到飞机上时会被反射回来，或许可以利用这种现象来探测飞机；他还认为，这种探测不仅可以测出飞机与雷达的距离，甚至还可以测出飞机的方位和高度。

1935 年 2 月，为了争取经费支持，沃森·瓦特准备了一套演示系统，用无线电接收机接收飞机反射的广播电台信号。2 月 26 日，当一架 8 英里外的"黑福德"轰炸机穿越英国广播公司发射的无线电波时，接收机输出的信号明显增强。当年 6 月，沃森·瓦特领导的团队赶制出了世界上的第一部雷达。多座高塔是这部雷达的最显著特征，高塔之间挂列着平行放置的发射天线，而接收天线则放置在另外的高塔上，共 8 座。其中 4 座用以发射，高约 110m，相隔约 55m；另外 4 座用以接收，高约 73m。7 月，这部雷达探测到海上的飞机。1936 年 5 月，英国皇家空军决定在本土大规模部署这种雷达，构建防御德国轰炸机的链条，称为"本土链"（图 1-2）。到 1937 年 4 月，本土链雷达工作状态趋于稳定，能够探测到 160km 以外的飞机。到了这年 8 月，已经有 3 个本土链雷达站部署完毕。而到了 1939 年年初，已有 20 个本土链雷达站投入使用，形成了南至朴次茅斯附近的温特诺、北至奥尼克郡尼德巴顿的无线电波防线。

图 1-2 本土链雷达（左边 3 座高塔为发射塔，右边 4 座高塔为接收塔）

值得一提的是，雷达投入使用后，英国皇家空军很快地又在思考如何有效发挥其效能，也就是研究雷达的作战使用问题。英国皇家空军接收本土链雷达后，就把雷达网与地面观察哨网结合，试图组成战斗机引导网。1938 年年初，英国皇家空军在世界范围内第一次演练了用雷达探测到的情报引导战斗机拦截民航机，虽然效果不尽如人意，但这次对雷达作战使用的研究，由于把情报和指挥结合起来，因此是一个伟大的开端。

德军入侵波兰后，英国对德国宣战。1940 年 6 月 10 日，德国空军开始大规模轰炸英国，不列颠空战宣告开始。尽管在 1939 年下半年英国皇家空军又增加了 30 个本土链雷达站，但威力仍然有限，特别是只能测定敌机的距离，不能准确地测定敌机的方位和高度。探测范围也只覆盖了英国东部和南部沿海，一旦敌机穿越了这道电波屏障，就只能靠地面观察哨网跟踪。通过早期的作战使用研究，英国皇家空军意识到必须有一个专门处理雷达情报的系统，否则仅靠雷达自身发挥不了多大作用。英国皇家空军研究了如何把雷达网和地面观察哨网的情报综合起来处理并且将综合处理后的结果以人们习惯的方式显示出来，研究的结果就是设立专门的情报室来处理多渠道的空中情报，这可能是世界上开展得最早的通过情报综合以形成统一作战态势图的工作。由于经过综合处理后的情报能够直观地显示战场态势，英国皇家空军"耳聪目明"，极大地节约了兵力，平衡了德国空军在数量上的优势。到 1940 年 8 月初，英国皇家空军击落德机 270 架，损失 145 架。直到这时，德军才开始意识到那些高大的塔群可能隐藏着一些奥秘，所以在当年 8 月 12 日轰炸了其中的 6 部高塔。但德军并没有真正理解雷达对英国防空的重要性，因此轰炸不是很猛烈，英军不但修复得很快，而且还紧急部署了机动式的本土链雷达，把天线塔换成了更为轻便的桅杆。

◇ 雷达出现后，逐渐成为获取战场信息的最主要手段，至今仍然没有其他探测器能够比雷达看得又远又准。人类 80% 以上的信息都是靠眼睛获得的，将雷达比喻为战争的"千里眼"，就很好地说明了雷达的作用与重要性。但是，正如列宁指出的那样，"任何比喻都是蹩脚的"，那么，这个比喻"蹩脚"在什么地方呢？人眼在看到物体时，如果物体自身不发光，则需要有另外的光源，只有光源照射到这个物体，物体再把来自光源的入射光向各个方向反射，有一部分反射光会进入人眼，如果光线足够强，人眼才能看到；这个过程中，眼睛本身并不能发出照射到物体的光线。但是，雷达不一样。来自物体的反射及被雷达接收到的回波，是由雷达自身发射的，这个特性就叫作"有源"，从而使得雷达可以不依赖于目标而自主工作，这是雷达区别于其他很多探测手段的根本特征。

研制机载雷达——Mission Impossible

雷达在战争中的初露头角，使得英国人想到把雷达也装到战斗机上。在空战中，如果在晴朗的白天，飞行员一般都能比较顺利地发现敌机；但如果天气不好或者是在夜晚，飞行员就无能为力了。所以，把雷达装上战斗机帮助飞行员穿透迷雾和黑夜用以空中拦截作战，机载截击雷达的创意就产生了。然而，以当时的技术水平，哪个工程师要是被军方择中去开发机载雷达，这绝对不是一件令其兴奋的事儿。因为，先不说本土链雷达那架在高塔上的巨大天线，本土链雷达的其他设备也足以装满一个房间，且耗电巨大，把这些物件装到战斗机上，自然是一个难以想象的挑战。那么，如何才能既把雷达做得足够"迷你"又能使其看得足够远呢？

雷达通过发射机产生带有一定振荡频率的电流，送至天线后通过电磁感应现象把电流能量变成电磁波并辐射到空间；电磁波碰到物体后会向各个方向反射，其中一部分能量会返回雷达（这种现象称为"后向散射"），被天线接收并送至雷达接收机，提取目标回波，并在显示器上显示。如果我们能够提高发射机的功率，并且使从天线辐射出去的电波能量在空间尽量集中，就能使电波能够在更远的距离触及目标。这正像我们在说话时，如果需要让离自己很远的人也能听见，可以做两件事：一是尽可能地大声喊叫；二是拿一个喇叭，而且喇叭的个头儿要越大越好，通过喇叭来汇聚声波能量，使它在空间不要太扩散，否则就传不远了。雷达提高探测距离的这两个基本办法，称为提高功率孔径积。

如何提高发射机的功率呢？可以对带有一定振荡频率的电流通过放大器将功率放大后再送至天线，这就是发射机最主要的功用。但是，发射机对电磁波进行放大的能力却与电磁波的工作频率直接相关。电磁波的工作频率越低，放大器越容易制造。早期的雷达，其电磁波频率只能在 300MHz 以下，本土链雷达的工作频率只有 11.5MHz。当然，如果器件水平只允许雷达工作在低频段，而雷达工作在低频段上又没有什么坏处的话，那就让它工作在低频段上好了，但情况并没有那么简单。雷达电磁波的工作频率直接影响到雷达把能量集中到空中去发射的能力，也就是天线性能。人们把雷达波从天线辐射出来的能量在空间的分布用波瓣图（又称"方向图"）来表示，雷达能量最集中的区域是主瓣，其余的区域是副瓣，又叫"旁瓣"（图1-3）。雷达天线在主瓣宽度内集中发射出去的能量和向全方位同等辐射出去的能量的比值，称为"天线的增益"。雷达能量在空间越集中，主瓣宽度（一般为几度）越小，增益就越高；而由于总能量是一定的，主瓣内的能量越多，副瓣能量也就越小，即副瓣越低。在天线尺寸一定时，雷达波长越长（即电磁波频率越低），主瓣波束宽度越宽，增益越小；或者说，在雷达波长选定以后，为了获得尽量窄的波束宽度和尽量高的增益，应该尽量把天线做大。而由于雷达的波束宽度只限于很小的一部分空间，因此为了发现全方位上的目标，雷达就必须让波束在空中"转圈"（即扫描）；对于机载预警雷达来说，天线在空中扫描一周的时间一般为10s，也就是说，雷达每10s对目标的探测更新一次。

◎ 方向图的绘制有多种方法，其目的是展现出天线辐射能量与角度的分布关系。由于雷达天线是在三维空间中辐射能量的，所以本质上，雷达天线方向图应该是立体的（图1-3）。为了方便，有时我们会按剖面分别画出天线辐射能量/功率随角度的分布。例如，我们可以画出天线辐射功率与方位角或俯仰角的关系，分别称为"方位方向图"[图1-4（a）]和"俯仰方向图"[图1-4（b）]，每个角度对应的能量值通常用它相对于最大值进行归一后的值来衡量，并且用分贝（dB）表示（参见本章后文）。在坐标系的选择上，可以选择直角坐标，也可以选择极坐标或球坐标，但直角坐标应用较多。其中，当主瓣功率最大值从主瓣中心向两侧分别衰减到一半功率点时，所对应的角度范围就称为"主瓣宽度"，即3dB波束宽度。

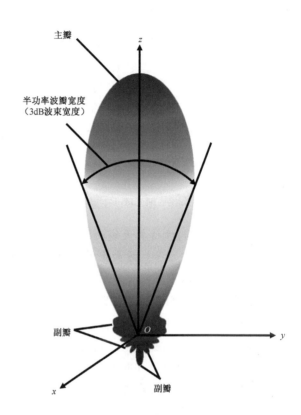

图1-3　雷达能量通过天线在空间的辐射

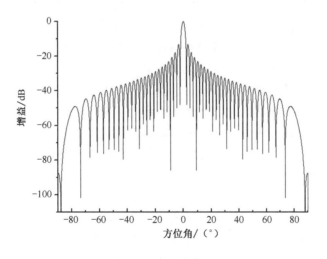

（a）方位方向图

图1-4　在直角坐标系中绘制的雷达天线方向图

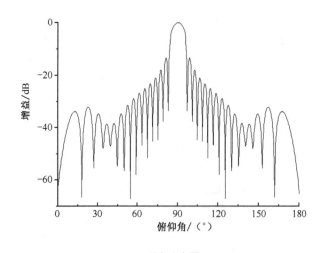

（b）俯仰方向图

图1-4 在直角坐标系中绘制的雷达天线方向图（续）

根据天线尺寸估算天线的波束宽度与增益等性能，有着简单的方法。波长（λ）确定后，方位（即水平）方向上的波束宽度（θ）主要由方位尺寸（L）决定，俯仰（即高度）方向上的波束宽度（φ）主要由高度尺寸（W）决定。一般认为，当波束宽度用"度"作为单位时，$\theta \approx 65\lambda/L$，$\varphi \approx 65\lambda/W$，增益（$G$）则可以表示为 $G \approx 26000/(\theta \times \varphi) \approx 6.15LW/\lambda^2$。有时增益需要从天线面积直接估算，即 $G = 4\pi A_e/\lambda^2$，这里的 A_e 表示有效天线面积而不是真实的全部天线面积，这是由于实际的天线存在边缘效应、系统损耗以及需要将波束设定为特定的形状（即波束赋形）等情况，因此对天线性能有贡献的只是全部天线面积的一部分；有效天线面积与全部天线面积的比值，就称为"孔径效率"（ρ），一般为 0.6～0.8，典型值可以取 0.7。此外，副瓣越低，则天线增益和孔径效率也越低，并且主瓣的宽度会增大。事实上，前述 $\theta \approx 65\lambda/L$ 和 $\varphi \approx 65\lambda/W$ 的式子适用于最大副瓣功率比主瓣最大功率低 25～28dB 的情况，如果还需要降低最大副瓣电平，则式中的系数"65"应有所增加，如增至 72，此时对应的角度用弧度表示时，$\theta \approx 1.25\lambda/L$ 和 $\varphi \approx 1.25\lambda/W$，即《机载雷达导论（第二版）》（George W. Stimson 著，吴汉平等译，电子工业出版社，2005 年）中的结果。这首先是因为天线的总能量是一定的，一旦副瓣能量少了，能量就要被更多地分布到主瓣内，从而加宽了主瓣；其次，为了降低副瓣，需要将天线辐射的全部能量不均匀地分配在天线的不同位置的单元上，由此相比孔径效率最大时的均匀分配，自然在孔径效率上会有所损失。也就是说，如需要将天线波束设计成特定的形状，或者需要降低天线的副瓣，等等，都要以损失天线效率为代价，因此可能需要进一步增大天线。

如果要增大天线，飞机上的空间不允许；在天线尺寸受限的情况下，就必须提高电磁波频率。但早期的电子技术无法直接在一个较高的频率上产生电流振荡和进行功率放大，只能采用一级一级的电路逐级提高工作频率，这无疑又会增加设备的数量、质量和体积。因此，早期的机载雷达在发展过程中陷入了一个尴尬的境地，似乎是一个"不可能完成的任务"。

无心插柳柳成荫——从空中截击到水面监视

1936 年，美国无线电公司开发出一种小型电子管，可产生波长为 1.5m（工作频率 200MHz）且具有一定功率的电磁波，成为人们把雷达装上飞机的一根"救命稻草"。1937 年 8 月，世界上第一部机载雷达试验机由英国科学家爱德华·鲍恩领导的研究小组研制成功，并把它安装在一架双发动机的"安桑"式飞机上，探索研制截击雷达的可能性，用于发现与拦截来袭敌机，这架"安桑"式飞机便成为最早载有雷达的飞机。雷达的功率只有区区 100W，但是足以让飞行员们感到恐怖，因为他们认为雷达可能引起火花并点燃油箱，而且雷达的天线会妨碍飞机的机动飞行。雷达工程师们则不断致力于说服飞行员这种担心是多余的。但是，开发过程还是以"目前不具备条件"的理由被推迟了。

正式试飞后，结果有些出乎意料。雷达在空中没有发现任何飞机，却把海面上的几艘船看得清清楚楚。于是沃森·瓦特又特地安排这架飞机做观察英军舰船的进一步试验，结果令人鼓舞。很快，机载雷达的研发重点就从空空截击转向空海监视。出现这种情况的原因是，舰船反射雷达回波的能力要比飞机反射回波的能力强成百上千倍，也就是船的 RCS（Redar Cross Section，雷达截面积）要比飞机的 RCS 大很多。因此，在海情不是很恶劣的情况下，机载雷达发现舰船的距离要比发现飞机的距离远得多。而当海情恶劣时，由于雷达辐射也会照射到海面并被反射回来，因此舰船回波容易受到海浪回波的干扰，雷达探测距离会大幅下降。1939 年 11 月，第一部生产型机载空海监视雷达 ASV-1 开始试验，1940 年年初投入使用，装备英国皇家空军海防总队的 3 个海上巡逻机中队，用以在大西洋东部的北海对护航舰队进行跟踪。

◎ RCS 是用来衡量目标对雷达波后向散射能力的重要物理量，通常用 σ 表示。当目标被雷达波照射时，能量将向各个方向散射，其中朝向雷达方向散射的这一部分称为"后向散射"，它与物体的形状、大小、结构以及入射波的频率等参数有关，而与雷达波从多远的距离上照射到目标无关。粗略地理解，RCS 是对目标的一个假想面积，其内涵应包括三个部分：一是目标外形在雷达视线方向上的几何投影面积（即横截面积），由于投影面积是个平面，相当于对目标实际曲面进行了简化和近似，也在一定程度上反映了 RCS 与目标外形、姿态或照射角度等因素有关的特性，因为不同的姿态或照射角下，所对应的目标投影面积不同。对于理想的各向同性的金属球体来说，RCS 与照射角度无关。二是目标表面材料的反射率，它的定义为目标表面任意一点处的后向散射能量同入射能量之比，其值不大于 1，由物质的介电参数决定。三是散射的方向性，也就是目标表面将入射波尽量朝向雷达进行散射的能力，它也与目标外形或姿态等参数有关。由于反射率和散射方向性这两个因素的存在，使得 RCS 尽管用面积的形式来度量，但其实同目标的横截面积几乎没有确定的关系，也就是说，横截面积很大的目标，其 RCS 却可能很小，反之亦然。

破解字母背后的秘密——雷达工作频率的选择

我们在阅读与雷达有关的文献时，总是会碰到 X、S 和 P 等这样的字母，用以表示雷达的工作波段或者波长，它们是一部雷达最为重要的参数。那么，为什么要用这些字母来表示雷达波段或者波长？为什么不同的雷达会工作在不同的波段？雷达的波段是如何选择的呢？

雷达以电磁波为工作媒介，而波长或频率就是电磁波最基本的参数，波长除以光速，得到电磁波的一个传播周期所用的时间，再求倒数，就是频率。因为波长和频率之间只差一个常数，所以用工作波长或工作频率来表示雷达波的基本特征，意义是相同的。用工作波长表示时，单位是米、分米、厘米及毫米等，习惯上会用字母（如 L、S、C 和 X）表示；用工作频率表示时，单位是 Hz（赫兹）、MHz（兆赫）及 GHz（吉赫兹），其中，1MHz 是 1000kHz，1GHz 是 1000MHz。由于雷达通常不工作在某一个波长或频率点上，而是工作在一个范围内，于是，当用波长来表示雷达工作的电磁波的波长范围时，就称"波段"，当用频率来表示雷达工作的电磁波的频率范围时，就称"频段"。而由于两者之间的一致性，二者有时也不加区分地使用。其中，雷达用得最多的电磁波的波长范围，通常在数毫米至数十米之间，波长在 1m 以上的电磁波，习惯上称为"米波"；对于波长在厘米至分米量级的，则称为"微波"；波长在毫米量级的，则称为"毫米波"。

◎ 至于波段和频段如何转换，虽然公式并不复杂（波长等于光速除以频率），但严格的计算仍然需要利用计算器。《机载雷达导论（第二版）》（George W. Stimson 著，吴汉平等译，电子工业出版社，2005 年）提供了一个快速的计算方法，雷达工作波长等于 30 除以用 GHz 为单位表示的频率，计算出的波长单位为 cm。例如，某一个天线工作在 S 波段，其频率范围为 2～4GHz，如果以 3GHz 的中心频率计算波长，则波长为 10cm。

用字母来表示波长或频率，这是雷达领域应用电磁波的重要特点，通常认为这种做法起源于第二次世界大战期间的保密需要，现在则早已失去了保密的意义，毋宁说是对频率或波长的代称。英国在发展雷达的过程中，曾经将波长为 23cm 的电磁波用于雷达，这一波段被定义为 L 波段；后来，使用了波长为 10cm 的电磁波，因为其波长比 L 波段的要短，所以这一波段被定义为 S 波段。在主要使用 3cm 波长的电磁波之后，因为这种雷达可以获得很高的定位精度，而 X 常常用来代表坐标上的某点，所以这一波段被称为"X 波段"。而为了结合 X 波段和 S 波段的优点，后来又出现了使用中心波长为 5cm 的雷达，该波段被定义为 C［Compromise（意为折中）的首字母］波段。第二次世界大战后期，德国也开始独立发展雷达，他们选择 1.5cm 的电磁波并将其定义为"K 波段"，因为 K 是德语"Kurz"（意为短）的字头。后来他们发现，这一波段不能在雨雾天气中使用，因为电磁波的很多能量都会被水蒸气吸收，于是就开始使用比 K 波段波长略长的电磁波，即 Ku 波段，其中"u"指的是"under"，意为其频率在 K 波段之下；相应地，比 K 波段波长略短的电磁波被称为"Ka 波段"，其中"a"指的是"above"，意为其频率在 K 波段之上。由于雷达最早使用的是米波波段，于是后来人们就把波长在 1m 左右的电磁波称为"P 波段"，"P"指的是"Previous"（以前的）；又因为 VHF 频段已被单独称为"米波"，所以 P 仅指 VHF 至 L 之间的波段。

对用字母表示雷达波长的这些说法是不是真实的已难以考证，但是它确实在一定程度上便于记忆，也客观反映了雷达波长演变的部分历史和使用特点。虽然最权威的电磁波频率的划定方法是国际电信联盟（International Telecommunication Union，ITU）规定的（见表 1-1），而且这些规定还与雷达波段的划分并不一致，但是雷达界一直沿用这些习惯直到今天。20 世纪末，美国电子对抗领域的工程师尝试推出新型的表示方法，将雷达工作频率按从低至高的顺序，从字母 A 开始编号，一直顺序编到 M，这种方法看起来比雷达原有表示波段的方法更为方便和便于记忆，但其实不然。因为雷达领域原有的频率表示方法毕竟影响太大，而新的编号方法将原来一个字母就能表示清楚的波段，必须用 2 个字母来表示，例如，UHF 波段被拆成了 B 和 C 两个波段，S 波段被拆成了 E 和 F 两个波段，C 波段被拆成了 G 和 H 两个波段，X 波段被拆成了 I 和 J 两个波段，这无疑是不方便的，因此这种方法并没有真正在雷达领域推广使用。

表 1-1　雷达工作频率划分

国际电信联盟规定		雷达习惯用法			电子战建议用法	
频率名称	频率范围	频率名称	频率范围	波长范围	频率名称	频率范围
HF（高频）	3～30 MHz	HF（高频）	3～30MHz	100～10m	A	0～250MHz
VHF（甚高频）	30～300 MHz	VHF（超短波）	30～300MHz	10～1m	B	250～500MHz
UHF（特高频）	300～3000MHz	UHF/P（超短波）	300MHz～1GHz	1m～30cm	C	500～1000MHz
		L	1～2GHz	30～15cm	D	1～2GHz
SHF（超高频）	3～30 GHz	S	2～4GHz	15～7.5cm	E	2～3GHz
					F	3～4GHz
		C	4～8GHz	15～7.5cm	G	4～6GHz
					H	6～8GHz
		X	8～12GHz	7.5～3.75cm	I	8～10GHz
		Ku	12～18GHz	2.5～1.67cm	J	10～20GHz
		K	18～27GHz	1.67～1.11cm	K	20～40GHz
EHF（极高频）	30～300 GHz	Ka	27～40GHz	7.5mm～1.11cm		
		V	40～75GHz	7.5～4mm	L	40～60GHz
		W	75～110GHz	4～2.7mm	M	60～100GHz
		mm	110～300GHz	2.7～1mm	N	100～200GHz
					O	200～300GHz

注：1GHz=1000MHz；1MHz=1000kHz；1kHz=1000Hz。

◎ 2023 年 7 月 1 日，我国开始施行新版《中华人民共和国无线电频率划分规定》。在第一章中，它以我国国家标准《无线电管理术语》（GB/T 13622—2012）和国际电信联盟《无线电规则》2020 年版为依据，给出了无线电管理的相关术语与定义。在"1.1 节一般术语"中，该规定指出"无线电波"是指"频率规定在 3000GHz 以下、不用人造波导而在空间传播的电磁波"。在"1.9 节 无线电频段和波段的命名"中，给出了雷达相应频段的划分与表示方法，与表 1-1 中相关内容基本相同（当前雷达使用所涉及的主要频段均在无线电波范围之内，位于 3MHz～300GHz 之间）。这一小节同时也要求，3000kHz（含）以下的频率，应以 kHz 为单位表示；3MHz 以上至 3000MHz（含）的频率，应以 MHz 为单位表示；3GHz 以上至 3000GHz（含）的频率，应以 GHz 为单位表示。

那么，雷达应该如何选择工作波长呢？至少要考虑四个方面的因素。

一是要考虑把雷达的探测距离做到多远。雷达的工作频率越高（即波长越短），则在传播时由于大气吸收损失的能量就越多，能量衰减就越快，就越不适用于远距离传输，也就越不适用于雷达探测距离要求比较远的场合。以美国的 AN/FPS-115"铺路爪"地面远程警戒雷达为例，其探测距离超过 3000km，采用的就是 P 波段；而毫米波雷达因其工作波长在毫米量级，其能量衰减速度要比更长波长的电磁波快得多。当然，这个因素并不意味着短波长就一定不能做到远距离，只是要付出更大代价，如使用更大的功率或更大的天线。美国海基 X 波段（Sea-Based X-band，SBX）雷达（图 1-5），其功率达 170kW，天线面积达 248m^2，为便于运输，要将其分拆为 9 块，该雷达对导弹的最大探测距离超过 4000km。

图 1-5 美国海基 X 波段雷达

二是空间限制。前面已经指出，在波长相同时，天线面积越大，雷达波束越窄，这意味着天线在将电磁波送至空间传输时，能量比较集中而不会很快在空间散开，从而传得更远。因此，如果天线面积不能做得很大，为了保证足够远的探测距离，所需的天线增益就要比较高，只能选择较短的工作波长或较高的工作频率，这也就是战斗机雷达相对于地面雷达，其工作频率较高的原因。例如，几乎所有现代战斗机的雷达都是工作在 X 波段，而地面雷达却可以使用 UHF/P、L、S、C 等相对较低的频段。在预警机上，由于相比战斗机可以安装更大面积的天线，并且探测距离通常要求较远，所以，其工作频段总体上要比战斗机雷达频段低一些。而在航母上，由于空间相对更大，雷达的频段分布就更为广泛，L、S、X 等波段的雷达都可以找到。从另一方面看，天线面积相同的情况下，频段越高则波束越窄，意味着雷达测量目标所在的角度更为精确。也就是说，雷达的分辨力或精度会更高，因此，对于测量精度要求较高的雷达，通常采用较高的频段。例如，控制导弹的雷达和控制战斗机上火力系统的雷达，即制导雷达和火控雷达，一般就工作在 C 波段或 X 波段等高频段。

三是硬件实现的难易。在雷达中少不了对发射信号或回波信号进行功率放大的环节。从发射过程来看，为了使得电波能够传播得更远，能够承受更多的衰减，必须提高功率，因此要进行功率放大；在接收时，由于从飞机目标返回的雷达波强度一般要比发射出去的雷达波强度低很多，所以也要进行放大。如果工作频段很高，发射时电波功率的放大必须从一个比较低的频率上一级一级地进行（接收时则相反），在逐步升高频率的过程中逐步放大，这会导致设备质量大幅增加，而且在放大的过程中，还会产生很多"杂质"，即不需要的电磁波频率，这些频率可能会对各级电路产生严重的干扰，因此必须将其过滤掉。工作频率高了以后，会给放大和滤波带来巨大的困难，甚至影响到雷达能否被制造出来。美国航母舰载固定翼预警机 E-2C 之所以工作在 P 波段，主要原因之一就是在当时的条件下，低频段雷达的质量和体积相比高频段雷达的质量和体积会有很大优势，更便于上舰。

四是目标的雷达截面积。当目标尺寸和雷达工作波长差不多时，电磁波照射到目标后会产生电磁谐振，目标反射雷达波的能力会显著增强，从而造成雷达回波的强度显著增大，可以增加雷达发现目标的距离，这就是探测隐身目标可以采用低频段雷达的依据。对于 X 波段，以其典型频率 10GHz 计算，对应的波长为 3cm；对于 S 波段，以其典型频率 3GHz 计算，对应的波长为 10cm；对于 L 波段，以其典型频段 1.2GHz 计算，对应的波长为 25cm；而对于 P 波段，以其典型频率 400MHz 计算，对应的波长为 75cm，在与战斗机的大小相比时，显然比 X、S、L 等波段更为接近，因此隐身飞机在 P 波段下的 RCS 相对较大；如果波长再增加至米波，可以预期 RCS 将会更大。事实上，对同一个隐身目标而言，大致趋势基本就是波长越短，频段越高，RCS越小。

★ 对于以发现低空目标为主要任务之一的机载预警雷达而言，其电波会向下辐射而打到地面或海面，它们也会反射或散射电磁波，有一部分能量会进入雷达，因此需要度量其后向散射特性。同时，又因为这些能量是目标检测所不需要的，因此称为"杂波"。杂波与雷达要探测的目标相比，具有延伸性很强、面积较大的特点，而目标相对来说是"点"状的，因此不宜直接采用衡量"点"目标散射特性的 RCS 概念来衡量杂波的散射特性。或者说，由于"面"是由"点"组合而成的，因此，衡量连片的杂波的散射特性，就需要让雷达照射到的每一小块地面或海面的 RCS 对照射面积求平均，得到的结果即单位面积的 RCS，通常用 σ^0 来表示，称为杂波的后向散射系数，用来衡量相当大的一块区域内的杂波特性。后来人们发现，σ^0 与雷达照射波束与地面或海面的夹角（称为擦地角 β）正弦的比在一定角度范围内接近一个定值，即 γ 系数（即 $\gamma = \sigma^0\sin\beta$），它比 σ^0 更适于用来从总体上衡量不同地理条件下杂波的强弱。例如，0.15 的 γ 值对应的杂波就比 0.1 的 γ 值对应的杂波强，前者大概对应于山区地形，后者大概对应于平原。通常来说，雷达工作频率越低，σ^0 越小，也就是杂波越弱。但从当前情况看，人们获得的 P 波段等较低工作频率下的机载雷达杂波数据要少于 L、S 和 X 等更高工作频率。虽然机载预警雷达在选择工作频率时，杂波的强弱并不会是主要依据，但由于它主要是下视工作，因此波段对杂波的影响也不能忽视。特别是在同样的天线面积下，低频段会带来更差的副瓣，从而在下视时带来更多的杂波（见第二章）。

此外，影响杂波的因素太多，同一地区由于季节、光照等因素的不同，同一海面由于风向、浪高等因素的不同，都可能有不同的特性，因此对于杂波的分析也更加复杂。但从根本上，杂波特性受雷达工作参数，如波长、分辨力、擦地角、地面或海面本身的物理参数（如介电常数）与结构参数（如几何外形）及极化等因素的影响。其中，极化是指雷达波传播过程中电场矢量（图1-6）的方向随时间变化的轨迹，在光学中对应的概念是偏振。这种轨迹共有三种情况，线极化、圆极化和椭圆极化。如果某一给定位置上的电场矢量末端的运动轨迹在一条直线上，就是线极化，其中，轨迹与地面平行的，就是水平极化；与地面垂直的，就是垂直极化。如果轨迹是一个圆，就是圆极化。如果轨迹是一个椭圆，就是椭圆极化。极化衡量了雷达波与目标或地物的相互作用，不同的目标或地物，会使雷达波的电场矢量向不同方向旋转，从而使得雷达对不同的目标或地物呈现出不同的探测特性。例如，对于隐身飞机来说，由于水平方向上的尺寸占优势，水平极化的电磁波可能产生更强的后向散射；而对于地物而言，当庄稼、树木或建筑物等直立散射体占优势时，垂直极化下的杂波则可能强于水平极化。

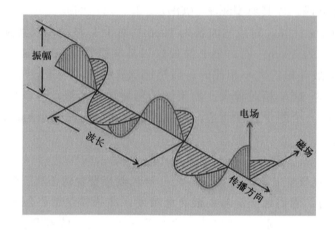

图 1-6　电磁波传播中电场矢量、磁场矢量与传播方向的关系

一头永远吃不到胡萝卜的驴——理解磁控管原理

1940 年 2 月，英国科学家发明了磁控管，第一次使雷达工作频率从米波提高到分米波，从而使雷达进入了微波时代，是机载雷达发展史上的重要节点。

理解磁控管，首先需要理解什么是 LC 振荡。电磁波是变化的电场和磁场在空间的传播，在传播开始之前，应该有一个激励，就像秋千在开始振荡之前必须有一个原始推动一样。在电磁波的产生中，"秋千"就是由线圈 L 和电容器 C 组成的振荡电路，其中线圈用来储存磁场能量，电容器用来储存电场能量。而推动"秋千"产生最初振荡的原始推动，就是输入到这个电路中的变化着的电流。当"秋千"振荡起来后为了能持续下去，需要源源不断地输入变化的电流。LC 振荡的频率越高，就意味着电磁波的频率越高，电场和磁场的变化就越快，相同的时间内辐射出去的能量也就越多。

磁控管从本质上说就是 LC 振荡，只不过在 L 和 C 的构成上有它自己的特点。磁控管的阴极位于中央，阳极则采用多个空腔形式，呈环形布置，每相邻两个空腔的正负极性相反，这就在两个空腔之间构造了电容电路，而磁控管的外圆周部分就是电感

［图1-7（a）］。从阴极发射的电子会被阳极收集，如果电子被阳极收集得很快，那么能量就很难持续，因此，必须让电子在被阳极收集之前运动尽可能长的时间，于是引入磁场并且磁场的方向与电子运动的方向垂直（即构建正交场）。在磁场的控制下，电子会以"曲线"或"转圈"的方式［图1-7（b）］被阳极吸引而向阳极运动，从而延长被阳极收集的时间；而当电子快要到达某个阳极时，此时该阳极的极性又由正变负［图1-7（c）］，导致电子被推开，继续保持转圈，这样就出现了一个有趣的现象：从阴极发射的所有电子在磁场和变化的极性的作用下，呈车轮的"辐条形"运动，期间与电感持续作用产生振荡；电子就像在头部前方挂有胡萝卜的驴，即使它不停地转圈，也永远够不到胡萝卜，从而维持了持续振荡。

（a）磁控管的电感电容构成　　（b）电容电极变化前　　（c）电容电极变化后

图1-7　磁控管的构成和工作原理

◎ LC电路除了可以作为振荡回路产生具有一定频率的电磁波，还可以形成天线。可设法将普通的LC振荡电路加以改造，使电容极板面积越来越小，极板间隔越来越大，再使电感线圈匝数越来越少，最后使电路演化为一根直导线，这样的电路叫作振荡偶极振子，是最基本的天线形式之一。开放式的LC回路，也就是天线，实际上起了能量转换的作用——正是在天线上，由变化的电场在它周围产生变化的磁场，这个变化的磁场又在自己周围产生变化的电场，新产生的变化的电场再在自己周围产生变化的磁场，这样变化的电场和变化的磁场相互激发，形成的电场线和磁感线像链条一样，一个一个地在空间中相互推斥。由于高频振荡频率极高，相互推斥也极快，于是在空间向外扩散传播开来，成为波。这种波因为是由电场和磁场产生的，所以称为电磁波。

雷达工作在微波波段带来的好处是巨大的。由于频率提高、波长缩短，所以可以允许天线在做得比较小的情况下仍然有很强的天线性能，这对于机载雷达是非常有吸引力的；而磁控管的发明，诞生了在更高频率上进行功率放大的电子器件，终于解决了雷达工作频率提高以后的功率放大难题，首次让雷达工作在10cm的波长上并产生高达1kW的功率，为雷达提高功率孔径积创造了条件。

在英国发明了磁控管（图1-8）后的20世纪40年代初，环流器（又称"双工器"）的发明，又使得雷达不再需要分置的两个天线，而是可以将用于接收和用于发射的天线合二为一，进一步减小了天线的体积，为雷达的机载应用又扫清了一个"拦路虎"。那么，雷达发展的早期，为什么发射和接收要用不同的天线呢？由于从发射机送出的功率极大（地面雷达的功率可达兆瓦以上），而进入接收机的雷达回波通常非常微弱（可比发射机送出的功率弱几百亿分之一），为接收到微弱的回波，接收机要求非常灵敏。

在环流器没有发明之前，为使发射机的能量不至于进入接收机并烧坏接收机，只能把收发天线及相应收发通道分开。有了环流器之后，在用一个天线既发射又接收的情况下，发射时用于保证巨大的电波能量仅仅送入天线而不送往接收机，接收时则保证可以让微弱的电波能量送入接收机而不是送往发射机，使接收到的能量不至于被发射机送出的能量所淹没（图 1-9）。

图 1-8　英国发明的磁控管

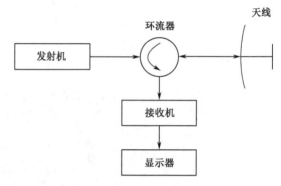

图 1-9　环流器在雷达中的作用

不过，对雷达来说，还需要在环流器的基础上，配置接收机保护装置。这是因为，天线和传送电流至天线的通道之间的电路不能做到绝对匹配，因此，天线不能完全吸收由发射机送过来的电流能量，其中的一小部分会被天线反射回去，从而会造成发射机能量的损耗，这个过程就像光线在穿透一块玻璃时，总有一部分光线会从玻璃上反射回去。由于环流器完全根据能量的流向执行其开关功能，因此，从天线反射回的这部分能量会"欺骗"环流器从而仍然进入接收机。虽然这个能量很少，但仍然比雷达的回波强很多，可能会烧坏接收机。

雷达天线不再分置，减少了飞机上的空间占用，使机载雷达更加紧凑，设备在机身上的安置更加集中。随后，雷达天线形式开始由钉子状的单个或多个天线振子、鱼骨状的八木天线阵列向锅状的抛物面反射天线进化（参见第四章）。抛物面天线把辐射出的能量集中到一定空间的能力是八木天线的十倍以上，也就是抛物面天线的波束宽度普遍要比八木天线窄很多，从早期的十几度甚至几十度演变到几度，这样，用相对小一些的功率，也就是少一些耗电、小一些个头儿和轻一些质量的发射机，也能让电磁波传得很远。

◎　早期的机载雷达，安装在机身上的雷达发射天线看起来像一个大型"钉子"〔称为"振子天线"或"偶极子天线"，如图 1-10（a）所示〕，英国皇家空军 ASV 雷达的发射天线装在后机身上部，两翼上方、下方或翼尖则安装接收用的八木天线〔图 1-10（b）〕，看起来像一根根"鱼骨"，类似于有线电视在进入千家万户前架在楼顶上的电视天线。

磁控管的发明、天线的共用及天线形式的演变，使雷达逐渐变得适合在飞机上安装，到 20 世纪 40 年代中期，雷达的机载应用已经比较广泛了。

（a）偶极子天线

（b）八木天线

图 1-10　早期机载雷达的天线

水光潋滟晴方好，单个脉冲可测角

雷达的基本功能是测距和测角。通过测量发射电波和接收回波之间的时间差，除以 2 后再乘以电波传输速度（光速），就得到目标距雷达的距离；因为电磁波的传播速度也就是光速是一定的，测距就是测时间，对距离测量的准确程度，就是看对时间能够测到的精确程度。大部分雷达都采用脉冲方式工作，雷达每发射相同持续时间的电磁波，就会关闭发射机进行回波的接收，然后再发射，如此往复。雷达发射脉冲的持续时间称为"脉冲宽度"，通常为数微秒；可以将其看作对一定波长的连续电磁振荡进行周期性截断的结果。也就是说，每个脉冲持续时间内含有与该工作波长相对应的多次电磁振荡，如图 1-11 所示。图 1-11 实际上说明了雷达的工作频率和脉冲重复频率，虽然都称为"频率"，对雷达而言也都很重要，但在含义上是明显不同的。每两个脉冲之间的时间间隔称为"脉冲重复周期"（Pulse Repetition Interval，PRI），通常为数毫秒或数十毫秒，其倒数称为"脉冲重复频率"（Pulse Repetition Frequency，PRF；注意与雷达的工作频率相区分，后者是指脉冲内所含有电磁振荡的频率），脉冲宽度与脉冲重复周期的比值则称为"占空比"，一般为 1%～20% 量级。对于脉冲雷达而言，能够分辨出的最短时间是每次脉冲发射的持续时间，也就是脉冲宽度，它决定了雷达的距离分辨力。例如，脉冲宽度为 1μs 时，意味着在 1μs 内电磁波来回"走"的距离是 150m，对应的距离分辨力也就是 150m。

实际工作的脉冲雷达，其对距离的测量远远不如原理描述的那样简单，主要原因在于脉冲的发射速度有可能导致测距的模糊。如果雷达脉冲发送的速度过快（或者说脉冲重复周期较小），也就是脉冲重复频率比较高，上一个脉冲发射后的回波脉冲还未到达雷达，下一个雷达脉冲就已经发射了。由于每个发射脉冲都没有做出标记，所以，某个回波脉冲到底和哪个发射脉冲对应就弄不清楚，或者说，雷达只能通过将某个返回脉冲对应的时刻与它最邻近的发射脉冲所对应的时刻相减来计算距离，并不能确定接收到的回波脉冲和发射脉冲之间真正的时间差，因此也就不能正确地测距，这种现象称为"测距模糊"（图 1-12）。也就是说，脉冲从发射到返回的双程传输时间小于脉冲重复周期，算出来的距离才是真实的，或者说是不模糊的。根据脉冲重复周期可以算出雷达所能测量的最大不模糊的距离。例如，假设雷达的脉冲重复频率为 300Hz（每秒发射 300 个脉冲，对应于美国海军舰载预警机 E-2C 的雷达），不模糊距离为 500km（等于 300Hz 的倒数的一半乘以光速），也就是距雷达 500km 以内的目标距离都可以不模糊地测出；而如果雷达的脉冲重复频率为 37.5kHz（对应于美国空军预警机 E-3A 的雷达），不模糊距离仅有 4km；假设某个目标距雷达的距离为 401km，其回波脉冲的位置将是在它真正对应的发射脉冲之后的第 100 个脉冲之后（每相邻 2 个脉冲之间对应的距离为 4km），雷达据此计算出的距离只有 1km，测距模糊非常严重。也就是说，此时，距离雷达 400km 处的目标和距离雷达 1km 处的目标对于雷达来说距离是相同的，这就是测距模糊的结果。

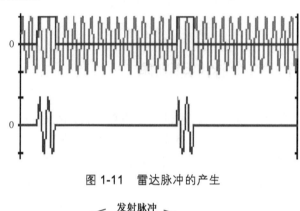

图 1-11　雷达脉冲的产生

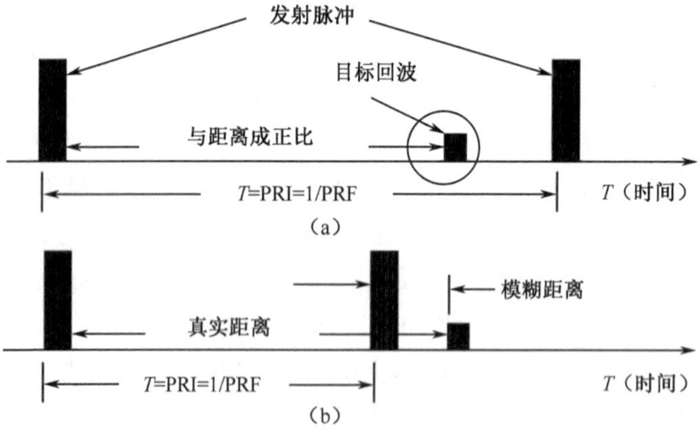

图 1-12　测距模糊

　　为了消除或减轻测距模糊，可以使雷达发射几组互质的脉冲重复周期，以它们的最小公倍数为等效的脉冲重复周期，然后以这个脉冲重复周期去找发射脉冲和接收脉冲的对应关系。由于几组互质的脉冲重复周期的最小公倍数总是远远大于原来的脉冲重复周期，这就相当于降低了脉冲重复频率。在工程上，对于测距模糊的解决办法通常是脉冲对齐或重合，即对不同脉冲重复频率下发射的各组脉冲找到能够对齐的那个时刻，对各组接收脉冲也找到对齐的时刻（图 1-13），这样相当于得到一组新脉冲重复频率下的发射脉冲和接收脉冲，从而根据它们的相对时刻关系求得距离。

　　雷达测量角度的基本原理，则需要利用雷达天线波束当前指向的位置。如果在这个位置上有一个很强的回波，那么，这个回波所对应的方向就是雷达天线的当前指向角。具体做法是，雷达通过先后改变波束位置（比如说，将天线进行机械转动，使得在两个不同的位置上都能照射到目标），并且使同一个飞机目标在这两个波束位置上的回波强度都一样，那么，由于波束位置是已知的，就可以判断出目标的方向是在这先后两个波束位置的角平分线上（图1-14）。如果目标不是位于两个波束位置的正中，那么两次回波在强度上就有所不同。由于这种测角方法中，需要把波束先后放到两个相邻的位置上，而雷达天线通过扫描在空域中搜索目标时正达到这样的效果，所以称为"顺序扫描"。当需要对目标的高度也进行测量时，道理是一样的，只不过要把波束先后放到两个相邻的俯仰角上。如果不仅需要测量方位还需要测量高度，那么波束既要在方位上变化，也要在高度方向上变化，此时从雷达射出的波束就要在空中"画圈"，波束的运动轨迹就像一个圆锥，所以这种测角方法称为"圆锥扫描"。

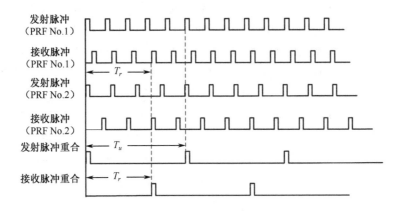

图 1-13　消除测距模糊

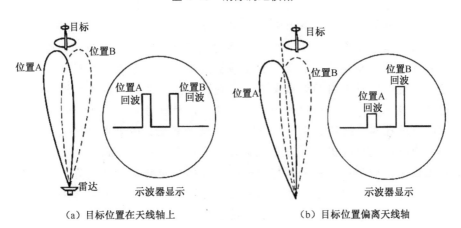

（a）目标位置在天线轴上　　　　　　　（b）目标位置偏离天线轴

图 1-14　雷达测角原理

从上面的过程可以看出，如果雷达波束很宽，而两个目标在方位上又靠得很近，一个波束就可以把这两个目标"罩住"，那么，雷达对这两个目标就无法区分。如果降低雷达的波束宽度，使得波束在两个旋转位置上才能分别照射到这两个目标，这样就会有两个方向。因此，测角要测得准，窄波束更为有利。通过顺序扫描或圆锥扫描的方法，雷达对角度的测量可以达到波束宽度的几分之一。也就是说，雷达对方位角的测量，可以达到波束在水平方向上宽度的几分之一；雷达对俯仰角的测量，可以达到波束在高度方向上宽度的几分之一。

顺序扫描或圆锥扫描虽然提高了测角的准确度，但是由于这种测角方法需要利用波束先后两次照射到目标后的回波，两次回波的强度可能会变化很大，难以使两次的回波强度相同，所以，测角效果有时候并不是很理想。我们都有这样的生活经验，在明媚的阳光之下，一片平静的湖面在微风的吹拂下，波光摇曳。这些粼粼的波光有时候会让我们觉得晃眼，有时候又很温柔地进入我们的视线。这种情况实际上表示，阳光照射到湖面以后，由于微风吹动了湖水，水面的姿态在变化和起伏，从而使水波反射进入人眼的阳光强度发生了变化。目标对雷达的反射犹如此理。在雷达的波束先后两次照射到目标的时间间隔内，由于目标在此期间的姿态或其他物理特性的变化，雷达两次收到的回波强度会有很大的不同，称为"目标闪烁"，这对雷达确定目标的位置是非常不利的，就像人眼第一次看到了一个目标，可是这时候还来不及知道它具体在哪儿，想再看一眼的时候却看不到了。所以，雷达在确定目标的位置时，要想测得准一些，就要克服目标闪烁的影响。20世纪50年代，雷达工程师想到了单脉冲技术，也就是让天线"同时"而不是"先后"产生两个波束照射目标（相应地，需要将天线在水平或垂直方向划分为2个部分以同时产生波束），以克服先后两个波束照射的间隔中目标回波强度的变化，此时只需要1个脉冲（故称为"单脉冲"）返回的能量就能把角度测出来，而测量的准确度却可以提高1个数量级（也就是达到波束宽度的1/20～1/10）。

对比雷达测距和测角的过程可以看出，脉冲雷达的距离分辨力和距离测量精度取决于脉冲宽度，角度分辨力和角度测量精度则与波束宽度和回波强度有关。

★ 在讨论距离分辨力时，有时也会用脉冲宽度的倒数来表示，由于脉冲宽度是用时间表示的，它的倒数就对应了频率，它反映的不是一个频率点，而是一段频率范围，被称为"雷达信号带宽"或"瞬时带宽"，用以同雷达工作的波段或频率范围相区别，后者则被称为"工作带宽"。雷达的回波信号总是覆盖一定的频率范围，因此，雷达接收机所能处理的信号频率范围总是希望能够把回波的各类可能频率都覆盖到。但是，信号能量在一定频率范围内的分布是不均匀的，例如，在比较低或比较高的频率上，信号的能量可能很少，而在居中的频率范围内，信号能量可能较多；如果我们追求把这些很少的能量也都"照单全收"，接收机带宽就会很宽；由于信号接收是电子器件处理完成的，电子的随机起伏不可避免地带来电子噪声，而信号能量必须超过噪声强度才能被检测出来，如果接收机的带宽过大，其所包含的噪声也就越多，信号能量必须与之对抗的噪声能量也就越强，从而影响目标的检测。那么，如何选择信号的处理带宽，使得信号能量足够多而又不至于引入过多的噪声能量呢？答案就是信号处理的带宽应该是脉冲宽度的倒数。此时信号能量与噪声能量的比值（称为"信噪比"）达到最大，这就是雷达中匹配滤波的概念，它反映了雷达在信号处理时，追求的不是绝对地使回波信号能量最大，而是使信号能量与噪声能量的比值最大，即雷达对信号频率范围的选择效率最大，此时并没有把分布有信号能量的所有频率都接收进来。雷达的最远距离，就是由能够被接收机"认出"的那个信噪比决定的，这个信噪比称为"检测门限"，低于这个门限时目标不能被检测。雷达1μs的脉冲宽度，距离分辨力为150m，对应了1MHz的信号带宽；机载预警雷达广泛使用5MHz以下的信号带宽，若信号带宽为5MHz，此时对应的距离分辨力为30m；若信号带宽为2.5MHz，此时对应的距离分辨力就是60m。

脉冲压缩——鱼与熊掌可以兼得

为了提高雷达对距离的测量能力，脉冲宽度应越窄越好。另外，以脉冲方式工作的雷达，脉冲越宽，也就是每次发射能量的持续时间越长，里面包含的能量也就越多，回波也就可能蕴含更多的能量，这对于提高雷达探测距离有利。那么，如何解决提高发射能量和提高距离分辨力的矛盾呢？答案就是脉冲压缩。这是继 20 世纪 50 年代出现的单脉冲技术后，雷达发展史上又一次重要的技术突破。

脉冲压缩技术在发射脉冲时，脉冲宽度很宽；在接收时，则把它压窄，雷达的距离分辨力或信号处理带宽由压缩后的脉冲宽度决定。这相当于把宽脉冲分成很多段，如果不做脉冲压缩，那么这些段先后依次通过接收机；如果做脉冲压缩，就是在第一段通过的同时，让第二段赶上第一段，所以第二段和第一段就同时通过了；然后让第三段赶上第二段，第四段赶上第三段……所有的回波段就都赶在同一个时间段通过接收机了。因为要让后面的段赶上前面的段，所以，后面段的信号频率就要依次增高，越靠后面的段频率越快（图 1-15）。因此，脉冲压缩的信号一般叫作"线性调频信号"。

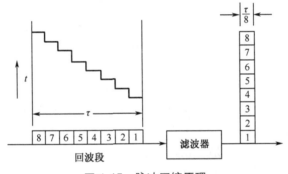

图 1-15　脉冲压缩原理

★ 雷达的探测距离是雷达最重要的指标之一，是雷达永恒的追求。受电子噪声和杂波的随机起伏及目标 RCS 的随机变化等因素的影响，雷达对目标的探测本质上是一种随机行为，通常采用一定的检测概率和虚警概率来衡量它的探测距离。对于预警雷达来说，用得最多的是 50% 检测概率，它意味着在一定距离上，雷达对目标有一半的概率去发现它，是一种介于发现和未发现之间的临界检测。实际统计雷达的探测距离指标时，应遵循相关国军标的规定，在每个相同的距离段（例如 20km）内统计实际探测到目标的次数，除以该距离段内（或者说该段的飞行时间内）应该探测到目标的全部次数（也就是扫描次数），算出这个距离段内的发现概率，然后绘出相应的图形，并进行曲线拟合，找到 50% 发现概率所对应的距离值。之所以要进行分段，是因为在每个距离段内，可以认为目标的信噪比基本保持不变。有了发现概率后，就有了漏警概率，二者之和为 1。但仅有检测概率也不够，还要定义虚警概率，它是指没有目标信号时，随机起伏的电子噪声超过检测门限的概率。可以想见，虚警概率与检测门限相关。如果门限较高，虚警会降低，但弱信号可能也被漏掉；如果为提高对弱信号的检测能力而降低门限，又会增加虚警。所以，虚警概率和检测概率可以确定检测门限，而检测门限又反映了可以检测的最小信号，因此可以用来确定探测距离。

小变换，大作用——分贝的概念与使用

分贝是在雷达和通信等电子信息系统中广泛使用的概念。它的定义是功率比取以 10 为底的对数再乘以 10，用 dB 表示。由于分贝是取对数的变换，首先大大压缩了数值的表示范围，表达形式上更为简洁。例如，2 比 1 的功率比为 3dB，而 10000000000000 比 1 的功率比也仅仅为 130dB，0.0000000001 比 1 的功率比则是-100dB。以雷达为例，其涉及的功率会覆盖非常宽的范围，它所接收到的目标的信号功率可能低至 0.0000000001W（即-100dB），这样的数值无论是用小数、分数还是用科学计数法来表示，均不如用分贝形式表示简单，因此，分贝形式为雷达信号的表示和运算带来了很大的便利。

其次，由于分贝是对数，可以使功率比的乘除运算转换成对数的加减运算而更为简单。例如，心算 63 乘以 2500 可能并不容易得到结果，但如果用分贝表示后，这种运算就变得简单了，等于 18dB 与 34dB 的和，结果为 52dB（对应 157500 的功率比）；相应地，1/157500 只需要在 52dB 前加上负号就可以了。作为乘除运算的延伸，幂或开方运算的简化也是如此。例如，63 对应的分贝数为 18dB，那么，63^2 对应的分贝数就是 18dB 乘以 2（结果为 36dB），63 开四次方根对应的分贝数就是 18dB 除以 4（结果为 4.5dB）。

对于 10 以上或 1/10 以下的功率比，将其用科学计数法表示后再进行分贝表示和运算，可以进一步简化计算并降低犯错的可能性。例如，10000/4 的功率比（2500）用科学计数法可以表示为两部分，一部分是 2.5，一部分是 10^3，前者的分贝数是 4，后者的分贝数是 30，总的分贝数是 34dB。可以看到，在对科学计数法表示的数值用分贝表示时，实际上蕴含了科学计数法中 10 的方次；在进行从分贝向功率比的反变换时，把分贝数分解为 10 的整数倍部分及不足 10 的"零头"（对于整数的分贝值，零头即个位；对于小数的分贝值，零头通常取至小数点后一位，即十分位），然后分别进行转换。其中，在由功率比向分贝数运算时，功率比的乘除对应于分贝数的加减；在由分贝数向功率比运算时，分贝数的加减对应于功率比的乘除。类似这样的计算，在实际工作中是经常遇到的，并且很多时候是可以通过心算进行的，当然，最关键的是熟知"零头"部分（如个位或小数点后一位）分贝数与功率比的对应关系，如表 1-2 和表 1-3 所示。

表 1-2 1～10 的分贝数与功率比的对应关系

分贝数	功率比	分贝数	功率比
1	1.25	6	4
2	1.6	7	5
3	2	8	6.4（或 6.25）
4	2.5	9	8
5	3.2	10	10

表 1-3　0～0.9 的分贝数与功率比的对应关系

分贝数（$x/10$）	精确功率比	分贝数（$x/10$）	精确功率比
0	1.000	0.5	1.122
0.1	1.023	0.6	1.148
0.2	1.047	0.7	1.175
0.3	1.072	0.8	1.202
0.4	1.096	0.9	1.230
以 $x/10$（$x=1, 2, \cdots, 9$）表示的分贝数估算为功率比：$1+0.025x$（或 $1+x/40$）（dB）			

◇　《机载雷达导论（第二版）》（George W. Stimson 著，吴汉平等译，电子工业出版社，2005 年）给出了功率比为 1～10 的分贝数列表，指出分贝数 1 对应的功率比表示为 1.26，分贝数 2 对应的功率比为 1.56，……，分贝数 9 对应的功率比为 8；同时建议记忆 1～10 为分贝数与其对应的功率比倍数，从而为快速运算带来较大的方便。受此启发，将分贝数 1 对应的功率比由 1.26 修改为 1.25（带来的误差可以忽略），则只需记忆分贝数 1 对应的功率比（1.25），分贝数 2～10 对应的任一个功率比均可以通过利用 1.25 的计算方便性而心算或简算得到，无须另行记忆。例如，分贝数 2（即两个 1 分贝相加）对应的功率比应是分贝数 1 对应的功率比乘方，由于 1.26 修改为 1.25 后，可以方便地转换为分数（5/4），从而将小数相乘变为可以除尽的分数运算（25/16），取近似后得到结果 1.6；也可以写为 $(1+0.25)^2=1+0.5+0.0625$，从而迅速心算出来，再取近似。分贝数 3 对应的功率比可由分贝数 1 和分贝数 2 对应的功率比相乘得到，即 $1.25\times1.6=1.25\times8\times1.6\div8=10\times0.2$；但由于功率比 2 表示了功率的 1 倍关系，在雷达中应用非常广泛，建议记住功率比 2 的分贝数为 3；分贝数 4 对应的功率比可以由分贝数 3 和分贝数 1 对应的功率比相乘得到，等等，运算更为快捷。

例如，在一个典型的雷达系统中，假设功率传输过程中发生的全部损耗是 11.2dB（实际上是负值，意味着最终得到的功率相比发射功率损失了），那么，这个损耗对应的功率比是多大呢？11.2dB 就是 $(10+1+0.2)$dB，对应的功率比应是 $10\times1.25\times(1+2/40)$，估算结果为 13.125 或 105/8，精确计算的结果则是 13.1826，也就是说，由于传输损耗，发射信号的功率损失了 13.1826 倍，两者比较接近。当然，由于指数运算的放大作用，分贝的数值也不能过于近似，否则会有较大误差。

表 1-4 列出了 1～10 的正整数范围内的功率比与分贝数的对应关系。在需要进行心算的场合，该表的运用不容易像分贝数与功率比的转换那样熟练，但可以看到，功率比 6～10 对应的分贝数除 7 外，均可以从 1～5 对应的分贝数转换得到。例如，9 等于 3 乘以 3，因为 3 对应的分贝数是 4.8，9 对应的分贝数就是 4.8+4.8，即 9.6，所以只需要记忆 1～5 和 7 的功率比对应的分贝数就可以了。进一步地，在计算功率比为 1～5 对应的分贝数时，由于 1 对应的分贝数根据对数规则为 0，4 的功率比可以看作 2 的乘方，所以只需要记忆 2、3、5 和 7 这 4 个 1～10 内的素数所对应的分贝数；而如果对表 1-2 中分贝数 1 对应功率比 1.25、分贝数 3 对应功率比 2（也是建议记住的）的结果比较熟悉的话，可以看到，功率比 2 对应的分贝数为 3，功率比 5 可以看作 $1.25\times2\times2$，

因此对应的分贝数为1+3+3，即7（或因为它与2的乘积为10，所以其分贝数为10减去2对应的分贝数）；因此，只需要额外记忆3和7的功率比对应的分贝数就可以了，真可谓"金三银七"。

表1-4　1~10的正整数范围内功率比与分贝数的对应关系

功率比	分贝数	功率比	分贝数
1	0	6	7.8
2	3	7	8.5
3	4.8	8	9
4	6	9	9.6
5	7	10	10

◎ 事实上，关于分贝的运算总是有一些技巧的，感兴趣的读者可以自行研究。例如，仅仅记住功率比3的分贝数（4.8），功率比7的分贝数也可以通过功率比20对应的分贝数估算出来，因为3×7等于21，近似于20，而功率比20对应的分贝数是13，于是功率比7的分贝数就是13与4.8的差，即8.2，只是这样会带来一定的误差。此外，感兴趣的读者还可以思考，在表1-2中，分贝数8对应的功率比为什么会有6.25和6.4这两种情况。

在有些场合，需要用电压比来表示某电路的输出电压与输入电压的比值（或者反之），由于功率是电压的平方（取单位电阻），所以，当把电压比转换为分贝数时，应该是电压比取以10为底的对数再乘以20。

虽然分贝的概念主要用来表示功率的比值，是一个无量纲值，但它也可以用来表示有量纲的数值，而且这种量纲不一定是功率，可以是任何一类量纲。原则上，只需要将量纲前面的数值以倍数看待，然后按照功率比的方法取分贝数，最后简单地写上量纲就可以了。例如，第三代战斗机的典型雷达目标截面积（迎头方向）为$5m^2$，就可以表达为$7dBm^2$。需要注意的是，量纲的选择及不同量纲之间的转换，例如，10mW（即1/100W），可以表示为10dBmW，也可以表示为-20dBW。

★ 经常会估算雷达参数变化后对探测距离的影响。从雷达发射至目标的电磁波，其功率会随雷达到目标距离的平方衰减，再加上碰到目标后还要经历返程，从目标返回的功率又会随雷达到目标距离的平方衰减。总的来看，就是雷达功率与探测距离的四次方成正比关系，功率增加16倍，探测距离才能增加1倍。从这个数值可以看出，单纯地增加探测功率来提高探测距离，非常不经济。用电增加后，不仅发电机重量会增加，还会由此带来热量冷却系统在空间和质量等方面的消耗（要注意的是，在计算雷达探测距离时，通常是用平均功率计算而不是通过供电输入给雷达的峰值功率计算，这是因为一个脉冲重复周期内，只有脉冲发射对应的那一段时间才会实际输出功率，即峰值功率需要乘以占空比才是平均功率）。由于天线面积增加会导致增益增大，归根结底反映的是辐射功率的增加，因此，天线面积也与探测距离的四次方成正比关系，即天线面积每增加 16 倍，探测距离才能增加 1 倍。

　　我们也经常在不同波段的雷达（特别是需要在一定的搜索时间内完成既定空域目标的发现与跟踪的雷达，即"监视雷达"或者称"预警雷达"）之间比较探测距离，主要涉及功率、孔径、目标 RCS、搜索时间（如 10s 扫描一次全部空域）和搜索空域 5 个因素（有时将功率和孔径以乘积的形式一起考虑），与波长无关。由于大多数情况下我们比较的是对同一目标在相同空域以相同时间搜索的情况，此时探测距离就仅与功率孔径积有关了。例如，一部 S 波段雷达，其平均功率为 100kW，天线面积为 $10m^2$；另外一部 L 波段雷达，其平均功率为 500kW，天线面积为 $20m^2$，如果搜索时间都是 10s 扫描一次全部空域，都考察对迎头方向 RCS 为 $5m^2$ 目标的探测距离，那么，两者的结果应相差 10 倍，即后者是前者探测距离的 1.8 倍。

　　这里的比较中，没有出现波长的影响，严格地说，波长不是比较中的显性因素，而是隐性因素。例如，它会影响同一目标的 RCS 值。在 S 波段下，隐身战斗机的 RCS 较小，假设为 $0.03m^2$，但在 P 波段下，其 RCS 可能为 $0.5m^2$。另外，不同波长下，无论是由大气传输引起的能量损失还是电缆传输引起的能量损失，可能都是不同的。因此，在用功率孔径积的概念来比较不同波段的雷达探测距离时，一方面，要注意波长引起的 RCS 变化（通常对于常规飞机目标而不是隐身目标，各个波段下 RCS 变化则不大）；另一方面，只有认为不同波长下的各类损失相同时，才有探测距离仅与功率孔径积、RCS、搜索空域和搜索时间有关，而与波长无关的结论。

　　◎ 由于目标 RCS 和搜索时间都与回波功率几乎等效，它们都与探测距离的四次方成正比，很多时候可通过合理近似来简化处理。例如，功率增加 1 倍，或者搜索时间增加 1 倍（意味着在目标上的照射时间增加 1 倍），从而有更多的能量返回雷达，带来的探测距离增加多少呢？2 开平方是 1.414，为便于再开平方，可以将 1.414 近似为 1.44，这样开平方的结果是 1.2，即大约提高 20%。再如，功率增加 4 倍，天线面积增加 50 倍，探测距离又增加多少呢？将功率孔径积 200 近似为 196，开四次方的结果就是 4 倍。又如，已知雷达对 RCS 为 $0.3m^2$ 的小目标，其探测距离为 100km，那么在计算对 $5m^2$ 的典型战斗机目标的探测距离时，就可以近似为 RCS 增加 16 倍计算，即探测距离正好增加 1 倍。

　　在一些通过近似也不能快速得到计算结果的情况下，记忆一些常见倍数的四次根值还是有必要的。例如，10 的 4 次方根近似为 1.8，5 的 4 次方根近似为 1.5，3 的 4 次方根近似为 1.3，等等。

登高丘，望远海

　　登高才能远眺，我国历史上的很多文人墨客，都留下了关于登高的诗篇，如"会当凌绝顶，一览众山小""欲穷千里目，更上一层楼""登楼一南望，淮树楚山连""登高丘，望远海。六鳌骨已霜，三山流安在"……从雷达军事应用的角度看，由于电波是直线传播的，它不能穿透厚厚的障碍物，也不能绕着弯儿地去捕捉目标，也就是说，如果前方有遮挡，即使雷达发射功率足够大、目标回波足够强，雷达通常也是看不到障碍物后面的目标的。特别是，地球可近似看作一个球体，雷达对零高度飞行目标的探测距离受限于由雷达的位置向地球作切线所决定的切线长，它被称为"（最大）视线距离"，简称"视距"（图 1-16，图中需注意的是，天线架设与目标所处高度以"m"为单位计算，得出的视距单位为"km"），视线距离以下对应的区域就是探测盲区。当目标飞行高度不为零时，此时的"视距"并不是简单地将目标实际所在位置与预警雷达所在位置连接起来就可以了，它应该是两段切线的长度（即雷达向地球作切线的长度与目标向地球作切线的长度）之和，以反映对该高度上目标所对应的"最大"视线距离。

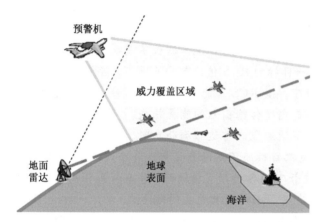
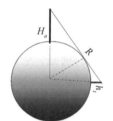

$$R \approx 4.12 \times (\sqrt{H_a} + \sqrt{h_t})$$

H_a 为天线高度，h_t 为目标飞行高度，R 为视线距离。当天线架高 $H_a=15\text{m}$、$h_t=100\text{m}$，则 $R=50\text{km}$；当 $H_a=10000\text{m}$、$h_t=0\text{m}$，则 $R=412\text{km}$。

图 1-16 雷达盲区与探测视线距离的确定

由于视线距离的存在，雷达的探测距离就由目标回波能量决定的距离与视线距离中较小的那一个来决定。例如，雷达架设高度为100m，对在零高度飞行的目标，探测视距只有不到50km，而一般的雷达从设计来看，都会要求即使是远远大于这个距离的飞机回波，也都能够被检测。所以此时决定雷达能够看多远的，是由雷达架设高度所决定的视线距离。对于地面雷达而言，如果飞机飞得很低，进入了雷达的探测盲区，雷达就不能发现目标。

◎ 1987 年 5 月 28 日，德国人鲁斯特驾机从德国飞至苏联，越过重重防线，竟然在莫斯科的红场降落而没被发现，引起世界震惊（图 1-17），要知道当时苏联的防空网是世界上最强大的防空网之一。这次事件以后，苏联大批高级军官被撤职，鲁斯特本人也被判入狱四年。鲁斯特之所以能够成功降落红场，原因较多。例如，鲁斯特在飞往莫斯科的路上，巧遇一场直升机大营救，因为前一天在这个地带发生了一架战斗机和一架轰炸机相撞的事故，第二天正在进行残骸的搜索，所以，鲁斯特在飞行过程中，因为飞行参数和直升机很相似，所以淹没在直升机中，没有被发现。同时，由于 1983 年苏联在未判明属性的情况下，将一架韩国的波音 747 客机击落，造成 270 余人死亡，此后苏联政府发布了一道命令，如果不能肯定有战争原因，那么发现不明飞行物后不能将其击落。此外，鲁斯特一直采用超低空飞行，使得雷达不能连续发现与跟踪。鲁斯特驾驶的飞机在飞行的过程中曾经出现在雷达显示屏上，但是等到派飞机去拦截时，由于鲁斯特飞得很低，致使雷达目标中断；而等到雷达再次捕捉到目标时，由于鲁斯特这时候又改变了飞行高度和速度，所以雷达又认为这是另外一个目标。

鲁斯特事件后，全世界掀起了推销和装备低空雷达的热潮。所谓低空雷达，顾名思义，是重点监视出现在低空（2000m以下）的目标。低空雷达通过架设到海拔较高的位置，同时通过对下半球方向图的精心设计，以尽量减少地面方向的辐射在打地后形成较强杂波，从而改善对低空飞行目标的探测效果。1987年，我国的低空雷达JY-9（图1-18）和苏联的低空雷达同时在埃及竞标，JY-9以国际价格折算，比苏联的高出3倍，与美国的雷达相同，但最后凭借技术优势中标。后来，埃及军方将JY-9置于一次与美国联合举行的军事演习上进行对抗，即使美国在知道JY-9参数的情况下对其进行了长时间的强干扰，但JY-9始终工作正常，加之对中高度目标也有较好的探测能力，因此成为埃及低空雷达的主力，在1989年埃及全军的雷达综合测评中，JY-9排名第二，超出美国的低空雷达TPS-63，英国的"老虎"雷达则远远地排在JY-9的后面。

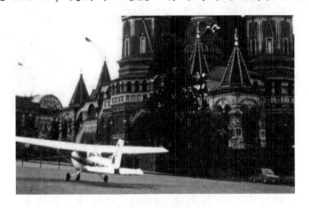

图 1-17　鲁斯特事件

图 1-18　我国雷达走向世界先进行列的标志之一——JY-9 雷达

事实上，人们对飞机低空飞行军事意义的认识，要比鲁斯特事件早得多。在第二次世界大战期间的珍珠港事件及中途岛战役中，日本海军惯用低空鱼雷轰炸机攻击舰船导致美国海军蒙受重大损失。特别是到第二次世界大战后期，日军的"神风"特攻队对海面舰艇的攻击日趋激烈（图1-19），美国海军便致力于完善水面舰队的防空预警指挥体系。为及早发现来袭敌机，除了依靠航母本身与护航舰只上配备的搜索雷达，美国海军通常还在舰队外围部署配备远程雷达的驱逐舰作为警戒之用，以延伸舰队的对空探测距离。虽然雷达在争取舰队对敌机来袭的预警时间上发挥了显著作用，但舰载雷达安装在军舰上的天线高度还是太低，最多不过 20m，不能像地面低空雷达可架设在数百米甚至数千米高的高山上以延伸视距，加之过高的桅杆或上层结构会影响到舰艇航行的稳定性，所以舰载雷达的视距十分有限，即使对高空目标能有上百千米的探测距离，对低空目标的探测距离也只能达到数十千米。在飞机飞行速度越来越快的情况下，若敌机采取低空入侵，依靠探测距离有限的舰载雷达，预警时间就会较短。而对于专门研制的用以探测低空目标的雷达而言，其架设位置即使在高山上，也难以与升空所能达到的高度相比。

图 1-19　"神风"特攻队攻击美军舰船

◎　为了进一步拓展视线距离，美国海军很快将雷达安装到飞机上。假设一部天线架高 15m 的雷达能探测到 300km 外高于 19000m 的目标，但在探测 100m 高的飞机目标时，受视距的限制，其探测距离最多不超过 50km；若将同一部雷达升至 10000m 高空，对同样 100m 高度的目标，雷达的视距将可以增加 8 倍达到 400km，所能覆盖的空域更增加百倍之多。对地面雷达来说，架设在 3000～4000m 的高山上就已相当困难了，况且高山也不见得会在我们需要的位置；对舰载雷达而言，其架设高度更不可能很高。但飞机可轻易将雷达带到几乎任何位置和高度，加上飞机的速度与机动性，其生存性也要强出许多。

1944 年，为了解决舰队对低空目标的预警问题，美国海军决定把当时较先进的 AN/APS-20 警戒雷达安装到 TBM-3 "复仇者"（Avenger）鱼雷轰炸机上，这就是著名的 Cadillac 计划，这个计划表明机载雷达在应用上开始从截击支持向远程预警发展。

TBM-3 "复仇者"是由美国通用汽车公司生产的单发三座舰载鱼雷攻击机，因击沉了日本海军号称无敌的"大和号"和"武藏号"战列舰而闻名天下。其原名为 TBF（其中"TB"是指"Torpedo Bomber"，即鱼雷轰炸机），生产商为格鲁曼（Grumman）公司，1941 年 8 月 7 日首飞。1942 年 3 月以后，因格鲁曼公司必须同时生产 F4F "野猫"战斗机与 F6F "地狱猫"战斗机，为了减轻生产压力，便授权通用汽车公司制造，并改名为 TBM。TBM 系列轰炸机产量巨大且经历了战争的考验，在当时美国海军广泛使用的舰载机中吨位与尺寸均位居前列，TBM-3 则是该机型中生产数量最多的子型号，最大起飞质量 8278kg，机长 12.19m，翼展 16.51m，机高 5m。改装后的飞机被命名为TBM-3W（图1-20），其天线安装在机腹下的天线罩内，机腹的"鼓包"与三垂尾成为其最典型的外观特征，这是世界上第一种预警机。它能在100～120km范围内发现在150m高度上低飞的飞机，在320km外探测到战舰。但是，由于雷达升空后向下探测会面临强烈的海面杂波或地面杂波（一般情况下，海面杂波比地面杂波要弱），而限于当时雷达的技术水平，还无法解决下视情况下地面杂波滤除的难题，因此，几乎没有地杂波下的可见能力；即使在稍强的海面杂波背景下，其目标探测能力也比较差。此外，除了2名飞行机组成员，TBM-3W只有1名雷达操作员，且机上没有雷达终端，需要预警机将雷达探测到的情报传送给地面，然后由地面对战斗机进行引导。由于TBM-3W接收改装的时间距离日本投降已不足4个月，因此并没有参与到实战中。即使如此，由于认识到机载预警的重要意义，1948年7月6日，美国海军正式组建首批两支航母舰载预警机中队，并对AN/APS-20雷达系统进行了改进，使其具备了搜索潜艇通气管的能力，进行相关升级的TBM-3W改称为TBM-3W2，并从1951年开始服役，早期交付的TBM-3W随后都进行了升级，总交付量达到了156架。

图1-20　TBM-3W预警机

◎　TBM-3W中的"W"就是"Waring"（警戒）的意思，在当时代表了一类新装备的出现，AN/APS-20雷达则是世界上最早的机载预警（AEW, Airborne Early Warning）雷达，它工作在S波段，天线尺寸2.4m×0.9m，峰值功率达0.8～1kW，脉冲宽度2μs，脉冲重复频率400Hz，质量680kg，可进行360°扫描，俯仰方向可以实现±15°的机械调节，由于性能较好，配装平台多，使用时间长，堪称一代神器（图1-21）。

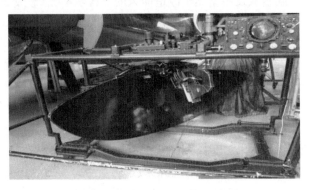

图1-21　AN/APS-20雷达

◇ 顺便指出，在与预警机相关的使用场合中，有人将"early warning"译为"早期预警"，其实是不必要的。"warning"为"警戒"，"early"为"预"，意思就是"早期"，二者合起来就是"预警"，没有必要再译出"早期"，以避免重复；如果要使用"早期"，似乎以"早期警戒"为宜。当然，在预警机之外的使用场合，也经常看到人们使用"早期预警"的术语并被列入《中国人民解放军军语》，以强调通过拓展预警距离以争取更多的预警时间，可视为已形成的习惯。

1945 年 5 月，美国海军启动凯迪拉克 II 计划，开始研制岸基型预警机，以克服舰载预警机受航母吨位限制存在的电子设备能力不足、操作员数量偏少等问题，于是 AN/APS-20 雷达又开始被安装在 B-17G "飞行堡垒"轰炸机上，构成了 PB-1W 预警机。相比体格单薄的 TBM-3，B-17G 的最大起飞质量高达 32720kg，机长 22.7m，机高 5.8m，翼展 31.6m，乘员 11 人。改装为预警机后，不仅搭载了 2 名雷达操作员以操作雷达设备，还搭载了 1 名战情指挥官和 2 名无线电发报员，可以引导舰载机对"神风"机群进行拦截。其有两种构型（图 1-22），一种是天线布置在机腹；另一种是天线布置在机背，但只改装了 1 架，且没有安装支架。PB-1W 预警机于 1946 年交付美国海军，前后共生产了 24 架，1955 年被 EC-121 预警机取代。

（a）天线布置在机腹　　　　　　　　（b）天线布置在机背

图 1-22　PB-1W 预警机

在 PB-1W 之后发展并在 20 世纪 50 年代前后使用的预警机，还有格鲁曼公司研制的以 AF-2W "卫士"（Guardian）反潜机改造而来的舰载预警机（图 1-23）、洛克希德公司以 P-2 "海王星"陆基双发中型飞机改造而来的 P2V-3/4（后被改名为 P-2D，图 1-24）预警机及道格拉斯公司（Douglas）以"空中袭击者"（Sky Rider）攻击机改造而来的 AD-3/4/5W 系列舰载预警机（图 1-25）。其中，AF-2 反潜机是美国海军有史以来列装的体积最大的单发活塞动力舰载飞机，最大起飞重量 11567kg，机长 13.2m，翼展 18.49m，机高 4.93m，按"一机两型、双机猎杀"概念设计，执行任务时需两架机协同，一架携带雷达，扮演"猎手"，编号中用"W"代表；另一架装备反潜鱼雷，充当"杀手"，编号中用"S"代表。1950 年投入使用，共生产了 387 架，有 AF-2S、AF-2W、AF-3S 和 AF-3W 等多种改型，其中 AF-2S 在右侧机翼上安装有 AN/APS-30 雷达，用于锁定目标，共生产了 193 架；AF-2W 在机腹下方配备了 AN/APS-20 雷达，共生产了 153 架。1955 年 8 月，AF-2 被同样由格鲁曼公司研制但能独立执行任务的 S-2 "跟踪者"双发反潜机取代。

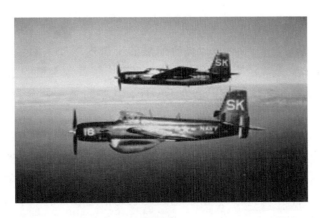

图 1-23 与 AF-2S 反潜机编队执行任务的 AF-2W 预警机

图 1-24 P2V-3/4 预警机

图 1-25 AD-3/4/5W 预警机

P2V-3/4 预警机的载机 P-2 是美国海军于 20 世纪五六十年代使用最多的陆基型海上巡逻机，有多种改型；P2V-3 和 P2V-4 都在机身下方装有 AN/APS-20 雷达，由此成为海上巡逻预警多功能飞机，并于 1962 年按照美军新的命名规则被更名为 P-2D。

AD-3/4/5 型飞机则是美军单座、单发螺旋桨活塞动力攻击机 A-1 系列的改型，作为美军 A 系列攻击机的首型，A-1 攻击机于 1945 年 1 月试飞，此时第二次世界大战已基本结束，但由于 A-1 性能可靠且有改进余地，因此未被下马。1947 年，第一种改型 AD-1 开始在航空母舰上服役，不久又有 AD-2、AD-3 至 AD-7 相继投产，而 AD-3/4/5

型先后被改装为 AD-3W/4W/5W 预警机，其最大起飞重量达到 10t 量级，AN/APS-20 雷达及其天线罩置于机腹，并在飞行员座舱后的机身内增加了两名雷达操作员座位，总交付量超过 400 架，是美国海军在 20 世纪 50 年代舰载预警机的主力。1962 年 9 月，AD-5W 按照美军新的命名规则被更名为 EA-1E，其中的第一个 E 表示电子类，第二个 E 则是指 AD 系列飞机的第五类改型。

这些自 20 世纪 40 年代中后期到 50 年代间服役的预警机，往往在装备与机型上与反潜机类似，部分机种甚至同时兼任反潜与预警任务，还没有很明显的分工，且此时的预警雷达在性能上也有很多不足。但预警机的出现，代表了人类对雷达的军事运用进入了一个崭新的阶段，机载预警雷达也因此成为雷达装备的一个重要分支和雷达技术研究的重要领域。

参考文献

[1] Gaspare Galati. 100 Years of Radar[M]. Springer International Publishing Switzerland，2016.

[2] Merrill I. Skolnik. 雷达系统导论[M]. 3 版. 左群声，徐国良，马林，等译. 北京：电子工业出版社，2006.

[3] George W. Stimson. 机载雷达导论[M]. 2 版. 吴汉平，等译. 北京：电子工业出版社，2005.

[4] 许小剑. 雷达目标散射特性测量与处理新技术[M]. 北京：国防工业出版社，2017.

[5] Bassem R. Mahafza. 雷达系统分析与设计[M]. 周万幸，胡明春，吴鸣亚，等译. 北京：电子工业出版社，2016.

[6] 王德纯，丁家会，程望东. 精密跟踪测量雷达技术[M]. 北京：电子工业出版社，2007.

[7] 郝赫. 电眼初睁——"本土链"雷达小史[J]. 兵器知识，2009（3）：67-69.

[8] 张光义，赵玉洁. 相控阵雷达技术[M]. 北京：电子工业出版社，2007.

第二章 "浅草"不能没"马蹄"

——机载预警雷达的"三高"技术

"孤山寺北贾亭西，水面初平云脚低。几处早莺争暖树，谁家新燕啄春泥。乱花渐欲迷人眼，浅草才能没马蹄。最爱湖东行不足，绿杨阴里白沙堤。"白居易这首脍炙人口的七律，尤以颈联"乱花渐欲迷人眼，浅草才能没马蹄"而被人传诵。雷达升空后，为探测低空飞行的目标，发射的无线电波需往下指向，触及地面或海面后形成的散射波的一部分会再次进入雷达，这些来自地面或海面的回波是不需要的，称为"地杂波"或"海杂波"，它们会在各个方位上呈现于雷达的显示屏幕上，正如白居易诗中的"迷眼乱花"；而且，杂波的强度通常比飞行目标的回波强度要大得多，足以遮盖目标，正如白居易诗中的"没蹄之草"。那么，雷达怎样才能不被"乱花"与"浅草"迷惑，从而在强烈的杂波中明察秋毫呢？人们探索到的方法就是采用脉冲多普勒体制，即在雷达以脉冲方式测量目标距离的基础上，进一步利用多普勒效应来区分目标和杂波，由此对雷达的天线、发射机和信号处理都提出了非常高的要求，相应的实现手段称为脉冲多普勒雷达的"三高"技术，这就是本章的话题。

远离和靠近你的火车

很多人都有过这样的生活体验，站在火车站台上时，如果一列火车鸣笛接近站台，我们会觉得其声音逐渐尖锐，而火车远离站台时其声音逐渐低沉。火车的鸣笛从尖锐到低沉的变化，实际上是进入人耳的鸣笛声声波频率的变化，而这种变化的产生正是由于火车存在相对于人的接近或远离的运动而引起的回波频率相对于发射波频率的偏移，即多普勒效应（图 2-1）。

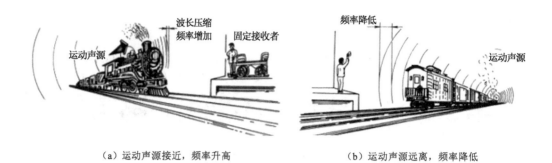

（a）运动声源接近，频率升高　　　　　　（b）运动声源远离，频率降低

图 2-1　多普勒效应

　　与此类似，当雷达向被监视的空域发射一定频率的电磁波时，如遇到活动目标，一般情况下该目标会存在接近或远离雷达的运动，因此从运动目标反射回雷达的电磁波频率与发射波的频率会发生变化，二者的差值称为"多普勒频率"。多普勒频率与目标速度成正比，与雷达波长成反比。如果目标是接近雷达的，则多普勒频率是正的，反之是负的（图 2-2）。举例来说，当雷达波长为 0.1m（即 S 波段）时，如果目标以 0.8 马赫（即 0.8 倍的音速，约 260m/s）的速度接近雷达，则目标的多普勒频率为正的 5200Hz。特别地，当雷达运动速度与目标运动速度平行时，此时目标的多普勒频率为零。根据多普勒频率的符号和大小，可测出目标接近或远离雷达的速度。

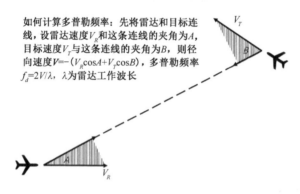

如何计算多普勒频率：先将雷达和目标连线，设雷达速度 V_R 和这条连线的夹角为 A，目标速度 V_T 与这条连线的夹角为 B，则径向速度 $V=-(V_R\cos A+V_T\cos B)$，多普勒频率 $f_d=2V/\lambda$，λ 为雷达工作波长

图 2-2　多普勒频率的计算

　　◇　由于物体运动速度是一个矢量，既有大小又有方向，而多普勒频率是用"接近"或"远离"的速度来度量的，因此在计算雷达的多普勒频率时要注意，只有目标和雷达的运动矢量在目标与雷达连线上的分量，即径向分量，才对"接近"或"远离"有贡献，无论是目标还是雷达，它们在垂直于二者连线方向上的速度分量，即切向分量，对"接近"或"远离"都是没有贡献的，因此不能参与多普勒频率的计算。可以看到，在雷达波长确定后，这个分量既与雷达速度和目标速度的大小有关，也与二者夹角（的余弦）有关。而从本章后面的讨论又可以看到，工程实践中，目标的多普勒速度只与目标运动速度及其在雷达与目标连线上的投影有关，与雷达运动速度无关。

　　脉冲多普勒（Pulse Doppler，PD）技术原理于 20 世纪 50 年代后期提出，60 年代后期逐渐成熟，70 年代开始在机载预警雷达（如美国海军 E-2C 的 AN/APS-145 雷达和美国空军 E-3 系列的 AN/APY-1/2 雷达）和机载火控雷达（如美国空军 F-16 战斗机上的 AN/APG-66 雷达）中得到广泛应用。其基本原理是，地面与雷达要探测的飞行目标，二者相对于雷达有着不同的径向运动速度，因此它们所反射进入雷达的回波，其多普勒频率有所不同，从而可以将杂波与目标区分开来。

减少"杂草"茂密程度的三件"法宝"

虽然脉冲多普勒技术将目标回波和杂波区分开来的基本原理非常简单，但做起来非常困难，这种困难主要体现在，如果目标的回波与杂波的回波在多普勒频率数值上能够区分，必须满足两个前提条件：一是在目标回波所在的多普勒频率位置上不能出现杂波，如果把杂波比作"杂草"，显然，"杂草"不能长得太茂密，而应该是越稀疏越好，如果过于茂密，就会大大增加与目标回波同处于一个多普勒频率位置上的概率；同时"杂草"也不能长得太高，否则会遮盖目标回波，而如果"杂草"确实长得太高，就需要强效的"割草机"或"除草剂"来减少"杂草"对目标的遮挡。二是脉冲多普勒雷达要想真正具备强杂波中下视的能力，就得掌握三件"法宝"，即超低副瓣天线、高纯频谱发射机和高性能信号处理器。其中，超低副瓣天线和高纯频谱发射机都可以起到降低"杂草"的茂密程度和生长高度的目的，而高性能的信号处理器则主要发挥有效的"除草"作用，从而共同为机载预警雷达打造出锐利的"鹰眼"。

"鸠占鹊巢"——杂波多普勒频率分布范围的展宽

有三类主要因素，使得机载预警雷达在下视照射时，杂波的多普勒频率分布范围会显著扩大，从而"杂草"被蔓延开来，占据了目标多普勒频率可能出现的范围，即"鸠占鹊巢"，很多空间位置上的目标回波的能量必须同杂波竞争，因此不利于目标的检测。

一是因为天线存在副瓣。我们已经知道，雷达天线是雷达将注入发射机的电能转化为电磁波并且辐射到空中的装置。为使电磁波辐射得更远，天线要尽可能地在空间某个指定方向集中辐射能量，从而构成天线方向图的主瓣。由于实际的天线总是不理想的，会同时向其他方向辐射能量，因此不可避免地会存在方向图副瓣。通过副瓣辐射出的功率虽远远低于主瓣功率（通常用副瓣平均增益与主瓣增益的比来衡量，这个比值是负值，其绝对值越大越好，低于 30dB 以上的称为"低副瓣"，低于 40dB 以上的称为"超低副瓣"，见图 2-3），但它在各个方向上都存在辐射，所以在雷达下视时，天线在各个方向上的能量都会照射到地面，从而在各个方向上都有反射的回波（即副瓣杂波）进入雷达。由于地面或海面对雷达波的反射能力通常远远大于目标对雷达波的反射能力，所以，副瓣杂波的功率非常可观。也就是说，每当雷达下视时，天线都会向地面或海面撒出一片片"杂草"，雷达自己也得在这片"杂草"中寻找目标。

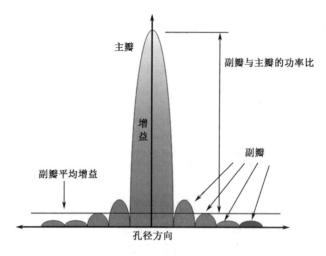

图 2-3　天线副瓣水平的衡量

　　二是因为雷达的运动。从图 2-2 可以看出，有（相对）运动，就会有多普勒频率。由于雷达搭载在飞机上，雷达与地面是有相对运动的，照射到地面的多普勒频率，与这个地面被雷达波束照射到的角度，以及雷达本身的运动速度有关。由于副瓣能量朝向各个方向都有辐射，各个被照射到的地面与雷达速度矢量的夹角最大的地方在前方和后方的无穷远处，分别为 0° 和 180°，该地面对应的多普勒频率是 2 倍雷达飞行速度与夹角余弦的乘积再除以波长；在这个 180° 的空间夹角范围内，由于每一个照射地块的彼此方位都不同，因此相对速度有差异，多普勒频率也就不同，分布在一个较宽的范围内，如图 2-4 所示（V_a 为雷达相对于地面的飞行速度，λ 为雷达工作波长）。我们可以看出，即使天线存在各个方向上的副瓣，但如果没有雷达的运动，就像地面雷达那样，杂波的多普勒频率就都是零，不至于分布在很大的多普勒频率范围内，从而可能淹没与之有同样多普勒频率的目标（如图 2-4 中的目标 A）。

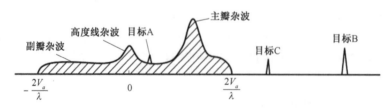

图 2-4　地杂波的多普勒频率范围与强度分布

　　不仅如此。从图 2-4 中还可以看到，杂波的多普勒频率分布（即杂波谱）不是平坦的，而是有两个明显的高峰。一是主瓣杂波，也就是最高的那个峰，对应了雷达主瓣照射到地面形成的杂波，因为雷达主瓣蕴含的功率最强，所以主瓣照射到的地块所形成的杂波，对应的强度最大。而由于天线能量是从主瓣向外逐渐衰减的，主瓣附近的副瓣常常较高，对应的副瓣杂波就可能较强。二是高度线杂波，也就是零多普勒频率对应的峰值，是雷达机身正下方的地块被副瓣照射所形成的杂波，这一部分地块相对于雷达的径向运动速度为 0；虽然副瓣的强度要比主瓣低很多，但是由于这一部分离雷达较近，照射和返回到雷达的距离最短，传输衰减也就最小，因此其强度也不可小觑。

◎ 仅从预警雷达的角度看，预警机的运动速度越小越好，否则容易引起杂波的更大展宽，对探测不利，最好的情况就是飞机静止。但作为预警机系统来说，运动速度的选择还取决于油耗的经济性，这一点有利于提供更长的留空时间；同时较大的飞行速度也有利于用较短的时间覆盖尽量大的空域，并且快速抵达或脱离战场。

三是因为脉冲重复频率的影响。从前面对杂波的讨论可以看出，其多普勒特性是以频率为自变量的，而雷达发射和接收的脉冲，都是以时间为自变量的，这就意味着，雷达对信号以时间为自变量和以频率为自变量时都应该具备处理能力，两者之间联系的纽带是傅里叶变换，它可以把一个在时间域以时间为自变量所描述的信号变换为以频率为自变量所描述的信号，其实质就是找到信号的所有频率分量，以及在每一个频率分量上的对应的信号强度。这个过程有些类似于白光通过棱镜而分解出不同频率（从而颜色也不同）的光，傅里叶变换就相当于棱镜，通过"棱镜"后的结果是得到信号的频率分布特点，即"频谱"，简称"谱"。

◇ 在利用傅里叶变换实现时间与频率之间的转换时，有一个"一致"关系和一个"相反"关系是要深入理解的。这里首先来看"一致"关系，它是指信号的周期性在变换前后是保留的。对于脉冲雷达来说，"脉冲重复周期"这个概念就说明从时间上看，脉冲信号是周期性的；通过傅里叶变换到以频率为自变量来描述后，这种周期性不能丢失，只不过，以时间为坐标度量信号的周期性时，重复的是一个个的脉冲，它们之间的间隔是脉冲重复周期，以频率为坐标度量信号的周期性时，重复的是一段段的谱，每段谱之间的间隔就是脉冲重复频率，而脉冲重复频率是脉冲重复周期的倒数。例如，对于 0.1ms 的脉冲重复周期，每段频谱之间的间隔就是 10kHz。

对于杂波谱来说，由于它是以脉冲重复频率为间隔重复的，也就是说，杂波谱的中心位置会出现在 PRF 数值的 0 倍、1 倍、2 倍等整数倍上，如图 2-5 所示的 f_r、$2f_r$ 等位置上。显然，这就会带来一个有意思的问题，即如果杂波谱的范围很宽，而脉冲重复频率的数值又较小，超出了脉冲重复频率所决定的间隔，怎么办？当杂波谱的宽度小于脉冲重复频率时，可以看到存在没有杂波覆盖的区域，这些区域称为"清洁区"[图 2-5（a）]。如果目标的多普勒频率位于清洁区（此时对应目标的多普勒速度绝对值较大，比如实际飞行速度较高且与雷达相对迎头飞行的情况），在检测时目标能量就只需要与这些区域的噪声对抗，而不用与比噪声强得多的杂波对抗，探测距离就会更远。当杂波谱的宽度大于脉冲重复频率时，杂波谱会出现重叠[图 2-5（b）]。例如，在 0 倍 PRF 数值上出现的杂波谱的右侧会与在 1 倍 PRF 数值上出现的杂波谱的左侧叠加，此时不仅没有清洁区，而且在原来出现杂波的区域其强度还会增大，当目标的多普勒频率落在这样的位置时，需要对抗更多的杂波，从而影响雷达的检测。

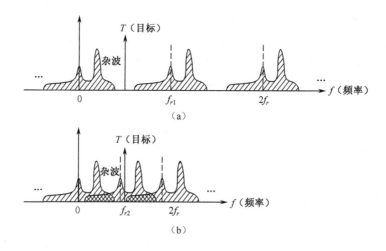

图 2-5　杂波谱在 PRF 作用下被折叠

再看目标谱，由于目标通常被视作一个点，因此它被雷达主瓣照射后，在空间相对于雷达的多普勒视线角只有一个，不像杂波在空间相对于雷达的视线角一直从前向 0° 延伸到后向 180°，所以可以认为目标谱就是一根线，即目标的多普勒频率不会被展宽。一个目标只有一根谱线，当然，不同目标可能会由于多普勒频率相同而处于同一位置。

从这里的讨论可以看出，与前两种因素在物理上真实增加了杂波的分布范围与强度有所不同，脉冲重复频率可能使雷达"看"起来或"感受"到的杂波分布范围和强度明显增加，从而给目标的检测带来不利影响。

杂波是弹簧，你强它也强——超低副瓣天线技术

由于天线的副瓣会增加杂波在频率上的分布范围和强度，加之 PRF 还可能引起杂波的重叠，因此要求在设计天线时副瓣尽量低——通常要求实现超低副瓣，这样才能充分降低副瓣照射到地面（或海面）后由于其反射引起的杂波。

世界上第一个超低副瓣的机载预警雷达天线配置于美国 E-3A 预警机（图 2-6）。它工作在 3.1～3.3GHz（S 波段），天线椭圆长短轴尺寸为 7.3m×1.5m，面积为 8.6m²；其副瓣功率相比主瓣要低 40dB 以上，远远优于 E-2C，对雷达拥有良好的下视探测性能起到了重要作用（图 2-7）。它采用波导缝隙（又称"裂缝"）平面阵列天线，将波导（可以简单理解为电磁波从发射机输送到天线及从天线输送到接收机的通道）一根根排列起来，并且在波导上开出缝隙，电磁波由此向空间辐射出去并在空间进行能量合成，即形成方向图。由于缝隙很多，即可以控制的辐射单元的数量很多，所以增加了控制天线方向图形成的自由度与灵活性，因此相比其他类型的天线（如锅状的抛物面天线和鱼骨状的八木天线等，参见第四章），更容易实现超低副瓣。

图 2-6　美国 E-3A 预警机

图 2-7　E-3A 预警机的雷达天线

★ 高性能的天线是设计理论和计算工具发展到一定程度后的产物。E-3A 预警机的雷达天线共有 30 根波导，其中最长的一根波导上布置了 160 个裂缝，虽然每根波导长短不一（主要是因为外部的天线罩是椭球形，因此天线阵面的整体形状应该与天线罩的椭圆形剖面一致），但总的裂缝数也达到了数千个。通过对每一个辐射单元所辐射出的电磁波能量在空间的分布进行精心设计，以及对辐射单元的数量及单元之间的间距进行精心选择，就有可能形成理论上所需要的最终能量分布。当然，设计上更多的自由度也带来了计算量的显著增加，在 20 世纪 60 年代，相对而言，抛物面天线的设计自由度小，计算量小；平板缝隙阵列天线的设计自由度大，但计算量也大，因此引入了计算机辅助设计。

天线设计出来以后，还需要对每一个天线单元的加工精度进行精确控制，并做好天线的测试，以便精确地发现实际值与设计值的偏离；而在使用过程中，由于环境影响，天线单元的幅度和相位可能偏离设计值，因此还需要进行校准。仍以 E-3 系列预警机的雷达天线为例，它的数千个裂缝都是用数字控制方法铣切出来的，其平直度、开缝倾角、深度、宽度和间距都严格保持在允许的公差范围内，其中，每根波导的平直度是 0.66mm，开缝倾角公差为 0.08°，深度公差为 0.038mm，宽度公差为 0.025mm，间距公差为 0.051mm，需要采用机械和激光系统进行精密测量。每根波导所辐射出的信号幅度和相位（参见第三章）也都是精密控制的，且其方向图都经过了严格的测试，在此基础上又对幅度和相位做了精细调整，以补偿因天线制造工艺或使用环境引起的偏差。精细调整的数据存储在可编程只读存储器（ROM）中，ROM 也因而成为天线的一个组成部分。

也许有读者会问，在杂波中检测目标时，为什么不能提高发射机的功率来增强雷达的入射波打在飞机上的回波强度呢？首先，如第一章所述，通过提高发射机的功率来提高雷达的探测距离，并不经济。其次，对于波束向上探测高空目标（也就是天线波束不打地）的雷达来说，增加发射机的功率是可以拓展雷达作用距离的，因为进入雷达接收机的主要是目标的回波，空中的杂波强度比较弱，所以发射功率大了以后，后向散射回来的功率也就大了；但对于机载预警雷达来说，由于发射机功率通过天线主瓣和副瓣分别辐射出来的能量都会打地，因此增加发射机功率的同时也会增加地面或海面杂波的功率，不会带来增大信号能量与杂波能量比值的好处，正所谓"杂波是弹簧，你强它也强"，也就不利于在杂波中检测目标。所以，机载预警雷达检测目标的正道还在于努力降低天线副瓣，尽量多地让雷达能量从主瓣而不是副瓣辐射出去；如果天线副瓣做不到足够低，那就只能在杂波比较弱的区域如海面或沙漠，才能正常工作。

除了天线的副瓣性能可以影响杂波强度，天线的波束宽度、距离分辨力（即脉冲宽度）与波束照射到地面（或海面）的角度还决定了天线照射到地面（或海面）的反射面（即杂波分辨单元）尺寸，从而也会对杂波强度产生影响。其中，波束宽度乘以距离决定了杂波分辨单元的横向尺寸，距离分辨力则决定了其纵向尺寸。例如，一部机载预警雷达飞行高度为 7000m，需要检测 400km 以外的某个 RCS 为 $5m^2$ 的低空飞行目标，雷达波束宽度为 3°，信号带宽为 2.5MHz，即距离分辨力为 60m，γ 取 0.15，则所照射地块的 RCS 将高达 $1500m^2$ 以上（读者可自行计算），远远超过目标的 RCS，这可以说明杂波背景下低飞目标是很难检测的。因此，窄波束、窄脉冲有助于减轻杂波。当然，波束宽度和脉冲都不能无限制地窄，例如，脉冲宽度受信号处理带宽的影响，波束宽度又会影响预警雷达对空域的搜索效率，等等；而且，如果雷达分辨力较高，高分辨力雷达杂波的统计特性会显著不同于中、低分辨力雷达，如果还按照中、低分辨力雷达的统计特性去进行目标检测处理，就有可能降低雷达性能。

★ 通过尽量降低天线副瓣，可以有效降低大面积内的地面或海面杂波的影响，但有些点状或孤立的强杂波，如来自桥梁、高楼的反射，仍有可能从天线副瓣方向被雷达接收，并因足够强的能量而被当作目标检测出来。为了抑制这种杂波，脉冲多普勒雷达通常会设置辅助天线，又称保护天线，其增益要比雷达主天线的主瓣增益小很多，

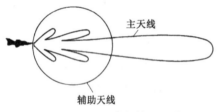

图 2-8　主天线与辅助天线

但比雷达主天线的副瓣增益略大；当点状杂波被保护天线和雷达天线同时接收时，雷达会将两个通道的回波强度进行比较；如果保护通道的输出强于主通道，则回波被抑制，反之则保留（图 2-8）。在 E-3A 预警机的波导缝隙阵列天线中，其波导总数为 30 根，雷达（主）天线占用 28 根，另外 2 根就是用来构建保护天线的。

问渠那得清如许——高纯频谱发射机技术

要求雷达发射机所产生的电磁波信号的频率（即射频）长时间稳定在特定的频率上，这就是对发射机提出的高纯频谱要求。在脉冲多普勒雷达中，如果射频的频率范围严格限制在规定的范围内，目标回波的频率变化就会仅仅由目标的运动所产生的多普勒效应引起；而如果雷达发射机的频谱纯度不高，在接收机看来的目标回波频率实际上就会由两类原因引起：一类是目标运动产生的多普勒频率，另一类是电磁波发射频率的变化，如果仍然按目标回波的频率变化仅由多普勒频率产生去进行处理，就会出现错误。也可以从另外一个角度理解，如果发射信号不需要的频率分量较多，等效于扩大了杂波信号所覆盖的频率范围或者加大了其强度，那么就会对目标回波的提取处理造成不利影响。例如，当脉冲重复频率足够大时，图 2-5 是存在没有杂波的清洁

区的。如果发射机频谱不够纯净，就有可能在清洁区引入杂散频谱分量，从而使雷达不得不在 "浑水" 中检测目标——正所谓，"问渠那得清如许，为有源头活水来"。

雷达的发射机经历了从磁控管、真空管到固态器件的发展。在雷达发展早期广泛使用的正交场管——磁控管，由于其频率稳定度比较差，已逐渐退出历史舞台，不能应用于机载 PD 雷达。目前在预警机中广泛采用的发射机类型，根据对电流进行放大的器件来分类，可以分为真空管发射机和固态发射机。真空管技术研究电子在真空（或气体）中的应用，它始于爱迪生 1883 年研究白炽灯时所发现的电子可以从灼热的灯丝通过真空到达灯泡内的金属极板上的现象，1904 年及其之后所发明的二极管、三极管、四极管和五极管等都是真空管。英国本土链雷达发射机所采用的就是真空四极管。真空管可以利用外加的电压和电流，将电子在真空中加速，获得很高的能量。电子在真空中的位置和运动的方向，可以利用外加的静电场和磁场来控制。在雷达中用得比较多的真空管主要有行波管和速调管这两种线性注管，所谓线性注管是指外加磁场的方向与电子运动的方向相同。行波管的工作频率范围较宽、能量利用率高、寿命长，适于机载和星载场合；而速调管承受的功率大，工作频率范围相对较窄，适于对功率要求比较高的地面雷达，以及对功率要求比较高的机载雷达。如果对电子的放大和控制是在半导体中进行的，则称为 "固态器件"。固态器件的集成度高，且工作电压相比真空管来说要低得多。

在预警雷达中，美国海军舰载 E-2C 预警机（图 2-9）采用真空三极管进行放大，工作在 P 波段，峰值功率为兆瓦量级；E-2D 预警机（图 2-10）则基于第三代半导体的碳化硅器件研制出的固态发射机；美国 E-3A 预警机和苏联 A-50 预警机（图 2-11）采用的则是速调管。

图 2-9　美国海军舰载 E-2C 预警机

图 2-10　编队飞行的 E-2D 预警机

图 2-11　苏联 A-50 预警机

"杂草"丛中的"割草机"——高性能的雷达信号处理

前面已经指出，通过降低天线副瓣和提高发射机频率稳定性，可以减少"杂草"的茂密程度。而一旦这些"杂草"已经长了出来，雷达为了在杂波中发现目标，就必须除掉这些"杂草"，这在信号处理上称为"滤波"，也就是仅把目标回波提取出来，而把杂波过滤和筛选出去。

机载 PD 雷达对杂波信号的有效滤除，可以认为来源于地面雷达的"动目标显示"（Moving Target Indication，MTI）技术，这种技术较早用于区分运动的飞行目标和静止的地杂波。对于地面雷达来说，地面是静止的，其多普勒频率为零；而飞行目标相对于地面雷达是运动的，多普勒频率不为零。它通过一种称为"滤波器"的频率选择装置，让飞行目标所对应的频率范围内的电磁波无衰减甚至放大地通过雷达回波处理器，而其他频率的回波则被抑制。具体做起来，就是对于飞行目标和地面回波，都将其先后相邻的 2 个回波进行一次比较，看有没有差异。因为飞行目标是动的，位置变化后与雷达的距离变化了，所以回波信号就变化了，因此，先后两次回波是不同的，二者相减就会有差值；而地杂波是不动的，两个回波相同，二者相减差值为零。依此类推，通过滤波器的频率筛选，就可以找出两次回波相减有差值的飞行目标。问题是如何将第一个回波存储起来，以便与第二个回波比较，因为雷达的先后两次回波来得太快，间隔或不足 1ms，频率很高，间隔很短，这在雷达发展的早期是一件很难的事。20 世纪 50 年代，还没有存储器，到 70 年代末期，存储容量能达到 4KB 水平就很了不起了。当时的办法是采用延时线（图 2-12），就是用一根镍丝作介质（也可以采用钢丝等其他介质）。一个回波就是一个雷达脉冲，根据脉冲的幅度强弱，将其转化为超声波音频信号，由于超声波的传播速度比光的传播速度慢得多，延时就容

图 2-12　早期用于雷达信号处理的延时线

易实现了。再将这个信号与第二个信号相比较，差值也就出来了。求差以后的结果，等效于地杂波的频率落在滤波器的凹口处（图 2-13），这个凹口处对应的多普勒频率位置就是零频，这个多普勒频率位置上的杂波是不能通过滤波器的；从中也可以看出，虽然此时地杂波的频谱理论上只在固定的零频率上，但由于脉冲重复周期及在频率域处理信号的影响，仍然出现了类似于图 2-5 所示的那种重复性，即地杂波的多普勒频率除了出现在零频位置上，还会出现在脉冲重复频率 f_r 的整数倍上，因此，在这些整数倍位置上也会设置滤波器。但将雷达搬上飞机形成机载预警雷达后，使用 MTI 技术就困难了。因为雷达是搭载在飞机上的，它与飞机一起飞行，雷达与地面就有了相对运动，并且由于天线副瓣打地的影响，地杂波也有了多普勒频率且分布在较宽的范围内，飞行目标与杂波的各自两次回波相减后都不再是零，如果要继续采用 MTI 技术，就必须抵消掉雷达的运动，并且尽量降低副瓣引起的杂波。

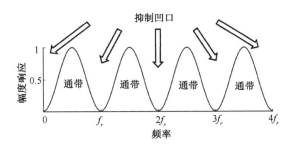

图 2-13 动目标显示技术原理

但是，仅仅这样做是不够的，还需要解决同时对多个目标都能够获取目标方向和速率的问题。预警机上的雷达在 360° 范围内能够接收到各种飞行目标的回波，它们所处的位置相对于雷达有不同的径向夹角和速度，回波的多普勒频率覆盖范围是非常宽的。由于目标数量多，且它们可能的多普勒频率很多，因此必须使这些频率都能够被筛选和分辨出来，就像把筛子的筛眼做小或者把筛眼数量做多一样。这种做法相当于将图 2-13 所示的动目标显示技术处理的相邻两个凹口之间的通带（即可以允许目标回波信号通过的多普勒频率范围）拆成很多组小的滤波器，形成多普勒滤波器组（图 2-14），这就为雷达"看"到飞机目标的各种可能的多普勒频率打开了更多扇"窗户"，每一扇"窗户"的位置对应着一小段多普勒频率。当飞行目标的多普勒频率落在"窗户"范围内时，它就会被判读为"窗户"位置处所对应的频率；由于"窗户"是有一定宽度的，一个"窗户"的整个宽度只会被判读为一个多普勒频率，也就是说"窗户"的宽度决定了雷达判别目标多普勒频率的最小单位，称为"速度分辨力"，利用多普勒滤波器组来提取目标的多普勒频率，就是脉冲多普勒处理的核心内容。

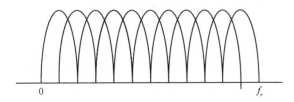

图 2-14 多普勒频率窄带滤波器组

从图 2-14 可以看出，要想使目标被检测出来，必须使其谱所在的位置包含尽量少的杂波与噪声，这就要缩小在目标谱位置附近的滤波器宽度，即构建窄带滤波器，因为滤波器的宽度越大，里面蕴含的杂波或噪声就越多；而为了同时测量多个目标，滤波器就应该成组，以覆盖到更多可能的多普勒频率，而由于目标的多普勒谱线是单根的，PD 雷达也因此能够对目标的单根谱线进行滤波，它具体是这样做的：在每一个脉冲重复周期所包含的时间间隔中的不同时刻上，都可能有回波到达，到达时刻的不同，也就对应了距离的不同；因此，我们可以认为在脉冲重复周期对应的这一时间段内设置了很多"门"，称为"距离门"，"门"的宽度就是脉冲宽度（例如，PRI 为 200μs、脉冲宽度为 2μs 时，则有 100 个距离门）；由于每一个距离门对应的是不同的时间，也就对应了一个距离；如果从一个"门"进来了信号，其对应的距离就是距离门所表明的距离。又因为在每一个距离门上都可能收到从同一目标返回的多个脉冲，雷达要把这些脉冲串的能量加起来（称为"积累"），以获得与杂波或噪声相对抗的更多能量。信号的多个回波脉冲能量相加，就对应了通过傅里叶变换在多普勒频率上形成了滤波器，并压窄了滤波器所对应的频率范围（即"滤波器宽度"）。因为时间和频率的倒数关系，使得脉冲能量积累时间的加长变成了多普勒频率范围域的变窄，从而减少了滤波器内与目标谱相对抗的杂波和噪声。举个例子，有 100 个距离门，每一个距离门上对应的回波有 64 个脉冲串，我们需要把这 64 个脉冲串的能量加起来，就等效于在每个距离门上都设置了 64 个滤波器，它们全部位于一个 PRF 所确定的频率间隔范围内，一共要设置 64×100 个滤波器。可以看到，如果仍然像雷达发展的早期那样利用延时线来构造滤波器就不行了。采用 MTI 技术的雷达只需要一根延时线，最多三根；而对于脉冲多普勒雷达来说，就要用几千根延时线了。在 20 世纪五六十年代，计算机技术还不发达，在数字处理上还远没有达到实用阶段，因此当时做多普勒滤波器非常麻烦，只能用模拟电路来做，不仅设备多，电路非常复杂，而且体积庞大，可靠性也不高。所以 PD 技术必须要求有高性能的信号处理装置，使得其不仅能够快速处理信号，而且也能便于在飞机上安装。

★ 由此我们可进一步理解傅里叶变换的相反关系，即时间（周期）和频率的倒数关系。傅里叶变换前，以脉冲重复周期衡量的时间间隔越小，在傅里叶变换后对信号频率进行处理时，以脉冲重复频率衡量的间隔就越大。而在脉冲多普勒滤波器组的构建中，用以积累的脉冲数越多，意味着处理时间的增加，滤波器的数量也就越多，而每一个滤波器的宽度（对应的是多普勒频率的数值）也就越窄，从而蕴含在每一个滤波器内与目标检测相对抗的噪声或杂波能量也就越少。当然，这个滤波器宽度也不能无限制地窄，否则就意味着雷达天线在每一个波束扫描的位置上要接收到更多的脉冲并积累更长的时间，从而影响全部方位上搜索一次所用的时间（即扫描周期，其倒数称为"数据率"，但两个概念也常常混用）。第一章已经指出，机载预警雷达的典型扫描周期与大多数地面情报雷达一样，一般为 10s；对应于在每个波束位置上对目标进行积累的时间，为十数毫秒至数十毫秒量级，从而窄带滤波器组的典型频带宽度一般为数十赫兹。在这样的时长或多普勒带宽内，目标还不至于跨越到另外的距离门或多普勒分辨单元上，也就是说，要处理的多个脉冲还可以认为都是来自相同的距离并具备相同的速度；而一味地加长积累的时间，除了影响扫描周期，还可能导致在积累时间内目标先后跨越不同的距离门或者多普勒分辨单元，从而导致对目标的个数、距离和速度判断的错误，影响到目标的检测。

简单重复背后的玄机——三种脉冲重复频率的选择

脉冲多普勒雷达的回波信号在频率上的重复性，很容易使人联想到，既然从时间上测距离可能出现模糊，在频率域测多普勒频率是否也可能出现模糊。答案是肯定的。

为形象起见，我们可以想象在数轴的横轴上每个脉冲重复频率整数倍的谱线位置上都有 1 个标杆（如图 2-5 中的纵轴及虚线位置），目标的多普勒频率应该是将它所在位置对应的多普勒频率与纵轴处对应的多普勒频率（即"零多普勒频率"）相减得到的；当目标多普勒频率相对较高而脉冲重复频率相对较低时，代表目标多普勒频率的箭头将落在几个重复出现的标杆之外，在雷达看来，它是将回波的真实频率位置减去其左边最近的标杆所对应的多普勒频率而得到的，这就会产生多普勒频率计算的错误，或者说频率模糊。以 E-2C 预警机雷达为例，脉冲重复频率为 300Hz，表明标杆将以 300Hz 为间隔在数轴上重复，如果有一个飞行目标相对于雷达以 250m/s 的径向速度接近雷达，那么，在工作波长为 0.7m（载波频率约 430MHz，对应于 P 波段）时，其真实的多普勒频率将为 714.3Hz，对应的"箭头"将出现在自原点开始数起的第 2 个"标杆"（对应频率为 600Hz）之外，算出的频率只有 114.3Hz，再根据多普勒频率与速度的关系反算出的速度只有 40m/s。也就是说，此时，径向速度为 250m/s（或多普勒频率为 714.3Hz）的目标和径向速度为 40m/s（或多普勒频率为 114.3Hz）的目标在雷达看来具有相同的速度，这就是速度模糊后的结果。

◎ 测量目标的多普勒频率，实际上就是测量目标的径向速度，因此，脉冲多普勒技术使雷达不仅能够测量距离、方位角、俯仰角，也能够测量目标的速度。因为多普勒频率 $f_d = 2V/\lambda$（V 为径向速度，λ 为波长），目标的径向速度 V 则等于 $\lambda f_d/2$，即目标多普勒频率与波长乘积的一半。从这里也可以看出，正如距离与时间之间只差一个常数，我们可以说时间就是距离；多普勒频率与速度也只差一个常数，所以我们也可以说多普勒频率就是速度。

由于雷达工作频率（即工作波长）与雷达载机的飞行速度常常是事先选择好的，而目标的速度无法控制，所以，杂波与目标的真实频率分布特性我们都无法选择，多普勒频率测量之所以存在模糊，根本原因就在于 PRF 的选择。但由于频率与时间是倒数关系，因此对于预警机雷达的应用而言，时间测量（即距离测量）的不模糊与频率测量（即径向速度测量）的不模糊不可能同时满足。如果脉冲重复周期很长，即 PRF 很低，那么测距是不模糊的，但测速一定是模糊的，反之亦然。

脉冲多普勒雷达按 PRF 所带来的测速与测距的模糊性，可以分为三种类型。一是低重复频率（Low PRF，LPRF），测距不模糊，测速模糊；二是中重复频率（Median PRF，MPRF），测速与测距都模糊；三是高重复频率（High PRF，HPRF），测速不模糊，测距模糊。这里要注意的是，PRF 的高、中、低，并不是指其绝对数值，而是指对我们所要求测量的距离（比如，机载预警雷达通常要求 300km 以上的探测距离）和速度（比如，机载预警雷达通常要对常规动力飞行目标可能达到的 3 马赫以内的飞行速度能够检测）是否会产生模糊，离开预警雷达要测量的距离和速度去谈 PRF 的高、中、低，是没有意义的。

三类脉冲重复频率在预警机雷达中都有应用。HPRF 由于不存在速度模糊，因此可以简单、准确地测量速度。此外，由于 PRF 数值较大，标杆之间的间距很大，大于杂波的多普勒频率分布范围，因此存在某些多普勒频率范围内没有杂波的清洁区，这对应于飞行目标在迎头方向上接近预警机的情况。此时，目标多普勒频率较大，其位置偏离数轴原点较远，在没有速度模糊的情况下，就可能落入清洁区，所以 HPRF 对迎头飞行目标的探测距离较远。但由于尾随目标接近雷达的速度相对较低，其多普勒频率较小，会落入杂波区，目标能量需要对抗杂波，所以 HPRF 对尾随目标的探测距离就会减小，全方位探测不均衡，且由于 HPRF 存在距离模糊而不能直接测量距离，为了进行测距，就需要采用多组而不是一组脉冲重复频率。E-3A 预警机的雷达采用的就是 HPRF，高达 30kHz 以上。

LPRF 可直接测量距离，但不能直接测量速度。特别是从多普勒频率处理的角度看，由于 PRF 数值较小，杂波堆叠太严重，加剧了飞行目标信号强度与之对抗的难度，所以一般不用于陆地上空，而用于在海面或者高空这种杂波比较弱的场合。这也就是采用 LPRF 的舰载 E-2C 预警机雷达主要在海面上空工作的主要原因。但 LPRF 也有一定的反杂波能力，这种能力主要来自它的距离不模糊特性。雷达在接收一定距离上的回波时，如果测距不模糊，目标能量只需要对抗与它在同一个真实距离上的杂波；但如果测距模糊，目标能量不仅需要对抗与它在同一个真实距离上的杂波，还要对抗经模糊后与其处于相同距离上的杂波。例如，前面提到的 E-3A 预警机雷达，其不模糊距离仅有 4km；假设某个目标距雷达的距离为 401km，雷达的视在距离只有 1km，距离模糊非常严重，这就意味着 401km 处的目标能量不仅要和 401km 处距离上的杂波对抗，也要和 1km、5km、9km 等距离上的杂波对抗。

◎ 因为与机载预警雷达相隔同样距离的地杂波块，理论上都位于一个以预警机为圆心的圆上——更准确地说，由于照射到地块的雷达波束是有宽度的，实际上是一个圆环内；圆环内的每一点到雷达的距离都是相同的（但由于每个点对应的视线角不同，因此有不同的多普勒频率），这就意味着，每一个（真实或模糊）距离上的目标回波实际上都会同与其在相同的（真实或模糊）距离、不同的方位上的所有杂波对抗，这一点适用于任何 PRF 的情况。

采用 MPRF 的雷达，其检测性能正像它的名字所表达的那样，是一个在高重频和低重频之间的折中。它的距离和速度都不能直接测量（无论是测量距离还是测量速度，其基本原理都是脉冲对齐法，需要利用多组脉冲重复频率），但全方位上的探测距离比较一致。这主要是因为它与 HPRF 不同，不存在检测的无杂波区，所有多普勒频率的目标检测都需要与混叠后的杂波对抗，而杂波混叠的程度又没有低重频严重，且分布相对比较均衡。图 2-15 绘出了 HPRF（虚线）和 MPRF（实线）的距离-方位检测图，因为对称性，仅绘出半圆面；其中，在 90° 方向的目标由于其径向速度较低，在雷达看来，它的相对速度与杂波基本相同，因此难以被检测出来，探测距离将显著下降。

◎ 脉冲多普勒雷达将某个距离上来自不同方位（也就对应了不同的多普勒频率）的地杂波回波，通过在每一个 PRF 的间隔内建立的由多个滤波器构成的窄带多普勒滤波器组，按多普勒频率分布到一个个滤波器中，分散了杂波能量，使具有一定多普勒频率的目标信号只需要同与之在同一滤波器中的杂波和噪声能量对抗，从而增加了目标的信杂噪比，还提供了对多目标的检测与速度分辨能力。从第三章我们可以知道，脉冲多普勒雷达这种构成多普勒滤波器组的方法，实质上是在利用目标回波相位信息的基础上，将多个回波脉冲的能量有效地加了起来，称为"相参积累"；非脉冲多普勒雷达为了提高探测距离，也会对回波脉冲能量进行相加，但这种相加由于不能利用相位信息，称为"非相参积累"，其效率不如相参积累。

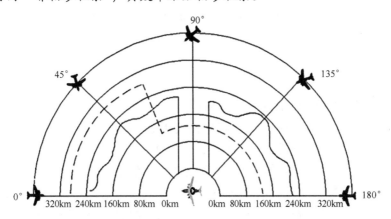

图 2-15 不同 PRF 对雷达在不同方位上探测距离的影响

★ 为了解决 PD 雷达中的距离模糊或频率模糊问题，需要采用多组 PRF，这些 PRF 在上述三种 PRF 中，通常都是在高、中、低中同属一类性质的。雷达每一次发现目标时，波束都会在目标上扫过一定的时间，称为"波束驻留时间"；在这个时间内，通常会发射 N 组不同的 PRF，每组 PRF 对应的脉冲数通常是数十个至一二百个，这个脉冲数就是窄带滤波器组的个数，对每组 PRF 对应的各个回波信号脉冲是相参积累的。信号能量如果超过预先设定的门限，就可以初步认为目标被检测出来，此时的门限称为"第一门限"；如果 N 组不同的 PRF 中，有 M 组目标的信号能量超过了第一门限，再将它们的信号能量进行相加，由于此时的相加没有信号的相位信息，因此是非相参积累，如果再超过门限（即第二门限），就最终认为目标被检测出来，这种处理方法称为"M/N 准则"。所以，PD 雷达的多组 PRF，除了用于解模糊外，也提高了检测概率，其主要的不利在于由于需要多组 PRF，且每组所需的脉冲数较多，这就意味着占用了更多的时间，有可能降低数据率。

多组 PRF 对检测概率的提升还体现在可以降低"盲速"的影响。从图 2-12 可以看出，由于滤波器组的凹口设置在零频及 PRF 的整数倍位置上，如果某些飞行目标的多普勒频率正好落在这些凹口处，就不会被检测出来，此时所对应的径向速度就是"盲速"。通过采用几组不同的 PRF，因为每组脉冲重复频率对应的凹口位置不一样，当某架飞机的多普勒频率落入某个 PRF 对应的凹口处时，对于另外一组 PRF，可能就不在凹口处而能被检测出来，这种方法称为"重频参差"。

◇ 需要指出的是，图 2-5 和图 2-13 所示的零频位置是零多普勒频率，但在工程中，零频位置是主瓣杂波对应的多普勒频率位置，这实质上就是对雷达运动的补偿。由于雷达需要对一定的空域进行搜索，因此天线主瓣的指向会一直变化，但每一时刻天线主瓣的指向是已知的，主瓣所照射到的地块与雷达的夹角以及雷达载机的运动速度和方向也都是已知的，于是就可以算出主瓣杂波所对应的多普勒频率。当然，由于主瓣指向的变化，多普勒频率位置也会跟着变化，始终将主杂波频率定为零频，也就是始终把滤波器的凹口对准主瓣杂波的多普勒频率，又称主杂波跟踪。此时，频率轴的零点就是图 2-4 和图 2-5 中的杂波强度峰值点所对应的横坐标，正是这种处理，补偿了雷达随载机平台的运动，使得运动的机载雷达就像静止的地面雷达一样。理解这一点对于计算目标的径向速度或多普勒频率非常重要。因为主杂波跟踪的缘故，目标的径向速度计算与雷达的速度无关，只需要把目标速度向两者的连线进行投影就可以了。

事实上，不同类型的 PRF 对天线副瓣的要求是不同的。一般来说，PRF 越高，对副瓣的要求越高。LPRF 由于在频率域已经高度混叠，其对抗杂波的能力主要来自时间域的测距不模糊，对天线副瓣的要求不高；以 E-2C 及其改型 E-2D 预警机为例，它们使用的是 LPRF，其八木天线的副瓣与主瓣功率的比值也仅仅达到 20 余分贝。

对于 HPRF，其特点是存在没有副瓣杂波的清洁区，如果仅在清洁区检测目标，对副瓣并不需要提出很高的要求。但由于 HPRF 同样需要检测多普勒频率相对较低的目标，此时目标的频谱可能落入杂波区。由于 HPRF 在距离上高度模糊，杂波在距离上混叠最为严重，主要的检测性能都是在对多普勒频率的处理中得到的，如果在依据多普勒频率进行目标检测时还需要面对较强的副瓣杂波，则性能可能严重下降，因此 HPRF 对于天线的低副瓣特性比较敏感，或者说，对天线的副瓣要求非常高。美国 E-3 系列预警机使用的就是 HPRF，脉冲重复频率为 300kHz，并为此研制出了世界上第一个超低副瓣天线。

对于 MPRF，由于杂波在距离上的混叠没有 HPRF 那样严重，在时间域内对抗杂波的能力要好于 HPRF，从而相对降低了在多普勒频率域的处理难度，且本来全部副瓣杂波都被混叠在 PRF 范围之内，天线副瓣功率稍高一些也不至于使性能恶化到哪里去，因此，MPRF 对天线副瓣的要求不如 HPRF。英国"猎迷"预警机（图 2-16）使用的就是 MPRF。

★ 人们常常使用距离-速度二维检测盲区图来反映机载预警雷达的探测性能，如图 2-17 所示。图中，黑色区域代表位于相应距离上、具备相应径向速度的目标不能被检测，即检测盲区；白色区域代表可检测区域；零径向速度及其附近区域对应的黑带代表目标多普勒频率被主瓣杂波遮挡的情形，也就是说，当目标的真实多普勒频率或经脉冲重复频率折叠后的多普勒频率（即视在多普勒频率）与主瓣杂波多普勒频率相同时，则不能被检测。在相对较远的距离上，黑色区域是连片的，表示在这些距离上由于目标回波强度较低，信号功率与杂波噪声功率的比不能超过检测门限，所以无法被检测；其他黑色区域则主要反映了副瓣杂波的影响。当在某个距离上以某个速度运动的目标，其真实或视在多普勒频率与某个位置上的副瓣杂波所对应的多普勒频率相同，且其回波强度与该多普勒频率位置上的杂波和噪声功率比不能超过检测门限时，这个目标也不能被检测。

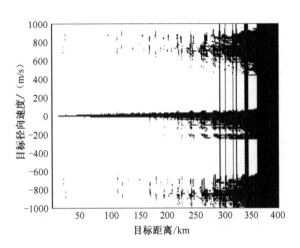

图 2-16 英国"猎迷"预警机　　图 2-17 PD 雷达距离-速度二维检测盲区图

总的来看，三种 PRF 中，LPRF 的反杂波能力主要是从时间/距离上获得的，而 MPRF 和 HPRF 则主要是从对多普勒频率的处理中获得的。为了提高雷达在各种地理条件下的探测能力，机载预警雷达的 PRF 可能会有多种；特别是由于 LPRF 和 HPRF 两者反杂波能力获取的途径有较大差异，在反杂波效益不能同时从距离和多普勒频率获得的情况下，究竟是从距离上获得的反杂波效益大，还是从多普勒频率上获得的反杂波效益大，可能需要结合各类脉冲重复频率自身的特点、天线副瓣水平及实际地理条件等各种因素仔细权衡。

应对脉冲多普勒雷达的"障眼法"——低径向速度飞行

从前面介绍的多普勒频率的计算过程中可以看到，当目标相对于预警机的速度方向与径向垂直时，径向速度为零，从而多普勒频率也为零，此时目标频率谱线会落入滤波器的凹口，雷达不能检测出目标。因此，低径向速度（以下简称"低速"）飞行的目标是脉冲多普勒雷达的探测短板，这是由其基本原理决定的。

理论上，仅当多普勒频率为零时目标才不能被检测出来，但实际上由于主瓣是有一定宽度或者说角度范围的，而被主瓣照射到的整个角度地块范围内的回波都是要被滤掉的，因此，陷入主瓣杂波滤波器凹口内的目标，其速度是一段范围，而不是仅仅一个值。假设雷达工作在 S 波段（中心频率 3GHz），方位波束宽度为 4°，雷达随飞机的运动速度为 300m/s，那么，在波束法线两侧各 2° 范围内的杂波多普勒频率都会落入凹口，如果目标的多普勒频率与此接近，也将落入凹口。此时可以计算出对应的多普勒频率为 418Hz，径向速度为 21m/s，相当于 76km/h，低于这个速度目标将不能被检测出来。典型的机载预警雷达，能够检测的目标速度下限一般为 30～50m/s，相当于 108～180km/h。

低速目标有两类：一类是本身运动速度就很低，再加上径向速度中视线角余弦的影响，造成径向速度较低，如直升机、无人机；一类是本身速度很快，但由于视线角很大导致的很小余弦值，成为决定径向速度的主要因素，如快速飞行的飞机目标航线与预警机航线平行。此时即使是 RCS 很大的目标，也可能因为落入主杂波范围而检测不出来。

需要指出的是，"低速"与前面提到的"盲速"，虽然从本质上来说都是目标多普勒频率位置正好落入滤波器的凹口，但两者还是有区别的。低速是指径向速度的绝对值很低，不用考虑混叠就会落入主瓣杂波凹口，此时用多组 PRF 不能解决问题；盲速则除了能够包含绝对低速的情况外，还包含了多普勒频率很高但经过混叠后落入滤波器凹口的情况，此时用多组 PRF 则可能会错开凹口。

★ 机载预警雷达在实际使用中，速度因素除了可能引起对某些需要检测的目标难以检测出来（即漏警）外，还可能引起对不需要的物体也被检测出来的情况（即虚警），这些物体主要包括高速铁路上的列车、高速公路上的汽车以及风力发电区域以一定速度旋转的风车，它们可能超过机载预警雷达的速度检测门限。为了抑制这种虚警，可以基于数字地图，将来自高铁、公路与风车所在区域的回波"抠掉"而不予检测。

看海面舰船与看海面上空的飞机

机载预警雷达最重要的探测对象有两类：一类是飞机目标，另一类是舰船目标。舰船是在海面航行的，而飞机既有可能在陆地上空飞行，又有可能在海面上空飞行。无论是探测陆地上空的飞机还是海面上空的飞机，用到的都是脉冲多普勒体制；而检测海面上的舰船，其原理则有所不同。

从本章前面的内容可以看出，雷达之所以探测飞机时要使用脉冲多普勒技术，是因为飞机是运动的，而陆地或海面都会引起杂波，通过多普勒原理可以将运动目标的回波与杂波区分开来。在海面条件下，由于海杂波通常要比地杂波弱很多，因此，同样是采用脉冲多普勒技术，雷达在海面上空的探测距离通常要更远。

如果将脉冲多普勒技术用于观测舰船，由于舰船的运行速度远远低于飞机目标，舰船回波的多普勒频率位置将处于低速盲区内，因此，机载预警雷达在探测舰船时一般不使用脉冲多普勒体制，而是使用普通脉冲体制，即直接将舰船的回波功率同海杂波功率进行比拼。由于海杂波本身相对地杂波就比较弱，另外，舰船对雷达波的反射能力通常较强（典型的中型导弹艇，一般认为其 RCS 是 500m^2），所以，舰船的回波常常可以具备同海杂波比拼能量的条件。此时，舰船的径向速度不能像脉冲多普勒体制那样直接测量，通常用目标在一定的观测时间内所移动的距离除以时间得到。

★ 由于目标运动所导致的姿态变化，RCS 是一个随时间随机起伏的物理量，图 2-18 给出了一架战斗机朝向某部雷达飞行时在 3s 内呈现出的 RCS 变化情况。为反映这种起伏特性，通常用 Swerling Ⅰ～Ⅳ型来描述，在机载预警雷达中用得最多的是 Ⅰ 型和 Ⅱ 型。两者对应的概率密度函数都可以用瑞利分布来描述，其中，概率密度函数衡量了目标 RCS 在 σ 和 $\sigma+\mathrm{d}\sigma$ 之间取值的概率；瑞利分布则说明，目标可以看作由多个相同雷达散射截面的子散射体（通常4～5个即可）构成，这些子散射体相互独立，散射彼此不受影响，目标的 RCS 是这些子散射体的散射结果的合成。两者的不同在于，Swerling I 型是指目标的 RCS 在波束每次扫描目标的全部时间（即一定宽度的波束从开始接触到目标一直到完全掠过目标的时间，又称为波束驻留时间，在这个时间内会返回多个脉冲）内是恒定的，但在相邻的两次波束驻留之间的变化是不相关的，称为"扫描到扫描起伏"，即"慢起伏"，飞机目标一般认为服从这个规律。Swerling II 型则是指目标的 RCS 在每相邻的两个照射脉冲之间就会发生不相关的随机变化，称为"快起伏"。雷达在探测舰船目标时，通常使不同的脉冲工作在不同的载频上，称为"频率捷变"，此时舰船目标 RCS 的起伏一般认为服从这个规律。在所要求的虚警概率和发现概率确定后，目标检测所需要的信噪比（即检测门限）主要与目标起伏类型和脉冲积累数有关，工程应用时有很多现成的曲线可查，可参阅《雷达目标特性》（黄培康、殷红成、许小剑著，电子工业出版社，2008年）。一般来说，慢起伏的目标在检测时，通常比快起伏需要更高的信噪比。这是因为，慢起伏目标的多个回波脉冲当中，如果前面的某个脉冲的强度未能超过检测门限，则后续的脉冲也很难超过门限，只有目标回波脉冲的信号强度始终足够大才能被检测出来；而快起伏目标由于相继脉冲的振幅会有较大变化，即使前面的某个脉冲没有超过门限，后续脉冲也可能超过门限而被检测出来。当然，当检测时积累的脉冲比较多时，快起伏目标的检测性能在很大程度上会被平均掉，其检测性能与不起伏或慢起伏目标相当。

图 2-18　目标 RCS 的起伏

事实上，在预警机上看飞机目标，如果目标在高空飞行，波束需要往上打，此时波束可能不打地，就不会有地面或海面杂波的影响，也可以采用普通脉冲体制，通常称之为"超视距探测"。因为预警机的飞行高度若在10km左右，则对低空目标的视线距离就是400km；如果要对400km以外的目标进行探测，就意味着波束不再打地，此时没有杂波的影响；但即使如此，由于待探测的目标距离太远，需要目标 RCS 足够大，其回波强度才能足够被检测，故这种方式主要适用于探测超视距的大型飞机目标。

预警机在 20 世纪 50 年代后期至 90 年代的发展

20 世纪 50 年代之后，美国海军可用的舰载机机体越来越大，格鲁曼公司将 S-2 "Tracer"（追踪者）舰载反潜机的机体加以改造，第一次将固定式雷达天线罩配置在机背上，采用"水滴"形式。机上的 AN/APS-82 雷达是对 AN/APS-20 雷达的改进，天线罩尺寸达 9.5m×1.5m，天线尺寸为 4.3m×1.2m，增加了"机载动目标显示"（AMTI）功能，从而有助于运动的雷达在探测低空运动的目标时滤除由海面反射造成的杂波，尽管其效果并不是很好。这种新飞机初期称为"WF-2 预警机"，后来改称为"E-1B 预警机"（图 2-19），无论是在雷达性能、巡航时间、操作人员负荷或是改进潜力等方面，均较"空中袭击者"预警机有了长足的进步，较第二次世界大战时应急改装的 TBM-3W、AF-2W 等更是不可同日而语，是世界上第一种真正实用化的预警机，一直使用到

![图 2-19 E-1B 预警机]

图 2-19 E-1B 预警机

1977 年才全部退役，由 E-2 系列预警机取代。

20 世纪 50 年代初期，美国海军还改装了 2 架配有 4 部发动机的 Lockheed C-121 运输机，并加装了 1 部 AN/APS-20 搜索雷达（位于机腹）和 1 部 X 波段的 AN/APS-45 测高雷达（位于机背），称为"WV-1 预警机"（也称"PO-1W"，后编号改为 EC-121L，图 2-20）。从 1962 年起，美国海军用 AN/APS-103 雷达取代了 AN/APS-45 雷达，用 AN/APS-95 雷达取代了 AN/APS-20 雷达，探测距离增加到 400km，有初步的滤除海面杂波的能力，但无陆上下视能力。1956 年 8 月，美国海军又推出其改进型 WV-2E，在机背上装置了一个直径达 11.8m、以每分钟 6 转速率旋转的圆盘型雷达罩，是世界上第一架配备圆盘型可旋转雷达罩的预警机（图 2-21），稍后 WV-2E 编号改为 EC-121L。但由于美国海军认为航母舰载型预警平台更为合适，因此 WV-2E 型预警机未能进一步发展。

图 2-20 WV-1/PO-1W 型预警机

图 2-21 WV-2E/EC-121L 型预警机

相比于美国海军对发展预警机的强烈动机，美国空军则显得有些冷淡。1951 年，美国空军虽然在朝鲜战争中 B-29 轰炸机遭到米格-15 战斗机击落的事件刺激下，开始尝试在 3 架 B-29 轰炸机上装配 AN/APS-20 雷达执行预警任务，称为 WB-29（据说可在 80km 外探测到米格战斗机），但未形成正式装备。1955 年，美国空军正式装备了原由美国海军研发的 WV-2 预警机，并改称 EC-121，早先也曾被称为 RC-121。到 20 世纪 80 年代初期，美国空军的 EC-121 完全退役，由新的 E-3A 预警机取代。

英国预警机的发展路线与美国十分类似，都是由海军首先进行。英国皇家海军在 20 世纪 50 年代起开始使用美国的"空中袭击者"预警机，自 60 年代开始以 Fairey 公司的"塘鹅"（Gannet）舰载预警机（图 2-22）代替。"塘鹅"舰载预警机由 20 世纪 50 年代初期开始服役的"塘鹅"舰载反潜机改装而来，机身下方整流罩内配备了 1 部经改进的 AN/APS-20 雷达，采用了机载动目标显示（AMTI），并配备了较大的显示器；载有 1 名飞行员与 2 名雷达操作人员。"塘鹅"舰载预警机由于外形上的特点，被认为是世界上最丑的飞机之一。

由于认识到低空入侵飞机对本土的威胁，20 世纪 60 年代末期英国皇家空军为

弥补陆基雷达的不足，紧急寻求立即可用的预警机，于是将封存的岸基"沙克尔顿"（Shackleton）（图 2-23）海上巡逻机的机体略作修改，装配从退役的"塘鹅"舰载预警机拆下的改进版 AN/APS-20 雷达与电子设备，充当预警机使用，称为"沙克尔顿 AEW.2"，以暂时填补空中预警任务的空缺，并支援"塘鹅"舰载预警机退役后海上舰队的预警任务。

图 2-22　英国"塘鹅"舰载预警机

图 2-23　英国"沙克尔顿"预警机

这些自 20 世纪 50 年代中期到 60 年代初期近 10 年间服役的预警机虽然仍有许多缺点，无论是对海上还是陆上低空目标的探测能力均有所不足，但已经充分证明了预警机在探测远距离低空目标从而争取预警时间方面的效用与价值，并为各国积累了使用预警机的宝贵经验。这一阶段，预警机改变了早期的预警机与反潜机、海上巡逻机机种间的任务或装备间的重叠情形，开始有了明确的分工。

E-1B 的服役虽使美国海军航母战斗群的预警能力大幅提升，但 E-1B 仍不能完全脱离单纯雷达警戒的模式，其指挥引导能力十分有限，仍旧采用无线电语音引导战斗机拦截目标，且其机身改装余地也逐渐无法满足加装日益复杂的电子系统的要求。另外，E-1B 使用的莱特（Wright）R1820-82 活塞发动机在功率或功率重量比上，也已跟不上当时使用涡轮螺旋桨（Turboprops）发动机的趋势。而随着新一代超级航母——"福莱斯特"级（USS Forrestal CVA-59）自 1955 年起陆续服役，其高达 8 万吨的满载排水量可容许使用更大更重的舰载飞机，于是在 E-1B 的基础上，美国海军又开始了新一代舰载空中预警机（即 E-2 系列）的研制工作（图 2-24），并衍生出 C-2A 舰载运输机（图 2-25）。新飞机使用了艾利森（Allison）公司的 T56 系列涡轮旋桨发动机，可配合"海军战术数据系统"使用，以数据链（参见本书第七章）指挥战斗机并分享雷达情报，使之具备真正的舰队空中指挥引导能力。

图 2-24　E-2C 预警机与 E-1B 预警机编队飞行　图 2-25　E-2 预警机与 C-2A 舰载运输机编队飞行

1964 年 1 月 19 日，第一批生产型 E-2A 正式交付美国海军的 VAW-11 空中预警机中队使用；历经多次改型，形成了 E-2A、E-2B、E-2C、E-2C Group 0、E-2C Group Ⅰ、

E-2C Group Ⅰ update、E-2C Group Ⅱ以及"鹰眼2000"（即 E-2D）系列，这些系列的命名主要反映了雷达的不同。其中，E-2A 采用 AN/APS-96 雷达，在海杂波背景下可以较好地探测飞机；E-2B 采用 AN/APS-111 雷达，具备了初步的陆上下视能力；E-2C 采用 AN/APS-120 雷达，完善了海上下视能力；E-2C Group 0 采用 AN/APS-125 雷达，已经具备了较好的陆上下视能力；E-2C Group Ⅰ采用 AN/APS-138 雷达，降低了天线副瓣，E-2C Group Ⅰ update 采用 AN/APS-139 雷达，完善了对更小型目标的探测能力；E-2C Group Ⅱ以及"鹰眼2000"系列采用 AN/APS-145 雷达，陆上下视和海上下视能力都已经比较完善。

美国海军共订购了超过 154 架的 E-2C 预警机。虽然 E-2 系列预警机原是为舰载应用而设计的，但也可以岸基方式部署，且岸基部署可允许更大的起飞重量，最多可比舰载时增加 3t 以上，还可外挂油箱延长续航时间，但不具备空中加油能力。2005 年年底，E-2C 预警机曾首次加装受油管开展了空中受油模拟试验，但并未实际输送燃油。目前，E-2C 预警机已经升级为 E-2D 预警机，是 E-2 系列预警机中最先进的型号。

图 2-26　苏联图-126 预警机

在苏联，与美国 E-2A/B 预警机、EC-121 预警机等同时代的预警机有图-126 预警机（图 2-26），北约称为"苔藓"（Moss）。这种预警机由图波列夫设计局图-95 大型轰炸机的民用型——图-114D 客机改装而来。

在 20 世纪 60 年代至 70 年代间服役的这些预警机，其雷达的探测能力已显著改善，采用了动目标显示或脉冲多普勒技术，已基本解决了海上低空目标的探测问题，也初步具备了除复杂地形外的陆上探测能力。

美国空军在防空预警系统方面的早期努力是完善北美陆基防空警戒网的建设，先后于美加边境、加拿大中部、阿拉斯加至格陵兰沿线等地建造数百座雷达站，构成了"松树线""中部加拿大线"与"远程警戒"等雷达网，并启用了"半自动地面防空环境"与"辅助拦截控制系统"等由计算机辅助的先进防空机制。1955 年，美国空军开始使用预警机，即 EC-121，并在历次北约演习中证明了预警机带来的效益。由于地面雷达的低空盲区大，一架预警机所能覆盖的空域就相当于数十部地面雷达，所以在覆盖相同警戒范围的要求下，预警机的运行成本会远低于地面雷达站。EC-121 在 1965 年开始部署至越南战争，并有十分活跃的表现，主要参战的机型是 EC-121 D/M 两型。EC-121 在越南战争时主要巡逻于东京湾上空，以提供预警、空中协调指挥引导并作为通信的中继平台，并于 1967 年 10 月引导美国战机在东京湾上空成功地拦截击落了越南米格-21 战机，首创历史上由预警机直接指挥战机击落敌机的纪录。在 1965—1974 年间，EC-121 共出动了 13931 架次，在美军空袭越南北部时成功发出了 3297 次米格战斗机来袭的警报，然而，在越南战争中也发现了 EC-121 使用的 AN/APS-45/103 测高雷达的效果并不是很好，时常不能获得目标的高度信息，还须由接受引导的战机用自己的雷达确认目标高度。

美国空军使用 EC-121 预警机后，一方面看到了预警机的效益，另一方面也看到 EC-121 在陆地上空监视能力的严重不足，于是在 1963 年提出研制"陆上空中下视雷达"（ODR），在突破低副瓣天线技术和高性能发射机技术后，于 1965 年 12 月成立"机载预警和控制系统"（Airborne Warning And Control System，AWACS）项目办公室，并先后挑选了 5 家公司来研制 ODR 雷达样机。1968 年，美国空军淘汰了其中的 3 部 LPRF 雷达样机，保留了西屋电气公司的 HPRF 雷达和休斯公司的 MPRF 雷达，进入最后的比较性测试。1970 年 7 月，波音公司商用 B707-320B 客机被选为 AWACS 的雷达集成平台，并于 1972 年 2 月安排了 2 架飞机分别搭载两部竞标雷达开始飞行测试，经过为期 5 个月的择优试飞，最后选中了西屋电气公司的 HPRF 雷达，并将其命名为 AN/APY-1，随后安装上数据处理设备和 2 台显示器开展进一步的研制工作。1973 年 1 月，AWACS 项目进入"全面发展和预生产"阶段，并被命名为"E-3 哨兵"（Sentry）。当年，美国政府对该项目进行了评估，认为它不仅需要担负战略防空任务，而且也要担负战区防空任务，于是又按照新的要求对 AWACS 项目开展了全面研发，逐步加装其他系统。1975 年 10 月，集成了全套任务电子系统（用于完成预警机作战任务的电子与信息系统的总称，一般不包含预警机载机原有的航电系统，通常是指在载机上新增的那些电子与信息系统）的预警机完成鉴定，随后进入生产阶段。1977 年，第一批生产型 AWACS 交付美国空军战术司令部第 552 空中预警与控制联队使用，称为 E-3A，是 E-3 系列预警机的基本型。

◇ E-3 系列预警机之所以被称为"AWACS"，是因其字面意义为"机载预警和控制系统"；于是很多人将"AWACS"理解为现代具有预警和指挥能力的预警飞机的通用性名称，从而将"预警机"或"预警指挥机"译为"AWACS"，这是不对的。"AWACS"仅仅是用于 E-3 预警机的专有名称，不宜用于其他型号的预警机，也不宜用于通指预警机。例如，瑞典开发的多型预警机以及美国自己研制的 E-7 预警机，都始终被称为"AEW&C"而不是"AWACS"，虽然其内涵实际上与 AWACS 相同。类似地，对于 E-2 系列预警机，查阅英文文献可以看到，它的名字是"E-2Hawkeye"或"E-2 Hawkeye aircraft/plane"，诺斯罗普·格鲁曼官网将其定位为"airborne early warning and battle management aircraft"，称其为"E-2 AWACS"也是不对的。在需要将"预警机"或"预警指挥机"译为英文时，建议采用"airborne early warning aircraft/plane/system"或"airborne early warning and control aircraft/plane/system"，其缩写形式为"AEW aircraft/plane/system"或"AEW&C aircraft/plane/system"。

另外需要指出的是，如果将机载预警和控制类飞机译为"预警指挥机"，是将"控制"与"指挥"等同起来了，这可以理解为一种翻译习惯，但严格来说，二者含义并不相同，参见本书第十一章。

截至 1984 年 6 月，波音公司共生产了 34 架 E-3A，包括最早的 2 架原型机、第一批的 24 架批生产飞机和后续生产的 8 架（由于其中 1 架于 1995 年在阿拉斯加坠毁，截至目前，E-3 系列预警机实际数量为 33 架）。在 2 架原型机中，1 架交付部队使用，1 架留给波音公司用作测试，与首批 24 架批生产飞机共计 26 架，均采用 AN/APY-1 雷达，都是基本型。其中，由于 AN/APY-1 雷达缺乏对舰船目标的探测能力，美军 1976 年 12 月开始从基本型飞机中指定了 1 架开始增加海上监视能力，并开展相应试飞测试，相应的雷达型号被称为 AN/APY-2，1979 年 6 月完成改进工作；所以在后续生产的 8 架飞机上，都采用了 AN/APY-2 雷达，被称为 E-3B。

20 世纪 80 年代中期，美国空军启动 Block 20 改进计划，将除 2 架原型机之外的其余 24 架基本型飞机的 AN/APY-1 雷达均升级为 AN/APY-2，同时增加了 5 个空情显示操作台、5 部 UHF 频段的抗干扰通信设备、新型数据链端机（见第七章）、自卫防护系统等，经升级后的 E-3 系列预警机被称为 E-3C。随后，又通过实施 Block 25 计划，对采用 AN/APY-2 雷达的后 8 架批生产飞机及 2 架原型机都按 E-3C 标准进行了升级，自此，所有 E-3A 预警机均改进为 E-3C。

1995 年至 2001 年，美国空军对全部 33 架 E-3C 预警机实施 Block 30/35 改进计划，加装电子侦察系统（见第五章），进一步升级数据链端机、改进计算机（见第十章）和采用惯性导航/全球定位系统（见第八章）。2001 年至 2005 年，美国空军又对 AN/APS-2 雷达实施"雷达系统改进计划"（RSIP），采用新的脉冲压缩波形并改善测角精度，改进雷达信号处理机和信号处理算法，号称雷达灵敏度因此提升10dB，作用距离增加70%以上，并提升了雷达在干扰条件下的探测能力。

2006 年至 2018 年，美国空军开始陆续实施全部 33 架飞机的 Block 40/45 改进计划，升级计算机、改进电子侦察系统、进一步提升雷达性能；专门增加 2 台负责传感器数据融合的计算机，以更好地对雷达、敌我识别/二次雷达（见第六章）、电子侦察系统及数据链获得的信息进行综合，大大提高了对目标的精确跟踪、识别和分类等能力；对显控台进行升级，采用视窗技术、数字化图形技术及液晶显示器等；还增加了对目标-武器的自动配对功能，系统可以自动对威胁目标分配最佳打击武器。经 Block 40/45 改进后，E-3 系列预警机被称为 E-3G。

除了 Block 系列改进外，E-3 系列预警机还适时接入新一代卫星通信系统（如 FAB-T 计划，见第七章），加装 S 模式航管与敌我识别系统和按需分配多址/全球空中交通管理（DAMA/GATM）系统（见第六章），加装 TTNT 数据链（见第七章）及研制战区弹道导弹发射预警系统（即"扩充的全球导弹发射机载识别系统"，英文缩写为 EAGLE；包含红外传感器、激光测距仪及相应的计算机处理系统等）等。如果自 1976 年改进 AN/APY-1 雷达开始算起，至 2018 年全部升级为 E-3G 型号为止，与 E-2 系列预警机的改进频率类似，E-3 系列预警机平均 5 年就有一次重要改进。

其间，E-3 系列预警机还陆续出口多个国家或地区，总计 34 架。其中，出口沙特阿拉伯的 E-3 系列预警机型号为 E-3A，共 5 架；出口英国的 E-3 系列预警机型号为 E-3D，共 7 架；出口法国的 E-3 系列预警机型号为 E-3F，共 4 架；另有 18 架被北约于 1977 年以 15.24 亿美元采购，因 1996 年损失了 1 架，现实际装备 17 架。北约装备的全部 E-3A 机群，都参照美国空军历次改进后的技术状态，通过 Block 1 和 Block 2 计划完成了更新。

20 世纪 90 年代初，日本航空自卫队向美国提出采购 E-3 系列预警机的请求。由于 1991 年 5 月后波音 707 的生产线已经关闭，于是选定波音 767 飞机作为载机，任务电子系统则与 E-3C 基本相同（图 2-27）。波音 767 飞机只有 2 台涡扇发动机，但功率大于原先波音 707 飞机使用的 4 台涡扇发动机（TF33）的总和，且较省油。同时，波音 767 飞机的宽体机身使其容积比 E-3 系列预警机使用的波音 707 飞机几乎大了两倍，可以搭载更多的乘员以轮替操作；在不进行空中加油的情况下，E-767 预警机的航程也

比 E-3 系列预警机要远 10%～20%，经空中
加油后更可续航 24h。此外，与 E-3 系列预
警机相比较，E-767 的飞行机组成员只需要 2
名，而任务组乘员可以有 19 名。日本共采购
了 4 架 E-767 预警机，于 1998—1999 年间全
部完成交付，共计 16.13 亿美元。

图 2-27 美国出口日本的 E-767 预警机

◎ E-2 系列预警机和 E-3 系列预警机自诞生以来，多次在局部战争中大显身手。
海湾战争中，多国部队在战区共部署了 19 架 E-3 系列预警机，总共出动 448 架次，累
计飞行 5546h，平均每天指挥 2240 架次飞机。E-3 系列预警机在战争中的主要作用是
监视、识别和跟踪伊军空中目标，指挥引导己方战斗机到达目标区域、实施攻击和协
调空中作战行动。战争期间，双方共进行了 32 次空战，击落伊拉克各型作战飞机 39
架，其中 37 架是被 E-3 系列预警机指挥击落的。

E-3 系列预警机在这次战争中，除了执行指挥引导多国部队战斗机对伊军目标实
施攻击外，还担负了空中加油的协调工作。空中加油机起飞后，机场空中交通管制部
门就将它转给 E-3 系列预警机来指挥。在正常情况下，空中加油机到达加油空域后即
在空域内待命，作环状飞行。E-3 系列预警机引导受油机进入加油航线，进行空中加油。

E-3 系列预警机还参加了空中救援指挥工作。一次，E-3 系列预警机得知一架 F-16
战斗机中弹坠毁，飞行员跳伞逃生，于是，它将一架"美洲豹"救援直升机指引到出
事地点，成功将飞行员救回。

E-2C 预警机也参加了此次战争，共出动 1183 架次，总飞行时间 4790h。通常，在
每艘航母上载有 4～5 架 E-2C 预警机，它们分别从 3 艘位于红海和 3 艘位于波斯湾的
航母上起飞执行空中警戒任务。每艘航母始终保持有 1 架 E-2C 预警机在空中飞行，为
航母编队提供空中预警、指挥控制和通信中继，保障了航母编队的安全。此外，E-2C
预警机还担任了支援协调、情报收集、搜索营救和指挥引导反舰作战等任务。

1991 年 1 月 29 日子夜，美军一架执行海上侦察任务的 A-6E 舰载攻击机在法奥半
岛南部海域发现 4 艘可疑舰船，并向舰队指挥官报告了这一情况。此时，E-2C 预警机
也发现了这 4 艘可疑舰船，并判定为伊军的巡逻艇。在舰队指挥官的授权下，E-2C 预
警机直接命令在空中待战的 A-6E 攻击机实施攻击，利用 GBU-12 激光制导炸弹准确
命中了伊军的先头艇。看到先头艇被击中后，A-6E 攻击机又瞄准了另一艘巡逻艇，成
功将其击沉。此时，A-6E 攻击机弹药已用尽。E-2C 预警机及时指挥 1 架正从该空域
附近返航的 F/A-18 战斗/攻击机前来助战，F/A-18 战斗/攻击机在 E-2C 预警机的引导
下，很快找到了目标，并投放了仅剩的 1 枚 GBU-12 激光制导炸弹，准确击沉第三艘
巡逻艇。此时，A-6E 攻击机与 F/A-18 战斗/攻击机的弹药已经用尽，E-2C 预警机又调
来 2 架刚加完油的加拿大空军的 CF-18 战斗机向第四艘伊军舰艇实施攻击。由于 CF-18
战斗机执行的是战斗巡逻任务，没有携带对地对舰攻击武器，只得用 20mm 航炮，由
于威力较小，最终未能击沉该艘舰艇。在这次战斗中，由于 E-2C 预警机的成功指挥，
取得了击沉伊军 3 艘巡逻艇、击伤 1 艘的战果。

E-2C 预警机除了完成位于红海和波斯湾海域 6 个航母编队的预警任务和指挥引导舰载攻击机对伊拉克海军舰船攻击的任务外，还担负了舰载攻击机和战斗机对伊拉克浅近纵深目标攻击时的警戒与指挥任务。在 1991 年 1 月 17 日的作战中，1 架 E-2C 预警机在波斯湾上空成功地指挥引导了 1 架 F/A-18 战斗/攻击机击落了 2 架伊拉克空军的米格-21 战斗机。

在科索沃战争中，预警机同样在战场监管方面发挥了举足轻重的作用，对参战的 13 个国家陆海空军的各型飞机进行指挥。参加这次行动的 E-3 系列预警机数量达到了 33 架，在亚得里亚海上空进行 24h 不间断巡逻，空中同时保证有 3 架预警机执勤，每天管理来自欧洲 10 多个空军基地的 600 多架次飞机。

在 2011 年的利比亚战争中，预警机继续发挥重要作用。3 月 19 日，6 架"阵风"和 4 架"幻影"2000D 战斗机在 4 架 C-135 加油机和 1 架 E-3F 预警机的支援下，在班加西地区上空执行侦察、防空、空中交通管制、探测和加油等任务，执行任务总时间超过 120h，英国"狂风"战斗机经过两次空中加油，往返飞行了 4800km，打击利比亚的防空系统。3 月 24 日，1 架 E-3D 预警机发现 1 架执行任务完毕正在返航途中的利比亚空军 G-2"海鸥"教练/攻击机，随即引导法国空军的"阵风"C 战斗机前往追击至机场上空，发射"阿斯姆"（AASM）空地导弹将已在跑道滑行的 G-2 摧毁。

在 2022 年 2 月爆发的俄乌冲突中，美军和北约的 E-3 系列预警机每周都要执行超过 20 次的巡逻任务，"确保没有不友好的飞机飞向北约国家领空"，同时向乌克兰分享空中情报；自 2023 年 1 月起，北约进一步派遣 3 架 E-3 系列预警机部署于罗马尼亚首都布加勒斯特，大约 180 名军事人员随之部署至奥托佩尼空军基地。美国的国家利益网站称，北约空中侦察力量收集到的动态情报对于指导乌军作战发挥了重要作用，"它们能提供无法取代的持续监视能力，虽然卫星图像已经在掌握俄军集结规模方面发挥了重要作用，但其时效性仍无法与这些空中侦察情报相提并论"；据 CNN 报道，E-3 系列预警机在 2023 年 3 月的一次执行任务中，起飞后的 2h 内，机载雷达显示约 12 架俄军机在切尔诺贝利核电站以北到白俄罗斯附近的空域徘徊，数小时后，俄罗斯有 20 架军机从白俄罗斯进入乌克兰领空，朝基辅方向飞去。

与 E-3A 预警机同时代的预警机还有苏联 A-50 预警机（图 2-11），它使用 IL-76 作载机，在机背上安装有一个直径 10.2m 的天线罩，内置 S 波段脉冲多普勒雷达天线，与 E-3 系列预警机类似，采用速调管发射机、平面波导缝隙阵天线和高重复频率 PD 体制。不同点在于前者发射机平均功率较高，有利于提高上视时的作用距离；天线口径稍大（E-3 系列预警机的雷达罩直径为 9.14m），有利于提高天线的方向性和增益；但信号处理设备因采用小规模集成电路而可靠性较低，体积也大。总的来说，性能应不及 E-3 系列预警机。

苏联海军为解决其航空母舰战斗群缺乏空中预警的问题，于 20 世纪 70 年代开始由雅克列夫特种设计局研制类似美国 E-2C 那样的舰载预警机雅克-44（图 2-28）。雅克-44 舰载预警机的外形与美国 E-2C 预警机十分类似，在机身上方装有一个直径为 7.3m 的圆盘型天线罩，尾翼构型为 H 型，机上可搭载 5 名乘员。由于在研制雅克-44 舰载预警机的电子设备过程中遇到了不少困难，导致计划进度滞后，迟迟不能使用。

在 20 世纪 90 年代初期苏联解体时，因国防工业崩溃，军队建设前途不明朗，雅克-44 舰载预警机的研制随之中止。

苏联还于 20 世纪 80 年代研制了以体型较小的安-72 短距离起降运输机为载机的预警机，称为安-71 预警机，北约称其为"鲁莽人"（Madcap）（图 2-29）。其监视雷达天线的位置颇为特异——安装在垂直尾翼顶端的旋转天线罩内，转速为 6 转/min。机上乘员包括 3 名飞行人员和 3 名电子设备操作人员。该机于 1985—1990 年完成了飞行试验，后由于电子设备耗电量过大，电磁兼容等问题未能解决，于 1990 年暂停了下来，以后也没有恢复。2 架试飞的安-71 预警机被封存在基辅。

图 2-28　苏联雅克-44 舰载预警机　　　　图 2-29　苏联"鲁莽人"预警机

英国曾在 20 世纪 70 年代投入巨资由马克尼公司研制"猎迷"预警机（图 2-16），但没能最终形成装备。"猎迷"预警机的载机为"猎迷 MR.2"反潜巡逻机，这种飞机由英国航天公司制造的"彗星"型喷气式客机改造而来。该型预警机在设计上有两个独特之处。一是雷达天线及其罩体采用头尾式而不是背负式。机头和机尾各配置了一个天线，各自扫描 180°，不受机身的影响，同时对飞机的气动性能影响较小；但缺点是天线面积不能做得很大。二是雷达采用中重复频率。前面说过，相对于 E-3 系列和 A-50 等预警机的雷达采用的高重复频率来说，高重复频率对接近的目标探测性能较好，而对尾随的目标探测性能相对差些；而中重复频率全方位探测性能都比较均匀，且对相对运动速度较低的目标探测性能较好。但是，在试飞过程中发现三个问题。一是高速公路上运动的汽车由于接近雷达所能检测的速度下限，常常被当作空中目标被检测出来，即造成过多的虚假情报。二是发射机可靠性不高，平均无故障工作时间只有 17h，无法保证系统完成任务的可靠性。三是军方认为载机容积狭窄，工作和休息条件差。在"猎迷"预警机的研制过程中，由于美国一直向北约推销 E-3A 预警机，又鉴于美国和英国之间的关系，因此，英国政府对自行研制预警机还是购买 E-3A 预警机存在不同看法。尤其是当"猎迷"预警机在试飞过程中暴露出问题而美国又提出了优惠订货方案时，赞同采购 E-3A 预警机的一方占了上风。虽然后来经重大技术改进，预警机任务系统在试飞过程中的缺陷得到了很好的解决，但为时已晚。1986 年年底，正当"猎迷"预警机还在作最后一次试飞时，传来了英国政府决定停止工程并转而购买 E-3A 预警机的决定。因此，"猎迷"预警机作为一型独具特色的预警机，其下马是技术和政治双重原因作用的结果。

总的来看，这些自 20 世纪 70 年代后期到 80 年代末期服役的各型预警机，由于雷达技术的进步，已具有较强的海上/陆上执行任务的能力，而由于数据链与各种自动化指挥引导设备的使用，预警机最终转变为空中预警指挥飞机并经历了实战的考验。

参考文献

[1] G.V. 莫里斯. 机载脉冲多普勒雷达[M]. 北京：航空工业出版社，1998.

[2] Merrill I. Skolnik. 雷达系统导论[M]. 3 版. 左群声，徐国良，马林，等译. 北京：电子工业出版社，2006.

[3] Merrill I. Skolnik. 雷达手册[M]（中文增编版）. 马林，孙俊，方能航，等译. 北京：电子工业出版社，2022.

[4] 黄培康，殷红成，许小剑. 雷达目标特性[M]. 北京：电子工业出版社，2008.

[5] 刘波，沈齐，李文清. 空基预警探测系统[M]. 北京：国防工业出版社，2012.

[6] 丁鹭飞，耿富禄，陈建春. 雷达原理[M]. 6 版. 北京：电子工业出版社，2020.

[7] Philippe Lacomme，Jean-Philippe Hardange，等. 机载与星载雷达系统导论[M]. 王俊，孙进平，洪文，等译. 北京：电子工业出版社，2011.

[8] 陆军，郦能敬，曹晨，等. 预警机系统导论[M]. 2 版. 北京：国防工业出版社，2011.

[9] 王怀军，刘波，陈春晖，等. 机载预警雷达最小可检测速度试飞方法[J]. 雷达科学与技术，2020（3）：308-312.

[10] 陈国海. 机载脉冲多普勒雷达的中重复频率波形设计[J]. 现代雷达，1999（1）：14-18.

[11] 葛建军，张春城. 基于模拟退火算法的机载脉冲多普勒雷达中重复频率选择研究[J]. 电子与信息学报，2008（3）：573-575.

[12] 马杰，王永良，谢文冲. 机载预警雷达 MPRF 优化方法研究[J]. 空军预警学院学报，2018（5）：331-336.

第三章　从蜻蜓的眼睛谈起

——相控阵雷达技术

大自然中有很多生物，它们的眼睛并不相同。例如，昆虫的眼睛和人类的眼睛就不一样。昆虫的每只眼睛内部几乎都是由成千上万只六边形的小眼睛紧密排列组合而成的，每只小眼睛又都自成体系，各自具有屈光系统和感觉细胞，而且都有视力。这种奇特的小眼睛，在动物学上叫作"复眼"。蜻蜓的复眼在昆虫界要算最大最多的，占整个头部的 2/3，最多可达 2.8 万只，是一般昆虫的 10 倍，每只复眼的六边形细胞可以从不同角度捕捉光线，使蜻蜓在捕捉小虫时能得心应手，百发百中，从不落空[图 3-1 (a)]。而人们常把雷达比作战争的"眼睛"[图 3-1 (b)]。实际上，就像生物的眼睛有很多类型一样，雷达作为战争的眼睛，也有很多种。本章我们要介绍的相控阵技术中，有一种在预警机中得到了广泛的应用，叫作"有源相位控制阵列"，简称"有源相控阵"，就像蜻蜓的眼睛，在所有种类的雷达里具有最好的"视力"。

(a)

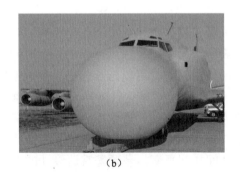
(b)

图 3-1　蜻蜓的眼睛与"费尔康"预警机的机头雷达天线

用天线的扫描构筑恢恢天网

预警机雷达为了获得更远的探测距离，应该采用较窄的波束，或者准确地说，是较小的主瓣宽度，其典型值一般为 1°～4°。但雷达又要进行大范围的监视，其角度范围常常为全方位，即 360° 空域，以编织起疏而不漏的恢恢天网。为解决二者之间的矛盾，早期的雷达要通过机械结构让天线旋转起来；如果天线旋转一周所用的时间是

10s，即每分钟转 6 圈，这意味着对目标每隔 10s 观测一次。

雷达在观测目标时，主瓣会掠过它并花费一定的时间，其间会有很多脉冲从目标返回雷达。雷达照射到目标的时间越长，就会有越多的脉冲返回雷达，也就有越多的回波能量可以用来检测目标的存在，所以，从获得更远的作用距离的角度看，希望照射时间越长越好，这意味着能量有更多的积累时间，它与主瓣宽度成正比，与扫描速度成反比，也就是说，增加主瓣宽度或降低扫描速度，都有利于增加回波能量。但主瓣宽了，就等同于波束增益降低，能量集中性变差，既不利于远距离探测，也不利于保证测角的准确性——因为窄波束对靠得比较近的两个目标分辨力更好，测角精度也更高。而如果扫描速度降低，又不利于对目标的跟踪。因为如果每隔 10s 观测一次目标，就意味着这 10s 内目标到底是如何运动的，雷达就不能掌握了；如果扫描周期增大到 20s，就意味着在 20s 内目标的运动情况雷达都是不知道的。

★《预警机系统导论（第二版）》（陆军、郦能敬、曹晨、赵学训著，国防工业出版社，2011 年）从理论上推导出了机载预警雷达的方位波束宽度下限为 1°，并且认为较合理的范围一般为 1°～3°，仰角上波束宽度因需要应有一定的空域高度覆盖，也不能太窄，为 5°～10°；因此，测角精度在采用单脉冲方法时，如果信噪比（或信杂比）足够高，可以控制在波束宽度的 1/20～1/10，即方位精度为 0.1°～0.3°；仰角精度为 0.5°～1°，相当于对 200km 处的目标测高误差（将仰角精度取正弦值再乘以要估算测高精度对应的距离处）在 1500～3000m 之间，对 300km 处的目标测高误差则为 2500～4500m。当然，实际上机载预警雷达受所选频段和允许天线孔径等因素的限制，可能与理论范围有一定的偏离。

总的来看，预警雷达从提高作用距离和角度测量能力的角度出发，希望主瓣窄一些；但主瓣变窄后，波束掠过目标的驻留时间会变短，存在对作用距离的不利因素，如果要保证作用距离，可以延长扫描周期，但同时会带来目标更新率降低，对跟踪不利。所以，正如《监视雷达技术》（王小谟、罗健、匡永胜、陈忠先著，电子工业出版社，2023 年）所指出的，雷达的距离（覆盖空域）、精度（分辨力）和时间（扫描周期或数据率）是互相矛盾的，鱼与熊掌不可兼得；根据战术需要、技术水平和可承受代价在三者之间找到平衡，是预警雷达设计的基本问题。

★ 雷达通过扫描，就能形成对目标的连续观测。对于目标距离、角度或速度等信息的每次测量，其结果可以在显示器上显示出一个点，通常被称为"点迹"（plot）；对一个目标的多次连续观测就会形成多个点迹，这些点迹在显示屏上可以按先后顺序记录、显示和排列起来，从而给出目标运动的轨迹，通常称为"航迹"（track），给出航迹的过程也就是"跟踪"（track）。但跟踪并不是对点迹的简单记录、显示和排列，因为雷达对目标的每次原始测量结果都是存在误差的，因此在跟踪时需要对误差进行估计，然后对跟踪结果进行预测，并将预测值和测量值进行融合。

因为实际探测时总是存在多个目标，因此在跟踪时，还需要将每个测量结果与不同的目标相对应，并给予不同的编号。也许是由于雷达空间分辨能力总是有限的，一个点迹可能不只是来自一个目标回波，也可能是来自空间上相隔较近的一批目标，因此，这个编号通常称为"批号"。除了批号，为了刻画每一个批号所对应的目标的不同属性，还会挂上"标牌"。标牌的内容，除了包括批号，还包括距离、速度、高度、信噪比及目标类型等其他信息。由于雷达自身的能力、目标的运动特性及自然环境等各类因素的影响，同一个目标可能在不同的检测时间段内被判断为不同的目标，从而给出不同的批号（即"换批"），也可能在某个时间段内不再被检测出来，从而不再给出批号（即"断批"），还可能将杂波判断为目标并给出批号，等等。换批、断批、短航迹和虚假航迹等现象，可以从反面反映出机载预警雷达的检测性能、环境与目标运动等特征，也是它相对地面雷达所存在的更为突出的问题。

划桨与相位

在电子和光电等信息系统中，"相位"是一个极其重要的概念。为了更好地理解相位，我们可以用多人多桨的划艇比赛做例子（图 3-2）。要想划得快，所有划艇的人必须高度配合。所谓高度配合，一是所有人都必须使出最大的力量；二是所有人使出最大力量的时机，或者说桨叶每次入水的方向和相对于船体的位置，都必须一致，如果不一致就得不到最大的前进速度。例如，即使所有人都使出最大的力量，但是其中一名运动员往前划的同时，另一名运动员却在往后划，这就有可能阻碍艇的行进。又如，其中一名运动员的桨叶已经入水，另一名运动员的桨叶还未入水，此时艇的前进速度也不能达到最大。

相位在雷达中的作用有如此理。从天线角度看，它是各个辐射单元相互配合程度的量度。从天线辐射出来的已成形的波束，实际上是每个天线单元所辐射出来的具有一定幅度（功率或能量，相当于每个桨手的力量）和一定相位（相当于桨手划桨的时机与方向）的电磁波在空间的叠加，这种叠加是矢量叠加，而不是简单的代数相加，也就是说，考虑到了相位以后的叠加（图 3-3）。所谓"相位"，从复数的角度看，可以将其理解为矢量的辐角，在复平面坐标系中，就是与横轴正向的夹角。多个矢量越接近同相位（即相位差为 0°），相加就越大；越接近反相位（即相位差为 180°），相加就越小。当然，在叠加时，每个天线单元的重要性可能是不一样的，可以对每个天线单元在进行叠加时赋予一个系数，称作"加权"。

图 3-2 比赛中的中国赛艇运动员

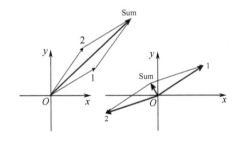

图 3-3 矢量相加示意图

为了形成具有一定形状的波束，在设计天线时，必须使得组成天线的各个辐射单元所辐射出的电磁波在空间的某些方向上同相位或接近同相位相加，这样就能获得较大值，这些方向上分布的能量较多，就是主瓣区域；而在空间的某些方向上反相位或者接近反相位相加，这样就能在其他方向上获得较小值，这些方向上的能量分布较少，就是副瓣区域。这就是波束的形成机理。

我们在第二章关于多普勒滤波器组的介绍中，提到了将在时间上先后到达的多个回波脉冲能量进行相加，可以使目标回波获得与杂波或噪声对抗的更多能量，等效于目标回波的多普勒频率在一个较窄的频率范围内被检测，由于这个频率范围较窄，因此目标回波需要对抗的杂波或噪声能量也就较少。也许有读者会问，在目标能量相加时，杂波或噪声能量不也在相加吗？这就涉及对回波相位信息的利用。无论是目标回波还是杂波或噪声，它们本质上都是矢量，也就是既有幅度又有相位，因此在相加时等同于矢量运算；当不同矢量的相位彼此之间都有确定的关系时，也就是"相参"，即相位有参照，或者说有比较的基准——最典型的情况就是相位相同，此时相加就可以获得更多能量；而如果各个矢量的相位完全随机分布，很可能在相加后得不到那么多的能量，甚至在很大程度上互相抵消。如果我们能够利用目标回波的相位信息，就可以大大提高能量积累的效率，即相参积累，此时积累得到的能量与脉冲数成正比，即有多少个脉冲参加积累，能量就能增加几倍；如果不能利用目标回波的相位信息，就是非相参积累，其积累效益通常与脉冲数的平方根成正比。而杂波或噪声能量虽然也会被积累，但由于其相位上的随机性，积累效率远远小于相参或非相参，因此提高了信杂比或信噪比。图 3-4 示出了对多个回波脉冲信号进行积累的情形，每个矢量与横轴的夹角就是相位，它代表了与发射脉冲相位的偏离。

可以利用回波相位信息的雷达就是相参雷达。PD 雷达或 MTI 雷达就是相参雷达。为了利用相位信息，在信号处理时通常采用两个接收通道：一个称为同相通道（I），另一个将同相通道的相位移动 90°后构成正交通道（Q）。采用双通道处理后，就等效于用复数形式表达雷达信号（如 $z=r\cos\theta+\mathrm{i}\,r\sin\theta$），一个通道对应正弦，另一个通道对应余弦。双通道的信息相当于获得了矢量的辐角，再结合来自不同通道的幅度信息进行运算（即 $r=\sqrt{I^2+Q^2}$），从而真正以矢量的形式描述信号（$z=r\mathrm{e}^{-\mathrm{j}\theta}$），如图 3-5 所示。

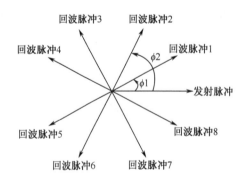

图 3-4　对回波脉冲进行积累

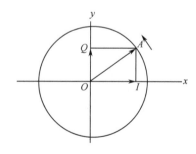

图 3-5　双通道处理信号相当于以
复数形式处理信号

除了使用相参来实现能量的有效积累外，机载预警雷达也使用非相参积累来进行对海探测或超视距探测，此时通常与脉冲间工作频率的快速变化（即捷变频）相结合。由于脉冲的工作频点变化时，先后到达的海面回波脉冲的相关性就会减弱，从而使其在相加时会更多地因为相位随机性而互相抵消，由此改善了信杂比。至此，我们可以将对空探测与对海探测在原理与应用上做进一步的比较。一是两者的基本原理不同，前者主要借助相参性进行信号能量的有效积累，同时基于多普勒滤波器组对目标速度进行检测，后者则主要使用非相参积累，即使使用基于相参性的 MTI，也不对目标速度进行检测，只是为了在杂波多普勒频率处形成凹口，并不在通带内形成多普勒滤波器组。二是两者的扫描周期可以不同。前者使用了多组重频，正常搜索时要达到既定的威力，扫描周期不能太快，这是因为为了积累更多的能量，每组重频上的脉冲数不能少，这些脉冲在积累时是相参的。而为了解距离或速度模糊、降低检测门限（即前面介绍的 4 取 2、5 取 3 等）和重频参差减轻盲速影响等，还需要多组 PRF，不同 PRF 间的脉冲能量是非相参的。后者则因为舰船目标的 RCS 相对较大，海杂波相对地杂波也要弱一些，加之采用测距不模糊的低重频，不用太多的脉冲数进行能量相加就可以获得足够的探测距离，也不需要不同的 PRF 来解距离模糊，因此，完成对舰船目标的全方位搜索就可以快得多。

为有源头活水来——从相位噪声再理解发射机的频率稳定性

相位也被用来衡量雷达的发射机频率稳定性，其对应的指标称为"相位噪声"，虽然不使用"相位"这个概念也能理解它。之所以用"相位"来衡量频率稳定性，是因为频率的变化都会反映到相位的变化上。相位既可以用时间来衡量，是脉冲的起始时刻；也可以用角度来衡量，是向量在初始时刻与坐标轴的夹角；而由于角度等于频率、时间与 2π 的乘积，所以频率可以反映相位。

发射机的主要作用：一是产生所需工作频率上的电流振荡，如果工作频率较高，可能需要从较低的频率开始逐级倍频；二是对电流进行修形，获得所需要的脉冲重复频率或脉冲幅度，并且对每一个脉冲的相位进行控制；三是对电流进行放大，获得所需要的功率。这三个过程都有可能产生新的频率分量。当用相位噪声来衡量频率稳定性时，定义是在偏移中心频率的某一个频点处，1Hz 的频率宽度范围内所蕴含的功率与全部发射信号功率的比，单位为 dBc/Hz@XHz，其中，X 可以根据需要指定，是与中心频率相隔一定范围的某个频率值；dBc 是在这个频率处，1Hz 频率范围内所包含的功率与总功率比值的分贝数，是一个负值，加上"c"是为了强调与中心频率（即载波频率，carrier）的功率比。例如，在离发射脉冲载频以外的 400Hz 处，相位噪声不能大于-90dB，就可以表示为-90dBc/Hz@400Hz。可以看出，在这个定义中，"@XHz"反映了不需要的频率位置，"dBc/Hz"衡量了它在这个不需要的频率位置 1Hz 带宽范围内出现的发射信号强度情况，因为这种信号功率出现在不需要的频率位置上，实际上就是噪声，因此相位噪声是发射机频率稳定性的度量。

图 3-6 示出了相位噪声对目标检测的影响。如果相位噪声较高，有可能引起杂波

频率分布范围扩散，相当于使主瓣杂波峰值加宽（由此将恶化低速目标检测性能），或者使旁瓣杂波区杂波电平提高，甚至在无杂波区出现杂波，从而增加了目标与杂波抗衡的难度，所以应该通过相位噪声指标来限制在偏离发射中心频率的一定频率位置上的噪声电平。

据分析，当机载预警雷达的相噪水平在-85dBc/Hz@1kHz 时，对应于只能处理杂波强度比目标强度高 70dB 左右的情况，但在实际环境下，杂波可能比目标强度高 90dB 甚至更多。即使杂波强度在噪声以下（例如，HPRF 的清洁区），相噪较高也可能引起噪声平均水平的抬升。如果要提高雷达在强杂波条件下对弱小目标的检测能力，需要将相噪水平再改善 10～20dB 甚至更多。当然，相位噪声的改善是非常困难的。在电子技术中，高频的频率源一般由低频晶振倍频产生；典型地，100MHz 的晶振相噪在 100Hz 的频偏处约为-140dBc/Hz，在 1kHz 频偏处为-150dBc/Hz。在倍频过程中，相噪将以 $20\lg N$ 的规律恶化（即倍频倍数的分贝数的 2 倍，N 为倍频倍数）。例如，在 400MHz 的工作频率下，N 为 4，对应的分贝数是 6，其在 1kHz 频率处的相位噪声大约就是-138dBc/Hz。

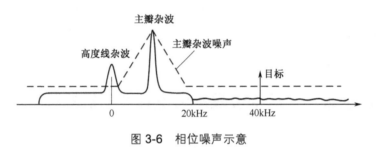

图 3-6　相位噪声示意

事实上，雷达在检测目标时，杂波和噪声对探测距离的衰减，大概可以用 $\sqrt[4]{1+\dfrac{C}{N}}$（其中，$\dfrac{C}{N}$ 表示杂噪比，为倍数形式）表示。例如，如果经 PD 雷达高性能信号处理器处理后的剩余杂波强度比雷达接收机的电子噪声水平低 6dB（即 C/N 为 1/4）或更多，探测距离下降幅度约为 5%，可以认为此时目标检测主要是与噪声对抗，杂波对威力基本无影响；如果剩余杂波强度与噪声水平相当（即 C/N 为 1），探测距离下降幅度大致为 16%，为无杂波影响时的 84%；如果剩余杂波强度比噪声水平高 3dB（即 C/N 为 2），则探测距离下降就会超过 25%，为无杂波影响时的 75%；如果剩余杂波强度比噪声水平高 12dB（即 C/N 为 16），探测距离下降就会超过 50%，威力只有原来的一半。

★ 传统雷达的相噪水平反映了微波器件在宽带性能方面的先天缺陷，目前人们正在发展微波光子技术来改善微波雷达的频率稳定性。微波光子雷达的射频系统采用光子技术，将射频载波调制到光载波上，信号处理既可以采用光处理，也可以采用传统的基于微波的电信号处理。微波光子雷达的频率源可以采用光电振荡环路，由于光的波长比微波短得多，等效于在同样物理尺寸下，大幅提高了微波振荡腔的长度，加之光纤的传输损耗小，光子滤波器的能量损耗特性（即品质因数 Q）显著优于微波，因此可以将微波频率源的相噪逼近理论极限，且不随频率的上升而显著恶化，从而拥有更好的宽带甚至超宽带性能。目前已实现的光电混合振荡器，其相位噪声已经能够优于微波器件 30dB 以上。

从无源相控阵到有源相控阵：仿生学的杰作

相控阵雷达是指采用相控阵天线的雷达，所以，相控阵技术本质上是一种控制天线波束指向的技术。其基本原理是，天线波束的指向（θ）与每一个天线辐射单元的间距（d）、选用的雷达工作波长（λ）及相邻辐射单元之间的相位差（$\Delta\varphi$）有关。在雷达工作波长一定、天线单元的排列确定之后，通过调整相邻辐射单元之间的相位差，就可以改变天线波束的指向（$\Delta\varphi = 2\pi d \sin\theta / \lambda$）。如果我们用计算机有规律地去控制这个相位差，就能够使得天线波束在天线本身并不旋转的情况下连续改变方向，就实现了扫描。

相控阵雷达在每一个天线单元（如波导上的缝隙）后面都会安装一个移相器（图 3-7），用来改变它的相位。而我们知道，从天线射出的波束是每一个天线单元辐射出的电磁波在功率和相位两个方面进行相加的结果。那么，如何决定每一个天线单元的功率呢？早期的相控阵雷达有一个工作在很高的电压（高达上万伏）

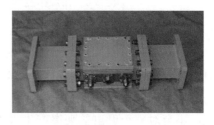

图 3-7 一种机载预警雷达使用的移相器

上的发射机，产生很大的功率，通过功率分配网络把功率分配到这些天线单元中，每一个天线单元自身辐射功率就是通过集中式发射机分配得到的，天线单元自身并不能自主地辐射功率；而因为在雷达中，能够自主地辐射功率就称为"有源"（与第一章介绍雷达的有源特性中的"有源"，含义是一致的），不能自主地辐射功率便称为"无源"，所以，这种相控阵技术叫作"无源相控阵"（图 3-8）。又因为"有源"对应的英文"Active"有"主动"之意，"无源"对应的英文"Passive"有"被动"之意，所以也有人称为主动相控阵和被动相控阵；但在专业文献里，一般都是称"有源"和"无源"——如果你习惯使用"有源"和"无源"而不是"主动"和"被动"来描述相控阵，也会使你显得更专业。

集中式发射机由于工作在高压下，很容易发生打火现象，而由于发射机只有 1 个，一旦打火失效，就会导致整部雷达瘫痪。实际上，自成功地将雷达搬上飞机以来，一直有两个巨大的困扰妨碍着机载雷达的应用。一是地杂波的严重干扰，使机载雷达难以发现低空入侵目标，由于脉冲多普勒技术在机载雷达上的成功应用而得到有效解决；二是可靠性，在第三代战斗机 F-14 刚刚服役时，AWG-9 火控雷达（图 3-9）每隔几小时就可能发生一次故障，难以形成有效的战斗力，即使经过了几十年的努力，第三代战斗机雷达的可靠性也只有 100h（即工作时间累积至 100h 时未发生故障），相对于其他电子设备的数千小时仍有 1～2 个数量级的差距。究其原因，一是极端恶劣环境下机载雷达集中式发射机等高功率电子器件的可靠性低，二是高速运动的机械雷达天线成为大量故障的诱因。无源相控阵解决了机械旋转天线的问题，并使得波束旋转不再需要克服巨大的机械惯性而具有更大的灵活性，但对于高功率集中式发射机的可靠性问题，仍然无能为力。

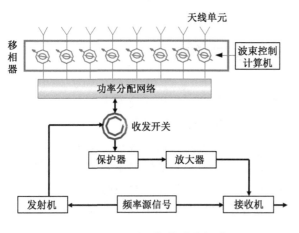

图 3-8　无源相控阵的组成

图 3-9　F-14 战斗机与位于机头的
AWG-9 火控雷达

　　此时人们想到，能否把整个发射机分散到各个天线单元后面去，变成很多个小的发射机，每一个小的发射机只需要工作在很低的电压上，而从天线射出的波束是每一个小发射机射出的功率的总和，这样，即使一个小发射机坏了，也不会影响其他发射机，不会对整个射出的功率产生太大影响。由于原来各个天线单元后面还有移相器，因此就要把移相器和发射机集成到一起。又由于在集中式发射机下，收发通道是共用的，现在发射机被分散到天线单元后面去了，接收通道也可以一起挪过去，这样，将发射机、移相器和接收机全部做到一起，这就是收发组件，实际上相当于一个个小的雷达。由于这样的相控阵雷达的天线单元具备独立发射功率的能力，也就是天线单元是有源的，因此称为"有源相控阵"，图 3-10 所示为系统组成框图，图 3-11 所示为收发组件的一种构成。图 3-11 中，"LNA"代表低噪声放大器，它在放大信号的同时，不会为后续处理引入过多的噪声；"RF"是指雷达发射的信号；"功率放大器"是有源相控阵雷达的主要特征，因为每一个天线单元都有独立的发射，就意味着要有功率放大；收发开关用于发射和接收的切换；限幅器是接收机保护装置，进一步保护低噪声放大器。图 3-12 所示为一种收发组件实物图。

　　人们常常把有源相控阵比作蜻蜓的眼睛，这有一定道理。蜻蜓的每只眼睛内部几乎都是由成千上万只六边形的小眼睛紧密排列组合而成的，每只小眼睛又都自成体系，都具有屈光系统和感觉细胞，而且都有视力。这种奇特的小眼睛，动物学上叫作"复眼"。而有源相控阵拥有成千上万个收发组件，每一个收发组件都可以看作一个小的雷达。与蜻蜓的复眼类似，部分小雷达可以朝向某个方向，而其他小雷达则可以朝向其他方向，从而实现同时多个波束指向，以实现全向覆盖，或者不同的波束实现不同的功能，例如，有的实现探测，有的用来干扰，等等。但在大多数情况下，机载相控阵预警雷达为了在扫描方向上有效利用各个组件所携带的能量，以获得更远的探测距离，一般都不会让不同的组件朝向不同的方向分散使用能量。

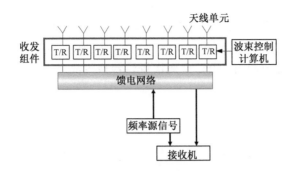

图 3-10 有源相控阵雷达系统组成框图

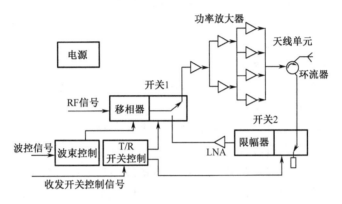

图 3-11 有源相控阵收发组件构成

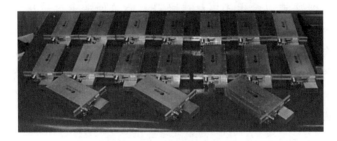

图 3-12 一种机载预警雷达收发组件

苏联的米格-31 是世界上最早装备无源相控阵雷达的战斗机，1981 年投入使用。而在预警机雷达领域，E-3A 预警机的 AN/APY-1 雷达首先采用了无源相控阵技术，要早于战斗机上的应用，E-3A 因此成为世界上首个采用相控阵技术的预警机；只不过该雷达的方位扫描仍然是机械旋转方式，无源相控阵的扫描主要应用在高度方向（在自上而下排列的 30 根波导后面安装了 30 个移相器），扫描范围达到±17.5°，因为高度方向上有了波束扫描能力，就可以采用类似于在方位上通过扫描来测量方位角的办法，在高度方向上测量俯仰角，也就具备了测高能力，并避免了高度方向上波束扫描需要利用机械结构来实现天线"低头"和"仰头"的弊端。相应地，脉冲多普勒体制的工作模式有两种：一种是俯仰不扫描，此时波束下俯固定角度，不对发现的飞机目标测量高度；另一种是俯仰扫描，此时波束会在电子控制下在高度方向上调整指向，以便测量目标高度。由于俯仰上的天线孔径（1.5m）要远远小于方位上的天线孔径（7.3m），俯仰上的波束宽度（约为 5°）要远远大于方位上的波束宽度（约为 1°）——感兴趣的读者可以利用第一章的介绍，由天线尺寸试算一下 E-3A 预警机雷达方位和俯仰上的波束宽度（由于雷达天线的副瓣水平控制得较好，因此波长与尺寸比值间的系数应采用高值）——从而对俯仰角（经三角变换可以转换为高度）的测量精度要比方位测量精度低很多。

◎ E-3 系列预警机雷达的工作方式主要有 5 种。一是脉冲多普勒仰角不扫描方式，以 HPRF 脉冲多普勒方式进行搜索，对雷达视距以内的飞机进行远距离下视监视，但不测量目标高度。此时，由于 HPRF 存在清洁区，可以获得较远的探测距离。二是脉冲多普勒仰角扫描方式，类似于上一工作方式，但雷达天线波束在仰角方向进行电扫描，以对目标进行测高。三是超视距工作方式，用于对中高空大型飞机的远距离探测。此时，雷达波束位于视线之上，故没有地杂波，采用非脉冲多普勒方式工作，低重频波形，测距不模糊。四是无源搜索工作方式，工作时发射机关闭，接收机开启，以对敌方的干扰机位置进行侦收。五是海上工作方式，采用低重频、脉间捷变频与非相参积累的方式在海杂波中检测舰船目标。

在上述 5 种工作方式中，脉冲多普勒工作方式和超视距工作方式都是探测空中目标的，两者能以交错方式同时使用；海上工作方式和脉冲多普勒仰角不扫描方式也能以交替方式同时使用，通常是用脉冲多普勒不扫描方式每扫描数圈空中目标，再切换到海上方式扫描一圈舰船目标，以同时维持空情和海情。

而 E-3A 预警机在俯仰方向上增加的扫描功能，在可以测高的同时，也有助于探测更高空的目标，同时还可以对由于飞机运动引起的俯仰波束偏离进行补偿。由于飞机的姿态在飞行时会发生变化，雷达天线波束指向就可能偏离既定目标或空域；因此，为使天线波束指向得以保持，就需要对飞机的运动进行补偿。采用相控阵扫描后，雷达可以将从飞机的导航系统所获得的飞机当前航向、俯仰或横滚等姿态信息传入计算机，计算机实时解算出波束在俯仰方向上的新的指向角，从而避免了在俯仰上设置比较复杂的机械结构来对波束指向进行调整。

无源相控阵和有源相控阵与机械扫描相比，前二者都省掉了复杂笨重的旋转机械结构，使得在波束改变指向时，不再需要克服庞大的机械惯性，借助计算机的控制，这种改变在微秒级以内就可完成，因此，两者在扫描的灵活性上具有同样的优点，这种灵活性极大地丰富了雷达的工作模式，也极大地改善了雷达的性能。有源相控阵胜过无源相控阵之处有以下两点。

首先，有源相控阵易于产生更大的功率，因为天线辐射出去的总功率是每一个收发单元的合成，所以，要增加总的辐射功率，在每个收发单元的功率一定的情况下，可以增加收发单元的数量。而无源相控阵或者是机械扫描的雷达，由于只有 1 个发射机，在它的功率已经很高的情况下，再提高就会非常困难。

其次，有源相控阵的可靠性更高，一是由于在有源相控阵的收发组件中采用半导体放大器件（即“固态器件”）对功率进行放大，工作电压低，功率较小，每个收发组件的功率一般为数十瓦至数百瓦，且有很高的集成度，总功率是若干个收发组件功率的合成，不需要像无源相控阵那样有一个集中产生大功率能量的发射机，从而避免了集中式雷达发射机必须使用高压所带来的打火故障。二是由于收发组件数量较多，如果出现少数"非战斗减员"，对雷达的正常工作也无大碍。有了有源相控阵后，将传统机载雷达最多 200h 的基本可靠性（无故障工作时间）提高了一个数量级至 2000h，从而解决了机载雷达可靠性问题。

◎　事实上，有源相控阵除了在扫描灵活性（即能量与时间的分配方式）及可靠性等方面相比机械扫描有明显优势外，还在其他很多方面为雷达性能的提升带来了新的可能。有源相控阵的收发组件通常离天线非常近，因此，无论是从发射机送出至天线的能量还是从天线进入接收机的能量，都无须跋山涉水，从而大大减少了传输过程中的能量损失。同时，由于它采用了半导体技术进行集成，不同频段的发射机和接收机更便于综合在一起，从而可以使雷达更便于工作在更宽的频率范围内。另外，从本书第四章可以看到，有源相控阵由于不需要旋转，因此改变了雷达在飞机上的集成形态，形成了不同于传统圆盘的更多新构型。而从本书第九章和第十章可以看出，有源相控阵具备更好的多功能特性，比如，既可以进行雷达探测，还可以进行干扰或通信。而且，由于有源相控阵雷达由数量众多的组件构成，每个组件都可以对应一个处理通道，（理论上）每一个处理通道都可以单独进行控制，因此在对雷达的控制上具备更多的灵活性，可以开展更高效的信号处理，特别是提高反杂波的能力。这些也都是有源相控阵相对无源相控阵的优势。

从 F-22 到"费尔康"——艰难的收发组件研制之路

收发组件几乎把雷达的很多部件，如发射机、接收机、移相器、功率放大器等都集成在一个很小的体积内，每个收发组件相当于一个集成了的微型雷达，与收发组件有关的成本曾占到整部雷达成本的 80%以上。而且收发组件的各个部分，有的发射电磁波的功率较大，有的接收电磁波很灵敏，这么多高频设备要集成在很小的空间内，集成密度很大，要能够互不影响或不被烧坏，需要对电路进行精心设计。同时，由于收发组件的工作频率一般都很高（例如，微波波段，即米波与毫米波之间），因此，当收发组件内部的集成工艺和表面加工工艺不过关时，很容易导致每一个天线单元发射出来的电磁波受到组件的物理特性的影响，而同预期的性能发生偏离，所以收发组件制造是有源相控阵雷达的核心技术。早期的收发组件采用半导体硅平面功率管和混合集成电路，每个需数千美元，而为了获得足够大的功率，一部相控阵雷达通常需要成百上千个。以砷化镓为代表的第二代半导体器件取代了硅管电路后，20 世纪末雷达收发组件的成本已下降到每个 100 美元以内，这种取代在很大程度上是因为砷化镓器件更适用于对频率较高的电磁波进行功率放大，而不用分级放大，从而提高了能量利用效率，并可省掉部分电路和减少元件数量，电路间线缆也更少，既降低了成本，也提高了可靠性。而随着氮化镓和碳化硅等第三代半导体材料逐步取代砷化镓，雷达收发组件的性能也在不断提高。

◎ 氮化镓和碳化硅是迄今为止两类最为典型的第三代半导体材料。第一代半导体材料以锗和硅为代表，称为元素半导体；第二代半导体材料以砷化镓和磷化铟为代表，称为化合物半导体；氮化镓和碳化硅等第三代半导体则称为宽禁带半导体。半导体材料性能的衡量，主要以禁带宽度、载流子迁移率、电子饱和速度及临界击穿电场强度四个指标为依据，其中，禁带宽度又是半导体材料的第一重要指标。所谓禁带，是指半导体中价带至导带间的一段能级，反映了半导体与导体之间的本质差别。在半导体的能带中，导电所依赖的大量粒子（即载流子）都位于禁带下面的价带［包括大量的电子（即负电荷载流子）及少量的空穴（即正电荷载流子)］内，禁带上面的导带则只含有少数电子，禁带的作用就是阻止价带中的电子跳到导带内变成自由电子。而半导体之所以能够导电，根本原因是载流子可以从价带跳到导带，如果禁带宽度窄，说明电子很容易从价带激发到导带，对外界反应比较灵敏，但热稳定性较差。同时，由于半导体功率器件的最大输出功率正比于其禁带宽度的四次方，因此禁带宽度越宽，允许输出功率就越大，因此禁带宽度就可以度量器件的功率效率。

半导体材料的第二个重要特性是迁移率，它反映了载流子在加同样大小的电场时漂移的快慢，而半导体内的电流正是载流子在电场的作用下向一定方向漂移形成的，漂移速度越快，电流就越大。因此，迁移率是器件最高工作频率和可得到的功率放大增益的度量。

半导体材料的第三个重要特性是电子饱和速度或峰值速度。由于电子在漂移过程中会和晶格不断碰撞，且电子间也存在相互作用，因此电子不可能无限被加速，而是在某个电场下达到漂移峰值，它对器件的输出功率也具有重要决定作用。

半导体材料的第四个重要特性是临界击穿电场强度。当外加电场强度过大时，由于电子和晶格以及电子之间的相互作用过于激烈，可能将被束缚在原子核周围的电子打飞，从而产生电离现象；电离出的电子又会打飞其他原子周围的电子，从而使电流滚雪球般地越来越大，出现雪崩击穿，从而使器件失效。显然，击穿电场强度越大，材料就越能加上更高的电压，从而获得更大的功率。

除了上述四个主要指标外，热导率和相对介电常数也对器件性能有重要影响。其中，热导率是单位时间内通过单位截面积的热能与温度差的比值，衡量了材料对高温和大功率的承受能力，越高越好；相对介电常数是以材料为介质和以真空为介质所制成的同尺寸电容的电容量之比，是材料储能能力的表征，也是越大越好。表 3-1 所示为各代典型半导体材料的六类性能参数比较。

表 3-1　典型半导体材料的性能比较

材料	Si	GaAs	SiC	GaN
禁带宽度（eV）	1.1	1.43	3.26	3.49
电子迁移率（cm²/V·s）	1500	8500	700	900
饱和电子速度（cm/s）	1.0	2.1	2.0	2.7
临界击穿电场强度（MV/cm）	0.3	0.4	2.0	3.3
热导率（W/cm·K）	1.5	0.5	4.5	1.7
相对介电常数	11.8	12.8	10	9.0

　　第三代半导体的应用，以碳化硅发展较早。与硅晶体相比，单位体积内的硅原子数几乎相同，但碳化硅因为多挤进去了一个碳原子，因此碳化硅晶体中的原子之间距离更近，电子间的束缚力有所提高，导致禁带变宽，是传统硅材料的 3 倍以上，再加上它的临界击穿场强比硅要高出一个数量级，以及其较高的热导率，使之非常适合电力领域的高压大功率应用，用它制作的电力电子器件，其输出功率比硅高出好几倍，有人预测，如果全世界的电力电子器件都采用碳化硅，全球电力变换损耗将降低一半；而用它制作的微波功率器件，其输出功率也比用砷化镓和硅制作的功率器件要高 4～5 倍，大大提高了能量的利用效率。氮化镓相比碳化硅，在微波功率放大领域，易于工作到更高的电磁波频率，同时也可以输出很高的功率。

　　从机载有源相控阵雷达的发展历史来看，在原理突破后首先是从战斗机火控雷达开始开展攻关的，但从在装备上正式得到应用的时间看，却是首先在预警机上取得成功。世界上第一个有源相控阵机载火控雷达，也就是 F-22 战斗机上的 AN/APG-77 雷达，工作在 X 波段，从 20 世纪 60 年代末期就开始研制，直到 20 世纪末才研制成功。从 F-22 战斗机火控雷达的发展历程可以侧面见证在预警机雷达中实现有源相控阵技术的艰辛。

　　1964 年，德州仪器公司开始为美国空军研制世界上第一部 X 波段机载有源相控阵雷达，命名为"分子电子学雷达应用"（MERA），试验的天线阵列是由 604 个 T/R 模块组成一个六边形平板，模块峰值功率仅有 0.6W，总峰值功率为 360W，外形尺寸为 7.1cm×2.5cm×0.8cm，重量为 26.9g，尚属有源相控阵雷达的雏形，远未达到实用阶段。其目的在于探索机载全固态有源相控阵的基本概念的可行性。

　　1969 年，美空军继续支持 MERA 计划，并命名为"可靠的先进固态雷达"（RASSR）计划，1972 年完成。雷达由 1648 个 T/R 组件组成，每个组件最大功率达 1.6W，外形尺寸相比 MERA 计划时略有降低。当时，功率微波器件还是硅器件，性能有限，尚不能制造出能够实际装备飞机的有源相控阵雷达。但 RASSR 的可靠性有很大改进，T/R 组件经过累计超过 1000000h 的测试，可靠性超过 18000h，雷达系统的可靠性则大于 500h，使用寿命超过 5000h，将机械扫描的机载火控雷达的指标提高了几十倍。

　　20 世纪 80 年代，美国西屋电气公司在 MERA 和 RASSR 的基础上继续一项新的研究计划，命名为"超可靠雷达"（URR），其目标是装备先进战术战斗机 ATF（即后来的 F-22）和改装 F-15 和 F-16 战斗机的火控雷达。由于当时利用砷化镓（GaAs）技术制造的放大管已能在 X 波段进行功率放大，每个收发组件的输出功率最大为 5W，外形尺寸为 1.3cm×3.8cm×10.7cm，重量为 14.88g，为 20 世纪 90 年代开始正式研制并应用在 F-22 战斗机上的 AN/APG-77 多功能雷达打下了基础。AN/APG-77 雷达的收发组件，其最大功率高达 10W，共有 2000 个收发组件，每个重 10g，整机可靠性由传统的机械扫描火控雷达的 100h 提高到 2000h。

　　美国通过以上多项研究计划的努力，历经 40 余年和大量的资金投入，攻克了众多的技术难关，直到 21 世纪初，有源相控阵雷达才在战斗机上形成装备。而由于预警机雷达可以采用更低的频段（以获得更远的作用距离和更高的空域搜索效率），降低了收发组件的研制难度，从而使得有源相控阵技术率先应用于机载预警雷达。20 世纪 80 年代后期至 90 年代初，瑞典爱立信公司推出配备 S 波段有源相控阵雷达的预警机"萨博-340"（图 3-13），几乎同时，以色列埃尔塔公司推出配备 L 波段有源相控阵雷达的预警机"费尔康"（图 3-14）。

进入 21 世纪以来，相控阵预警机开始采用以氮化镓和碳化硅为代表的第三代半导体技术。瑞典爱立信公司推出的配装最新型有源相控阵雷达的"环球眼"预警机（图 3-15），以及以色列埃尔塔公司推出的 EC-295 预警机（图 3-16），均宣称采用了氮化镓半导体技术，收发组件中的 S 波段及 L 波段功率放大管，其电能利用效率均分别超过 50%和 60%，至少比上一代器件提升 15%；而美国的 E-2D 预警机，据称采用了碳化硅器件，收发组件中 P 波段功率放大管单管的电能利用效率超过 70%，最大输出功率超过 2000W。

★ 有文献认为，E-2D 预警机雷达的峰值功率高达 540kW，因其发射脉冲宽度 200μs，脉冲重复周期 300Hz，即占空比为 6%，则其平均功率大于 30kW。虽然其 P 波段天线尺寸仅为 7.3m×0.8m（接近长方形），面积为 5.8m^2，其功率孔径积 30kW×5.8m^2 已经比 E-3G 预警机的 9kW×8.6m^2 还要大，特别是对隐身目标，由于 P 波段下的 RCS 通常大于 S 波段数十倍，因此 E-2D 预警机相比 E-3G 预警机具备了更远的探测距离。

图 3-13　"萨博-340"预警机

图 3-14　"费尔康"预警机

图 3-15　"环球眼"预警机

图 3-16　EC-295 预警机

"慢扫、快扫、跳扫"与相控阵雷达的基因

由于相控阵技术不需要通过机械旋转来调整波束指向，从而克服了旋转天线的机械惯性，赋予了相控阵波束扫描的灵活性基因，并在应用上带来了慢扫、快扫、跳扫和回扫等不同于机械扫描的全新工作模式。

慢扫和快扫都是相对于常规扫描速度而言的。预警机雷达是监视雷达或情报雷达，需要以一定的数据更新率或扫描周期对大范围空域进行远距离搜索、发现和跟踪目标，这种更新率与地面监视雷达或情报雷达并无二样，一般都是 10s 重访一次目标，此时相控阵雷达波束的调度完全类似于机械扫描，波束扫描速度固定，指向也一直是顺着圆周方向循环往复，即"正常搜索"。如果需要在特定的扇区或方向增加发现距离，此时可以通过计算机控制来降低扫描速度，比如，将原来 10s 重访一次目标，现在变为 20s 重访一次目标，这样波束掠过目标时在目标上的驻留时间增加一倍，理论上，探测距离增加就是驻留时间增加倍数的 4 次方根倍，于是探测距离比常规扫描速度下的拓展了 20%。这种方式由于带来了探测距离的增加，

因此可称为"增程搜索"。这种方式由于增加了回波信号的能量，而回波能量又与角度测量精度有关，因此也可以改善测角精度，如图 3-17 所示，图中的弧长对应了空间范围，半径对应了探测距离；对海搜索则表明在针对空中目标执行正常搜索或增程搜索时，也可以穿插执行舰船目标的探测任务，比如每扫描三圈空中目标，再扫描一次海面目标。由于在视距之内，对海面目标的探测距离容易大于空中目标，所以，对海搜索的威力半径要大于对空搜索。

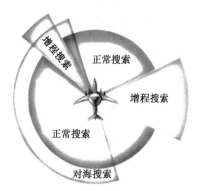

图 3-17　相控阵扫描增加探测距离

反过来，对于速度变化比较剧烈的目标，如果仅仅 10s 重访一次目标，将难以及时跟踪目标动向，因为跟踪需要对目标进行连续观测，在同时探测多个目标的条件下，雷达需要对前后两次观测的结果进行关联，如果两次结果对应的距离变化可以认为是同一个目标的预期运动造成的（相应的判断准则称为"波门"，对应于一个空间范围），它们就被识别为同一批目标。因此，如果前后两次距离变化不能被判断为对应同一个目标，就无法有效跟踪；特别是现代飞行器的速度越来越快，要不断缩短两次探测或跟踪的时间间隔。此时可以快扫，比如，将 10s 一次重访变为 5s 一次重访，此时由于波束掠过目标的时间和能够积累的能量减少，探测距离会下降，但更新率会提高，适用于中距或近距对高机动目标的搜索与跟踪。

虽然机械扫描雷达在理论上也可以通过调整天线转台的转速来实现快扫和慢扫，但对转台电机的功率会有比较高的要求，相应地，重量、体积和控制难度都会增加，同时也可能带来飞行的安全风险，而且由于电子控制扫描速度的方法非常灵活，理论上可以"无级变速"，这种灵活性是机械扫描无法比拟的。一般地，机械扫描雷达的转速通常有两种。例如，美国 E-3A 预警机的转速分别为 0.5rpm（转/分钟）和 10rpm，其中前者并不用于作战，仅用于维持转台润滑；E-2C 预警机在作战状态下有两种转速，分别为 10rpm 和 6rpm。

跳扫是指相控阵天线的波束指向可以突然变化，如图 3-18 所示，图中用数字标出了波束的扫描顺序。对于旋转着的机械扫描天线这样一个又大又笨的物件来说，是难以让它急停并且马上转到所希望的方向的；但对于相控阵天线来说，"指哪打哪"的功夫则是与生俱来的。如果相控阵天线正在按顺着圆周的方向如机械扫描一般搜索既定

图 3-18 相控阵雷达扫描过程
中波束指向的变化

空域，比如说现在天线扫描到北偏东 15° 方向，此时如果需要突然变换至南偏西 20° 方向，只需要克服微秒量级的电子惯性。跳扫在雷达实际使用中的最常见类型就是回扫，也就是在朝既定方向旋转波束的同时，理论上可以随时对上一圈扫描时已经发现的目标"杀回马枪"，然后继续沿着原定的方向搜索，搜索一段时间后再次进行回扫；此时对这个目标的重访周期就不再是对全空域进行搜索的周期，而是人们所希望的其他值（工程中通常为 1s 至 4s 之间的值，比如说每隔 4s 一次，即跟踪数据率），这就使相控阵雷达相比传统的机械扫描雷达，大大改善了对重点目标或高机动目标的跟踪性能，这种模式称为"高数据率跟踪"。在以色列"费尔康"预警机中，将这种模式称为"full track"，有人将其译为"全跟踪"，实际上，这种模式下所有的时间资源并没有全部用于跟踪，同时也在执行空域搜索任务，因此似乎译为"充分跟踪"更为准确。

★ 相控阵雷达在目标跟踪上的优势，使得它在传统机械扫描雷达"边扫描边跟踪"（Track While Scan，TWS）工作方式的基础上增加了"扫描加跟踪"（Track Add Scan，TAS），两者的区别在于雷达时间资源分配与波束调度。TWS 方式下，扫描数据率和跟踪数据率是相同的；雷达以某个数据率执行空域搜索，波束按顺序覆盖空域的不同部分，不断发现新的目标，同时会对已经存在的目标不断观测形成新的测量结果，然后将其同已有结果进行关联。TAS 方式下，雷达仍然可以以某个数据率顺序调度波束来覆盖既定的空域（如 10s 完成 360° 扫描），此过程中又可以按另外的数据率调整波束，使其指向已存在目标的方向（由于两次回扫是有时间间隔的，而目标是运动的，因此需要结合上次的扫描结果对目标的位置进行预测），如在扫描过程中对已发现的目标每 4s 进行一次回扫。

在搜索和跟踪时，波束在目标上停留的时间是不同的。由于搜索是发现既定空域内的未知目标，需要以更多的能量和时间来判断某个位置上的回波是否来自新的目标。但跟踪是对已发现目标的连续观测，此时已经确知目标是存在的，有了先验知识，所以在相控阵天线"杀回马枪"时，无须花费更多的时间或能量以判断目标是否存在，波束在目标位置上的跟踪停留时间可以比在某个空域位置上的搜索停留时间更短，因此就节省了时间。但即使如此，高数据率跟踪仍然不能对数量过多的目标使用，因为 TAS 方式下，空域内的总扫描时间是搜索和跟踪时间的总和，如果限制总扫描时间为 10s，那么，真正搜索的时间是少于 10s 的，还有一部分时间要消耗在对已存在目标的回扫（重访）上。重访目标数多了以后，如果回扫又很勤，总的时间占用也可能非常可观；此时如果要保证既定空域的总扫描时间，就要限制被充分跟踪的目标数。按照以色列"费尔康"预警机的设计，在以 10s 的数据率扫描全方位时，真正用于搜索的时间只有 9s 左右；而以 4s 的数据率对已发现的重点目标进行跟踪，最多只能允许不超过 30 批。

　　跳扫还有一类应用模式，即验证波束。如果雷达在一次扫描时，似乎发现了某个目标，但并不能肯定目标是否真的存在，则可以在计算机的控制下，暂时不再执行原定朝某个方向的搜索，而是再在这个目标所在的方向上发射一次波束，利用收到的回波再进行一次检测，以确认目标、消除虚警或对目标进行跟踪。

青蝇点玉，白璧有瑕

　　相控阵天线虽然有着明显的优点，但它并不完美。首先，无论是有源相控阵还是无源相控阵，随着天线波束指向越来越偏离天线阵面法线的方向，主瓣会不断变胖，意味着主瓣里蕴含的能量减少；由于总能量不变，主瓣里的能量会跑到副瓣中，造成副瓣越来越高，于是能量逐渐分散到不可接受的程度。当天线主瓣指向就是天线阵面的法线方向时（此时天线主瓣的位置指向垂直于天线阵面），主瓣最窄，能量最集中；当天线主瓣指向越来越偏离天线阵面法线方向时，比如到 60° 时，主瓣变宽一倍，能量已分散得很厉害，严重影响到远距离传播（图 3-19）。所以，对于采用相控阵体制的天线，通常每一个天线最多只负责扫描偏离法线方向两侧 60° 范围（共 120°）内的目标，以保证性能。如果需要扫描 360°，则需要三个或更多的天线。

　　相控阵天线的这个特点很容易理解。在波长一定的情况下，天线的波束宽度与天线的尺寸或面积成反比。传统天线的主瓣在形成并射出时，是垂直于天线阵面的，因此，可以认为主瓣的宽度取决于与主瓣垂直的天线面积。当相控阵天线扫描到 0° 时，也就是波束垂直于天线阵面时，对主瓣宽度做贡献的是全部的天线面积；而当相控阵天线扫描到其他角度时，此时对主瓣波束宽度做贡献的只是全部天线面积的投影面积（图 3-20），该投影面积与扫描角的余弦成正比。

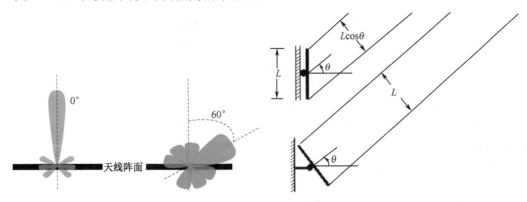

图 3-19　相控阵天线在大扫描角上性能下降　　　　图 3-20　相控阵雷达在扫描时
　　　　　　　　　　　　　　　　　　　　　　　　　　　　　有效天线面积减少

　　主瓣变胖虽然带来了作用距离的下降，但并不是无可救药。由于有源相控阵技术对波束的控制可以利用计算机进行，有源相控阵雷达可以在大的扫描角度上增加扫描时间，也就是多发一些脉冲，由于每个脉冲都会携带一定的能量，因此，通过增加脉冲数，也就能增加返回脉冲所携带的能量，从而弥补在大的扫描角度上由于主瓣变宽而导致的天线射出能量的下降。但是，相控阵天线的主瓣随扫描角度增大而展宽，造成天线增益下降的同时，还会带来另一个后果，那就是副瓣也会抬高，这个麻烦难以解决，对于强杂波下发现目标不利。为了应对这种情况，应该尽量把天线面积做大，以保证即使在大扫描角上天线性能恶化之后，仍然具有基本的性能。

对于有源相控阵，还有两个原因制约着它的副瓣功率不容易做低。一是源相控阵的收发组件个数很多，达到成百上千个甚至成千上万个，以"费尔康"预警机为例，其收发组件个数高达 1472 个，而且它们之间的紧密排列，使得各自之间的电磁场容易互相影响，称为"互耦"。要减少互耦，除了精心设计每一个收发组件的幅度和相位之外，由于收发组件加工的表面或物理特性对电磁场的特性会有明显的影响，因此，对收发组件的加工工艺要求也非常高。二是每个收发组件或多个收发组件也是多个信号处理通道，每个通道的幅度和相位的一致性，也会显著影响杂波抑制与目标检测性能。

机械扫描没有有源相控阵的增益随扫描角的不稳定性这个缺点。由于机械扫描过程中，天线始终在旋转，因此在与波束相垂直方向上的天线有效投影面积一直不变，不存在扫描角度变大以后主瓣变胖和副瓣抬高的问题。此外，为了实现全方位覆盖，机械扫描只需要一面天线，而相控阵则需要三面天线，在同样的空间内，每个相控阵天线的尺寸就会小于机械扫描天线，这就容易造成相控阵天线的性能进一步下降。反过来，在采用相控阵天线实现全方位覆盖的条件下，应该为三面天线的安装争取足够大的空间；只有当天线面积足够时，采用三个天线阵面的布局，才有可能既满足探测威力与精度等要求，同时又能获得相控阵扫描灵活的好处。

◇ 机械扫描由于在同样空间下可配置天线面积大所带来的天线性能优势，有助于提高雷达情报质量（包括提高探测精度、减少虚假目标的数量和增强观测的连续性等），特别是能改善强杂波下的探测性能。在雷达工作频率、所处的外界环境和处理方法等因素都相同的情况下，雷达情报质量主要取决于两个因素：一是天线性能，二是情报更新率。机械扫描的天线面积大，使得波束更窄、能量更集中，这对增加目标回波能量有利，同时由于向下照射所形成的杂波分辨单元也会更小，从而降低了杂波强度。此外，更窄的波束也带来了更高的角度分辨能力和更多的信号能量，有利于改善角度测量精度。简单地说，机械扫描的优势就在于可以提供更高的空间分辨力和信噪比。

相控阵天线一方面可以在面积不占优势的情况下，通过加长波束照射时间来换回更多能量，从而增加威力和提高测量精度；另一方面也可以通过缩短两次探测的时间间隔来改善跟踪的连续性，特别是针对高机动目标获得更好的探测效果。

因此，从提高情报质量的角度看，在选择机械扫描体制还是相控阵扫描体制时，应该努力确定在特定的工况下，究竟是机械扫描的信噪比与空间分辨力优势还是相控阵的数据率与灵活性优势，哪个对情报质量有主要影响。例如，在中远距离上使用时，为保证探测威力，应该以获得足够的回波能量为主要目的，从而降低数据率，此时决定情报质量的主要因素可能是信噪比；而在中近距离上使用时，信噪比也许有一定余量，此时数据率可能是决定情报质量的更主要因素，此时可以适当提高搜索空域的数据率，虽然可能会以降低探测威力为代价；在山区或海面条件下使用时，可能也要做出类似的权衡。如果不仔细分析这些情况，针对远、近距离目标或针对恶劣、简单环境均采用统一的工作模式或信号处理方式，就难以发挥相控阵的优势。

传统与现代的优美结合——机相扫使机械扫描和相控阵互相赋能

既然相控阵与机械扫描体制的雷达各有优点,人们自然会考虑如何将二者结合起来,互相取长补短,答案就是让天线既能动起来旋转搜索,也能停下来固定扫描,这种体制简称"机相扫",它意味着天线首先要做成相控阵的,同时还要有旋转及其控制机构。由于天线可以旋转,因而在圆盘型天线罩内只需要布置一块天线,以尽量接近直径的位置放置,天线面积可以较大,故波束宽度较窄、副瓣较低、杂波分辨单元更小,对提高探测威力和改善情报质量都有利;当需要享受相控阵的好处时,就可以停止旋转,以单个天线阵面完成 120°空域的扫描,且在旋转过程中,波束也可以偏离法线至一定角度完成某个方向上的回扫,故或者可以提升对机动目标的探测能力,或者可以提高情报质量,或者可以拓展探测距离。而无论工作在哪一种方式下,由于雷达本身是多通道的,因此还可以改善信号处理的性能。美国 E-2D 预警机、俄罗斯 A-100 预警机和以色列 EC-295 预警机都采用了机相扫结合的体制。以 E-2D 预警机为例,其 AN/APY-9 雷达为充分结合两类扫描的优点,设计了如下三种工作模式。

(1)AAS(Advanced AEW Surveillance,先进机载预警监视)模式。这种模式下,AN/APY-9 雷达可以提供 360°均匀机械扫描,同时对空中目标及海上目标实施远距离探测,其探测数据更新时间为 10~12s;扫描过程中,探测距离不会随角度的变化而衰减。

(2)ESS(Enhanced Sector Scan,重点扇区扫描)模式。在此模式下,E-2D 预警机采用机械扫描与电子扫描相结合的工作模式,系统在具备 360°覆盖范围的同时,能够对早于当前扫描指向的 30°扇区范围内的目标以回扫方式进行探测和跟踪,并根据需要调整波束的扫描速度和发射脉冲数等参数,以维持探测的威力与精度。

(3)ETS(Enhanced Tracking Sector,重点扇区跟踪)模式。在此模式下,E-2D 预警机采用了纯电子扫描,对目标所在扇区进行重点探测,以实现对目标的持续跟踪。雷达此时具备更为快速的搜索和跟踪回访数据率。当探测到高优先级的威胁目标时,将从 AAS 模式或 ESS 模式切换到 ETS 模式。

考虑到当 E-2D 预警机遇到大量飞机或导弹的饱和攻击时,雷达可能无法及时监控 360°的全部空域,因此,美军一般会同时派出两架 E-2D 预警机,一架用 AAS 模式进行 360°均匀扫描监控全部空域,而另一架则针对特定扇区进行重点扫描跟踪。

总的来看,机相扫是传统的机械扫描和现代的相控阵扫描的有效结合。相控阵扫描在保留其相对于机械扫描的明显优点的同时,也通过传统的技术体制,有效改善了其大角度扫描性能下降和有效孔径相对较小等主要不足。而机械扫描也通过相控阵体制,具备了更加灵活、高效和多样化的使用方式,从而焕发出新的活力。机相扫真正实现了二者的互相赋能,是雷达技术发展和运用模式等方面的重要创新。

有源相控阵预警机的发展历程

　　20 世纪 90 年代中期以后出现的预警机，其雷达开始普遍采用有源相控阵体制。以色列"费尔康"预警机是世界上第一架公开展示的有源相控阵雷达预警机，于 1993 年巴黎航展中初次亮相。"费尔康"是 "Phase Array L-band Conformal"（L 波段共形相位阵列）的缩写，由以色列飞机工业公司（IAI）下属的埃尔塔（Elta）公司研制，载机为波音公司的 707-300C。与 E-3 和 A-50 的机械旋转式背负罩圆盘天线不同，"费尔康"预警机雷达将 3 个相控阵天线分别装在飞机的机头和前机身两侧舷窗处，故称 F-3 方案。机身两旁各配备 1 部 10m×2m 的长方形阵列，机头处另有 1 部直径 2.9m 的圆形阵列；由于天线外形与机身基本一致，故称"共形"。三面天线阵能覆盖 260°方位，还可在机身后侧加装 2 部 6.7m×2m 的天线以及在机尾加装 1 部小天线，以 6 个天线覆盖 360°方位。俯仰上也是相控阵扫描方式。这种设计使得天线对载机的气动性能影响较小，且由于可以利用机身两侧的空间，两侧天线阵面尺寸可以较大，而头尾天线阵面尺寸受限制，性能不够理想，并未真正实现 360°覆盖。

　　"费尔康"预警机雷达选择了介于 E-2C 预警机的 AN/APS-138/145 雷达所用的 P 波段（300～1000MHz）与 E-3 系列预警机的 AN/APY-1/2 雷达用的 S 波段（2000～4000MHz）之间的 L 波段（1000～2000MHz）。由于在同样的天线面积下，雷达工作频率越高，波束越窄，分辨力越好，但远距离传输时的衰减比较大，所以，"费尔康"预警机雷达选择 L 波段兼顾探测距离与分辨力。它可同时跟踪 100 个目标，对战斗机大小的目标探测距离为 370km。除雷达外，还配备了敌我识别器、电子侦察、通信侦察等设备及以色列自行发展的 ACR-740 数据链系统。该机共有 6 名飞行机组成员、6～13 名任务机组成员，配有 13 部双屏显示工作台。

　　为了减少 T/R 组件的数量以降低成本、体积和重量，"费尔康"预警机设计了切换式和专用式两种。切换式为多个阵面扫描时共用，一个阵面扫描结束后切换到另一个阵面；专用式则为某一个阵面的辐射单元专用。这样做的代价是增加了设计上的复杂性，并降低了可靠性，增加了切换的功率损失。全机各天线共配置有 1472 个固态 T/R 组件。

　　智利空军于 1993 年巴黎航展后，花了 1.6 亿美元购买了 1 架"费尔康"707 预警机，称为"Condor"（神鹰）系统，于 1995 年交付（图 3-14）。

　　2000 年 9 月，以色列与印度初步达成协议，出售 3 架配备有源相控阵雷达且号称"世界上最先进的"预警机，机体由 IL-76TD 改装而来，与 A-50 预警机的载机相同，本来定于 2005 年交机，但在美国的干预下，一直没能正式签订合同。2003 年 8 月，美国正式宣布废除对以色列向印度出售相控阵预警机的一切限制；2004 年 2 月，以色列安全内阁正式批准了向印度出售 3 架装有相控阵雷达系统的预警机，代号"费尔康"（图 3-21，有人称之为 A-50I 或 A-50EI），总价值达 11 亿美元，这是截至当时以色列和印度达成的最大一笔军火交易。2009 年 5 月 18 日，印度空军接收了首架"费尔康"预警机，另外 2 架分别于 2010 年 3 月和 2011 年 1 月交付。印度订购的预警机系统，虽然也采用了由埃尔塔公司研制的有源相控阵雷达，但其雷达方案与"费尔康"系统有较大的差异，主要表现在阵面的安排上。印度的预警机方案采用背负罩而不是共形阵，在罩内配置了三个阵面以等边三角形形式排列，每个阵面各扫描120°。因此，虽然名称仍然是"费尔康"，但已经没有原有的共形阵的含义了。

2008年7月，以色列航空工业公司和美国湾流公司在英国范堡罗航展上推出了一款名称为"CAEW"（Conformal Airborne Early Warning，共形机载预警）的新型预警机，代号"海雕"（图3-22）。它由湾流-550商务客机改装而来，最大起飞重量为46t。雷达天线采用共形阵，分别位于机头、机尾和前机身两侧。位于机头和机尾的2部雷达天线工作于S波段，机头的天线分别覆盖40°和50°方位，机尾的天线覆盖50°；前机身两侧的雷达天线则工作于L波段，均覆盖135°方位（在大于120°的扫描角上，天线不是不能工作，但性能将严重下降）。由于机头和机尾天线安装受限，为了获得与机身侧面雷达（L波段）接近的作用距离，采用了在机头和机尾的天线工作于较高频段（S波段）的办法，但由于两部雷达在工作频段上的差异仍无法弥补机头机尾的天线尺寸相比机身侧面的天线尺寸的差异，或者说侧面雷达的功率孔径积要大于机头机尾阵面，所以"海雕"预警机雷达在头尾向的探测距离仍然要近一些。

图3-21 以色列为印度研制的"费尔康"三面阵预警机　　图3-22 以色列"海雕"预警机

"海雕"预警机被以色列飞机工业公司称为继"神鹰"、印度"费尔康"之后的第三代"费尔康"系统，并号称是"无人预警系统问世之前，以色列飞机工业公司推出的最后一代有人预警机"。其雷达系统尺寸明显减小，安装重量减少了近2/3，但功率相当，基本数据处理能力和信号处理能力由于采用了当代最新的计算机系统而提高了2～3个数量级。

以色列空军订购了4架"海雕"系统预警机，2008年2月和5月，2架"海雕"预警机分别交付以色列空军。除了以色列，新加坡也订购了4架"海雕"系统预警机，作为原4架E-2C预警机的后续机型，于2011年全部完成交付。

2011年6月19日，以色列航空工业公司和空客军用公司联合研制的EC-295预警机（图3-16）现身巴黎航展，此前该机刚于2011年6月7日完成首飞。EC-295预警机载机选用C-295运输机，该机最大起飞重量23.2t，机长24.45m，翼展25.81m，实用升限7620m，为小型运输机。其雷达采用机械扫描与相控阵扫描相结合的方式，被以色列航空工业公司称为第四代"费尔康"系统。越南曾经表示出采购意向，但至今未见正式成交。

2019年，以色列航空工业公司又与巴西航空工业公司在巴黎航展上联合推出了P-600预警机设想（图3-23）。其载机平台采用巴西航空工业公司的Praetor 600公务

图 3-23　P-600 预警机设想图

机，其最大起飞重量仅有 19t，价格仅为 2100 万美元，不及美国湾流公司 G500 公务机价格（6000 万美元）的一半。机载预警雷达型号为 ELM-2096，采用类似平衡木的两面天线布局，被称为"滑雪盒"，号称是"基于氮化镓技术的第四代有源相控阵雷达"，另外还配有敌我识别、电子侦察和数据链系统。其最大飞行速度达 0.83Ma，最大载重约 2t，可在不到半小时爬升至 13000m。2023 年 6 月 18 日，以色列航空工业公司和巴西航空工业公司在巴黎航展上再度联合开展 P-600 预警机的推介，力图抢占低成本预警机的国际市场。

瑞典皇家空军于 1983 年开始发展有源相控阵预警机，比以色列还要早一年。它采用了由爱立信公司（Ericsson）研制的"爱立眼"（Erieye）有源相控阵雷达，编号是 PS-890。PS-890 雷达工作在 S 波段，采用中重频脉冲多普勒体制；2 面背对背配置的雷达天线架设在机身上方的长条形雷达天线罩内，外观类似平衡木；每面天线长 8m、高 0.6m，法线方向上波束宽度为 0.8°，俯仰波束宽度为 9°，有 178 个（水平）×12 个（垂直）天线辐射单元，2 个阵面之间安装有 192 个固态收发组件，组件输出峰值功率为 100W，每个组件都与 8 个天线辐射单元相连，每面天线轮流扫描工作，扫描范围为±75°，共 150° 扇区，因单阵面超出了 120° 的通常扫描范围，且未在大扫描角上发射更多脉冲数以弥补天线增益的下降，所以其探测威力在 75° 范围内并不均衡。爱立信公司先于 1987 年时将"爱立眼"雷达配备于费尔柴尔德（Fairchild）公司的 SA.227AC 客机上进行测试，称为"S.88 预警机"；但瑞典空军正式的预警机平台选择了体型略大的瑞典萨博公司（SAAB）制造的 33 人座的萨博-340 支线涡轮螺旋桨客机，被瑞典皇家空军命名为"S-100B"。S-100B 对萨博-340B 机体做了改造，主要是增加了一套辅助发电设备，用以保证电子系统用电；增强了空气循环冷却系统，用以保证雷达系统的散热；在后机身下部加装了一对起稳定作用的机腹导流片，用以保证飞机的飞行品质。订购的第一批 4 架于 1997 年交付瑞典皇家空军服役，另外订购的第二批 2 架则已于 2000 年前交付。

除了萨博-340，"爱立眼"雷达也配备在其他机型上。20 世纪 90 年代中期，巴西政府开始为其"亚马逊监视系统"（SIVAM）选择预警机，用以执行边境区域的打击走私、贩毒等非军事任务，以及日常的国土防空等军事任务，"爱立眼"雷达等任务电子系统设备与巴西飞机工业公司（EMBRAER）的 ERJ-145 支线客机组成的方案被选中。ERJ-145（图 3-24）是 40 人座的通勤类小型客机，采购和使用成本都较低；机体比萨博-340 大，最大起飞重量为 18t。为了安装雷达天线和其他任务电子设备，对其机身进行了加固，调整了机舱布局，并在后机身增设了辅助电源，还采用了 2 台推力更大的艾利森（Allison）公司研制的 AE-3007A 发动机。为了抵消机背上安装"平衡木"天线罩对空气动力的负面影响，后机身增加了 2 条机腹导流片。2006 年，应巴基斯坦空军的要求，瑞典开始在比萨博-340 和 ERJ-145 更大的飞机上研制萨博-2000 预警机（图 3-25），其最大起飞重量达到 23t。

图 3-24　ERJ-145 预警机　　　　　　　图 3-25　萨博-2000 预警机

"环球眼"预警机作为萨博公司研发的搭载"平衡木"型雷达的预警机的最新型号，于 2016 年在新加坡航展上正式推出。机载预警雷达被命名为"爱立眼-增程"（Erieye-ER）型，其平台则采用庞巴迪公司生产的"环球 6000"飞机，已与阿联酋空军签订 2 架的采购合同，合同内容还包括对此前阿联酋已采购的 2 架萨博-340 预警机进行升级，总金额达到 12.7 亿美元，2021 年已交付。"环球眼"预警机无论是飞行性能还是电子系统性能，在历型搭载"爱立眼"雷达的预警机中都是最好的，其载机最大起飞重量 45t，升限高达 15000m，巡航速度超过 900m/s，航时也超过 10h；即使改装为预警机后性能会有所下降，但差别也不会很大。此外，"环球 6000"飞机号称是"全球最奢华的商务飞机"，售价高达 3.7 亿美元，改装为预警机后，乘员舒适性也相当好。在电子系统方面，"环球眼"预警机采用了第三代半导体技术增加了雷达探测距离，并具备对海面舰船目标的探测能力；特别地，除了在机背配备"平衡木"型机载预警雷达，还在机腹配备了对地监视雷达，采用了不同于脉冲多普勒和普通脉冲技术的 GMTI（地面动目标显示）技术，具备对地面人员、坦克和装甲车辆等慢速目标的探测能力。

★ "爱立眼"雷达在探测空中目标时，数据率主要分为四种。一是 SS（Slow Surveillance，慢速扫描）模式，又称"小目标模式"，数据率为 3°/s，在 10s 内仅可扫描 30°扇区，用于探测 RCS 较小的目标；二是 IS（Intermediate Surveillance，中速扫描）模式，又称"增程模式"，数据率为 6°/s，在 10s 内可扫描 60°扇区；三是 FS（Fast Surveillance，快速扫描）模式，又称"正常模式"，数据率为 12°/s，在 10s 内可扫描 120°扇区；四是 RS（Rapid Surveillance，高速扫描）模式，又称"中程模式"，数据率为 24°/s，在 10s 内可扫描 240°扇区。探测海面舰船目标时，采用低重频、捷变频和脉冲压缩体制，数据率为 12°/s。

从"爱立眼"雷达的四种主用数据率可以看出，其数据率总体上偏低，即使其正常模式，120°扇区覆盖也需要 10s，由于两个阵面轮流覆盖 240°空域，因此覆盖全部空域的时间为 20s，这比一般对空监视雷达的常用 10s 数据率慢了一倍。其根本原因在于功率孔径积不足，只能向时间要能量。但它在波束扫描和能量管理上有一套独特的管理方式，充分发挥了相控阵体制的优越性。

首先，在雷达扫描周期总体偏长的情况下，将搜索时间和跟踪时间统一管理，以解决远距离发现与高数据率跟踪之间的矛盾。

"爱立眼"雷达需要设置最大允许的扫描周期（Maximum Cycle Time，MCT），每个扫描周期主要包含搜索时间与跟踪时间两大部分，然后通过控制扫描扇区大小、扫描速率、跟踪起始条件（例如，通过设置可检测最小速度门限及设置最大检测距离门限等措施，以避免对探测空域内的过多目标进行跟踪）等，保证雷达周期时间不超过最大允许周期时间。

扫描周期偏长虽然带来了拓展探测距离的好处，但也带来了三个方面的突出问题。一是对新发现的目标，航迹起始较慢。雷达一般采用三点自动起始的跟踪方式，在连续经历三个扫描周期、探测到某个目标的三个连续点迹之后，才对该目标起始航迹、挂上批号。如果扫描周期较慢，则航迹起始也就较慢。二是跟踪数据率低。如前所述，雷达默认的 TAS 模式可在搜索发现新目标的同时，以相同的数据率对已发现的目标进行跟踪，此时跟踪数据率就是扫描数据率；如果扫描数据率低，如 20s，这对于高机动目标的跟踪显然是不够的。三是可能显著压缩对大突防速度目标的发现距离。例如，雷达扫描周期为 60s 时，以马赫数 1.5（即 1.5 倍的音速）突防的目标，其探测距离将被压缩 30km。为此，"爱立眼"雷达在对空搜索中使用了"一慢两快"（即慢扫、快起、快跟）的总体策略。其中，慢扫增加雷达驻留时间，提高雷达探测距离；快起、快跟则在波束按顺序覆盖既定空域以完成扫描的过程中，根据需要，调用验证波束或高数据率跟踪波束（即前文中的跳扫与回扫），以解决慢扫带来的航迹起始慢、机动目标跟踪能力差的问题。在目标总数量受控且飞机最大突防速度一定的情况下，可以达到雷达威力和机动目标跟踪能力之间的平衡，甚至使扫描周期降低到 1~2min，从而充分利用时间资源实现尽远探测，并兼顾扫描不同威胁的扇区。例如，雷达在对主扇区以较低的数据率扫描时，还可以使用更低数据率（如 2~5min）对次要扇区（称为"对空搜索支援扇区"）进行监视，即每隔 2~5min 将波束从主扇区调离至次要扇区一次，并顺序覆盖次要扇区的每个角度。

其次，根据不同任务区域与目标受关注程度，确定数据率与跟踪方式。"爱立眼"雷达对空共有 6 种任务区域：对空主监视区（PAS）、增程预警区（EEW）、高性能空中跟踪区（HP）、边扫边跟区（TWS）、直升机监视区（AHS）和对空支援监视区（SS）。其中，EEW 主要用于远距离发现和告警，航迹更新率可以较低（如 20s）；PAS 主要用于大范围警戒，航迹更新率可设置为 10~12s；HP 为主要作战方向的交战区，为保证对实施高机动作战的目标实施稳定跟踪，需要提高航迹更新率（如 4s 一次）。除 TWS 和支援搜索区域外，各对空任务区域均运用了航迹快起机制，这种机制主要包括三类：一是利用"充分跟踪波束"，即采用高数据率跟踪，航迹更新率自高到低的顺序为 HP、PAS/AHS、EEW；二是针对特定目标由人工设定跟踪数据率，对某些空中目标，可由人工指定享有以高数据率进行跟踪的权利，且更新率可在 1~4s 中选择；三是人工起始航迹。在指定探测区域，由操作员人工起始而不是三点自动起始航迹，首点就可以挂出批号。

最后，具备一套较为完善的资源管理模式。系统可将资源占用情况呈现给操作员，主要包括雷达实际扫描周期（与规划周期相比）和雷达负荷（全部自适应跟踪波束时间占规划周期之比）两个核心指标。调控的核心是防止跟踪波束（含验证波束）过多而使扫描超过规划周期。在控制层面，设置了按区域优先级依次降低探测模式（如增程改正常）、调整任务区域大小，以及一键全部转换为 TWS 区域等控制方式。

此外，早期"爱立眼"两面阵雷达由于收发组件的功率效率问题，一个阵面难以承受载机输出的全部供电能力，只能将其分散到两个阵面上同时承担，由于每个阵面的功率减少，理应增加天线面积，以保持足够的功率孔径积，但在天线面积不能增加的情况下，只能通过加长搜索时间来弥补。采用第三代半导体技术后，进一步提高了相控阵工作模式的灵活性。假设对空搜索的时间数据率为10s，且"爱立眼"雷达采用两个阵面同时工作，每个阵面的扫描空域都是120°，其扫描周期相同（例如，均为10s或20s）；若收发组件功率效率足够高，每个阵面可以承受全部供电，从而将两个阵面同时工作变为分时工作，每个阵面先后轮流扫描各自一侧的120°空域，且可以用更高的数据率（假设为5s）扫完；如果将搜索空域减小，如缩小到60°空域，扫描周期则又加快一倍（如只需2.5s），这种情况下，搜索数据率已经接近于跟踪数据率，在完成搜索任务的同时，可以达到或接近高数据率跟踪的效果，而又无须专门为高数据率跟踪分配时间资源，且不损失探测威力，充分发挥了相控阵资源分配灵活的优势。如果在三面阵条件下，顺序扫描完每个120°空域可以只需3.3s，如果限制在60°扫描，搜索数据率可以达到1.67s，多阵面分时工作的优势更为明显。

20世纪80年代，美国通用电气公司、西屋电气公司和休斯飞机公司就曾提出联合研制超高性能相控阵雷达预警机的方案，该方案使用波音747大型运输机为平台，背负一个长40.02m、宽14.48m、高3.81m的近长方体形天线罩（又称"游泳池方案"，图3-26），罩内安装四块相控阵L波段雷达天线阵面，由于天线阵面大，总功率大，各阵面所负担的扇扫空间仅限±45°，只要阵面天线副瓣水平过关，可以预计它的上、下视性能都好，不仅解决了全方位覆盖问题，对隐身、准隐身或导弹等小反射截面目标的探测性能也将大为改善。但是，由于该工程耗资巨大，并未进入正式研制。

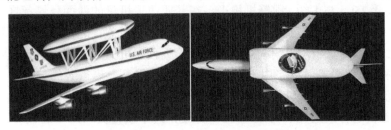

图3-26 基于波音747飞机的"游泳池"预警机概念

美国研制的有源相控阵雷达预警机的第一个型号是E-7预警机（图3-27）。2000年，美国与澳大利亚签署了研制6架E-737预警机的合同，其代号为"楔尾"；2010年交付首架机，在2015年全部交付后，由澳大利亚改为现名。载机选用波音737-700客机，任务系统配备1部由前西屋公司研制的"多任务电子扫描阵列"（Multi-role Electronically Scanned Array，MESA）有源相控阵雷达，其天线安

图3-27 E-7预警机

装方案类似于萨博-340，也是"背鳍式"，两面相控阵天线阵列分别位于机背长条形整流罩的左右两侧；但也有明显区别——在该整流罩的最上方增加了一副"顶帽"型天线，用以负责前后向的扫描，完成360°覆盖（参见第四章）。该型预警机也出口到土

耳其，2008 年 7 月 23 日，土耳其首架 E-737 预警机完成首飞，共装备 3 架。2011 年 8 月，韩国也开始接收 E-737 预警机，代号"和平之眼"，共装备 4 架。

2021 年 2 月，美国太平洋空军提出采用 E-7 预警机替代装备部队的全部 31 架 E-3 系列预警机。2011—2019 财年，由于 E-3 机身组件供应困难及飞机老化等问题，导致任务时间不断降低，在 9 年中仅有 3 个财年达到或超过了任务能力目标。2022 年 5 月，美军正式决定，计划在 2023 年先行淘汰 15 架 E-3 系列预警机，节省经费用于购买 E-7 预警机。2023 年 2 月，美国空军授予波音公司 12 亿美元的合同，启动 2 架 E-7 预警机原型机的改进研制工作。第一架 E-7 预警机计划于 2027 财年投入使用，并于 2032 财年完成 24 架 E-7A 预警机生产，使其总装备规模达到 26 架。

美国研制的相控阵雷达预警机第二个型号是 E-2D。2011 年，美国"鹰眼"系列舰载预警机的最新型号——"先进鹰眼/E-2D"开始服役，计划全部替代现役 75 架 E-2C 预警机。E-2D 预警机是美国海军在 E-2C 预警机后续飞机替代计划屡遭失败的背景下开始酝酿的，并经历了一个技术不断成熟的孕育过程。

早在 20 世纪 80 年代中期，美国海军就草拟了一项"先进战术支援飞机"计划，希望替代包括 E-2C 预警机在内的多种特种军用飞机。由于经费原因，该计划于 1991 年悄然终止。次年，美国海军详细制订出发展可以与未来航空母舰相适应的新型舰载预警机需求，为此，洛克希德·马丁公司提出了在 S-3 预警机的机身上安装一个三角形雷达罩、内装相控阵雷达天线的方案（图 3-28）；波音公司也提出了 E-X 的共形阵列预警机方案（又称"钻石眼"，图 3-29），机翼为四边形，前两边与机头相连，后两边与垂直尾翼相连，即联合翼构型，设计机长 15m、高 5.5m、翼展 19.2m（折叠后仅 8.8m），最大起飞重量 25t，与 E-2C 预警机相当；在其四边形机翼的四面外侧都嵌入相控阵天线单元，每个机翼阵列只需扫描 90° 即可实现全方位覆盖。之后，美国海军又提出了一种"通用支援飞机"计划，作为 E-2C "鹰眼"预警机的最终继任者。但考虑到预算削减，这些设想都无果而终。由于眼前没有可以看得见、摸得着的替代型号，美国海军只好期望 E-2C 预警机继续服役到 2020 年以后。1997 年，诺思罗普·格鲁曼公司提出对 E-2C 预警机进行改进的"鹰眼-2000"方案，终于获得美国海军的认可。

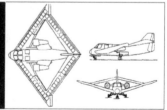

图 3-28　S-3 预警机构想图　　　　　图 3-29　"钻石眼"预警机方案

在"鹰眼-2000"预警机尚未交付之前，美国海军一直在酝酿"鹰眼-2005"概念的实施。究其原因，美国海军希望进一步扩大 E-2C "鹰眼"预警机的作战范围，承担起沿海区域监视和战区导弹防御（TAMD）的任务，这对于长期以来一直在远洋环境中担负空中预警任务的 E-2C 预警机来说是一个不小的改变。

基于战术环境日益复杂和电子技术飞速发展等因素，美国海军在 2000 年 1 月发布了一个指导性文件，正式提出了"先进鹰眼"（又译为"高级鹰眼"）预警机的发展计划。为了更好地推动"鹰眼"预警机的改进发展，美国海军要求工业部门所进行的各项研究集中于先进的相控阵雷达、新型任务电子设备、任务软件和综合后勤保障四个主要领域。

作为"先进鹰眼"的系统集成商，诺思罗普·格鲁曼公司向美国海军提交了五项专题研究报告，分别涉及有关的技术问题及对全套系统的评估，同时还提交了几项有关传感器的研究报告。根据这些报告，美国海军初步拟定了"先进鹰眼"的采购方针，最初计划在 2003 财年就投入工程开发阶段，以便从 2006 年开始部署这种新型预警机，但 2002 年年前一直没有获得预算，导致整个进度有所推迟。

2002 年 1 月，诺思罗普·格鲁曼公司与美国海军签署总额 4900 万美元的合同，负责提出整个项目的发展规划。2003 年 8 月 4 日，正式启动了为期 10 年的"先进鹰眼"计划。根据合同要求，诺思罗普·格鲁曼公司首先将两架"鹰眼-2000"预警机进行了改进，作为 E-2D 预警机的原型，在改进中，更换了 E-2C 预警机旋转雷达天线罩内的 AN/APS-145 雷达及其相关电子设备。由于 E-2C 预警机服役时间已经超过 40 年，从结构强度方面考虑，加固了 E-2C 预警机的机身中段，以解决因雷达系统升级导致重量增加所产生的影响，其他部位基本保持不变。此外，驾驶舱被更换为先进的玻璃座舱，对任务导航系统和人机界面也进行了改进。

随着研制过程的顺利推进，2007 年年初，"先进鹰眼"预警机在美国海军武器库中正式列编型号为 E-2D。2007 年 5 月，首架 E-2D"先进鹰眼"预警机的原型机首次公开亮相；同年 7 月，美国海军授予诺斯罗普·格鲁曼公司一份总额 4.08 亿美元的合同，用以制造首批 3 架 E-2D 预警机。美国海军采购 E-2D 预警机的总数为 75 架，以替换全部 E-2C 预警机，于 2011 年开始服役。

从气动外形上看，E-2D 预警机在很大程度上保持了原有布局，但由于新型螺旋桨投入应用、嵌入式卫星天线日渐成熟和加装了空中加油设备，其总体飞行性能得到显著提高。E-2D 预警机换装了"NP2000"螺旋桨。此前，E-2C 预警机上的螺旋桨为 4 叶，桨叶为钢制材料；而 NP2000 型螺旋桨为 8 叶，桨叶为复合材料。相比之下，新型螺旋桨不仅振动更小、噪声更低，而且减少了零件数目，降低了维修费用。从 2004 年 4 月起，美国海军开始为现役的 E-2C 预警机换装 NP2000 型螺旋桨，直至 2006 年结束。而原先位于旋转天线罩顶部的卫星通信，则改为在飞机的外蒙皮中安装嵌入式天线。这种改动减少了预警机的气动阻力，而且可以减轻飞机重量，有利于改善飞行性能。此外，E-2D 预警机还增加了空中加油能力，使其空中执勤时间增加一倍，达到 8h 以上；2021 年 8 月，E-2D 预警机首次通过 MQ-25 无人加油机实现了空中受油（图 3-30）。

图 3-30 E-2D 预警机通过 MQ-25 无人加油机实现空中受油

在提高飞行性能的基础上，E-2D 预警机针对执行监视沿海和陆地任务的性能，对任务电子系统进行了全面升级，其中最重要的一个方面是继续实行已经实施多年的"雷达现代化计划"。E-2D 预警机的雷达由 AN/APS-145 更换为全新的 AN/APY-9。粗看起来，它仍采用机械扫描方式实现全方位覆盖，天线只有一个阵面，但这个旋转的雷达却采用有源相控阵体制，对于重点区域或重点目标，E-2D 预警机可以不再转动天线，而采用电子扫描方式覆盖 120° 或 120° 以外空域，在转动过程中还可以在一定角度范围内实现回扫；为了提高反杂波和反干扰性能，还采用了空时二维联合信号处理（见第九章）等新技术。通过雷达改进，E-2D 预警机的探测距离和监视目标数量几乎增加了 1 倍，在陆地上空以及辽阔海面上方的更多杂波和更复杂的电磁干扰环境中，可以更好地探测到各类威胁。

印度自 20 世纪 80 年代中期开始以"多尼尔"（Dornier） HS-748 双发动机客机为基础研发预警机（图 3-31），其原型机于 1999 年 1 月 11 日坠毁。事故发生后，印度并未及时解释事故的原因，但有关方面推测是飞机背部安装的大型圆盘型雷达天线罩产生的阻力使发动机发生故障后很难保持飞行高度而导致坠毁。之后，印度放弃了自制预警机的计划，先是以租赁方式从俄罗斯获得 1 架 A-50 预警机。印度空军在训练和演习中对 A-50 预警机并非十分满意，认为该预警机存在雷达探测范围较小、数据处理能力不高和乘员操作设施落后等缺点，为此，印度决定购买国外先进有源相控阵预警机，并于 2000 年 9 月同以色列达成初步协议。

在决定采购"费尔康"预警机之后，出于"费尔康"预警机购买和使用成本高、难以大量装备及自主发展预警机的考虑，2004 年 9 月，印度内阁安全委员会批准再次启动自行研制预警机的计划，由于印度没有能力生产合适的载机，因此，印度国防研发组织（DRDO）选择了巴西 ERJ-145 为载机，计划安装印度自主研制的"内特拉""平衡木"型有源相控阵雷达等任务电子设备，2008 年向巴西航空工业公司订购了 3 架，2011 年 12 月 8 日完成首飞，2012 年开始全面飞行测试，2014 年交付首架机，2018 年 2 月全部交付（图 3-32）。此后，印度国防部考虑到 ERJ-145 载机在航程、载重和航时等方面的弱点，于 2020 年 12 月 17 日，批准了印度国防研发组织的一项新的预警机采购计划，拟换用空客 A320 飞机作为载机并仍然加装"内特拉"雷达系统的设想，同时在机身前端新增一部有源相控阵雷达弥补前方探测盲区，规划装备 6 架，总经费 1050 亿卢比（约合 14 亿美元），其模型计划在 2021 年 2 月举行的印度航展上展出，但因为新冠疫情影响，航展未能如期举行。

图 3-31 印度自主研发的 HS-748 预警机　图 3-32 印度装有"内特拉"平衡木型有源相
控阵雷达的预警机

　　2006 年，IL-76 飞机停产，不再外售，加之该机存在燃油经济性差、航程小、噪声大等弱点，印度开始考虑换用 A330 飞机替代 IL-76，扩大大型预警机的装备规模并改善性能。2015 年，印度国防部批准了 511.3 亿卢比（约合 6 亿美元）的计划，利用空客 A330 双发宽体远程客机平台研制大型预警机，雷达仍然沿用"费尔康"系统，但合同批复后一直未能执行。同年，印度还提出了在 A300 飞机上背负四面相控阵雷达天线的方案（图 3-33），圆盘直径 10.2m，厚度 2.04m，但未见实施。

图 3-33　印度基于 A300 飞机的四面相控阵方案设想

　　就在以色列联合俄罗斯为争取到印度"费尔康"预警机合同之后，俄罗斯决定基于此前的相关论证与设计成果，开展新一代大型预警机的研发工作，以替代老旧的 A-50 预警机并适应新的作战环境和作战任务，于 2004 年 4 月正式启动，代号 A-100 "首相"（图 3-34）。载机平台选用了 IL-76 的深度改进型——IL-476，其最大起飞重量由 190t 增加到 210t，最大载重由 47t 增加到 60t，配置数字化导航与控制系统及玻璃座舱。雷达采用 P 和 S 两个波段，配置旋转型天线罩，两个波段的有源相控阵雷达天线阵面背靠背安装，具有较大的天线面积和探测隐身飞机的能力。受 IL-476 飞机研制进度、相控阵雷达关键技术攻关及设计理念变化等因素影响，项目整体进度一再滞后。2017 年 11 月完成首飞，2019 年 2 月开始对任务电子系统设备进行测试。预计 2024 年开始陆续交付部队，计划装备 40 架。

图 3-34　俄罗斯 A-100 "首相"预警机

　　表 3-2 列出了截至 2023 年 6 月世界各国预警机的装备情况，可以看出，美国/北美、北约/欧洲地区及我国周边是预警机装备数量较多的三个区域。其中，日本原采购 13 架 E-2C 预警机，自 2015 年起开始采购 E-2D 预警机以替换全部 E-2C 预警机，当前已完成 5 架交付，相应总数按 18 架计算。

表 3-2　世界预警机装备分布情况

国家/地区	型号	数量	备注
美国	E-3G	31	2023 年开始退役，2027 年后陆续装备 26 架 E-7
	E-2C/D	75	现存 E-2C 预警机将在 2025 年前全部被 E-2D 替换
墨西哥	E-2C	3	
	EMB-145	1	
巴西	EMB-145	5	
智利	费尔康	1	
俄罗斯	A-50U	15	不同文献中数量各有区别；计划自 2024 年开始装备 40 架 A-100 预警机
	卡-31	2	
北约	E-3B	17	注册在卢森堡，已按 E-3G 预警机状态更新
英国	E-7	3	原 7 架 E-3D 预警机已全部退役，2023 年后将装备 E-7 预警机
	海王	13	
法国	E-3F	4	
	E-2C	4	
意大利	海雕	2	
	EH-101	4	
西班牙	海王	4	
瑞典	萨博-340	6	
希腊	EMB-145	4	
土耳其	E-7	3	
	防御者	1	
埃及	E-2C	4	正在采购新型预警机
以色列	海雕	4	
中国台湾地区	E-2K	6	含 Link16 数据链简化版，不含卫星通信和 CEC 系统
日本	E-767	4	
	E-2C/D	18	13 架 E-2C 预警机，5 架 E-2D 预警机
沙特阿拉伯	E-3A	5	2017 年按 RSIP 完成雷达升级
阿联酋	萨博-340	2	
	环球-6000	5	已交付 3 架，另外 2 架将于 2025 年交付
印度	费尔康	3	
	ERJ-145	3	另有 6 架基于 A320 飞机搭载"平衡木"型预警机的装备计划
	卡-31	9	
韩国	E-7	4	
新加坡	海雕	4	
巴基斯坦	萨博-2000	3	
	ZDK03	4	
泰国	萨博-340	1	
澳大利亚	E-7	6	
总计		283	

参考文献

[1]　王小谟，罗健，匡永胜，等. 监视雷达技术[M]. 北京：电子工业出版社，2023.

[2]　张光义，赵玉洁. 相控阵雷达技术[M]. 北京：电子工业出版社，2006.

[3]　张光义. 相控阵雷达系统[M]. 北京：国防工业出版社，1994.

[4]　毕克允. 微电子技术——信息化武器装备的精灵[M]. 北京：国防工业出版社，2008.

[5]　张良，祝欢，吴涛. 机载预警雷达系统架构发展路径研究[J]. 现代雷达，2015（12）：11-18.

[6]　曹晨. 机载预警雷达发展 70 年回顾与展望[J]. 现代雷达，2015（12）：6-18.

[7]　张玉洪，保铮. 机载预警雷达不同重复频率对天线旁瓣电平的要求[J]. 西安电子科技大学学报，1992（3）：1-9.

第四章 预警机可以貌相

——雷达天线形式的选择与载机的改装

因为雷达的探测能力与功率和天线的大小有关，于是人们不断通过选择合适的载机和雷达天线的形式，来保证雷达的用电并提供足够大的天线面积。俗话说，"人不可貌相，海水不可斗量"，但这句话对于预警机来说似乎就不适用了。首先，预警机作为一类特种军用飞机，在外观上有着区别于其他飞机的显著特征，比如，飞机背部的大圆盘（"大蘑菇"）就曾经是预警机的标准照，我国自行研制的首型预警机——空警-2000，就被广大军事爱好者亲切地称为"大盘鸡"。其次，由于相控阵雷达天线不需要旋转就可以实现扫描，预警机的外观出现了重大改变，出现了"平衡木"和"共形天线阵"等新的形态，但其仍然保持了与其他飞机的明显区别，我们仍然可以从天线的形状（准确地说，应该是天线罩的形状，天线被置于天线罩的内部，是看不到的）与载机的选择看出预警机在定位、功能和性能等方面的一些端倪。当然，随着技术的发展，也许有一天，我们不再能够从外观上看出一架飞机是不是预警机，甚至预警机的设备不再装到飞机上。

从"大下巴"到"平衡木"

早期的预警机，如世界上首型预警机——美国 TBM-3W（图 4-1），它的雷达天线（这里的所谓"天线"，实际上是指天线罩；天线是装在天线罩里面的，从外面看是看不到的。天线罩的作用是使天线免受日晒雨淋，并且使天线的结构有更好的气动外形，改善飞机加装天线以后的升力或阻力特性）是放在机身下部的，是一个"大鼓包"或者说"大下巴"；载机选择了当时的一种舰载反潜机，飞机的尺寸很小，这主要是上舰的需要，不允许安装大的天线，否则会严重影响起降并增大飞机在飞行过程中的阻力。但其优点是在飞机天线不可能很大的情况下，安装结构比较简单。

为进一步增大天线，并避免对飞机起落的影响，人们想到把天线搬到机身上去，并且用撑腿支起来，于是预警机的背负式天线就出现了，由于机

图 4-1 TBM-3W 的"大下巴"天线罩

身背部空间更为宽敞，从而天线就可以越来越大。WV-2E/EC-121L 预警机最早采用了圆盘型天线罩，但是没有正式投入使用，E-1B 预警机（图 4-2）是最早采用背负式天线罩并投入使用的预警机。为满足气动特性要求，E-1B 预警机采用了水滴形天线罩，其优点是阻力小，因为水滴形是流线型，而流线型能够减少飞机飞行时的阻力。但其不利之处在于，因为水滴形天线罩不是对称的，为了让天线能够在水滴形内转起来，只能在各个方向上选择一个最小的尺寸，从而限制了天线面积；而且由于其非中心对称特性，使它不便于旋转，因此天线旋转时外面的罩子是不转的，所以天线波束会从罩子的所有方向上透射出来，这就要求天线罩在各个方向上的透波性能都很高。而后来的预警机采用机械扫描的圆盘形式，罩子可以和天线同步旋转，这样只需要把对准天线的那一部分罩子的透波性能做好就可以了。

　　E-2A 预警机是第一款采用背负式圆盘天线罩的预警机，且其载机不再采用现有平台，而是第一次采用定制的方式以适应上舰的需要，迄今为止仍然是独此一家，其余所有预警机型号都是用现有的飞机改装的。E-2A 预警机在机背上加装大圆盘后，由于飞行过程中从前部往后吹过的气流需要经过圆盘后再打在垂尾上，引起的紊流会破坏垂尾操纵飞机航向与俯仰等姿态的能力，为弥补这一缺陷，就需要增加垂尾的面积，即让垂尾变大变高。但从雷达看，雷达在向后探测时，从天线辐射出来的电磁波也会打到垂尾上，使电波性能发生畸变从而对雷达视线产生影响。于是 E-2 系列预警机把一个大垂尾一分为四，变成了四个小垂尾（图 4-3）。

图 4-2　E-1B 预警机及其水滴形天线罩　　　　图 4-3　E-2 系列预警机的四个小垂尾

　　E-2 系列预警机之后发展的 E-3A 预警机，也采用了背负式圆盘天线罩（图 4-4）的形式。由于其载机（波音 707）最大起飞重量达 150t，允许采用更大的圆盘（实际上是个椭球），其直径 9.1m、厚 1.8m，内部在直径处布置的天线尺寸长度 7.3m、高 1.5m。而苏联 A-50 预警机，由于载机（IL-76TD）最大起飞重量高达 190t，其直径则达到了10m、厚 2m，内部的天线尺寸则为 9m×1.5m。

图 4-4　E-3A 预警机天线及天线罩

　　随着相控阵技术在预警机上的应用，为充分利用载机尺寸做大天线面积带来了更多可能。"费尔康"预警机首次采用共形阵，在前机身两侧布置的共形天线罩（图3-14），充分利用了从机头至发动机安装处的机身表面，其天线的尺寸在长度方向上竟然达到了12m，高也达到了2m（机头"大鼻子"内的天线直径为2.9m），超过了之前所有圆盘型天线罩所能提供的最大天线尺寸。

相控阵天线也为解决载机尺寸与天线尺寸之间的矛盾提供了有力手段，特别是在平台较小的情况下如何做到大口径。虽然为了保证大的天线应该选择大的载机，但很多情况下这种做法并不总是可行的，例如，大平台的采购成本和维护成本都很高，或者大平台在本国采购不到，等等。瑞典"爱立眼"预警机可以让我们看到，在飞机尺寸不大的情况下，对增大天线面积是如何无所不用其极的。它最早选用的萨博-340载机，其机身长19.73m，翼展（即飞机左右机翼翼尖之间的长度）21.44m，最大起飞重量只有13t。在这种小飞机上，不可能顶一个像E-3那样直径为9m的盘子，更不可能像A-50那样顶一个直径为10m的盘子。瑞典经过仔细研究，发现还是飞机在机头至机尾方向可利用的空间大一些，所以，他们就想到了平衡木，也就是把天线在前后方向上做大，长度竟然达到了8m（天线罩长度为9.7m）。虽然粗看起来，其尺寸没有达到"费尔康"系统的12m，但如果引入天线罩尺寸对飞机最大起飞重量的比（称为"相对尺寸"，之所以对最大起飞重量进行归一，是因为最大起飞重量如果较大则意味着飞机的机长、翼展等尺寸也会较大）作为参数来比较，就可以发现"平衡木"的这个比值竟然是"费尔康"的10倍（表4-1）。这样的天线共有两块，左右两侧各一块，分别负责120°扫描。而在翼展方向上，天线不可能做得很大，否则会极大增加飞机的迎面阻力，而如果做得较小，对于探测来说，其面积又会远远不够，所以，"爱立眼"雷达干脆在翼展方向上不放置天线单元，因此就有了前后各60°的盲区。这是一个很大胆也很具创新性的设计，也只有在相控阵条件下才能实现。

表4-1 几种预警机相对尺寸的比较

指标 型号	最大起飞 重量（t）	翼展 （m）	机长 （m）	天线罩 最大尺寸（m）	相对尺寸 （m/t）
萨博-340	13	21.44	19.73	9.7	0.75
E-3	150	44.42	46.61	9	0.06
A-50	190	50.5	46.6	10	0.05
费尔康	150	44.42	46.61	12	0.08

美国E-7预警机，其天线罩（图4-5）因为剖面是T型的，所以将其天线构型称为"T型阵"，本质上是对"平衡木"的改良，体现在两个方面：一是将"平衡木"的支腿改成"实心"的，即将雷达的电性能部件——天线，与其结构部件——支腿进行一体化设计，天线罩同时也是支腿的一部分，这样做的好处是增加了天线在高度方向上的尺寸，从而可以测高（天线尺寸达7.3m×2.7m）；二是为了弥补传统的"平衡木"天线在翼展方向没有布置天线单元造成头尾向盲区的问题，在侧面两块相控阵天线阵的上部加了"顶帽"天线（尺寸为9.6m×1.52m），采用不同于传统天线的端射天线，负责头尾向的扫描。

★ E-7预警机的雷达工作频段为L("顶帽"天线由于尺寸较小，为在头尾方向上获得较好的天线性能，也有说法是另外选择了较高的S波段，但未见进一步的数据支撑)。每个雷达天线阵面共连接有288个碳化硅收发单元，每个单元含4个收发通道，共计1152个收发组件。若将L波段功率管效率按E-2D预警机所采用P波段的2/3计算，由于E-7预警机的侧面阵天线面积要比E-2D预警机多出3倍多，其功率孔径积仍比E-2预警机多出约2.3倍，探测距离则多出20%以上。由于"顶帽"阵的天线面积要比侧面小，所以头尾方向的探测距离要小于侧面方向。

顺便指出，当衡量对隐身目标的探测威力时，除了考虑功率孔径积的因素外，还要考虑对于隐身目标，各个频段上的RCS是有较大差异的，S波段比L波段要低一个数量级以上；因此，如果E-7预警机"顶帽"天线采用S波段，除了由于天线面积相比侧面有所减小导致对隐身目标探测距离下降外，还存在RCS进一步减小的因素。通常，隐身飞机有时出于航管和欺骗等需要，会采用龙勃透镜以增大RCS，从而增加雷达的发现距离，但这种方法主要对较高的雷达频段有效；对于P或P以下的波段，对探测距离的影响不大。

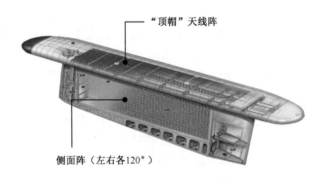

图 4-5 E-7 预警机的 T 型雷达天线罩

圆盘的兴盛、消隐与回归——天线罩体形式选择的中庸之道

圆，毫无疑问是这个世界上最美的图形之一。它的中心对称特征，给它带来了无与伦比的均衡性，曾经是预警机天线罩的主流形式。预警机之所以选用圆盘型天线罩，无论从气动还是从雷达性能来看，都有着突出的优点。从气动上说，飞机本身就是对称形，再配备全对称的圆盘型天线罩，各个方向上承担的气动力非常均衡；而且由于只需要配置一块天线阵面，可以放置于圆盘的直径位置，以获得最大的天线尺寸(为了覆盖360°，就采用旋转天线阵面的办法)，从而实现探测距离与覆盖范围的兼顾。可以说，圆盘式的布局深谙中庸之道的精髓。但是，随着相控阵技术为解决天线尺寸与载机之间突出矛盾所带来的新途径，使得从20世纪90年代后新型天线形式开始涌现，出现了"平衡木""共形阵"和"T型阵"等新构型，由此显著改变了预警机的相貌。

"平衡木"所能提供的相对尺寸——天线面积或在长度或高度等一维方向上的尺寸同飞机最大起飞重量相比——是最大的。它由于放在机背，可以从机身前部一直贯穿到机身后部的空间，所以优势最为明显。"共形阵"与之比较，如果从前机身贯穿到后机身，则波束辐射可能会受到机翼位置处吊装的发动机的遮挡，因此难以实现像"平衡木"那样大的尺寸。改进的"平衡木"——"T型阵"，则相对尺寸更大。而且，从对飞机气动性能的不利影响来看，圆盘也是最大的。例如，圆盘改装后，新增阻力占到原阻力的23%~30%，而"平衡木"构型仅增阻10%~20%，"大下巴"或"鼓包"构型则仅增阻5%~10%；航向稳定性也受到明显影响，"圆盘"大致降低60%，"平衡木"降低30%，"鼓包"降低10%。但圆盘形式最大的优点在于其探测距离在各个方向上都是均衡的，而这是预警机最为重要的要求之一，此外，圆盘对气动性能的影响虽然相对最为严重，但对圆盘的气动特性人们认识得已经非常充分，有很多办法可以克服它所带来的不利影响。例如，"共形阵"头尾方向的探测距离相对其两侧来说，由于天线面积显著减小，距离下降明显；"平衡木"则没有头尾向探测能力，即使采用"T型阵"，虽然在"平衡木"顶部增加了一块天线可以对头尾方向进行扫描，但由于其天线面积仍然小于侧向，且其性能也相对较差，也存在与"共形阵"类似的问题。而且，"T型阵"对飞机横滚特性的影响是几种天线形式中最为严重的，因为天线罩和支撑结构的一体化设计，相当于在机身上背了一面"墙"，严重阻碍了机背气流的横向流动，对这个问题的解决办法还不如"圆盘"好。因此，在给定的探测能力要求下，如果"圆盘"能够提供足够的天线面积并能充分"享用"飞机的供电，则"圆盘"是首选。如果探测能力要求非常之高，则"T型阵"可以提供最大的天线面积，但在目前所有已出现的天线形式中，除了"圆盘"以外，都必须承受全方位探测距离不够均衡的代价。

"圆盘"的构型有三种：一是传统的机械扫描构型，如E-3A预警机、E-2C预警机，雷达天线只有一面，因为可以放在尽量接近直径的位置，所以口径的横向尺寸可以做得很大（但仍然可能小于"共形阵"或"平衡木"），且因为出于气动特性考虑，天线罩所在的顶部背负式结构通常是个椭球，所以其越向外，在高度方向上的尺寸也越小，故放在直径位置时，高度方向上的尺寸也是最大的。二是"圆盘"三面阵，如印度"费尔康"系统，与同样直径的"圆盘"单面阵相比，由于相比放在直径处时要更靠外放置，且要安排空间放三块阵面，每块天线面积会有一定下降，为主波束增益和副瓣分布带来不利影响，但好处是在全方位上都是相控阵扫描，波束调度非常灵活。三是机械扫描和相控阵扫描相结合，如E-2D预警机、EC-295预警机和A-100预警机这些新的预警机型号。正如第三章所指出的，这种构型仅在接近"圆盘"直径处配置一块天线阵面，或背靠背配置两块天线阵面，天线本身采用相控阵体制，同时又增加了机械旋转结构，既可以采用旋转方式实现空域覆盖，且在旋转过程中波束可以偏离法线至一定角度，还可以停止旋转，完全以相控阵方式扫描120°空域。

新的预警机型号采用圆盘形式，在很大程度上可以看作"圆盘"正在开始收回它曾经失去的领地。以EC-295预警机为例，其最大起飞重量为25t左右，但采用了有源相控阵体制（结合机械扫描），而此前在这个规模上的飞机，几乎毫无例外地采用了"平衡木"形式，如萨博-2000、"环球眼"等。虽然E-2D预警机最大起飞重量与之相当，也是有源相控阵的，它之所以采用圆盘形式，应该是出于继承E-2C预警机的考虑，因为E-2C预警机已飞行多年，对其气动特性的认识已经比较成熟，省掉了气动特性更改后要重新试飞的麻烦。EC-295预警机则不一样，其研制方以色列航空工业公司下属的埃尔塔公司弃用自家拿手的"共形阵"，也没有采用广泛采用的"平衡木"，而改用"机相扫"，说明在机体较小的情况下，即使不采用"平衡木"来获得大的天线口径，也是能够达到使用要求的，其中的原因有二：一是采用"圆盘"的单面阵形式，仍然可以获得相当的天线尺寸；二是在机械扫描的同时引入有源相控阵，可以享受相控阵的好处，在特定的空域内以相控阵扫描方式，通过调整数据率来提高探测距离，从而克服了"平衡木"两面阵布局存在方位盲区的弱点，又能满足探测距离的基本要求。

为什么天线罩总是扁的

不管是"大下巴""大盘子""平衡木""顶帽"还是"大鼻子"，它们都有一个共同的特征，那就是它们都是扁的，也就是天线罩的长度或直径总是比它们的高度要大很多（对于背负式"圆盘"构型的预警机而言，有这样的一般规律：圆盘的直径相比翼展通常不大于 20%～30%，"圆盘"厚度与直径的比值通常不大于 20%），其道理很简单。以盘子为例，风洞试验证明，大一点和厚一点相比，厚度比直径对飞机的气动性能影响更大，主要是阻力增加太多，另外就是飞机的安定性下降，就像大海中的军舰，顶一个又高又重的桅杆，就会严重影响航行的稳定性。

长度方向上的尺寸决定了对目标方位测量的准确程度，高度方向上的尺寸决定了对目标的高度测量的准确程度。虽然预警机的天线罩总是追求尽量做厚一些，但最厚也就是 2m 左右，难以和地面雷达高达 10 余米的天线相比，因此预警机测高很差，对 300km 以外的飞机，测高误差能达到 1500m 以上，而地面雷达的测高精度可以做到只有几米。以 E-3A 预警机为例，其俯仰波束宽度为 5°，测角精度按 1/10 波束宽度计算，在 200km 处的测角精度超过了 1000m。

由于预警机雷达的高度测量精度很难做高，因此对于有些采用小型载机的预警机来说，因为在高度方向不能获得足够的尺寸，于是就不在高度方向上再布置天线单元，从而不测高了，如前面介绍的所有"平衡木"构型的预警机。不能在测距和测方位角的同时进行高度测量的雷达，通常称为"两坐标雷达"。实际上，目标位置用距离、方位和高度的三维信息才能精确表述，如果雷达能够同时测得这三种信息，就称为"三坐标雷达"，否则就是两坐标雷达。由于能测高的雷达必须在高度方向上有足够的分辨能力，或者说，高度方向上的波束必须足够窄，从而也就要求雷达天线在高度方向上尺寸足够大，因此如果我们看到一部雷达天线在高度方向上尺寸较大，那么这个雷达几乎可以肯定是三坐标雷达。例如，美国 TPS-59 雷达（图 4-6），工作在 L 波段，天线高度 9.1m，天线宽度 4.9m，就是三坐标雷达。如果天线在高度方向上的尺寸比较小，则它既有可能是两坐标雷达，也有可能是三坐标雷达；特别是有些雷达，虽然

图 4-6　美国 TPS-59 雷达

高度方向上的尺寸比方位上的要小，但是仅仅是意味着高度上的波束宽度要比方位上的波束宽一些，仍有可能是能够测高的。

天线里蕴含的奥秘

前面主要介绍了预警机上雷达天线罩的形式及其选择。实际上，在天线罩内的天线，从预警机发展的早期至今，也经历了很多发展。早期的预警机雷达天线有的像一口大锅，有的像一排鱼骨，现代预警机雷达天线已经不使用锅状天线，绝大多数都像一块大平板，但鱼骨天线也获得了新生。我们透过预警机雷达天线可以发现更多的秘密，而且其中的很多秘密，对于地面雷达也是适用的。

图 4-7　我国第一部集成化、数字化、自动化三坐标雷达——JY-8

雷达的锅状天线就是抛物面天线，在早期的雷达中得到了广泛的应用（图 4-7）。其基本原理在于，电磁波和可见光一样具有反射和聚焦的作用（实际上可见光是电磁波中的一个频段）。如果在抛物面的焦点上放置一个辐射电磁波的源（称为"馈源"），馈源向抛物面上辐射电磁波，经抛物面反射后会平行射出而不是分散射出，这样就汇聚了能量，从而可以使电磁波传播得更远。虽然抛物面天线的基本形状像一个锅，但有的锅看起来很"深"，有的看起来则很"浅"，也就是锅的曲面弯度很大；有的锅口显得很"敞开"，有的锅口则收得比较"紧"，也就是锅的直径有大有小。其主要原因在于，在不同的天线口径下，需要采用不同的曲面来获得不同的主瓣和副瓣特性。

值得注意的是，在锅状的抛物面天线中，有的是一个比较完整的"实心"的曲面，例如，我国第一部单脉冲精密跟踪测量雷达（154-Ⅱ型，图 4-8），用于对东风-5 弹道导弹的精确测量，工作在 C 波段；有的则不是"实心"的，而是像蜘蛛网一样的网状结构，例如，美国 AN/TPS-43 雷达，工作在 S 波段，如图 4-9 所示。之所以除了实心的还有蜘蛛网结构的，主要是因为网状结构能够让更多的空气从网缝中流过，从而减少雷达天线架设起来后的空气阻力，而空气阻力越低，对支撑雷达天线的底部结构的重量就越轻，结构也就越简单，因此雷达的机动性能也就越好。

图 4-8　我国 154-Ⅱ型精密跟踪测量雷达

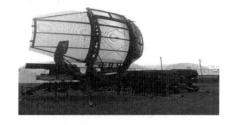

图 4-9　美国 AN/TPS-43 雷达

虽然网状结构可以让空气通过，从而减少空气阻力，但是为了不影响电波的传播性能，特别是为了降低副瓣，网格的大小在宽度和高度上一般不能超过波长的 1/8，对于工作在较低频段（如 P～S 波段）的雷达，把实心的做成网状结构的是可行的，因为超短波对应的工作波长为几十厘米量级，所以波长的 1/8 以下还有一定的尺寸。但对于工作在较高频段的雷达，此时，网格的尺寸就必须很小，缝隙会很密，以致网格对于改善空气阻力特性根本没有什么好处，所以就不这样做了。

平面阵列天线从外观上看，则像一个大的平板，而不像抛物面那样是一个曲面。波导缝隙（又称"裂缝"，由于一般会在波导表面增加保护层，所以天线缝隙不一定能从外观上看到）阵列天线就是用得最多的平面阵列天线之一（图 4-10 及图 2-7）。各个缝隙之间到底间隔多大的距离排布，有一个简单且重要的规律，那就是必须相隔半个波长，无论是高度方向上还是水平方向上，

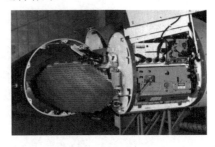

图 4-10　机载火控雷达平板缝隙天线

都要服从这个规律。这是因为，如果间距太大，各个缝隙射出的能量在合成时在很多情况下都容易抵消很多能量，造成主瓣较低而副瓣较高，因此，各个缝隙需要"紧密团结"，"团结就是力量"；如果各个缝隙太近，也就是间距太小，各个缝隙射出的电磁波又容易互相干扰、互相打架，正所谓"距离产生美"，因此需要折中。在工程上，用得最多的就是把缝隙的间距定为半波长。

正是这个规律，以及天线缝隙的数量，决定了天线个头儿的大小。如果某一个天线工作在 S 波段（2～4GHz），如果以 3GHz 的中心频率计算波长，则波长为 10cm。如果这个天线在水平方向上有 100 个缝隙（即由天线缝隙组成的阵列的每一行），则天线在水平方向上的尺寸就有 5m；如果这个天线在竖直方向上有 50 个缝隙（即由天线缝隙组成的阵列的每一列），则天线在竖直方向上的尺寸就有 2.5m。由于缝隙开在波导上，所以如果波导是一根根排列的，那么相邻波导之间的间隔也就是半个波长。

从 E-3A 预警机的雷达天线图片（图 2-7）中我们可以大致估计出它的工作频段。如果天线高度按 160cm 估算（实际为 150cm），自顶向下可以数出共 30 根波导，由于每根波导之间的间距是半个波长，所以，高度上共有 15 个波长，用 160cm 除以 15，得到约 10.67cm，对应的波长处于 S 波段，这正是 E-3A 预警机雷达实际工作的频段。

再举两个例子。图 4-11 和图 4-12 所示为两型在我国国庆 60 周年阅兵庆典上展出的由中国电子科技集团有限公司研制的国产优秀雷达——新一代机动式两坐标雷达和新一代机动式三坐标雷达。由于雷达安装在车上，而车载有一定的宽度，一般为 2.5m，因此为方便运输，天线的宽度必须在 2.5m 以内，否则天线在折叠后必须横竖颠倒放置。图 4-11 中，从上往下数一共有 16 根管子，这就是波导；由于波导之间排列的间距为工作波长的一半，16 根波导之间间距总长度应该是 8 个波长，它应该约等于天线的高度；如果以天线的高度为 2.3m 计算，那么工作波长应该在 28.75cm 左右，这对应于 L 波段。由于工作频率不高，天线个头儿也不算大，因此，波束较宽，从而测量精度不可能很高，特别是高度测量能力可能较低，二坐标雷达的可能性比较大。另外，由于天线尺寸不大，所以机动性很好。

图 4-12 所示的雷达，高度方向上布置了 60 根波导，天线高度很高，因此几乎可以判定是三坐标雷达。整个天线的尺寸较大，因此探测距离比较远；而且，天线很有可能是不旋转的，也就是相控阵体制。因为如此庞大的天线，如果要实现旋转，载车

必须有较强的驱动能力，实现起来比较困难。由于天线个头儿很大，可能运输超宽，所以在运输时天线必须堆叠成两段或两段以上放置。如果天线高度按 3.5m 左右估计，除以 60 根波导间距总长度 30 个波长，得出波长为 11.67cm 左右，处于 S 波段。天线水平方向的尺寸目视比高度方向大，因此水平波束比垂直波束窄。

图 4-11　我国新一代机动式两坐标雷达　　　图 4-12　我国新一代机动式三坐标雷达

顺便指出，天线的辐射单元即缝隙，除了开在波导上，也可以开在微带传输线上，一根根的微带传输线也可以像波导一样排成阵列。所以，很多时候人们将波导缝隙或微带缝隙天线统称为"平面缝隙阵列天线"。平面缝隙阵列天线诞生于 20 世纪 60 年代，相比之前的锅状天线，又将天线的低副瓣水平改善了一至两个数量级。这对于提高机载雷达的性能无疑又是一个巨大的福音。通过提高天线汇聚能量的能力来使雷达看得更远，不会像提高发射机的功率那样显著地增加体积和重量。它对于机载雷达的诱惑是如此之大，以致当今的机载火控和预警雷达天线几乎都是平面阵列的。

八木天线从外观上看，就像早期有线电视没有进入千家万户前，架在住宅楼顶部的电视天线，南方称之为"鱼骨天线"（图 4-13）。它并不是指由八根木头构成的天线，之所以得此名，是因为最早设计出这种天线的人是日本的八木宇田。八木天线的基本辐射单元不是缝隙，而是一根根"棍子"（金属管），辐射单元之间的排列规则也与缝隙天线不同。典型的八木天线应该有三对振子（即产生电磁振荡的天线基本单元），即有源振子（又称"主振子"）、引向器和反射器，整个结构基本上呈"王"字形，有源振子居中；比有源振子稍长一点的称"反射器"，它在有源振子的一侧；比有源振子长度略短的称"引向器"，它位于有源振子的另一侧。引向器可以有多个，每根长度都要比其相邻的并靠近有源振子的那根略短一点。每个引向器和反射器都是用一根金属棒做成的，构成了八木天线的单元。无论有多少单元，所有振子都要按一定的间距平行固定在一根"大梁"上。大梁也用金属材料做成。电流信号从有源振子注入，在有源振子处激发产生振荡的感应电流和电磁波，通过大梁和空间辐射两种方式分别往反射器和引向器传播。其中，引向器一般短于 0.5λ（λ 为工作波长），为 $0.4\lambda \sim 0.5\lambda$；有源振子约等于 0.5λ，反射器略长于 0.5λ，两振子间距 0.25λ。这种间距的安排，能够使从有源振子通过大梁送至反射器的电波及由有源振子激发通过空间传播送至反射器的电波相加以后得到最小值，并且使从有源振子通过大梁送至引向器的电波及由有源振子激发通过空间传播送至反射器的电波相加得到最大值，这样就有了方向性，也就是电波辐射是从有源振子指向引向器的方向。由于八木天线的辐射方向与天线所在平面平行，不同于传统天线的辐射方向与天线所在平面垂直，因此是一种特殊的天线，称为"端射天线"；而辐射方向与天线阵面垂直的天线，则称为"侧射天线"（图 4-14）。

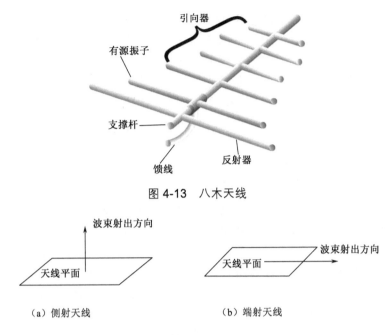

图 4-13　八木天线

图 4-14　侧射天线与端射天线

（a）侧射天线　　　　　　　　　　　（b）端射天线

为了改善八木天线的方向性，需要增加引向器，引向器数目越多，天线整体从外观上看越尖锐，天线增益也越高，但实际上超过四五个引向器之后，这种好处就不太明显了，而体积大、自重增加、对材料强度要求提高、成本增大等问题却可能比较突出。

在 E-2 系列预警机中就使用了八木天线（图 4-15），雷达工作在 P 波段，共有 18 个天线单元，阵面两端的天线单元为单层放置，中间的天线单元为双层放置，每个天线单元含有 1 个有源振子、2 个反射器和 5 个引向器，后面都接有收发组件，共 18 个发射与接收通道。

三种主要的天线形式相比较，如果我们看到抛物面的雷达天线，就能够知道它不是相控阵的，因为它只有一个集中馈源，且不能对每个单元都进行灵活的相位控制；看到平板型的雷达天线，其有可能是相控阵也有可能是机械扫描（如 E-3A 预警机雷达天线就是方位机械扫描结合俯仰无源相控阵扫描，但"平衡木"型雷达天线则是有源相控阵），且天线副瓣性能较好；看到八木天线，

图 4-15　E-2D 预警机雷达的八木天线

就知道它工作在较低频段，既有可能是相控阵，也有可能不是。

飞机的适应性补偿与改装

雷达天线罩加装后，恶化了飞机的性能，需要采取补偿措施，使预警机改装完成

后其总体飞行性能仍能基本维持在改装前的水平，可能采取的措施包括以下几个。

机身修型。很多预警机是由军用运输机改装而来的。运输机机身的阻力占全机阻力的 60%以上，其中后机身又是主要部分，它与装卸货物的相关设计有关，如上翘型机身及后大门可能带来较大阻力。但在改装为预警机后，这些功能将会被取消，因此可以考虑对后机身进行修型，减少气动阻力也减少重量，比如对机身尾段做剖面修型、适当加长后机身和增加长细比等。例如，A-50 预警机在改装时就对 IL-76 飞机后机身进行了改动。

增设端板。飞机改装成预警机时，除了机背的天线罩外，机体的其他地方，包括翼尖在内，都有可能布置天线，一架预警机的天线总数有可能达 40 副以上，所以，近看一架预警机，机身表面布满了"刺"。背负式雷达天线罩及预警机机身上的这些"刺"，都可能干扰飞机尾部的气流流动，从而降低安定面的稳定性和操纵效率，补偿这种稳定性或操纵性的损失是改装设计的重要任务，主要采用以下三种方法。一是加大飞机原有的安定面，如增加垂直尾翼的面积，E-2 系列预警机实质上使用的就是这个方法，只不过把更大的垂尾面积分散到四个小垂尾上。二是增加新的气动安定面，例如，在原有飞机平尾的两侧分别增加垂直方向上的安定面，称为"端板"，EC-121 预警机、EMB-145 预警机和我国研制的装备国外用户的 ZDK-03 预警机（图 4-16，参见第十二章）都采用了这种方法。三是用原操纵舵面的自动操纵来增加稳定性，即自动增稳，可以避免改变气动布局。例如，A-50 预警机在改装时没有采取航向稳定的气动补偿措施，只是将原 IL-76 飞机飞控系统中的偏航阻尼器改为航向增稳系统；E-3A 预警机在改装时，也只是对波音 707 飞机增加了偏航阻尼器。

加装腹鳍。针对机背加装雷达天线罩带来的阻力增加和航向稳定性降低，可以在机身下部加装腹鳍，既可以因为改善了后机身下部的气流，削弱甚至消除了引起气流分离的因素而减阻，同时又可以因为它可以被视为垂直尾翼的一部分，而起到增加航向稳定性的作用。例如，E-7 预警机、萨博-340 预警机和我国空警-2000 预警机（图 4-17，参见第十二章）都在后机身下部加装了腹鳍。

图 4-16 在平尾处加装端板的 ZDK-03 预警机　　图 4-17 我国空警-2000 预警机加装的
腹鳍（后机身下部）

巡航襟翼。改装为预警机之前的飞机，一般都有预期的巡航设计点，在这个设计点附近飞行，飞机可以获得最佳巡航性能。但由于改装后气动和重量等特性的变化，巡航设计点将发生偏离，从而影响燃油经济性和航时、航程等指标。改变机翼的弯度，可以始终使飞机处于最大升阻比状态，改善飞机的气动效率，是调整飞机设计使用状态的重要手段。在预警机改装中，可以通过调节飞机原有的襟翼偏转角来等效形成机翼的不同弯度。襟翼本来主要用于飞机的起飞着陆，是增加升力的装置，但通过在巡航状态下也使用襟翼并使之有一定的偏转角，可以改变具有最大升阻比时的升力系数范围，这种措施不仅简单，而且爬升性能和安全裕度都将得到改进。

防振设计。载机加装雷达等电子设备的天线、支架等部件后，很可能会因为破坏了原有的气动特性而引起飞机振动。为了减少振动，通常采用严格控制背负或外露物的尺寸（如雷达天线罩的相对厚度不宜超过 20%）、对"雷达天线罩—支架—机身"连接处进行整流并优选支架的气动剖面、认真确定外露物或新增重量的安装位置，来避免其引起的尾流冲击飞机上的振动敏感位置等。

在考虑圆盘等背负式天线罩的加装对飞机在多方面造成的不利影响时，其支腿的架设位置、具体形式、数量、倾斜程度和架设高度等因素（图 4-18），也都有可能影响飞机的气动性能和电性能。例如，支腿的架设高度可以影响机身和机翼在波束往下照射时产生遮挡的程度，显然，在气动安全性允许的情况下，支腿架设得越高，下视时的遮挡就越小，由此也可以推论出，下单翼（即机翼布置于机体下部）飞机由于离雷达天线的距离要比上单翼飞机高，所以下单翼飞机的改装更为有利；对于共形阵来说也是如此，因为下单翼飞机的发动机通常位于机翼的下方，有助于减少波束在方位方向上扫描时受到发动机的遮挡，故以波音 707 为载机的"费尔康"和"海雕"系统都采用下单翼飞机进行改装。

图 4-18　早期研究风洞试验与总装中的 E-3A 预警机（注意天线罩支腿数量的变化）

除了提供尽量大的天线之外，飞机的供电设计也是保证雷达探测距离的重要措施。雷达是飞机上的用电大户，E-3A 预警机的雷达发射机需要耗电 200kW 以上。预警机上的用电来源于由飞机发动机带动的发电机。所以，发动机功率越大、发动机带动的交流发电机的容量越大，雷达的探测距离就越远。为了提供更多的用电，通常需要增加载机原有的发电机容量，如"爱立眼"预警机；也可以单独增加一个发电机——辅助动力单元（APU），单独为雷达等电子设备供电，如 A-50 预警机。

预警机加装雷达等各类电子系统，对飞机的影响是全局性的，例如，液压系统、环控系统的改进和舱室的重新划分包括非气密舱的改进等。载机加装雷达后，如果雷达天线是旋转的，需要从飞机本身驱动起落架的液压系统取一部分功率用于驱动天线旋转；载机对冷却系统的要求也提高了，由于功率管和收发组件整体效率的原因，以及传输的损耗，雷达有相当部分的用电被以热量形式散发出来，对雷达的散热主要有两种方式——强迫空气冷却（也称"风冷"）和液体冷却。当雷达功率不大时，可以采用强迫风冷，我们从"爱立眼"预警机顶罩前部可以看到一个张开的小口，这就是用以冷却位于罩内的收发组件的进风口（图 4-19）。如果雷达功率较大，如像 E-3A 这样

图 4-19　EMB-145 预警机顶部天线罩及其进风口

的大型预警机，就要采取液体冷却。

载机的改装，还涉及环境控制系统的更改。以温度为例，预警机从地面到空中，由于高度每增加 1km，气温降低 6℃，所以，在万米高空，在寒冷的冬季，气温将可能达到零下 50℃以下；而在炎热的夏季，地面温度高达 40℃的情况下，封闭的飞机舱室内部的温度有可能达 50℃以上，很多电子设备难以适应如此低或如此高的工作温度，所以需要通过环境控制系统来为电子设备提供最适宜的温度条件。如果是从军用运输机改装而来的，则很可能需要将原有运输机的非气密舱改进为气密舱，以安排人员。

★　由于飞机不是一个绝对刚体，在起飞、降落与飞行过程中，机体各部分受气动力的影响，都会产生一定的变形，从而对安装在机身上的雷达天线，特别是对将天线紧贴机体表面的预警机的雷达天线产生影响，因此必须将天线阵面的变形控制在波长的 1/8～1/4 范围内，否则将因天线单元之间的相位发生变化而抬高副瓣。为此，以色列"神鹰"预警机将平面天线阵的支撑结构与机身侧面用 18 个点连接（图 4-20），其中两个主负重点紧固机身上下方向与法线（机翼左右）方向，但前后向（机身前后向）可移动；一个主阻尼杆限制结构的前后向活动，另有 15 个小阻尼杆，分两排限制法线方向的活动；同时，平面天线阵支撑结构具有较强刚性。采取这些措施后，如果机身变形（最大达 70mm），衰减后传递到天线上只有几毫米，基本上不影响天线的性能。

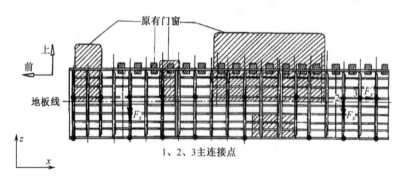

图 4-20　平面天线阵结构与机身侧面的连接

载机在飞行中产生的振动对雷达天线电性能也会有一定的影响。它们是由飞机发动机与机外气流的气动力产生的，通常具有频率覆盖范围较宽和随机性较强等特点。螺旋桨飞机则还有螺旋桨转动产生振动基频与各级谐波频率窄带内的振动。这些振动的强度与飞机的发动机数量、飞行速度姿态及机上位置有关。与天线平面平行方向的振动可能使天线波束指向抖动，有可能引起主瓣加宽、增益降低，天线平面垂直方向（法线方向）的振动则会对发射和接收信号产生多普勒频率的调制，从而可能对脉冲多普勒雷达的检测产生影响。此外，振动还可能使天线单元的相位分布偏离预期，从而提高天线的副瓣电平。

天线在朝相对飞机机体的不同方向扫描时，可能会受到机体各个部位的影响，这是因为雷达天线各个单元所辐射的电波能量要在空间合成，而机体对辐射又有反射、绕射、遮挡等多种作用，且比较靠近能量的合成区域。比较严重的是机尾方向，因为垂直尾翼高出机背很多，特别是采用 T 型垂尾的飞机可能更为严重，几乎挡住了天线波束。E-2 系列预警机为了降低机尾对天线波辦的影响，没有采用高垂尾，并且将机尾的 4 个垂直尾翼都用透波的玻璃钢制成。而天线在指向机体侧向或后向时，机翼也可能对天线能量在空间的合成产生不利影响，而指向前方时，也会受到机头的影响。

E-2 系列预警机在设计过程中还发现了螺旋桨对天线性能的不利影响。螺旋桨即使采用金属材料，由于其接触到天线波束的面积并不大，对天线方向图的影响很小，但它的旋转运动会对雷达的发射信号与回波信号产生多普勒调制，从而为脉冲多普勒雷达带来了新的杂波分量。E-2 系列预警机雷达因采用 P 波段（400MHz），雷达天线离载机螺旋桨的距离仅 3 个波长，因此金属螺旋桨对雷达信号有明显的调制作用。为此，E-2C 预警机专门研制了新型复合材料螺旋桨，其桨叶以钢管为筋，以玻璃钢为外皮，中心充填高密度泡沫塑料，对电磁波的透过性很好，有效降低了多普勒调制信号的强度。此外，由于两个螺旋桨彼此反向旋转，通过伺服系统使其同步，也在一定程度上抵消了这种不利影响。据理论分析，当雷达天线距螺旋桨的距离以波长计较大时（例如，S 波段雷达天线距螺旋桨的距离大于 50 个波长），则螺旋桨的影响可忽略不计。

"境自远尘更待咏，物含妙理总堪寻"

从前面的内容我们可以比较完整地看到，将雷达装上飞机形成机载预警雷达，虽然可以获得更远的探测视距，但其实现和应用是何等的艰辛。

第一是杂波的影响。机载预警雷达波束的向下辐射带来了严重的杂波，虽然可以通过脉冲多普勒技术得以改善，但是对于天线、发射机和信号处理器都提出了很高的要求，而且杂波常常不可能完全消除，从而影响目标检测。而反观地面雷达，它是向上探测的，来自空中的不需要的回波要远远少于机载预警雷达。如果再叠加上目标机动、目标数量与目标密度以及不同的探测任务与工作模式等因素，机载预警雷达所形成的虚假情报、对目标时有时无的不连续探测（即短航迹）以及将同一目标辨认为不同目标或将不同目标辨认为同一目标的情况，要远远多于地面雷达。

第二是原理的限制。对于采用脉冲多普勒体制的机载预警雷达，低径向速度目标成为其先天短板，无法从根本上予以克服。如果结合采用相控阵体制，在大角度上扫描性能还要下降，并由此可能带来更严重的副瓣杂波影响；而从第九章我们还可以看到，相控阵天线的阵面布局还会在一定程度上影响到目标检测。

第三是飞机空间的限制及机体的不利影响。雷达或其他电子系统的天线性能会受到飞机空间和机体的限制，例如水平和高度上的尺寸都不可能很大，机体还可能造成波束变形或者被遮挡，等等，其程度与机体部位、天线架设位置、天线架设高度和波长等多种因素有关，预警机设计过程中必须予以充分评估。而且，这种影响不仅是在静态条件下存在的，当飞机运动时甚至可能加剧。例如，飞机转弯时会存在一定的横滚角，如果波束随飞机同步运动，就可能偏离既定目标或空域；虽然可以进行补偿，但难以根除。而且，不仅仅是雷达，对敌方辐射源所发出的电磁波进行侦收的设备也会受到影响。

第四是更为严苛的工作环境。包括高低温、振动、空间和能源品质等机体环境，高山和大城市等地理环境，以及有意、无意电磁干扰等电磁环境。为了克服这些不利环境，除了需要不断攻克和采用新技术外，也需要结合使用予以有效规避。例如，针对环境与目标的不同特性，选择合适的工作模式；通过飞行时尽量平稳或者设置尽量大的空域等措施，减少转弯的坡度与次数；采用圆航线使得视向角不会始终接近90°，或者采用两架机分别以不同的视向角探测，等等。

总的来看，虽然机载预警雷达在应用上需要突破较多的技术难点，并且也有不少不尽如人意之处，但它提供了一种前所未有且难以替代的探测手段，是武器装备发展历史上的伟大成就，充分展现了人类在技术追求上坚韧不拔的可贵品质以及颖悟绝伦的智慧光辉。

预警机也要搞装修，舒适性就是战斗力

载机的选择主要有两种：一种是军用运输机，一种是旅客运输机（即民航机）。总的来看，民航机除了多采用下单翼可以带来更优秀的电性能外，舒适性上也要好于军用运输机，主要体现在内装饰、生活设备及噪声等方面。例如，由 IL-76 运输机改装而来的 A-50 预警机，噪声高达 95dB；而民航机的噪声是有标准规定的，一般不会超过85dB。而且，由于预警机任务时间通常在 5～6h 以上，预警机改装必须满足战勤人员生活的舒适性要求。特别是对于军用运输机而言，没有改装之前可能没有卫生间、休息室和厨房等生活设备，改装为预警机之后必须强化这方面的设计，以便于战勤人员减少疲劳程度，提高工作效率。

预警机改装后通常将舱室划分为休息舱、设备舱和工作舱。为了降低噪声，通常把预警机的工作舱和休息舱放到远离发动机的位置，而把靠近发动机的舱室用来安置设备。但是，预警机在舱室布局时还有其他一些限制因素，如振动和线缆布局。靠近发动机的位置，是噪声最大的位置，同时也是振动最严重的位置。装在飞机上的设备，和地面办公室内的设备相比的一个最大不同，就是机载设备的工作和存储环境更为苛刻，必须有更强的经受温度变化、振动和冲击等环境条件的能力，即具备更好的环境适应性。如果把设备放在靠近发动机的位置，可能需要结合局部的振动条件对设备进行加固设计，以使得设备即使是在恶劣的条件下仍然能够正常工作。对于那些特别重要而又特别"娇气"的设备，为了减少它罢工的可能性，可以把它放到远离发动机的位置。另外，电信号在线缆中传输时会产生衰减，线缆越长，衰减越大，而且也越重。一架预警机，仅电子设备的线缆，就有可能达到 500kg 以上。因此，总是希望线缆越短越好。在 E-3 系列预警机中，与雷达有关的设备被置于机背旋转天线罩下方的舱内，这样能使信号走尽可能短的路径，以减少传输损耗。

在预警机的舱室布局中，一个重点是操作员使用的显示控制台（图 4-21）的放置，显示控制台是操作员操作预警机的最主要界面。在显示控制台上放置有计算机、显示器、键盘、跟踪球（俗称"摸球"，由于显示控制台台面的振动可能比较强烈，从而引起鼠标指针的漂移；但如果飞机的振动较小，也可以采用鼠标）、阅读灯、供紧急情况使用的吸氧装置和耳机等。由于操作员通常具有一定人数，因此显示控制台数量也较多。

众多显示控制台的一种可能的布置是所有的显示控制台全部排成一排，全部顺航向或侧航向。所谓"顺航向"，是指操作员面向机头方向（反之称为"逆航向"），所谓"侧航向"，就是操作员面向飞机侧面的舱壁。就舒适性来说，顺航向是最好的，侧航向次之，逆航向最差。如果将显示控制台全部顺航向放置，将在机身长度方向上占用过多的空间；而将显示控制台全部逆航向放置是不可能的，因为既然能全部逆航向放置，也就能顺航向放置，这样更为舒适。

显示控制台全部侧航向放置时（图 4-22），会比全部顺航向放置节省空间，又能兼顾舒适性。这样做还有一个优点，在操作台位较少时，便于指挥员了解所有操作员的工作情况。

 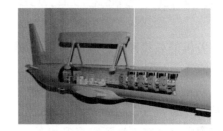

图 4-21　"费尔康"预警机显示控制台　图 4-22　萨博-2000 预警机显示控制台的侧航向布置

飞机机体尺寸足够时，可以考虑将全部显示控制台分成两列：一列紧靠飞机的左舷，一列紧靠飞机的右舷，中间是过道，如 E-7 预警机（图 4-23）；视空间的宽敞程度，每一列可以侧航向，也可以顺航向。

还有一种比较折中的布局方法，就是所有显示控制台集中一侧放置，但有的显示控制台顺航向，有的显示控制台逆航向，操作员彼此相对。E-3A 预警机和 E-767 预警机采用的就是这种布置方法（图 4-24）。

图 4-23　E-7 预警机的两列显示控制台布置　图 4-24　E-767 预警机显示控制台布置

随着电子技术的发展，越来越多的新兴人机交互设备用于预警机，为提升乘员的舒适性和工作效率做贡献。例如，语音交互技术可以解放双手或在双手操作的同时并行其他操作，穿戴设备可以随时监控健康状况，便携交互设备可以在局域网条件下提供移动操作，等等。

◇ 从飞机的角度看，它为机载预警雷达和其他设备的集成提供了基本环境和工作条件。预警机对飞机的主要需求包括：具有更高的升限，从而使预警机具有更远的探测与通信距离，并增加了杂波的传输距离，使杂波能量可以有更多的衰减，从而对探测有利（虽然目标能量也有了更多的衰减，但杂波的能量衰减对探测能力的增加占主要作用）；能够提供更大的电力与天线面积，使雷达可以真正获得与升限相匹配的探测距离，并允许在高度方向上布置更大尺寸的天线；具有更大的空间和载重，可以安装更多的设备与人员；飞机的各个部位（如机翼与尾翼）的布局及部件材料的选择（如机翼具备透波能力），有利于减少对无线电波束的遮挡与畸变；能够更平稳地飞行，具有较好的舒适性；采购与使用成本尽量低；具备足够的航时和航程，等等。

"谢菲尔德"号驱逐舰的沉没与预警直升机

预警机的载机除了广泛选用固定翼飞机外，也有一些型号选用了旋翼平台，如英国的"海王"（Sea King）预警直升机及苏联的 Ka-31 预警直升机等。旋翼平台上的预警机，通常采用外挂式天线，起飞和降落时处于折叠状态，工作时再展开，从而构成了独特的外形特征。

英国发展"海王"预警直升机的直接推动因素，是 1982 年 5 月英国与阿根廷为争夺马尔维纳斯群岛（简称"马岛"，英国称之为"福克兰群岛"）主权而爆发的战争。1982 年 4 月初，在阿根廷突袭和占领作为英国殖民地的马岛后，英国派出一支特遣舰队向南大西洋进发。舰队以携带垂直/短距起降的"鹞"式战斗机与直升机的航母"竞技神"号和"无敌"号为主力，并伴有导弹驱逐舰、护卫舰和运输舰。另外，潜艇群也向同一目标区进发。1 个月后，舰队到达马岛海域，展开作战部署。但这一远征舰队没有预警机。因为早先装备的"塘鹅"舰载预警机已于 1978 年全部退役，现役的几架陆基"沙克尔顿"预警机不能飞到远离本土的地方执行任务，在研的"猎迷"预警机尚无法使用。因此，舰队防空只能依靠导弹驱逐舰和护卫舰作为防空雷达警戒舰。5 月 2 日，英国的核潜艇击沉了阿根廷"贝尔格诺将军"号巡洋舰。为了报复，阿根廷决定用空军袭击英国舰队。5 月 4 日，阿根廷一架 P2V 巡逻机用对海监视雷达发现了在马岛东南约 130km 处英国 4100 吨级的导弹驱逐舰"谢菲尔德"号（图 4-25）。阿军司令部立即派出装备有 AM-39"飞鱼"导弹的两架"超军旗"战斗机前去攻击。两架飞机经空中加油后掠海超低空出击，在离英舰约 46km 处跃升到 150m，打开机上的多功能雷达截获"谢菲尔德"号，在约 30s 内将目标的精确位置装入飞鱼导弹的导引头计算机程序中，接着又降回到掠海高度，大约在 42.5km 处，两架飞机都发射了导弹。然后，它们调转机头飞回基地。由于"超军旗"战斗机的低空掠海飞行，英国军舰始终未能探测到敌机来袭，只是当"超军旗"战斗机跃起并打开雷达的短时间内，海上的另外一艘英国军舰侦收到了这一雷达信号，并将情报转发给了"谢菲尔德"号，但后者并没有判定这是敌机准备发起攻击的信号，未立即采取防护措施。"飞鱼"导弹按照惯性制导程序掠海飞行，到离目标 9km 处才启动末制导雷，这时离命中舰还有 30s 时间，但舰上的电子侦察系统没能及时告警，直到 4s 前才被发现，那时已无法防御。于是，导弹命中舰中部，引起大火，全舰失去战斗能力，5 月 10 日，这艘价值 2 亿美元的新舰沉没。

　　没有预警机，舰队不能及时发现低空的敌机活动，是英国海军这次遭受重创的主要原因。为解燃眉之急，英国皇家海军制定了"低空监视任务工程"（LAST）应急计划，决定由韦斯特兰公司采用"海王"直升机与 Thorn-EMI 电子有限公司研制的反潜用"水面搜索"（Search Water）远距离海上搜索圆周扫描雷达构成简易预警机。仅用 11 周时间，就利用 2 架"海王"直升机进行了载机试飞。但研制工作尚未完成，战争就结束了，这使得韦斯特兰公司有时间和条件重新进行系统的设计和测试。1985 年，"海王"Mk2-AEW 直升机正式移交英国皇家海军使用（图 4-26）。

图 4-25　被导弹击中的"谢菲尔德"号驱逐舰　　图 4-26　英国"海王"Mk2-AEW 直升机

　　俄罗斯卡-31 预警直升机（图 4-27）于 1980 年开始研制，1988 年首飞；1992 年于"库兹涅佐夫海军上将"号航母的甲板上进行了试验。由于受苏联解体的影响，卡-31 预警直升机迟至 1996 年年初才完成研制，1996 年年底加入俄罗斯海军航空兵服役。该型预警直升机以卡莫夫设计局设计的卡-27 突击运输直升机为原型，原计划该机的设计是作为雅克-44 预警飞机的辅助系统使用，但当雅

图 4-27　俄罗斯卡-31 预警直升机

克-44 计划受阻后，它自然而然地肩负起了海上预警任务。

　　虽然"海王"直升机及卡-31 预警直升机是为海军设计的舰载直升机，但也可以用于陆军和空军的空中监视和指挥平台。"海王"直升机的天线为球型，在执行任务过程中保持外露，起降时则收于舱内。卡-31 预警直升机的天线为平板阵列，在执行任务过程中吊装于飞机下部，起降时则将天线翻转 90°紧贴机身底部平放；使用天线时，4 个机轮需收回以免影响天线旋转。

　　在这一时期，由于有了"海王"直升机的成功经验，Thorn-EMI 公司又发展了新的"天霸（Sky Master）/搜水（Search Water）"雷达，并装备到由皮特蒂斯·布里顿-诺曼公司生产的 BN2T"防御者"小型飞机的机头上，于 1988 年开始进行测试，称为"防

图 4-28　英国"防御者"预警机

御者"预警机（图 4-28）。虽然其功能有限，但购置及使用成本仅为大型预警机的 5%～10%；再加上"防御者"双发动机预警机优良的性能（以 186km/h 低速、2100～3000m 高度进行空中巡航时，可续航 6～8h），故成为一些国防经费不足而又急需预警机的国家的选择。后来，"防御者"预警机上的雷达换成美国西屋电气公司（后并入洛克希德·马丁公司）的 AN/APG-66R 多功能雷达，于 1992 年推出 BN-2T4S"防御者 4000 多传感器监视飞机"（MSSA），另外还装备了 WF-360 前视红外线（FLIR）与激光惯性导航设备等，于 1994 年在法茵堡航展上正式亮相。

◎ 预警机采用旋翼飞行器的原因有三个。一是由于其成本较低，研制周期短，可以装备较多数量，可以与本国功能较完善的大型固定翼预警机构成高低搭配的体系，同时也使经费有限的国家有了负担得起的选择。例如，卡-31 预警直升机售价仅 2000 万美元，而沙特阿拉伯从美国购进的 5 架 E-3A 预警机共花费 15.8 亿美元。但近年来随着以瑞典"平衡木"为代表的轻小型预警机的广泛装备，预警直升机的成本优势由于其性能毕竟相对较差而难以进一步体现出来。二是在缺乏大型航母以致不能使用舰载固定翼预警机时，预警直升机可以作为一种应急措施。三是预警直升机本身的技术特点和用途，使其可以作为海上常规舰艇编队的主要预警力量。虽然直升机存在续航时间短、航程近、飞行高度较低、自身防护能力较差等缺陷，但可垂直起降并在空中悬停，轻便灵活，研制、维修和保养技术难度低，并且不需要专门起降场地，能为中小国家海军保护 200 海里专属经济区提供一种装备选择。

预警机不能貌相——传感器飞机与无人预警机

为了最大限度地利用飞机所能提供的天线面积，人们一直在不断探索各种天线的构型，如"鼓包""圆盘""平衡木""顶帽""大板砖""大鼻子"等。从飞机构成来看，其机翼和机身表面的空间都是相对比较大的，特别是机翼，为了提供足够的升力，机翼面积都非常可观，而大型运输机的机翼面积更是超过了数百平方米。因此，人们想到能否把天线做进机翼里，这有两种情况：一种是把天线集成到现有飞机的机翼里，另一种是为探测的需要而设计专门的机翼，甚至是专门的飞机。此时，除了传感器可以获得足够的功率孔径积外，还可以避免外负式天线（罩）对飞机气动性能的不利影响，使飞机拥有更高的飞行高度、更长的飞行时间、更快的巡航速度。

美国空军于 1998 年提出"传感器飞机"研究计划，采用革命性设计理念，根据传感器的需求来定制无人化飞机平台。波音公司、诺斯罗普·格鲁曼公司和洛克希德·马丁公司分别提出了联合翼、飞翼和平直翼等多种方案（图 4-29、表 4-2），其天线均布置在机翼或机身里；同时，传感器由于配备了多频段、具备了多功能，可以根据需要自动地工作在不同的模式，具备"智能"或"灵巧"的特征，这种将天线和机体一体化设计的结构被称为"智能蒙皮"（Smart Skin）或"灵巧蒙皮"。

图 4-29　"传感器飞机"设计概念图

表 4-2　"传感器飞机"三类方案的平台参数

公司	波音公司	诺斯罗普·格鲁曼公司	洛克希德·马丁公司
构型	联合翼	飞翼	平直翼
翼展（m）	50.3	62.5	56.4
全长（m）	31.4	22	30.48
起飞重量（t）	60.78	56.70	42.9
燃料质量（t）	34.02	31.75	26.88
有效载荷质量（t）	4.173	3.175	2.724
巡航速度（Ma）	0.8	0.65	0.6
最大飞行高度（km）	21.9	20.4	18.3
最大续航时间（h）	32	50	40
传感器频段覆盖	P+X	P+X	P+X

　　"传感器飞机"以微波雷达为主要任务载荷，需要解决五大技术难题。

　　一是曲面条件下的波束形成。由于机翼或机体表面是弯曲的弧面，在天线集成到机翼或机体内部并且不改变气动外形的情况下，意味着天线表面也应该是弯曲的，从而造成天线单元之间的间距不再总是相等，而传统的天线单元之间是等间距的（通常间隔半个波长），因此，在将每个天线单元辐射出来的能量进行合成时，如果还按照传统的等间距排列所对应的相位，就会造成能量合成的较大误差，难以形成有效波束，因此必须精确计算每个单元的相位并进行适当的补偿。

　　二是克服振动的影响。由于天线和机翼或机体结合在一起，天线的振动就是机翼或机体的振动与形变，并且随机翼的长度不同与所处机翼的部位不同等因素，其振动幅度也会有所不同。例如，机翼越长，或者越靠近翼尖，振动或形变的幅度就越显著，从而使每个天线的辐射能量都会受到不同程度的影响，在波束合成时也应该有所补偿。当雷达工作波长较长时，由于振动与形变的幅度只占波长的很小部分，所以受振动的影响相对较弱，波束形成时可以忽略；但在高频条件下，则振动更为敏感，波束形成时必须考虑由此带来的辐射单元所辐射的电磁波的幅度或相位变化，从而采取补偿措施。

　　三是选择合适的天线体制。当天线"贴"进机翼内部时，如果采用传统的天线，也就是天线波束从天线所在平面的法线方向射出，此时波束就指到"天"上去了，因此必须采用天线波束的辐射方向与天线平面平行的端射天线。端射天线难以实现 360°覆盖，在 E-7 预警机中的端射天线仅仅被用于解决侧射天线无法覆盖的头尾区域扫描问题，这是由端射天线的辐射机理决定的，它通常不能像传统平面天线阵列那样具备较多的辐射控制自由度，所以在扫描控制和波束形成方面难以获得像侧射天线那样理想的性能，也就是说，端射天线不仅扫描范围相对较小，在波束增益和副瓣等性能上也与传统的侧射天线有差距。在"传感器飞机"上，如果机身纵向尺寸较大，可以考虑在机身两侧布设传统的侧射天线，因为机身两侧曲面通常相对较平，采用传统的侧射天线，就可以获得理想的性能，而且由于机身相比机翼，天线在俯仰上还能有一定的尺寸，因此便于降低俯仰方向上的波束宽度和副瓣水平。但对于类似飞翼的布局，当飞机在高度方向上的尺寸很小时，可能只能布设端射天线，此时就需要将天线进行二维组阵，并选择合适的天线单元形式，使其能够受控地向各个方向扫描，实现360°覆盖。由于单面端射天线在形成波束时会有一定程度的上翘，为此，在机翼的下部也要布置一面天线，以把上翘的部分往下"拉"。

四是尽量降低气动剖面。在采用端射天线时，从电性能的角度看，上下表面的天线需要维持一定的距离，这个距离通常与波长有关，如半个波长左右；而从飞机性能的角度看，这个距离不应该太大，因此，端射天线的气动剖面必须是比较低的。当然，在机身两侧布置天线时，由于飞机的结构单元里增加了天线及其一些附属结构，也会造成一定的剖面高度增加，要求在满足电性能和其他要求的情况下，尽量降低气动剖面，这是"传感器飞机"中对"灵巧蒙皮"的基本要求。

五是集成工艺。天线集成到蒙皮中以后，需要改变蒙皮原来的设计结构，集成到天线中的不仅仅是天线辐射单元，由于有源相控阵雷达的收发组件通常与辐射单元紧密结合在一起，因此蒙皮内要设计有足够的空间容纳收发组件及相应的电路；而由于收发组件的辐射发热，还要布置相应的冷却管道，同时还要满足一定的强度、电磁兼容、耐功率、重量密度及抗雷击等要求。其中，由于一体化蒙皮是需要辐射电磁波的，因此最外侧的部分必须采用透波材料（例如玻璃钢），同时尽量减轻重量；天线与机翼蒙皮本身必须有良好的连接，但直接连接可能造成脱落，可能需要采取中间过渡措施（例如，在天线的泡沫结构与蒙皮之间增加一层类似双面胶的薄膜结构）。此外，由于一体化蒙皮内包含多个辐射单元，为了保证辐射单元在结构上的一致性，应该尽量增加一次成型的蒙皮面积，以减少由于多次拼接带来的工艺误差。

美国在提出"传感器飞机"概念并开展早期尝试后，又在2005年发布的《美军无人机发展路线图2005—2030》中提出，计划在2020年前后发展无人化预警监视与战斗管理类飞机（图4-30），目标是增强或部分替代现有E-3预警指挥控制飞机及E-8对地监视与攻击指挥飞机的功能；2014年至2017年，美国空军先后提出分布式空战概念和"多疆域指挥控制"计划，提出将E-3预警机作为分布式作战管理平台与无人平台协同执行对空和对地作战，并认为"E-3预警机的任务可能会分解，这意味着该任务将由数量更多、尺寸更小的平台执行"。可以看到，美军非常重视无人平台的研发与运用，但多年来一直未见将执行对空监视任务的无人预警机转化为型号的报道，只是由于RQ-170和RQ-180两型对地侦察监视装备采用了全共形的体制，因此人们普遍将其看作传感器飞机研究工作的成果。从技术上看，对空监视由于空中目标的RCS相比地面更小，且加之有更高的数据率要求，对无人平台的功率和天线孔径等方面的指标更为苛刻，实现起来更为困难。

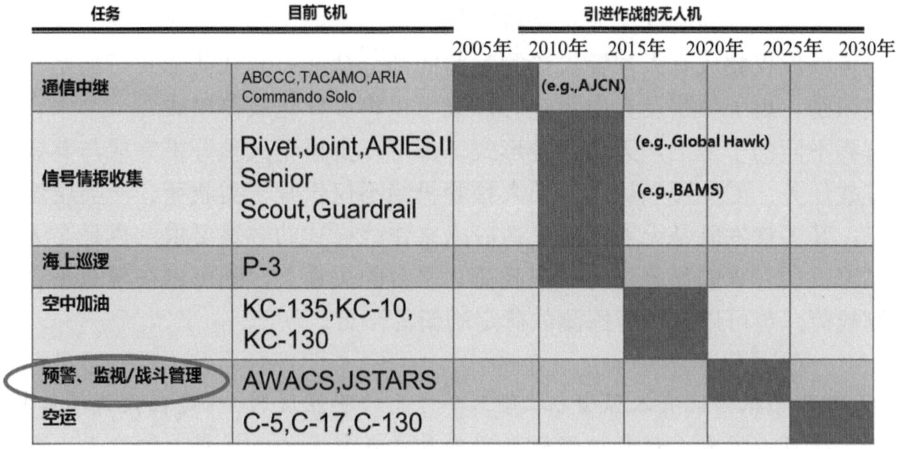

任务	目前飞机	引进作战的无人机					
		2005年	2010年	2015年	2020年	2025年	2030年
通信中继	ABCCC,TACAMO,ARIA Commando Solo		(e.g.,AJCN)				
信号情报收集	Rivet,Joint,ARIES II Senior Scout,Guardrail			(e.g.,Global Hawk) (e.g.,BAMS)			
海上巡逻	P-3						
空中加油	KC-135,KC-10, KC-130						
预警、监视/战斗管理	AWACS,JSTARS						
空运	C-5,C-17,C-130						

图 4-30　美军无人机发展路线图（2005—2030 年）

◇"传感器飞机"为基于无人平台发展预警机及其他特种飞机提供了重要的设计理念，便于充分发挥无人平台成本相对低廉、定制更为快速灵活、能够提供更大孔径与电力等优势；由于任务系统与飞机平台深度融合，因此可能导致从外观上难以区分飞机的任务性质，从而深刻地改变了预警机的装备形态。但需要指出的是，虽然基于传感器飞机理念发展预警机，容易具备天线孔径大、气动性能好等优点，并且可以定制飞机，但其能力总是要受到作为飞机应该遵循的那些基本约束的影响。例如，飞机的机翼布局方式与面积的大小，以及机头机尾所能提供的尺寸等。此外，传感器飞机除了要求尽量增大天线孔径和产出更多电力外，还应该包括尽量提高高度方向上的孔径（以具备测高能力）及尽量减少机体的遮挡等其他要求，但这些要求满足起来可能也会受到机体的限制。例如，在采用飞翼布局时，与常规布局相比，在高度方向上就难以有足够大的尺寸从而布置足够的孔径；如果允许采用常规布局，尾翼、机翼等部位可能产生遮挡或造成波束变形；如果对这些部位采用复合材料以改善透波性能，则可能带来成本的增加。另外，出于技术实现难度和研制成本等多种因素考虑，"传感器飞机"在概念提出时所采用的"全共形"，可能也不会是无人预警机载荷集成的唯一途径。2021年，俄罗斯发布了一款无人预警机概念样机（图 4-31），其设想是在机腹下部布置两个天线阵面，相当于没有顶帽的 T 型阵结构。

图 4-31　俄罗斯无人预警机概念样机

无人预警机是一个新概念，本质上是将现代有人预警机所能执行的预警功能置于无人平台上实现。需要注意的是，现代有人预警机虽被称为"预警"机，但实际上已是预警控制/指挥机，除了预警探测外，还可以承担空中指挥控制任务；而无人预警机被称为"预警"机，则仅仅是承担了有人预警机的预警功能，因为在可以预期的将来，人工智能水平还难以有效代替人的指挥决策（当然，通过无人平台所搭载的通信链路，也可能为指挥控制提供支持，如拓展指挥的容量和范围等）。视飞机平台的能力及所选的载荷类型及其技术体制，无人预警机的能力可强可弱，既可以作为独立获取情报的节点，也可以仅仅完成有人预警机探测载荷的部分功能；其载荷形式可能是雷达、通信、敌我识别、电子侦察及光电系统等，既可以将多样化载荷集成在一个平台上，也可以分解到不同的平台上，无论何种形式，都可以支撑无人预警机完成与其定位相符的各类作战任务。因此可以认为，无人预警机绝不仅仅是一类载荷、一类用途或一类集成形态，其多样性既是无人预警机适应未来作战样式的必然要求，也是在无人平台上发展预警机所带来的显著优势；在载荷与平台的关系上，既可以在现有平台上集成预警探测载荷，也可以为预警探测载荷定制新的平台。

◇ 无人预警机相比有人预警机，有三个方面的明显区别。一是在天线罩体构型上，虽然理论上也可以像有人预警机那样采用外挂式或背负式天线罩，但在无人预警机相比有人预警机较小时，通过采用与机翼或机身共形设计，可以充分利用飞机的表面积来提供足够的天线面积，并减少对气动性能的影响。二是在适装性上，由于无人预警机的种类可能远远多于有人预警机，但其允许的空间重量远远小于有人预警机，必须通过提高集成度和实现轻量化来适装各类平台，并通过模块化和组合化，进一步改善适装性并降低成本。三是在应用模式上，由于无人预警机数量上可以远远多于有人预警机，而单平台在能力上可能有强有弱，对于小型平台，不一定要求集成多个功能，可以将多个功能分布在多个平台上，并通过机间协同来实现多功能和高性能；由于平台无人，前出范围可以更广，并可在高危环境下使用，即使有所损失，只要能够在战场需要之时支撑完成重要一击也在所不惜，当然其前提是造价足够便宜。同时，由于情报处理和任务调度缺少人的干预，需要提高其自主性，并通过智能化信息处理技术完全取代或在一定程度上取代当前在探测虚警处理、目标识别、任务规划与管理等方面的人的作用。因此，综合起来看，要使无人预警机快速实用化，除了需要解决传感器飞机所涉及的五类关键技术（实际上可以归为一类，即共形蒙皮技术）外，还需要在通用化、模块化、组合化、多机协同及智能处理等其他多项关键技术方面同步实现突破。

在无人平台快速发展的同时，人们也自然想到将有人预警机与无人预警机进行协同。2000年，诺斯罗普·格鲁曼公司将新研制的S波段雷达接收机安装在RQ-4"全球鹰"无人机上，接收E-3预警机雷达照射目标后产生的侧向回波信号，并通过数据链转发给E-3预警机进行综合处理，探索空中双基地对空协同探测试验（图4-32，参见第九章），但未见转化为装备能力及其运用方式的报道。2012年，E-2D预警机开展了与MQ-4C BAMS（海上广域监视系统）的协同试验，与E-3预警机协同"全球鹰"无人机实现对空探测不同，E-2D预警机与MQ-4C的试验是空面协同，在E-2D预警机的指挥下，MQ-4C负责对水面目标实施广域搜索和前出查证识别等任务，对于E-2D预警机来说，则相当于同时执行了空中目标和海面目标的监视任务。

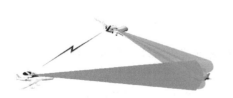

图4-32 E-3预警机与"全球鹰"无人机协同预警

◇ 有学者认为，因为"协同"一般是指双方在层级相同的情况下合作完成某项任务，而预警机与无人机并不在一个指挥层级，因此，"预警机与无人机协同"的说法就不够准确，而应该使用"预警机控制（或指挥）无人机"（如果将"控制"与"指挥"不加区分的话）的术语，这是正确的，从美军对无人机"控制"层级的定义就可见一斑。但考虑到"有人-无人协同"已经被广泛使用，不妨认为这里的"协同"是一个广义的概念。

美海军在 TLS 计划中制定了最初的有人-无人机协同控制层级定义，随后被STANAG 4586 标准沿用，并推广至北约国家所有有人-无人机组队协同项目。该标准规定了有人机控制无人机的 5 级标准，由低到高，能力逐渐增强。

级别 1：有人机通过无人机控制站间接获取源于无人机传感器的数据，并可进行显示或通过数据链网络分发。有人机采用平台现有的卫星通信和战术数据链等通信手段接收无人机地面站数据，对平台改装较小，易于实现。

级别 2：有人机直接从无人机获取传感器数据并显示或转发，无须经其他平台中转或处理，相对于级别 1 协同，可减少由于无人机地面站中转造成的通信延迟，并防止由于地面站对传感器原始数据处理导致的信息丢失。

级别 3：有人机对无人机载荷控制和传感器任务动态分配，无人机飞行由其他平台控制，因此需要 2 条不同的控制链路，以实现载荷和无人机的实时分离控制。

级别 4：有人机具备除起降外所有无人机控制能力，可在控制载荷基础上，控制其飞行轨迹，进行障碍物和威胁规避，所需硬件与级别 3 相同，对无人机控制能力通过软件实现。

级别 5：从无人机起飞到降落的全功能控制。

◇ 需要指出的是，与预警机有关的有人-无人协同，可理解为"预警机+"，可能有多种形态。例如，从功能维度看，有人预警机在自身具备探测和决策能力的同时，可以通过无人机分别"+识别""+打击"甚至"+AI 决策"；从装备类别的维度看，有人预警机既可以"+无人预警机"，也可以"+无人侦察机或察打一体无人机"，甚至是"+无人作战飞机"，这些与预警机协同的作战单元，都可看作预警机的僚机，共同支撑预警机更好地完成多样化作战任务，因此，"预警机+"有着极其广阔的应用前景。首先，它对无人机的指挥控制，可能既涉及空中动态任务规划、大容量数据空中传输、多源数据融合与图像实时判读等技术问题，也涉及部队指挥关系的改造与重塑问题。其次，如果无人机隶属于不同军兵种，例如，无人侦察机隶属于陆军，无人预警机隶属于空军，舰载无人预警机隶属于海军，就为联合作战带来了新的装备。最后，通过对一些具备直接打击能力的无人机实施控制，从传感器到射手的全部流程可能仅仅通过空-空协同就能快速走完，而无须经过地面或舰基的指挥所。因此，通过"预警机+"，可以探索有人机对无人机实施指挥控制的新流程，可以探索多军兵种空中联合作战的新样式，可以探索加快从发现到打击全过程的新手段，既对当前加快形成有中心的（即以预警机为核心节点的）分布式空中作战体系有着重要意义，又可为未来在智能化条件下最终实现无中心的分布式空中作战体系提供有力支撑。

"临近"更能致远，"帅府"再上层楼——平流层预警指挥飞艇

人们对登高的渴望从来没有停止过。从地面到空中再到太空的广袤而深邃的空间中，有一段此前人类开发并不充分的大气层区域，它位于海平面以上 20～100km 的高度，称为"临近空间"（图 4-33）。特别是 20～50km 高度的空域，几乎没有水汽凝结和云雨，大气密度只有海平面上的百分之几，空气动力效应非常微弱，白天太阳能非常充足，且信息传输不受电离层影响。因为其最主要的特点是大气流动以水平方向为主，几乎没有上下对流，所以称为"平流层"（相应地，平流层以下的大气层称为"对流层"，上下对流和水平对流都非常显著）。进入 21 世纪以来，世界各军事强国普遍重视平流层飞行器的发展，但因技术难度巨大，多年来进展缓慢；近年来随着技术逐渐突破，其军事运用正在快速推进。

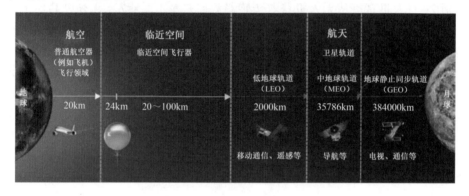

图 4-33　飞行器运行空域的划分

平流层飞行器大致包括两大类，即浮空器和飞机。其中浮空器又可分为高空气球和飞艇，飞机则包括具备长航时驻空能力的太阳能无人机和由航空发动机驱动的有人或无人机。浮空器和飞机相比，在飞行原理上有明显差异，前者主要依靠内充氦气或氢气的气囊提供的浮力，后者主要通过由机翼和机身提供的气动升力。而高空气球和飞艇之间的主要区别在于是否具备动力控制飞行能力，前者一般是无动力的，其运动主要借助气流本身，或者具备一定的高度调节能力，通过高度调节实现有限的飞行区域调整；而后者设计有较强的动力装置，多通过电机驱动螺旋桨来实现飞艇在高空飞行航线和姿态的有效控制。

平流层气球的典型代表是谷歌气球（图 4-34）。2011 年，谷歌公司启动技术试验，希望通过高空氦气球搭建通信网络，向全球边远地区的数十亿人提供互联网服务。由于没有动力，气球一般只能顺风自由飘行，难以实现准确的区域驻留控制，但通过升降至适合飞行方向的风层，仍有可能到达需要的地方。试验过程中，气球（代号为 Loon）飘浮了 187 天，绕地球 9 圈多，在大数据和人工智能算法的支持下，无线覆盖能力大幅提升，原来预计需要 200～400 个气球才能覆盖的区域，可能仅需要 10～30 个即可。但由于多年来一直未找到合适的商业化途径，2021 年 1 月，谷歌公司宣告关闭"气球

互联网"项目。

平流层飞艇具有代表性的项目主要有美国的军用多用途高空飞艇（HAA）、传感器飞艇（ISIS）（图 4-35）、"高空哨兵"（HiSentinel）飞艇（图 4-36）、平流层 5G 通信飞艇及欧洲的StratoBUS 和 HALE 飞艇等，设想用于探测与通信，它们的飞行高度都是 19～21km，探测与通信的视距大约为 600km。从技术途径上看，传感器飞艇与"高空哨兵"飞艇最有代表性，分别采

图 4-34　谷歌气球

用了保形和非保形的方案。保形方案采用流线型整体式结构，通过艇体内部副气囊调整飞艇艇体内外气压差，全飞行剖面保持飞艇外形不变，艇体设计有足够数量的支撑结构；由于气动外形固定，下降时便于控制从而实现回收，但需要配备艇库。从载荷角度看，便于采用类似传感器飞机的技术路线，将传感器与艇体表面结构一体化集成，从而获得更大的天线面积。非保形飞艇虽然也具有流线型结构，但无副气囊，在飞艇上升和下降过程中通过艇体外形随飞行高度的不断变化来调节飞艇内外的气压差，到达驻留高度后，才展现出飞艇作为飞行器的完整外形（图 4-37）；由于气动外形不固定而难以实施飞行控制，因此回收比较困难，通常对载荷配备降落伞，在执行完任务后与艇体分离而单独回收。但由于艇体在非完全展开条件下体积相对较小，打理相对简单，不需要艇库，减少了空间占用。载荷通常采用吊装形式，置于艇体下方。总的来看，无论是保形飞艇还是非保形飞艇，其实现都是非常困难的，有不少关键技术需要突破，大概可以分为以下三个方面。

图 4-35　"传感器飞艇"研制设想图

图 4-36　"高空哨兵"飞艇

图 4-37　非保形飞艇（左）和保形飞艇（右）的升空过程

一是飞艇总体设计技术。平流层飞艇是不同于飞机的新型飞行器，其飞行原理、工作环境与工作模式都与飞机区别较大，总体设计需要通过统筹考虑平流层的环境、

飞艇的气动外形、飞艇内部的结构形式及任务载荷的集成需求，开展系统建模、气动-热力学-电磁等多场耦合分析、参数辨识与模型修正、指标分配及试验验证等工作，实现浮力与重力的平衡、推力与阻力的平衡、能源的平衡、热平衡及任务系统需求与飞艇所能提供资源的平衡五大平衡，使飞艇具备升空、驻空、返场和回收等能力，同时根据任务类型、研发周期和经济性等因素，综合确定采用保形还是非保形等技术路线，以及任务载荷的集成方式。

二是飞艇艇体技术。主要涉及飞艇作为飞行器本身的、与任务载荷不直接相关的各项关键技术。

飞艇囊体技术。由于飞艇上升需要借助空气浮力，而为产生足够的浮力，平流层飞艇的体积通常很大，从数万立方米至十余万立方米不等，而体积增大后带来的浮力增大，也意味着可以配备更多的载荷。但为减少体积增大后带来的自重增加，作为艇体质量占比最大的囊体材料，必须尽量轻，其密度要小于 $200kg/m^3$，同时，由于飞行高度和温度变化巨大，压力变化比较剧烈，因此囊体材料还必须有足够的耐压能力，其强度通常要求不小于 $1000N/cm^2$。而由于其驻空时间很长，多以月计，对氢气的密闭性必须非常好以减少渗漏，并且还要有较好的抗辐射、抗皱褶和较宽的温度适应范围。此外，囊体材料的选择也要适当兼顾低可观测性，即尽量降低雷达目标截面积，从而提升飞艇在对抗环境下的生存能力。

高低空兼容推进技术。平流层飞艇在工作的不同阶段，动力系统将发挥不同的作用。升空过程中，飞行器主要利用浮力，动力系统主要进行姿态控制；空中巡航时，需要借助动力装置推进飞行器运动以产生推力和保持姿态，并且克服风力影响，以驻留在规定区域，同时要求飞行器能迅速到达阵位和实现机动部署，但在高空时由于空气稀薄，发动机效率严重下降，因此对动力系统提出了更高要求。飞行器由高空返回地面时，要求动力系统提供俯冲力、姿态调整、位置控制等功能。总的来看，平流层飞艇动力推进技术是实现推阻平衡的重要手段，既与航空动力有相似之处，也有很大的不同。

区域驻留技术。除了利用动力以克服风力影响从而支撑实现定点驻空外，还需要考虑风场变化带来的飞艇的航线调整与任务规划问题。虽然平流层高度上大气流动相对平稳，但由于飞艇留空时间长，仍会遭遇环境参数的随机和剧烈变化。一方面，需要长期测量任务区域内的风场数据并划分风层，再结合数值预报，在事前合理规划航线与任务区域；另一方面，可以考虑基于历史和飞艇执行任务时实时测量的环境数据，基于强化学习等人工智能手段，实现任务过程中的自主航线规划，其中需要处理好风场的预测误差、稀疏数据的融合处理及任务区域内的势能、风场能、太阳能变化等问题。

能源平衡技术。平流层飞艇通常采用太阳能电池与储能电池组成的循环能源系统为载荷、航电和推进设备昼夜持续供电。白天主要通过太阳能电池供电，夜晚通过储能电池供电。但由于受储能电池比能量（即单位质量的电池材料可释放出的电能大小；当衡量单位体积的电池材料所释放的电能大小时，则称为"能量密度"）和总重限制，夜间供电能力相对白天有所下降。为提升飞艇飞行能力，既要提高太阳能电池的光电转化效率，也要提高储能电池的比能量，还要提高对能源系统的高效管理能力。同时，为满足持久驻空需求，能源系统还要充分考虑不同经纬度和季节太阳辐照变化的影响，并使能源系统在恶劣多变的环境下具有比较高的稳定性和可靠性。

返场与回收技术。返场与回收是影响平流层飞艇实战化效能的重要因素，首先是出于成本的考虑。平流层飞艇是高技术产品，其造价在可以预计的未来相当长一段时间内仍然可能比较高昂，虽然其一次驻空时间可以以月为单位计量，但相比飞机数十年的重复使用，成本优势很可能不如预想得那样突出，但如果可以返场与回收，将大大提高平流层飞艇的效费比。

三是载荷集成技术。任务系统与飞艇集成时，需要解决好轻型化、一体化、分布式、智能化和高可靠性等问题，并创新使用模式，同时重视对载荷类型的选择。

轻型化技术。平流层飞艇的载重相比自身重量非常小，其载荷能力从当前国外水平判断，只有数百千克，且供电也只有数千瓦，相比预警机要小 1～2 个数量级，因此要求载荷在聚焦主要作战需求、不贪大求全的同时，进一步提高集成度，开展轻量化设计，以减小安装代价。

◎ 平流层飞艇需要采用超轻质大孔径天线阵面。在美国 ISIS 计划中，其雷达系统的孔径面积设想达到 $5725m^2$，阵面重量密度低至 $2～3kg/m^2$。为减轻系统重量，需要多管齐下。例如，采用薄膜天线并与囊体一体化设计，提高艇体与任务载荷的总体利用效率；研究芯片化的高集成度数字/模拟组件，具备高功率、高效率特性；优化设计光、电、射频的传输网络拓扑结构，减少传输功耗与传输损耗，并具备较好的抵抗电磁干扰的能力；采用高效轻型阵面电源，实现阵面的长距离、高效率供电，等等。

一体化技术。在轻型化所要求的高集成度载荷基础上，通过载荷与平台的一体化设计，进一步充分利用飞艇本身的各类资源。对于非保形飞艇，任务载荷可以主要采用吊装式；对于保形飞艇，除了采用吊装式载荷，还可以类似于传感器飞机那样，将天线与外蒙皮或与内部副气囊表面进行一体化设计，从而获得比吊装形式更大的天线面积。

★ 为了实现载荷与平台的一体化集成，需要探索天线与囊体的一体化材料，降低一体化集成的资源成本；需要攻克柔性组件技术，在采用芯片化技术的基础上，大幅精简收发组件的结构，并实现芯片的可弯折，从而支撑雷达天线与囊体一体化成型；还需要克服曲面及飞艇振动、形变等因素对雷达天线波束形成的影响。当天线面积相比全部艇体表面积仍然较小时，如果采用低频段雷达，天线表面的弯曲程度可以忽略，基本上可以将天线视为一个平面，波束形成相对容易；但在采用高频段雷达时，天线表面的弯曲程度可能难以忽略，需要基于曲面进行波束形成，并评估与解决振动与形变对波束形成的影响。

分布式技术。在难以像当前预警机那样在单平台上集成多系统的情况下，可以采用分布式和多样化的形态，将在单个平台上集成的设备与能力分散到多个平台上完成，分别配备雷达、光电、电子侦察与通信等多种类型的载荷；而分布到各个平台上后，就需要具备多艇之间以及艇与预警机、艇与其他作战单元协同工作的能力，通过协同来为单平台的能力相对不足提供补偿手段。

智能化技术。飞艇是一种无人飞行器，虽然由地面站系统与之连接并执行操控，但类似有人预警机上对虚假目标情报的判断与处理、传感器模式设定和情报传输模式选择等需要人工干预的操作，就可能需要更多地以机器为主完成；在多模式工作、多单元连接、多任务执行等方面，也需要由飞艇自主选择。在充分界定当前有人预警机哪些操作是由机器自动完成的，哪些操作是由人工完成的，哪些操作本来是由人工完成但可以交给机器完成等工作的基础上，飞艇的智能化技术实现就有了明确的方向。

高可靠技术。平流层飞艇相比传统的飞行器，除了飞得更高外，航时也更久，载荷需要工作数月甚至常年工作，同时又处于一个不同于地面和飞机的恶劣工作环境中，因此为载荷任务系统的设计带来了挑战，要求载荷具有更高的可靠性，因此需要显著提高自主检测故障和维修故障的能力，更要在设计上主动减少故障的发生率，同时基于遥控方式和变化的工作环境设计具备自适应能力的工作模式。

◇ 考虑到未来飞艇可以获得的载荷支持能力仍然有限，因此，任务载荷类型的选择非常重要。由于通信与网络对天线面积与供电的需求相对于雷达较低，更易于实现，所以在军用场合将其用来拓展通信范围并将其作为路由器与热点来链接更多的、更大范围的各类作战单元，非常有使用前景。而由于网络化通信能力的拓展，也可以辅助提升空基指挥平台或地基指挥平台的指挥能力，因为指挥控制指令与情报可以分发至更远的距离和更多的作战单元。

即使是在雷达探测方面，平流层飞艇也大有用武之地，是实现对海面（或地面）目标探测与识别的重要手段。相比于对空监视而言，由于海面（或地面）目标通常有着更大的 RCS，且由于其运动相对慢得多，可以允许更长的观测时间和扫描周期以积累更多的能量，从而降低了对天线面积与供电等方面的要求。实际上，预警机雷达的工作频段与功率孔径积等参数主要是由对飞机目标实现大空域远程搜索决定的，通常采用 P、L 和 S 等相对较低的工作频段，天线波束相对较宽，因此目标发现与分辨识别二者难以兼顾。同时，由于探测飞行目标所要求的功率孔径对于探测舰船目标而言，可能绰绰有余，所以对海探测可以使用更高的扫描速度或数据率。平流层飞艇执行对海监视任务时，由于对空间、供电与重量等方面的要求相对较低，更易于实现。在作战需求上，可以与预警机配合使用，预警机主要完成对空搜索，平流层飞艇主要完成对海搜索、分辨以及重点区域的目标跟踪、查证与识别，在一定程度上弥补了预警机对海面目标分辨不足的缺点；也可以独立使用，完成广域海面目标监视。同时，预警机与飞艇实现多基地协同探测或多艇协同探测，还可以进一步拓展能力边界。

当然，平流层飞艇搭载雷达用于对海探测，也会带来一些不同于常规机载预警雷达的新问题。例如，由于飞艇飞行高度高、视距大，在中近距离上的探测其擦地角可能较高，因此出现不同于以往的杂波特性。又如，虽然对海探测降低了对功率孔径的要求，但它在一定程度上是用长时间的积累作为补偿的，其数据率远远低于传统的机载预警雷达，而能否在相当长的时间内完成能量的有效积累，不出现回波与目标运动特性对应关系的混乱等情况，也是需要应对的挑战。再如，在需要探测空中目标时，虽然此时没有平台运动造成的杂波展宽，但即使不考虑杂波对探测距离的不利影响，仅仅考虑无杂波下的探测距离，功率孔径的绝对数值仍然偏小，从而难以具备对较小 RCS 目标的发现能力，需要探索其他途径才能解决。

此外，平流层飞艇在载重与供电等能力受限的情况下，不同类型的任务载荷可能难以像当前预警机那样在同一个平台上集成，而是分散到不同的飞艇上，或者说，不同载荷在同一平台上的集成难度将大大增加。这意味着基于平流层飞艇发展预警机，既要尽量解决好"多系统集成"（即不同任务载荷在单个平台上的集成）问题，也要解决好"跨平台协同"（当前预警机上是多系统在同一个平台上通过有线手段进行集成与功能协同，飞艇条件下可能是不同的单系统在不同平台上通过无线手段进行"集成"与功能协同）问题，是装备形态变革对技术实现施加重要影响的典型例子。

有人认为，飞艇可以有效用于平时的常态化广域监视与通信，但在实战对抗条件下，生存能力则会成为其显著短板，因为虽然其飞行高度高，但不少空空导弹或面空导弹可以对不低于 20000m 高度上的目标进行攻击。这个弱点可在一定程度上得到克服。首先，平流层飞艇虽然体积巨大，但由于大面积采用复合材料，其后向散射特性远远弱于金属；当然，搭载载荷后可能会引起 RCS 的显著增加。其次，由于其运动速度较低，对于采用脉冲多普勒体制的雷达而言，是难以被发现的。另外，也需要进一步降低造价，而视其作战使用价值的高低，还可能需要配备告警措施，甚至从战术上安排护航。

总的来看，平流层飞艇由于飞得更高，从而可以看得更远、联得更远，且可以长时间驻空、不间断工作，既可以自主地、常态化完成广域监视与通信任务，又可以与预警机协同，作为其前置哨、路由器和指挥站，拓展预警机的探测与指挥能力——从而称之为"平流层预警指挥飞艇"，与无人预警机类似，都是未来预警机的重要形态之一。

参考文献

[1] 刘波，沈齐，李文清. 空基预警探测系统[M]. 北京：国防工业出版社，2012.
[2] 欧阳绍修，赵学训，邱传仁. 特种飞机的改装设计[M]. 北京：航空工业出版社，2014.
[3] 郝帅，马铁林，王一，等. 传感器飞机核心关键技术进展与应用[J]. 航空学报，2023（6）：1-33.
[4] 方学立，孙培林. 一种机载反隐身预警探测系统构想[J]. 现代雷达，2018（3）：1-4.
[5] 赵达，刘东旭，孙康文，等. 平流层飞艇研制现状、技术难点及发展趋势[J]. 航空学报，2016（1）：45-56.
[6] 梁浩全，祝明，姜光泰，等. 基于改进 CO-RS 的平流层飞艇总体设计与优化[J]. 北京航空航天大学学报，2013（2）：239-243.
[7] 李智斌，黄宛宁，张钊. 2018 年临近空间科学热点回眸[J]. 科技导报，2019（1）：44-51.
[8] 王彦广，王伟志，黄灿林. 平流层飞行器技术的最新发展[J]. 航天返回与遥感，2019（2）：1-13.
[9] 邓小龙，杨希祥，朱炳杰，等. 平流层浮空器项目关键技术分析[J]. 飞航导弹，2021（7）：25-30.

第五章　预警机中的"顺风耳"

——无线电侦察与红外预警雷达

"顺风耳"是与"千里眼"并称的人类的伟大幻想之一。在军事中的应用——无线电（电子）侦察系统，其实要早于有"千里眼"之称的雷达。无线电侦察系统自身不需要发射电磁波，通过对敌方的辐射电磁波信号进行侦收，来测量辐射源的方向、频率和其他特征，并确定辐射源的位置。由于进入无线电侦察系统接收机的信号仅经过了来自辐射源的单程传输，而不是像雷达那样需要经过从发射机到目标再到接收机的双程传输，因此接收信号的强度通常大于雷达，探测距离也就远于雷达。无线电侦察系统第一次被加装在 E-2C 预警机上，此后便成为几乎所有预警机的标配。但无线电侦察设备在拥有隐蔽性及其他优点的同时，其缺点也非常突出，那就是敌方的目标必须主动向外辐射电磁波。那么，有没有一种这样的系统，它既具有隐蔽性，同时又在敌方目标没有主动辐射的情况下，仍然能够发现目标呢？回答是肯定的，这就是红外预警雷达系统，它既具有无线电侦察的无源特点，又具备雷达不依赖于敌方辐射的优势，未来将在预警机上得到更多应用。

躲在暗处的"窃听器"

人们常把雷达比作现代战争中的"千里眼"，把无线电侦察设备比作现代战争中的"顺风耳"。无线电侦察设备在工作时，不需要自身发射无线电波，但可以侦收到敌方无线电波的辐射，是无源的；就像人的耳朵，本身并不能发声，但可以听到别人的发声。无线电侦察设备的这个特点，使它在战场中有着雷达不可比拟的优点，那就是它的隐蔽性。雷达在战场上就像"黑夜里的手电筒"，照亮了周围也暴露了自己，从而可能招致敌方的攻击。由于无线电侦察设备的电磁静默特性，敌方难以发现和定位，所以，敌在明处、我在暗处，从而提高了战场的生存力。同时，无线电侦察设备的探测距离通常要远于雷达，这主要有两个方面的原因：一是它所侦收的信号是敌方雷达或通信等电磁辐射源的辐射信号，这些信号是通过发射机有意发射出来的，有一定的功率或强度，通常比雷达目标无意散射出的回波强度高；二是进入雷达接收机的信号经历了（自身）发射机—目标—（自身）接收机的双程衰减，而无线电侦察设备的信号只经历了（辐射源）发射机—（自身）接收机的单程衰减，其强度可能远远大于雷达回波信号。无线电侦察设备自身隐蔽性好同时又能尽远发现目标的优点，是它在现代战争中得到广泛应用的主要原因。

从无线电侦察设备的侦收对象来看，主要有两类：一类是雷达信号，对雷达信号的侦察设备或系统对应的英文是 ESM（Electronic Support Measures，电子支援措施，多译为"电子侦察"）和 ELINT（Electronic Intelligence，电子情报）；一类是通信信号，对通信信号的侦察设备或系统对应的英文是 CSM（Communication Support Measures，通信支援措施，多译为"通信侦察"）和 COMINT（Communication Intelligence，通信情报）。这里的"侦察"与"情报"的区别在于，前者更强调对战场信息的快速感知，以便于为作战行动提供实时支援；后者则允许长时间的情报积累，以提供更为详细的辐射源技术参数、位置及其活动规律，建立数据库。实际上，很多时候人们在说到电子侦察时，不仅是指对雷达信号的侦察，也包含对通信信号的侦察。例如，在讲到电子侦察、电子防护和电子攻击这三类电子对抗作战的基本内涵时，电子侦察就包含了狭义上对通信设备进行侦察的含义。考虑到"无线电"这个词指的是工作频率在 3000GHz 以下的电磁波，而当前的电子侦察/情报设备和通信侦察/情报设备一般都处于这个频段以内，为了同时将对雷达信号的侦察和对通信信号的侦察都包含在内，本章会使用"无线电侦察"这一说法，以避免混淆。

可以想见，无线电侦察设备对辐射源的侦收效果，与其辐射功率的大小及其在空间中的分布有关。在辐射功率的大小方面，其辐射出的功率越大，就越容易被侦收。对于雷达信号而言，由于采用定向天线，主瓣内蕴含的功率要远远大于副瓣，所以侦收距离较远；但如果雷达的副瓣很高，或者副瓣较低但侦察设备接收天线的增益较大、接收机灵敏度较高，也有可能通过侦收副瓣发现雷达的存在。在功率的空间分布方面，雷达主瓣宽度越宽，在功率大到足够被侦收的情况下，它在空间上被侦察的概率就越大。1°的主瓣波束宽度，在某一时刻，主瓣被侦察到的概率只有 1/360；而 3°的主瓣波束宽度，主瓣被侦察到的概率是 3/360。对于通信信号而言，由于广泛采用全向天线，无线电侦察设备在各个方向上都可以侦收信号。

◎ ESM 在预警机上的布置，始于 1973 年装备美国海军的 E-2C 预警机（图 5-1），包含四组接收天线，分别位于机头、机尾与水平尾翼两端，采用比幅和干涉仪测向体制（见本章后文）。20 世纪 90 年代中期以后，E-3B 预警机也开始加装 ESM 系统，位于前机身两侧（图 5-2），采用干涉仪测向。在 2023 年 4 月首飞、即将于 2025 年交付阿联酋的第四架"环球眼"预警机上，也在前机身两侧增配了基于干涉仪体制的 ESM 系统（图 3-15）。

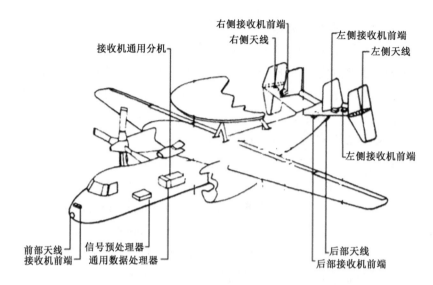

右侧接收机前端
右侧天线
左侧接收机前端
左侧天线
接收机通用分机
左侧接收机前端
前部天线
接收机前端
信号预处理器
通用数据处理器
后部天线
后部接收机前端

图 5-1　ESM 设备在 E-2C 预警机上的布置

图 5-2　E-3B 预警机前机身两侧的黑色凸起为 ESM 天线罩

兼收并蓄的侦察设备

　　无线电侦察系统有一个明显区别于雷达的特征，那就是所侦察的信号频率有多高、来自什么方向、在什么时间到达、具有哪些特性，都是侦察设备无法事先知道的；不像雷达，雷达照射到飞机后的回波频率和发射出去的频率是基本接近的，而且来自波束辐射出去的方向，而无线电侦察系统必须在空域、时间、频率及可接收与分析的其他信号特征等方面具备充分的开放性，即宽开特性，尽量减小拒绝信号的概率，为此，天线、信号传输通道与接收机等各个组成部分都必须是宽开的。

　　由于侦察设备所采用的天线处于全部侦察流程的最前线，因此，宽开特性首先要求天线必须在各个方向上针对不同工作频率的电波，都能有很好的接收本领。而传统的天线一般只能工作在其工作频率的 10% 范围内，并且其性能与尺寸有关。为了满足侦察设备的宽开要求，其天线需要采用专门的形式，用得比较多的有对数周期天线和平面螺旋天线等。

　　对数周期天线（图 5-3）的基本组成与第四章介绍过的八木天线类似，本质上是一种端射天线，由一系列长度逐渐增加且互相平行放置的对称性天线单元（振子）组成，最短的天线单元对应于工作的最高频率，最长的天线单元对应于工作的最低频率，每个天线单元的长度都是对应工作波长的一半。这种天线之所以能够在较宽的频率范围内工作，本质上是利用了天线性能取决于其长度与工作波长的比值这一特性，当工作波长变化时，如果能量辐射所处的那个天线的长度也成比例地发生变化，其性能就会保持不变。在对数周期天

图 5-3　对数周期天线

线中，各个天线单元必须共处于一个其顶角为定值的三角形中，因此可以将其看作平行于三角形底边（即最长的那一根天线单元）的一系列平行线；每相邻两个天线单元的长度比是一定的，称为"几何因子"，都等于其到三角形顶点的长度比；任何两个相邻天线单元之间的间距与其中较长那个天线单元的长度比，称为"间隔因子"，也是一定的。因此，对数周期天线实际上是在长度上的"等比"天线，由于长度比对应于波长（频率）比，将长度比转换为频率比，再取对数，就得到了两个频率取对数后的差值是一个常数，反映了频率差值的周期性，这就是对数周期天线得名的由来。从数学上看，频率取对数后，相当于把一个很宽范围内的频率数值压缩到了较小的数值范围内，因此频率范围变化较大时，天线特性变化不大。从工作机理上看，频率变化时，辐射的振子位置也发生了变化。

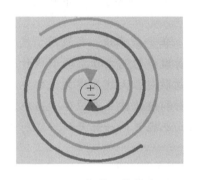

图 5-4　平面螺旋天线基本原理

平面螺旋天线（图 5-4），顾名思义是由金属导线绕成的螺旋状结构的天线，通常由两根相同的螺旋线同心而对称地固定在一个平面上；用得比较多的是平面对数螺旋天线，这是由于螺旋线的方程可以写成旋转角与螺旋线中心距矢量的对数形式。而由于螺旋线上每一点所对应的旋转角与其所对应的矢径之间的夹角处处都相等，因此这种螺旋线又称"等角螺旋线"，旋转角只与螺旋率（即决定度量螺旋线张开快慢的物理量）有关。两根螺旋线上的每一小段都是基本的辐射片，当从螺旋线的始端馈电时，螺旋线实际

上就是变形的传输线，臂上电流沿线边传输、边辐射、边衰减，其形成的波束指向沿螺旋线旋转角而变化，天线的总辐射性能就是每一个小辐射场所辐射波束的叠加。其之所以具有宽带特性，主要原因是，辐射场主要是由结构中周长约为一个波长以内的部分产生的（这个部分通常被称为"有效辐射区"）。也就是说，螺旋天线存在"电流截断效应"，超过波长长度的那一部分螺旋线对波束形成没有重大贡献，在几何上截去它们将不会对保留部分的电性能造成显著影响。而波长改变后，有效辐射区的几何大小是随波长成比例变化的，从而可以在一定的带宽内得到近似的与频率无关的特性。螺旋天线的工作带宽主要由螺旋的内径和外径决定，通常其相对带宽（即允许工作的最大频率与最小频率之比）可以达到8～20。平面螺旋天线在实际运用时，两根螺旋线分别经过同轴线将接收到的电波送入无线电侦察接收机。由于两根螺旋线中的一根和

同轴线的外壳相连，另一根同芯线相连，而外壳和芯线的电性能不一样，所以要加平衡转换器。此外，为了使得在天线的某个方向（如天线下方）不接收电波信号，以使天线能够集中精力接收螺线面前方一个很大角度范围内的信号，所以还要有背反射腔，通过反射来改变电波的相位，从而抵消掉某些方向上的电波。

除了在天线体制的选择上满足频率的宽开性要求外，为了满足在空域上的宽开要求，通常采用布置多个天线阵列的办法。例如，将平面螺旋天线用于测量方向时，一般采用 4 个螺旋天线，分别安装在与预警机机身轴向成 45°的 4 个方向上，以共同完成方位上的 360°覆盖。

你从哪里来？——侦察设备对方向的测量

测向是无线电侦察系统的重要基本功。由于无论是雷达侦察还是通信侦察，侦收到的信息的载体都是电磁波信号，因此，所用到的基本道理和方法是相同的，主要有最大信号法、比幅、干涉仪和到达时间差法四种。

侦察设备在侦收敌方的无线电信号时，需要依赖天线。如果天线对于某个方向上照过来的电波辐射能够有最强烈的反应，也就是能使接收机的输出信号最强，就表明天线对这个方向上的电波的接收能力更好，这样的天线就是"有方向性天线"。如果天线对任何方向上照过来的电波辐射，反应能力都一样，这样的天线就称为"全向天线"。

◎ 对天线来说，虽然这里讨论的主要是其接收性能，但一般来说，天线用于发射和用于接收，其性能是相同的，在发射时能对从天线辐射出去的能量在空间形成什么样的发射方向图（如主瓣宽度和副瓣分布等特性），在接收时对在天线周围到达的电磁波信号也就能形成什么样的接收方向图，这就是天线发射和接收的互易原理。当然，通过在发射和接收时对于天线单元分别给予不同的加权，也能使同一部天线的发射和接收方向图并不相同。

对于一个有方向性的侦察天线来说，如果将天线的方向图在空间的分布比作梅花瓣，那么其中有一个"花瓣"会特别长，即"主瓣"。当我们事先知道这个特别长的花瓣的当前指向，并且这个花瓣对准了某个方向的敌方雷达时，那么，侦察设备的输出就要大大强过这个天线的其他花瓣对准敌方雷达时的输出，这样就可以认定当前侦察天线的主瓣方向就是敌方雷达的所在方向。这种测向方法就叫"最大信号法"，其最大的优点是非常简单，但由于我们不能事先知道在哪个方向上会有敌方雷达，因此需要接收天线旋转起来以进行空间搜索，看看其他方向上是不是也有雷达辐射，并且要使天线的指向能够对准需要侦收的雷达。如果敌方的雷达在空间扫描，而侦察设备的天线也在旋转，那么，敌方的雷达主瓣和侦察设备的主瓣很有可能始终无法相会，因此要制定合理的搜索策略才能奏效。由于这个原因，预警机上基本不用这种测向方法。

为了克服最大信号法的缺点，人们想到了用多个天线组成一个天线阵，每个天线的指向都不一样，合起来又能够覆盖全方位空间。由于天线阵中的每一个天线位置彼此不同，在接收到同一个无线电波信号时，接收机的输出强度会不一样，通过把这些天线的输出进行比较可以分析出所侦收到的雷达辐射最有可能来自哪个方向。比幅测向的优点是在于天线可以不用旋转，由于同时有多个天线可以接收到敌方的无线电波，因此，测量方向所用的时间可以非常短。比幅测向的缺点是，在这种方法下，每个天线都要有一个接收通道，因此设备要更加复杂。

为了进一步提高方向测量的准确程度，人们发明了一种方法——"干涉仪测向"，这个名称来自物理学中有名的"双缝干涉"现象（图 5-5）。将一个光源从与之等距的双缝中射出，在远处的光屏上可以看到有的地方条纹较亮，而有的地方条纹较暗，明暗条纹形成的原因是在于从双缝射出的两束光到达光屏所走过的路程不一样，相位也不一样，在光屏上有的地方是同相相加（如波峰和波峰相加），这些地方就比较亮；而有的地方是反相相加（如波峰和波谷相加），这些地方就比较暗。干涉仪测向的道理与此类似，利用的也是波的相位。从同一点出发的电磁波分别到达两个不同的天线时，由于它相对这两个天线的方向不同，所以，到达这两个天线所要走过的路程也不一样，因此，到达时被天线接收到的电磁波的相位也就不一样，两个相位的差别，是与辐射源相对于侦察设备的方位有关的，测出了这个差别，就测出了辐射源的方位（图 5-6）。可以看到，两个天线之间的间距（称为"基线"）越大时，两个到达信号的相位差就可能越明显，因此对方向的测量也就越准。

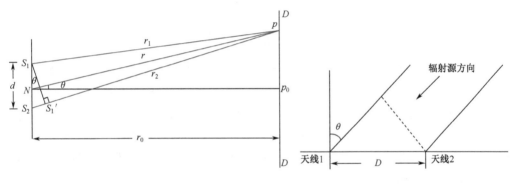

图 5-5　波的双缝干涉　　　　图 5-6　干涉仪测向基本原理

★ 在测量相位时，与雷达中的测距或测速模糊类似，也有相位模糊问题，从而影响到测向的准确性。即接收机在测量相位时，无法测出真实的相位数值包含了多少个 $360°$ 的整数倍，只能测出在 $360°$ 内的值；就好比用一把尺子（尺子的长度就是无线电波的波长，一个波长对应的相位就是 $360°$）去分别丈量从双缝到光屏的距离，最后一次的丈量距离只能不超过尺子的长度，而所测得的相位，通常是最后一次得到的丈量距离与尺子全长（也就是波长）的比值再乘以 $360°$。由于相位模糊的存在，使得两个信号本来在不同的距离上，从而应该有着不同的真实相位差，但只要它们的相位差除以 $360°$ 后的余数是相同的，就可能被判断为同一信号。就像雷达在测距时是将回波脉冲位置与它最邻近的上一个脉冲位置求差值一样，所测得的距离不会超过一个脉冲重复周期对应的距离。

从图 5-6 可以看出，信号的到达方向范围为 $(-180°，180°)$，因此理论上如果基线长度小于被侦收的信号波长的一半，测距将不存在模糊。这一点实际上是说，基线越长，测量模糊就越严重，因此，它与测量精度的提高是一对矛盾。但由于无线电侦察设备所需要侦察的信号通常覆盖非常大的频率范围，可以从数百兆赫一直到数十吉赫兹，所以，单纯地用短基线的方法是不现实的，实际工程中用得比较多的是将长基线与短基线结合起来，用较长的基线来获得较高的精度，用较短的基线来解相位模糊。

图 5-7 所示为干涉仪长短基线测向法的基本原理。天线 1 和天线 2 之间的间距较短，无相位模糊，利用这个基线可以测得一个相位差；而由于干涉仪测向的相位差与基线长度成正比，因此，天线 1 和天线 3 测得的同一信号的到达相位差应该是天线 1 和天线 2 测得的相位差的倍数，这个倍数就是天线 1 和天线 3 之间基线与天线 1 和天线 2 之间基线的比值；然后再利用相位模糊的周期性，在天线 1 和天线 3 所实际测得的相位倍数值中找一个与天线 1、天线 2 所测相位的倍数值最为接近的一个，就得到天线 1 和天线 3 所测得的相位差。

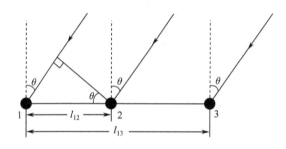

图 5-7　干涉仪长短基线测向法

与雷达测距、测速解模糊需要采用多组脉冲重复频率类似，通过采用多组互质的基线长度，即干涉仪参差基线测向法，也可以在一定程度上减少模糊情况的发生。此外还有干涉仪虚拟基线测向法（图 5-8），通过两条基线分别测出相位差，然后再相减，可以得到一个与更短基线相对应的相位差，这个更短的基线即虚拟基线，它可能小于半个波长，从而得到无模糊的测向结果，然后采用类似干涉仪长短基线测向法的做法，得到最终的相位差值。

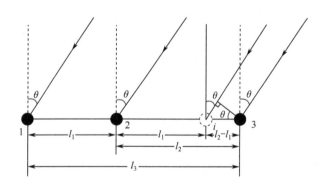

图 5-8　干涉仪虚拟基线测向法

"到达时间差法"（Difference Time Of Arrival，DTOA）的基本原理与干涉仪测向类似，只不过不再测相位差，而是测到达时间差，因为如果敌方雷达距两个接收天线的方向不同，它所辐射出的电波被这两个天线接收时，所要走的路程不一样，在电波速度一样的情况下，到达天线所用的时间也就不一样。可以看到，两个接收天线的距离（即基线）拉得越开，电波到达这两个天线的时间差就越明显，因此就能测得更准。因此，在预警机上应用时，要求把不同的接收天线分别布置在飞机的极限位置上，如翼尖、机头和机尾，因为飞机的翼展和机长是在飞机机体上能找到的最大长度。

　　◇　时差测向与干涉仪测向相比，各有特色。干涉仪测向的精度通常更高，但需要针对特定的工作频率范围，分别设置工作在相应频段的天线（例如，0.5～2GHz 对应一组天线，2～6GHz 对应一组天线，等等），总体上看，设备量较大，同时由于低频段侦察的天线要求较大，高频段侦察的天线要求则可以较小，因此干涉仪测向还容易受到安装位置的影响。例如，在机头或机尾，由于空间相对狭小，就难以安装较大的天线，因此影响到低频段的侦收；而在机身两侧，就可以布置足够尺寸的天线。而时差测向的主要优点在于其测量精度与接收信号的频率无关，可以在非常宽的频率范围内保持稳定的测量精度，且设备比较简单，从而便于在飞机上集成，但如果机体较小，基线较短，则不利于准确测量。"海雕"预警机翼尖下方的无线电侦察天线如图 5-9 所示。

图 5-9　"海雕"预警机翼尖下方的无线电侦察天线

　　辐射源的方向测量出来后，在预警机的显示屏上会显示一条从辐射源到侦察设备的射线，射线的端点是侦察设备，指向辐射源所在的方向，这样的一条射线称为"方位线"，取其英文名字字头缩写（Line Of Bearing，LOB）的谐音，俗称"萝卜线"。

　　测向为定位创造了条件。一般情况下，无线电侦察设备只能测出辐射源所在的方向，并不能测出辐射源到底离侦察设备有多远。这是因为，一个很微弱的信号，即使知道了它的频率，甚至知道它的发出者，但它既可能是在近处以较小的功率辐射出来的，也可能是在较远的地方以较大的功率辐射出来的，在后一种情况下，因距离较远，信号完全可以衰减到比较低的强度，就像它在近处以较小的功率辐射出来一样。而与无线电侦察系统相比，雷达则通常拥有对距离、方位和角度的三维测量能力。

　　为了克服无线电侦察系统不能给出目标辐射源距离信息的弱点，人们探索出不少定位方法。最早应用的也是最为成熟的方法是三角定位（图 5-10）。在某个位置时（如图 5-10 中的 A 点），预警机可以测量出某一个辐射源相对于预警机的方向，从而形成一条萝卜线；由于预警机是运动的，在另外一个位置（如图 5-10 中的 B 点）再测量时，又可以形成一条萝卜线，两条萝卜线可以相交，交点位置就是辐射源所在位置。这种方法由于先后两次测量位置的连线及先后两条萝卜线构成了一个三角形，所以俗称"三角定位"或"交叉定位"。

　　三角定位有以下几个缺点。一是只能针对固定辐射源或慢速辐射源，如对地面雷达或舰载雷达。当辐射源运动时，这种方法误差太大以致不能使用，因此需要解决对运动目标的定位问题。二是定位时间较慢。由于定位精度与先后两次测向相对于辐射源的张角有关，张角必须大到一定程度才可以取得最好的效果，为了获得这个最佳张角，预警机必须经过一定的飞行才能达到。当然，如果在足够大的张角位置上同时有两个站或多个站，这个几何关系就不需要同一观察者通过运动在不同的时刻来构成，既能保证测向精度，也大大缩短了测向时间，这就是"多站定位"。而对于只有一个观察者的情况，就需要解决单站定位的问题和快速定位（甚至是实时定位）的问题。

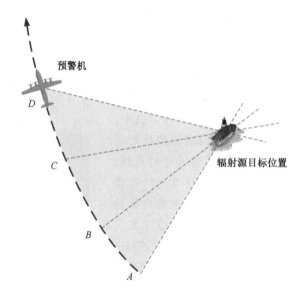

图 5-10   三角定位示意图

对固定辐射源实现单站快速定位的基本原理是，在利用干涉仪测向的同时获得辐射信号的方位角变化率 [图 5-11 (a)]。由于预警机位置 [图 5-11 (a) 中的 A 点] 是移动的（速度大小为 V，预警机位置与水平方向的夹角为 β），因此辐射源相对于预警机的方位角始终是变化的 [用方位角变化率度量，即图 5-11 (a) 中的参数 ω]，它反映了辐射源相对于预警机的距离 [图 5-11 (a) 中的 R] 也在变化。在辐射源固定（慢速辐射源可以近似为固定辐射源）的情况下，这个方位角的变化仅仅是由预警机的移动引起的，而用来衡量预警机移动的参数（如它的飞行速率 V、飞行方向 β 和当前位置 A）始终都是已知的和唯一的。因此，方位角的变化完全可以度量预警机与辐射源的距离，求出了方位角的变化，就知道了这个距离，而方位角可以由对辐射源的测向求得，进而将方位角的变化率转化为干涉仪所测得的相位差的变化率，这是因为角度的变化率就是相位，相位的变化情况就反映了角度的变化情况；而测相位差本身就是干涉仪的"本行"，测得相位差后，由于相位差始终在变化，其变化率也就可以求出来 [图 5-11 (b)]，辐射源相对参考方向的到达角为 θ（以竖直方向为参考方向）。可以看出，单站快速定位由于需要在预警机运动到不同位置上的角度信息，因此仍需要一定的时间，但要比三角定位快很多。此外，定位精度主要受预警机飞行速度和相位变化率两个因素的影响，但由于预警机的速度可以通过自身的惯性导航系统得到，精度较高，可以忽略不计，因此对固定目标的定位精度主要受相位变化率提取误差的影响。

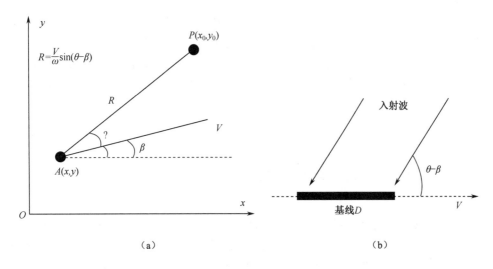

（a）　　　　　　　　　　　　　　（b）

图 5-11　单站快速定位原理

当辐射源慢速运动时，图 5-11 中 R 的变化除了由预警机的运动引起外，还由辐射源目标的运动引起。由于无线电侦察系统不能得到准确的目标速度信息，只能对其进行估计，因此，对慢速运动目标的快速定位误差还要受目标速度的影响，辐射源运动速度越慢越接近目标静止的情况，定位精度就越高。

当辐射源运动速度较高时，如果按照对慢速运动的定位方法将会产生非常大的误差，单站定位时可以增加对辐射源的多普勒频率的测量。这是由于预警机或辐射源的运动会反映到二者的视向角变化上，二者间的相对运动速度可以看作有两个分量：一个是水平分量，它引起了到达预警机的辐射源信号的相位差；一个是径向分量，它引起了到达预警机的辐射源信号频率与其真实频率之间的频率差，即多普勒频率。此时可以测量预警机上两部接收机所接收到的多普勒频率，它们的差值仅仅与目标的位置、接收机的位置及接收机的运动状态有关，而接收机的位置及运动状态都是确定的。此外，由于快速运动的辐射源通常也位于一定的高度上，不像固定的或慢速的辐射源多在地面或海面，其高度是已知的，因此对运动辐射源的定位除了多出了速度未知数外，其高度也是未知的，在求解时需要增加方程的个数，此时可以引入辐射源的频率测量信息，并使接收机做一定的机动以获得加速度信息，等等。由此可以看出，由于受更多因素的影响，对快速运动目标的定位非常困难。

总的来看，虽然测向和定位的基本原理并不复杂，但在工程上的实现仍然难度很大。除了前面介绍的模糊性、高度与速度等因素外，还有复杂环境下的多目标和干扰。实际作战环境下，要测向和定位的并不是单个辐射源，而是多个辐射源，同时，环境中还有不少有意的或无意的干扰，以及信号可能经多路径传输。最后是误差因素。实际工程中，对速度、相位、频率等参数的测量，会受到飞机运动状态、基线长度、环境和测量方法自身等众多因素的影响，制约了无线电侦察系统在一定时间内完成足够精度的测向与定位。

美国 E-2C 预警机是世界上第一个配备无线电侦察设备的预警机，采用的就是比幅和干涉仪相结合的技术，分别用于对方位的粗略测量和精确测量。世界上第一种采用时差测向技术的预警机是以色列"费尔康"系统，随后开发的"费尔康"迷你版本——

"海雕"预警机也采用了时差测向技术；而由于其载机"湾流-550"的个头儿要小一大截，机长只有29.4m，翼展只有28.5m，比"费尔康"系统载机波音707的机长33.6m和翼展34.3m要小一些，因此，采用时差测向便于发挥其适装性好的优点；虽然其基线较短，但由于采用了数字化技术，不仅进一步降低了重量和体积，而且改进了信号处理能力，使其仍然可以获得足够高的精度。

调谐的收音机——侦察设备对频率的测量

无线电侦察设备的又一项基本功，是测量所接收到的无线电波的工作频率。

测频最简单的方法是把侦察设备的接收机看作一个收音机。当收音机调谐到某个广播电台、能够听到清晰的声音时，收音机面板上的频率数字就能指明这个广播的频率，这种方法叫作"超外差"。此时，接收机提供一个本地振荡器，其频率在一个很宽的范围内可调；调整本地振荡器的频率，并将其与接收到的信号频率求差值，如果差值正好落在被称为"中频"的频率范围内（中频是固定设置好的频率范围，如70MHz），则这个信号就可以被检测出来。中频通常要比接收信号的频率低很多，它的作用相当于提供了一个比较窄的频率范围作为窗口，当某个雷达或通信设备所辐射的电波信号频率与本振频率的差值落在这个窗口内时，接收机的输出会最强；此时，本地振荡器的频率就被认为是辐射源信号的频率。典型的超外差接收机的频率测量精度大约为1MHz。

★ 为了改善超外差接收机的性能，在接收机的输出端还可以进行数字化处理，也就是对输出的中频信号进行数字化采样，然后通过傅里叶变换，找到信号所蕴含的各种频率及其分布情况，从而测出信号的频率。这样做的优点有两个：一是可以提高频率的分辨能力和测量精度，这个好处是通过数字化和傅里叶变换带来的。由于傅里叶变换的频率分辨力正比于采样速率，反比于傅里叶变换的点数，因此，适当地过采样（也就是将采样速率提高到中频带宽的2倍以上，如3~5倍）并增加傅里叶变换的点数是有利的。例如，假设信号的中频带宽为100MHz，采用500MHz的采样率，数据位数为512，则频率分辨力为500/512，约1MHz，对应的脉冲宽度大约为1μs。但是，采样率和数据位数不能任意多，首先是不能超过A/D（模拟/数字）转换芯片及信号处理器的能力范围（例如，当前的典型采样率水平为1GHz左右）；其次是要考虑脉冲宽度的因素，因为在脉冲宽度较窄的情况下，增加数据位数带来的噪声相比大脉宽条件下的噪声增加得更为显著，因此，采样率和数据位数应该根据芯片能力和脉冲宽度等因素谨慎选择。二是可以提高接收信号的动态范围，这是数字化采样带来的。动态范围是指接收机可能对多大范围的不同强度的信号能够有所反应的物理量，通常定义为"可接收到的最大信号与最小信号的功率比值"，单位为dB。理论上，动态范围与过采样率符合分贝关系，也就是将过采样率取以10为底的对数并乘以10，就是增加的动态范围。当过采样率为4倍时，动态范围增加6dB。从需求方面看，动态范围越大越好，因为要接收的信号的功率有高有低、距离有远有近。例如，当需要接收雷达信号时，可能是接收到主瓣的辐射，也可能是接收到副瓣的辐射，其强度的差值有可能超过

40dB。在实际的接收机中，通常对于某一类信号的动态范围是比较大的，但同一频段内常常存在多个信号，它们之间可能会彼此互相影响。比如，一个信号会引起另外一个信号的幅度或相位的畸变，甚至出现弱小信号被强信号压制下去的情况，从而导致动态范围减少。特别是，强信号是不需要的信号时，情况会更加恶化，甚至出现"兔耳效应"：当接收机在进行频率扫描时，如果某个信号的主要能量区还没有落入中频带宽内，但由于其前沿和后沿比较陡峭，即信号在很短的时间内其振幅发生很大的变化，这就意味着在频域内蕴含了很多高频分量，其能量也占有很大的比例，类似于在脉冲的前沿和后沿形成了较高的"兔耳"，这些较高频率的信号会"带偏"接收机，使它难以锁住需要信号的频率，使这些信号无法被接收到，也就降低了系统动态范围。

◎ 超外差接收机通过频率变换，将接收信号的频率从发射频率（即射频）降低到比之低得多的中频上来处理。中频是介于射频与基带信号频率之间的频率，而基带信号通常是指要传输的原始信号本身。无论是在雷达、通信还是无线电侦察等应用中，中频处理是通用的做法。在实际工程中，基带信号通常是搭载在具有更高频率的载波上进行传输的，但这种搭载不是简单地"乘坐"，而是利用基带信号自身的振幅、频率或相位等信息，使载波的参数做些改变，从而具备基带信号的一些特征，这就是调制（参见第七章）。基带信号调制了载波后，就可以搭载在载波上被发射出去，此时的发射信号就称为"射频信号"。相比基带信号，射频信号除了保留其基本特征外，通常还拥有由于载波与调制带来的更多的传输能量、更多的附加信息和更强的抗干扰能力等好处。在对接收到的信号进行处理时，因为射频的频率太高，如果直接对其进行特征提取与分析，受限于处理的数据量及实际处理器的能力等因素而难以实时进行，加上在很多情况下原始信号本身可能就是分布在较低频率上的，确实也没有必要在相对较高的射频频率上来处理信号，所以就采用中频处理。之所以采用中频处理，还有一个很重要的原因，由于减少了信号频率的分布范围，即降低了带宽，因此也减少了频率分布范围内蕴含的噪声，而如果信号的带宽本来就是窄带的，减少带宽后对信号能量并没有什么损失，就可以提高检测的灵敏度。

超外差收音机式的测频方法只能接收持续时间很长的信号，因为接收机在某一段时间内只对一小段频率"开门"，只有在这段时间内进入这个"门"内的电波频率才能被测量出来；如果当侦察设备的频率正好对准某个电波信号时，这个电波信号已经消失，那么，它的频率就无法测出来了。为此，人们发明了一种可以永远处于等待状态的接收机，它相当于同时开了很多个窗口，信号一出现，就可以被众多窗口中的一个逮住，因此具备更好的宽开性能。这种接收机主要包括两种类型，即瞬时测频接收机和信道化接收机。在瞬时测频接收机中，信号在进入接收机后按照一定的频率覆盖范围被分成若干路，每一路又被分为两路，经过长度不同的两条传输线，类似干涉仪测向中由于光程差而产生相位差，电波信号由于传输路程的差异，会在到达处理器时形成相位差，这个相位差与信号的频率成正比，测出了相位差，就可以测出电波的频率。由于相位等于频率与时间的乘积，因此，频率对相位有放大效应，通过相位差测量频率，精度可以做得较高。但由于相位有模糊性，所以瞬时测频接收机要采用多个这样的单元来解模糊。此外，当两个不同的载频同时出现时，瞬时测频接收机由频率向相位差的转换有可能发生差错。因此，超外差式接收机和瞬时测频接收机各有所长，至今仍被侦察接收机同时采用。

除了这两种接收机外，常见的无线电侦察接收机还有信道化接收机。它由很多支路并联而成，每一路专门用来接收一个小频率窗口的信号，可以看作很多个并行工作的超外差式接收机。由于无线电侦察的频率范围非常广，这样的超外差式接收机就得有很多个，成本、体积、重量和耗电都将非常大，所以在工程实现上常常会有一些折中。例如，对于 2～18GHz 范围内的信号，将接收机频率范围只分为 4 段，即 2～3GHz、3～4GHz、4～5GHz、5～6GHz，每段带宽 1GHz，并将 6～12GHz 和 12～18GHz 的信号也"折叠"到这 4 段范围内处理。在折叠处理时会导致信噪比的下降，从而影响检测性能。再如，对于不同的频段，都采用共用的高频放大器，于是就可能产生信号之间的互相调制等现象，破坏了各个信道之间的独立性，降低了侦察设备的灵敏度。

★ 由于光具有明显的带宽优势，基于微波光子技术的信道化接收机可以突破传统微波器件的带宽限制，满足接收机对大带宽的要求，显著扩大侦察频率范围。宽带射频信号被调制到光载波上，然后通过光学方法对信号进行光谱分割和信道划分，将宽谱射频信号在光域上分解为多个窄带信号，并实现对多路窄带信号的并行处理。如果采用基于高相干性的光频梳和信号解调技术，信道化接收机的宽带性能和频率分辨能力还可以进一步提升。其中，光频梳就像一把光尺，可以形成离散的、等间距频率的像梳子一样形状的光谱分布，从而具备对不同光学频率的精确测量与分辨能力。它一般由锁模激光器产生，是一种超短脉冲激光，其载波为单一频率，在光谱上显示为一条竖线。锁模激光器产生的光脉冲在形成光频梳时，主要受两个因素的影响：一是其脉冲包络峰值可能与载波峰值偏离，这种偏离类似于相位，其必须保持稳定，即具备较高的相干性，否则会使梳齿频率偏离预期；二是锁模激光器以一定的脉冲重复频率发射超短脉冲激光，由于脉冲超短，因此频率覆盖范围极宽，又因为重复发射，从而在频率域内也维持了一定的周期性，由此决定了梳齿的间隔。

辐射源参数提取与建立"犯罪嫌疑人"的"指纹"库

公安部门的办案民警在每一起刑事案件的侦查过程中，都会录下犯罪嫌疑人的指纹，并且把它们存入数据库中；当一起新的刑事案件发生后，根据采集到的指纹，总是要先到已有的数据库中比对，看看是不是已建档在案的犯罪分子再次作奸犯科；如果不是，则把新指纹入库，留作后用。无线电侦察设备也需要对信号的细微特征进行提取，每一个辐射源作为个体的细微信号特征就是"指纹"，但其提取后的用途因"侦察"（即 ESM/CSM）或"情报"（即 ELINT/COMINT）而有所不同，前者主要用于形成"电子战斗序列"（Electronic Order of Battle，EOB）等情报产品；后者则主要用于完善数据库。同一套无线电侦察设备，则可能既用于"侦察"，又用于"情报"。

信号在被接收后，侦察设备需要做各种可能的处理，以尽可能多地提取辐射源的信号参数。由于很难有两个信号在细节上完全相同，如果能够对信号做详细的测量，以得到信号的细节，就可以分离出不同的信号。一般地，侦察设备除了测向和测频，还需要测量脉冲到达时间、脉冲宽度、幅度和重频等信息，并分离出不同的信号，即完成信号分选与配对。另外，由于多个辐射信号可能在同一段时间进入接收机，如果不进行分离，甚至不能测量脉冲重复频率等信息。而且，通常要处理的脉冲总数可能在 1s 内多达 100 万个，而信号的规律又不可能事先掌握，因此，提取信号的细微特征是一件非常困难的工作。

以雷达侦察的信号处理为例，一个雷达脉冲在被截获后，可以获得它的到达方向和载频频率，然后可以进一步提取它在时间方面的基本特性，如脉冲前沿和脉冲后沿、脉冲到达时间和脉冲宽度等，形成脉冲描述字，并以此为基础，进一步比对脉冲重复频率、幅度及其他脉内特征。以提取简单信号的脉冲重复周期为例，先找到某一到达方向上的一个或几个脉冲间隔，假设它是某个雷达的 PRI，在整个脉冲串中比对。如果它确实是某个雷达的 PRI，按此规律选择一串脉冲即可；如果没有发现更多的脉冲以这个假定的 PRI 为周期，则放弃该间隔，再求出时间轴上往后移一点的一个或几个脉冲间隔为新的假设，重复这个过程，这就是分选简单周期信号的基本程序。同时，接收机会设置多个载频和脉宽单元组，每个单元组对应不同的载频和脉宽，当大量脉冲串进入接收机时，按照脉冲描述字的不同，被归入不同的单元组，就在一定程度上完成了信号分选，类似于直方图的形式。还可以利用计算机的图形显示能力，将脉冲串的特征绘制成不同的图案，由操作员或计算机自动处理，根据图形的特征和规律来分选信号。需要指出的是，早期的雷达信号形式相对比较简单，有较多的特征不变性可以利用。例如，只要是来自同一部雷达的脉冲串，其载频和脉冲宽度可能是不变的，脉冲重复周期要么只有一组，要么只有少数几组，从而便于分选。但是，随着现代雷达采用的信号形式越来越复杂，信号分选的难度显著增加。

在"侦察"情况下，测向、测频及信号特征提取所形成的辐射源参数被包含在 EOB 中，除此之外，由于辐射源可能安装在不同的平台上，EOB 还可能包括辐射源及其所在安装平台的对应关系，甚至是敌方电子战与信息系统的作战编组与指挥关系等。通过 EOB，可以为侦察设备后续更准、更快地截获辐射源提供支持，可以正确评估敌方电子战与信息系统的能力，并为我方的电子进攻与防护提供帮助。因此，EOB 对于战术环境下的实时刻画电磁环境和决策利用电磁频谱至关重要。

"侦察"可以为"情报"提供数据，"情报"也可以为"侦察"提供支持。如果在某一次战斗时，ESM 系统截获了某一个辐射源，就可以将它的辐射源参数同情报库中的结果进行比对，可以起到判定敌我属性的辅助作用。如果通过长期侦察，知道了敌方某型战斗机配备的火控雷达的信号特征，而在某一次战斗中，侦察设备临时截获了一个信号，经与数据库比对后发现，此时的截获信号与这种雷达的信号特征相符，而具备这种信号特征的雷达一般都装在特定型号的战斗机上，所以就可以判定这架飞机的类型了。

◎ 2022 年 4 月 7 日，美国空军宣布 E-3G 预警机首次演示了其在飞行过程中更新其电子侦察数据库的能力。在试验中，E-3G 预警机使用 ESM 系统收集电子战信息后，使用"互联网协议赋能通信"（IPEC）卫星通信系统由得克萨斯州中部空域向位于佛罗里达州埃格林空军基地的第 36 电子战中队进行传输，后者的再编程中心对文件进行编制，并回传给 E-3G 预警机，预警机在数分钟内完成数据库更新。美军认为，"随着先进雷达的数字化程度不断提高，频率捷变速度越来越快，E-3G 预警机的任务数据更新速度也必须与之相适应。"

总的来说，无源探测手段在预警机中发挥着重要作用，主要可以概括为 5 个方面。一是拓远探测威力。由于无源侦察的单程传输特性，在目标开辐射条件下，其探测威力一般大于雷达，可以用在更远的距离上发现目标，但是由于无源探测手段通常只能给出方位信息而不能测距，所以还需要引导雷达探测给出三坐标信息。二是目标判型识别。对于空中、海面或地面等辐射源目标，通过辐射源信号特征分析，可以辅助给出目标的识别信息，而且在有些情况下，可能是唯一能够给出识别信息的手段。三是应对雷达干扰。在雷达受干扰情况下，发挥探测空海面辐射源目标的作用，同时协助探测干扰源并对干扰源进行定位。四是弥补雷达盲区。在雷达受机体遮挡（如转弯时或从垂尾方向探测目标时）或进入低速探测盲区时，辅助发现辐射源目标，并维持跟踪。五是威胁征候研判。当预警机可能受到火力攻击时，侦收制导雷达的信号，研判其发射征候，以提前采取规避措施。

最接近于眼睛的雷达——外辐射源雷达

利用民用和军用（外辐射源电磁波）对目标进行无源定位，即外辐射源雷达，是无线电侦察系统的一类重要推广应用，从技术体制上可以看作经典雷达和经典无线电侦察系统的结合。经典雷达是自发自收，经典无线电侦察是只收不发，外辐射源照射定位则是外发自收。它在工作时，通过天线接收外部非协作辐射源（第三方照射源，如广播电视信号、其他机载预警雷达等）的直射波，并接收外辐射源照射到某个目标后形成的反射波，利用它们所携带的多普勒频率、多站接收信号的时间差和到达角等信息，对目标进行探测、定位和跟踪，这个过程与人眼观察世界的基本原理比较相似。因为正如第一章所指出的，人眼在看物体时，其所依赖的光线并不是自身发出的，而是其他光源照射到物体后反射进来的。当然，与人眼不同的是，人眼在看物体时是不需要同时接收到"直射波"的。

外辐射源照射定位有很多优点，由于信号侦收者自身不需要辐射无线电波，因此与经典的无线电侦察系统类似，工作比较隐蔽；广播和电视信号工作在米波波段，且有可能分布在多个视角上，可以对隐身目标获得较大的 RCS，利于反隐身探测而又无须自身加装低频段探测系统。外辐射源的信号形式不同于传统雷达，有可能同时实现测距和测速的不模糊；可以同时利用地理上分布的多个辐射源，完成定位和其他参数测量，等等。但外辐射源照射也要克服三大难点。一是距离和速度信息的提取。外辐射源信号不是专门为提取目标信息而设计的，且大部分是连续波而不是脉冲波，因此，无法按照脉冲宽度的倒数所对应的带宽来设置匹配滤波器，使信号能量相比噪声达到最大，因此，外辐射源雷达通常采用参考天线，它与主天线之间的时间和方位关系都是已知的，通过比较目标回波分别相对于主天线和参考天线的时延和多普勒频率，来辅助确定目标的回波时延（即距离）和多普勒信息。二是直达波和多径回波的抑制。直达波是外辐射源不经目标反射而直接被接收站接收到的回波，其信号强度通常可比目标回波强 60～140dB；多径回波是指除了来自目标的反射回波外，辐射信号通过地面或建筑物反射后进入接收站的回波。对这两类回波的处理，需要综合采取多种措施。例如，合理设计天线，让天线对回波的接收性能在直达波方向上最小（参见第九章）；合理选择发射站位置并优化接收站部署，让接收站远离发射站；由于多径回波相对于目标回波通常有固定的时延，采取延迟回波并对消的办法，"减"掉多径回波。三是弱信号提取。对于地面外辐射源或机载大型辐射源（如预警机），其辐射功率相对较大，信号检测技术相对成熟，但在需要利用卫星信号的场合，其强度可能比地面辐射源低60dB 以上，或者通过同时利用多个卫星信号，或者观测更长时间，并且把它们各自的照射回波能量积累起来，有可能在信号微弱的情况下发现目标的存在。

◎ 现代电子与信息技术的发展使空间充满了各种电磁波。在人类日益重视电磁波运用的同时，频谱资源也变得紧张起来，人们认识到需要不断提高频谱的利用能力。而随着信息处理技术的进步，有效利用频谱的能力也在迅速提高，多辐射源雷达得到了越来越多的应用。从辐射源种类看，除了军用的雷达、通信和电子战等信号，电视、调频广播、数字音频广播（Digital Audio Broadcasting，DAB）、数字视频广播（Digital Video Broadcasting，DVB）、移动通信（GSM/CDMA/LTE）、全球导航卫星系统（GNSS）、卫星通信、天基雷达、Wi-Fi 等信号，都有可能作为有效辐射源来探测目标。

在外辐射源雷达中，目标到发射站的距离以及目标到接收站的距离二者的乘积是一个定值，因此，尽量让外辐射源靠近目标，就可以增加目标的发现距离；反过来，如果发射站离感兴趣的目标区域较远，将会导致探测威力下降。在测距（图 5-12）时，需要测得两个物理量：一是接收到的目标反射信号与直接来自外辐射源的信号之间的到达时间差，由于发射站和接收站的距离 r 是已知的，从而求得发射距离 r_T 和接收距离 r_R 之和；二是目标所处的方位角 θ，以接收站为基准计算。在距离和、站间距和方位角三个量已知的情况下，通过三角关系就可以求得目标距接收站的距离，进而也可以由距离和再求出目标离发射站的距离。为了得到目标回波的多普勒频率（图 5-13），可以分别将接收距离（R_R）与发射距离（R_T）分别对时间求导数，求得分别相对于接收站和发射站的径向速度，然后进行矢量合成（V），最后利用多普勒频率与径向速度的关系进行计算（多普勒频率等于径向速度的两倍除以波长）。可以知道，当目标的运动速度与发射站、接收站的连线相对于目标的张角（β）的平分线的夹角（δ）为 90° 时，多普勒频率为零。图 5-13 同时也是外辐射源确定方位的基本原理。

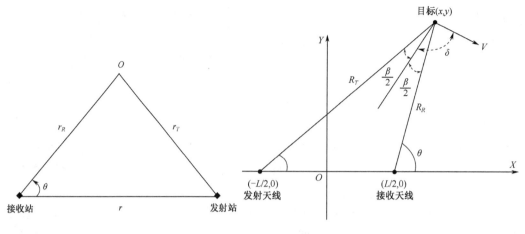

图 5-12　外辐射源雷达测距原理　　　　　图 5-13　外辐射源雷达测向原理

无源探测的新贵——机载红外预警雷达

红外波段是与无线电波段不同的电磁波频率资源（图 5-14）。"无线电"意味着电磁波频率在 3000GHz 以下，即波长大于 0.1mm；而红外波段的波长范围为 0.75～300μm，其中的细分方法尚未完全统一，可将 0.75～2.5μm 归为短波，或近红外区；2.5～7μm 归为中波，或中红外区；7～12μm 归为长波，12～30μm 归为甚长波，30～300μm 归为远红外区；红外探测设备主要使用短波、3.2～4.5μm 的中波及 8～14μm 的长波三段范围，因为这些波长的红外辐射在大气中传输时具有较高的透过率，因此被称为"大气窗口"。由于电磁波的波长变短，其分辨率就会越来越高，但传输衰减也会相应增大。

									无线电频谱		可见光频谱				
极低频	甚低频	低频	中频	高频	甚高频	特高频	超高频	极高频	红外	紫外	X射线	伽马射线	宇宙射线

图 5-14　电磁波频谱分布

目前，工作在红外波段的探测系统大致可以分为三类：一是前视红外，一般装在战斗机上，主要用于前向或下视目标的探测识别，可在一定角度范围内低速扫描，强调空间的高分辨力，以便为火力系统提供更准确的角位置信息，如加装在 F-14 等战斗机上的 AN/AAQ-13/14 系统。二是导弹逼近告警系统，以探测来袭导弹为主要任务，战斗机一般都要加装，以提高生存能力，部分预警机上也有配备，要求全向空域覆盖和高数据率搜索，如 F-35 战斗机的 DAS（Distributed Aperture System，分布式孔径系统）。三是红外搜索跟踪系统，安装于战斗机或大中型飞机，前者如 F-35 战斗机的 EOTS（Electric-Optical Tracking System，光电跟瞄系统），用以探测空中飞机或地面目标，可快速搜索、自动捕获跟踪目标，跟踪目标时可激光测距，形成火控引导能力；后者如

RC-135S"眼镜蛇球"系统及 E-2C 预警机的 SIRST（Surveillance Infra-red Research &Tracking System）系统，主要用以探测弹道导弹。

无论何种应用，红外探测系统均由红外光学系统（包括光窗）、探测器、信号处理机和伺服机构等组成。其中，光学系统的作用是收集和汇聚能量，探测器将光学能量转换成电信号，交由信号处理机进行检测或成像，伺服机构操纵光学系统和探测器改变探测方向。即使红外探测系统用于对目标的远程预警探测而被称为"红外预警雷达"时，这些系统组成也不会发生颠覆性的变化，但由于作战任务的重大调整，将深刻影响其设计理念与具体方案。

红外探测系统转型为远程预警雷达，首先是探测目标类型的转变。对于导弹目标而言，其红外辐射通常较强；但当探测的对象为隐身飞机时，其红外辐射则要弱得多，特别是隐身飞机除了对雷达采取隐身措施外，在红外隐身方面也做了相应处理，进一步降低了自身辐射，其辐射强度相比弹道导弹要弱几个数量级，比常规导弹也要弱 1～2 个数量级，为探测带来了极大困难。这也意味着，如果说传统的红外探测系统以成像为主，是在高的信号能量下工作，那么红外预警雷达则以探测为主，是对微弱信号的检测，通常是不具备成像条件的。

◎ 包含红外预警雷达在内的各种红外探测系统虽然与无线电侦察那样也是被动探测，但有很大不同。如果被侦收的雷达和通信等对象关机，无线电侦察系统就会因完全丧失侦收对象而不能发挥作用，但红外预警雷达则不会，它侦收的是物体的热辐射，由于物体的温度总是大于-273.15℃，热辐射是始终存在的，即使目标存在红外隐身的设计，也不会完全消失；就像微波雷达对目标的探测，即使目标做了隐身设计，但其被电磁波照射后的回波也总是存在的。因此，红外预警雷达与微波雷达有一定的相似之处，那就是它们总是能够获得目标的探测信息；只不过微波雷达是通过自身主动辐射电磁波来获取回波实现的，红外预警雷达则是探测目标固有的热辐射。

红外探测系统转型为远程预警雷达，其次是探测能力的转变。红外预警雷达必须像微波雷达那样执行空域搜索和远程警戒任务，即搜索空域应该尽可能宽（如全向覆盖），数据更新率应该尽可能快（如每 10s 更新一次），探测距离应该尽可能远（如不小于 300km），这就是"预警"的要求。红外预警雷达还应该尽力获取目标的三维信息（如方位角、俯仰角和距离）而不仅仅是角度，因为微波雷达天生就是为了测距。

红外探测系统转型为远程预警雷达，最后要处理好作为雷达系统本身所存在的固有矛盾，即探测空域（包括探测距离和覆盖的空间角度）、分辨率和数据率三者之间的关系。微波雷达要增加探测威力，要求尽量增大天线面积来提高天线增益，使传播过程中的雷达发射能量更为集中，从而保证照射到目标时有足够能量，可以经受反射回雷达的路程衰减，这就导致波束宽度变窄，一方面使得角度分辨力和角度测量精度提高，另一方面造成了搜索既定空域需要更多的波束，从而意味着数据率的降低；反过来，降低天线面积，可以增大波束宽度，从而缩短空域搜索时间，但又因为分散了能量，降低了辐射到空间的功率，从而对探测距离不利。因为红外预警雷达的工作频率比微波雷达要高几个数量级，所以固有的测角精度就非常高，红外预警雷达无论如何设计，其瞬时视场（类似于微波雷达中的"波束宽度"）都非常窄，所以分辨率或精度这个问题不像微波雷达那样有采取更多措施的可能性。例如，假设微波预警雷达的测角精度按波束宽度的 1/10 计算，典型值约为 0.3°，即使红外预警雷达的光学系统孔径（类似于微波雷达的"天线面积"）为雷达孔径的 1/20，由于其工作频率相差 1000 倍以上，其瞬时视场角度为 0.02°，测角精度的数值可以比之低一个数量级，远远优于微波雷达。

首先，为了兼顾覆盖空域与数据率，可以采用多孔径的方法，例如，一个孔径负责覆盖前向 180°，另一个孔径覆盖后向 180°，相比一个孔径覆盖 360°，其搜索完全部方位上的时间可以降低一半。其次，合理选择红外探测器的体制和规模，是保证空域覆盖的重要措施。衡量红外系统的空域覆盖能力，有瞬时帧视场和搜索视场之分。瞬时帧视场是指每帧图像所覆盖的空间范围，它由红外探测器件的大小来决定；由一个小的瞬时帧视场，通过光学或机械的方法，在一定时间内有规律地运动，来完成较大空间的覆盖，就是搜索视场。红外探测器由很多一个个小的接收单元（称为"像元"）合成而来，其合成方式有面阵和线阵之分，其中，线阵（图 5-15）像元排列在一维空间，面阵（图 5-16）像元则排列在二维空间；在某一个方向上，如果面阵的像元数越多，意味着在这个方向上的瞬时视场就越大，这对于扩大覆盖空域有利。线阵器件如果要得到二维图像，则必须进行扫描，扫描过程中对由光学能量转换成的电荷能量进行累加（称为"积分"），从而提高信号能量；面阵器件由于是二维的，其瞬时探测视场中的每一个点都可以对应于一个像元，在一个积分周期内就可以同时解决全部瞬时探测视场的电荷累加问题，即面阵可以瞬时完成一定空域范围的覆盖，不像线阵器件那样在每一个不同扫描位置上的能量累加要串行进行，从而为时间分配带来了更多的灵活性。当然，如果用线阵器件能够解决空域与数据率的矛盾，则具有成本低、重量轻等优点。最后，瞬时帧视场的确定不仅仅是探测器体制和规模的问题，也需要合理

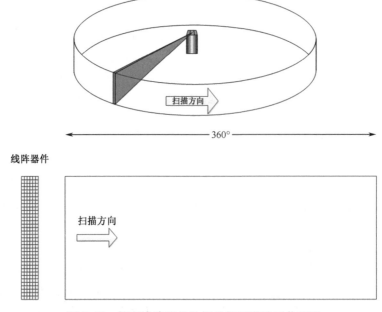

图 5-15　基于线阵器件的红外探测系统工作原理

选择光学系统，如确定它的孔径与焦距等参数。与微波雷达天线面积越大则波束越窄类似，红外系统的孔径越大，可以接收的能量越多，但瞬时帧视场也越小，而孔径与焦距的比值又必须维持一个定值。

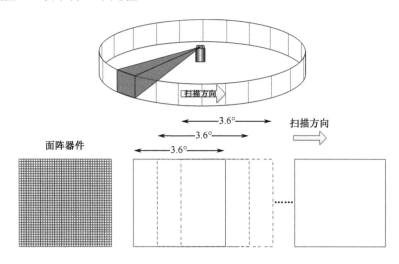

图 5-16　基于面阵器件的红外探测系统工作原理

为了解决隐身目标相对常规目标其辐射特性降低一至两个数量级的问题，机载红外预警雷达可以从多方面采取措施。

一是采取多波段并拓展红外探测器件的工作频率范围和像元面积。隐身飞机的红外辐射主要包括蒙皮辐射和发动机尾焰辐射（另外还有周围环境的红外波段的频谱辐射到隐身飞机后的反射等），同时，隐身飞机在亚音速巡航和加力突防时的辐射也不相同。根据基尔霍夫定律，当物体的运动速度越大时辐射的热量也就越大，其波长就越短，反之亦然。所以，为了探测发动机尾焰或在高速状态下探测，需要采用中波；而为了探测飞机蒙皮或在低速状态下探测，就需要采用长波，于是红外预警雷达就采用双波段探测器工作。由于红外辐射所覆盖的频谱会占据一定范围，因此为了接收到更多的能量，可以拓宽探测器的频段。例如，常规的长波探测器可能主要工作在 $12\mu m$ 上，但红外预警专用探测器有可能工作在更长的波长上，以把分布在这些波长上的能量也搜集回来。同时，如果增大探测器的像元面积，也可以增加接收到的能量。每一个探测器的像元通常是正方形的，像元面积可以用相邻两个像元的中心间距表示，传统像元面积相对较小，因为在成像或做其他处理时，信号能量有较多余量，像元面积减少，有助于控制探测器的规模，包括减小重量和体积及降低成本等。而如果用于对微弱辐射信号的接收，那就意味着适当地增加像元面积可能会增加信号能量，从而利于信号的检测。

二是对光学系统优化设计，尽量增大红外光窗（类似于微波雷达中增加天线面积），同时提高光窗的能量通过效率。增大光窗可以增大对目标辐射的接收面积，有利于提高作用距离，但由于光学系统的有效焦距与光窗孔径的比值必须是一个定值（即 F 数），增大光窗就会导致焦距加长，从而带来系统体积和重量的进一步增加，因此应优先选择小 F 数的光学系统，在尽量保持焦距不变和系统体积重量增加不多的情况下，精心设计光学系统。多次反射利于压缩光的传输路线，也可以引入折射改变光程，二者各有特点。其中，反射光路的优点是，适合于多种波长、没有色差（即不会因为不同光的传播光路不同而使得所成的像不能准确反映物体真实形状），但缺点是存在中心遮拦，即后续反射通道上的下一级反射镜或其支撑件会遮挡一部分入射孔径；同时，对成像模糊或变形等像差的校正能力缺乏有效手段，并因为系统对各类波长的光同等反射，因此易受杂散光的影响。折射光路的优点则是，无中心遮拦，视场容易做大，像差校正手段较多，但缺点是折射能力对材料要求高，且受温度影响显著，需要采取制冷设计。在远程红外预警雷达中，倾向于采用多次反射结合离轴的设计。其中，离轴是指每次的反射光轴并不一样，以克服中心遮拦的影响并校准像差（图 5-17 示出了一

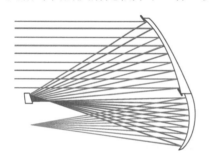

种离轴三反光学系统，红外辐射通过光窗进入光学系统，分别经过主镜、次镜和三镜的三次反射，汇聚到红外探测器）。此外，传统的光窗外形通常是球形，对光路的控制自由度不大，而采用自由曲面技术，使设计人员对能量在光窗中的传输有了更多的干预自由度，可以有效减少能量衰减，也能减小光窗的体积和重量，从而助力红外预警雷达系统既是"广角"的也是"长焦"的。所谓"广角"，意味着红外探测系统有一个非常宽的

图 5-17　离轴三反红外成像系统示意图

"视场"；所谓"长焦"，意味着红外探测系统有很大的"景深"，可以看到很远处的目标，并且可以提供更加充分的目标细节信息。

三是以时间换能量。如果红外探测系统对某个辐射信号的接收时间越长，就可以接收到越多的能量，这些能量可以被积累起来，从而拓展探测威力，如降低光窗旋转时的转速。在现代雷达中，普遍采用完全相参信号，在发射时一个个发射信号的相位都是确知的甚至是相同的，从而在积累时提高了回波积累的效率。与雷达不同，在红外探测系统中由于利用的是目标自身的辐射信号，其相位是不可预知的，因此多次回波累加的效率就不如相参雷达。当然，在用时间换能量时，时间也不能无限长，主要原因有二：一是对目标的数据更新率必须维持在可以接受的范围内；二是随着积累时间的延长，其"边际效应"是不断下降的，也就是说，增加积累时间所获得的好处会越来越少。

四是改进信号处理。传统的红外信号处理主要是图像处理，只有在信噪比足够高的情况下才具备成像条件；在红外预警雷达中，由于信号微弱，目标呈现为单像素点或亚像素点，已经是点目标，丧失了形状、尺寸等信息，传统的图像处理技术无法适用。同时，由于红外预警系统的被动侦收特性，缺乏距离信息，目标检测是从三维空间向二维空间的投影，缺少了检测和后续跟踪处理所需的一类关键信息，加之由于远程探测带来的能量衰减及干扰等影响，目标的信噪比非常低。微波雷达的信号处理，通常是先发现目标的存在，也就是判断信号与噪声能量的比值是否超过门限，然后对检测出来的目标进行跟踪，跟踪时就需要利用对目标的连续观测，判断目标的运动特性并结合一定程度的预测，把具有不同运动特性的目标区分开来，给出目标运动的轨迹判定并显示给操作员。可以看到，这个过程在检测目标是否存在时，过于强调对信

号能量的利用，而丢失了目标的运动特征，运动特征只是在跟踪阶段进行判定、预测并归属至不同目标的。于是人们提出了在检测前就进行跟踪的设想，先降低门限进行预检测并进行多目标跟踪，然后再利用目标的运动等特征进行检测判决，给出目标是否存在的判决并给出目标的连续运动结果，克服仅利用信号能量来判定目标是否存在而没有充分利用目标其他信息的弊端。如今，围绕检测前跟踪的设想，人们提出了很多算法，可以做到在信杂比低于-9～-3dB 的情况下正确地发现目标。

　　★ 在目标辐射强度特性已知且红外波段在大气传播中的变化特性已知的情况下，系统所感知到的目标红外辐射强度随距离变化，因此，根据所获得的目标红外辐射强度变化数据，可以解算出目标距离。但与无线电侦察系统类似，红外预警雷达所侦收到的某个信号，既可能是一个较远的、辐射强度较大的目标辐射出的，也有可能是一个较近的、辐射强度较小的目标给出的，也就是说，辐射强度与距离的关系方程的解可能不是唯一的。但如果事先能够得到目标的先验知识，主要是目标在初始距离上的辐射强度数据及目标的运动特性，则有可能给出目标后续运动到某一位置时的距离信息。或者，由于空中目标在特定场合下其种类是明确的，可以先给出多个结果，然后由人工根据经验或其他信息进行选择。通常情况下，红外预警雷达的定位方法与无线电侦察系统类似，主要是单站或多站三角定位。另外，由于红外预警雷达一般要采取双波段，如果事先不知道目标的辐射特性或目标类型，还有可能利用不同波段在大气传输中的不同特性来进行测距，相当于在解方程时，在少了一个目标辐射特性这个已知数后，用另一个波段上随距离的传输特性来弥补了。

　　通过上述措施，可以基本实现红外预警雷达的工程应用。但仍有一些突出问题限制了其应用的效能。首先就是传输衰减与杂波问题。与机载预警微波雷达下视时存在不需要的杂波类似，红外预警雷达下视时也会存在不需要的干扰，但两者原因不同。微波雷达的杂波主要来自地面的或海面的反射，虽然也会存在远程传播时的大气吸收，但由于波长相对红外线来说要长很多，这些吸收的影响要弱得多。由于红外预警雷达波长非常短，大气吸收非常严重，在云雨及低高度条件下，由于大气中水分子含量更多，传输衰减更为严重，而如果在海面上空，不利影响还会进一步加剧；在低高度上的传输衰减要比 8000m 飞行高度的平视条件低一至两个数量级，再叠加地面的或海面的背景辐射，从而严重限制了机载红外预警雷达的下视性能。其次是重量与体积问题。红外探测系统为了提高灵敏度，需要提供专门的制冷环境，以降低探测器工作中自身的热辐射、自然环境辐射及其他设备的热辐射，从而显著增加重量；如果采用非制冷器件，则探测灵敏度会下降，从而降低探测距离。另外，由于较远的作用范围与距离要求，必须采用较大的光窗，从而增加了重量和体积，因此只有在比较大型的平台上才能加装。最后是功能实现问题。虽然红外预警雷达与 ESM 系统都采用被动探测，其测向、测频和定位等功能实现的基本原理是类似的，但由于红外预警雷达工作频段显著高于 ESM 系统，对时间、相位更加敏感，测量精度要求更高，因此实现难度很大。但随着技术的不断发展，红外预警雷达作为微波预警雷达的有效补充，甚至出现专门搭载红外预警雷达的装备，是可能的。

　　◇ 人类科技进步的历史反复表明，我们虽然有着强烈的好奇心，但在一个新事物出现时，并不总是那么容易地发现它的价值，并看到它的前景。新事物的成长，就像传说中爱因斯坦的小板凳，常常会面临质疑与争议，需要做两个、三个甚至更多，才能让我们满意，红外预警雷达可能也不例外。也许我们可以做的，是给予"小板凳"被再做一个的机会，并尽快掌握能够使它快速完善的本领，从而真正使得"小荷"才露尖尖角，就有"蜻蜓"在上头。

参考文献

[1]　熊群力. 综合电子战——信息化战争的杀手锏[M]. 北京：国防工业出版社，2008.

[2]　David L. Adamy. 应对新一代威胁的电子战[M]. 朱松，王艳，常晋聘，等译. 北京：电子工业出版社，2017.

[3]　David L. Adamy. 电子战原理与应用[M]. 王艳，朱松，译. 北京：电子工业出版社，2017.

[4]　Andrea De Martino. 现代电子战系统导论[M]. 姜道安，等译. 北京：电子工业出版社，2021.

[5]　叶斌. 对传统超外差接收机的数字化改进[J]. 电子对抗技术，2001（5）：11-16.

[6]　田中成，刘聪峰. 无源定位技术[M]. 北京：国防工业出版社，2015.

[7]　何建伟，曹晨，张昭. 红外系统对隐身飞机的探测距离分析[J]. 激光与红外，2013（11）：1243-1247.

[8]　曹晨，李江勇，冯博，等. 机载远程红外预警雷达系统[M]. 北京：国防工业出版社，2017.

第六章　预警机上的"生死问答"

——敌我识别器与二次雷达

毛泽东同志在《中国社会各阶级的分析》中指出："谁是我们的朋友？谁是我们的敌人？这个问题是中国革命的首要问题。"当然，分清敌我，也是打仗的首要问题，是从有战争开始后人们就在不断追求解决的问题。战国时的兵书《尉缭子》中记载了这样的敌我识别方法：左、中、右三军用不同颜色的旗帜和帽檐上不同颜色的羽毛来区分，纵队之间用不同颜色的记章来区分，列与列之间以把记章佩戴在身体的不同部位来区分。但是，现代战争由于作战单元的多如牛毛、作战手段的五花八门和作战速度的疾如闪电，单靠人的感官和思维去判断敌我，已远不能满足作战要求。特别是第二次世界大战期间，英国发明了雷达，让战争拥有了"千里眼"，同盟国很是兴奋了一阵子，可是很快他们便意识到一个大麻烦，那就是雷达虽然能够看到更多的飞机，但是不管是敌方飞机和我方飞机，在雷达屏幕上看到的都是一样的光点，无法区分是敌是我。所以，当时的英国空军轰炸机指挥中心的司令官就发出了警告：雷达带来的问题比自身所能解决的问题还要多，除非找出一种能在屏幕上区别敌我飞机的方法，否则就要停止研制和使用雷达。那么，是什么方法使得雷达几十年来一直能够安身立命并长就一双"火眼金睛"的？这些方法在预警机中是如何使用的？这就是我们这一章的话题。

敌我识别器——无线电"对暗号"

要想搞清楚雷达所发现的一架飞机到底是"何方神圣"，主要方法靠问与答。可是，问又不能明问，以免暴露自己，只能带着暗号问，当然，答也不能明答，只能带着暗号答。京剧《林海雪原》中杨子荣和座山雕的那一段对话（图6-1），堪称敌我识别的一个经典：

......

图6-1　革命经典影片《林海雪原》

座山雕：（突然地）天王盖地虎！

杨子荣：宝塔镇河妖！

众金刚：么哈？么哈？

杨子荣：正晌午时说话，谁也没有家！

座山雕：脸红什么？

杨子荣：精神焕发！

座山雕：怎么又黄啦？

［众匪持刀枪逼近杨子荣。］

杨子荣：（镇静地）哈哈哈哈！防冷涂的蜡！

［座山雕用枪击灭一盏油灯。杨子荣向匪参谋长要过手枪，敏捷地一枪击灭两盏油灯。］

众小匪：（哗然）呵，一枪打两个，真好，真好，……

［被金刚制止。］

座山雕：嗯，照这么说，你是许旅长的人啦？

杨子荣：许旅长的饲马副官胡标！

座山雕：胡标？那我问问你，什么时候跟的许旅长？

杨子荣：在他当警察署长的时候。

座山雕：听说许旅长有几件心爱的东西？……

杨子荣：两件珍宝。

座山雕：哪两件珍宝？

杨子荣：好马快刀。

座山雕：马是什么马？

杨子荣：卷毛青鬃马。

座山雕：刀是什么刀？

杨子荣：日本指挥刀。

座山雕：何人所赠？

杨子荣：皇军所赠。

座山雕：在什么地方？

杨子荣：牡丹江五合楼！

座山雕：（略停）嗯，你既是许旅长的饲马副官，上次侯专员召集开会，我怎么只见到栾平栾副官，没见到你呀？

……

现代战争中，由于雷达发现的飞机常常是在数十千米至几百千米以外，靠声音和语言来对暗号是不行了，还得靠无线电，而对暗号的过程，自然也远远不会像文学作品中描写的那样简单和潇洒。在所有分清敌我的办法中，现代战争用得最多的是敌我识别器（Identification of Friend and Foe，IFF），就是通过发射携带了密码的无线电波来达到分清敌我。能够发射询问信号的无线电装置，称为"询问机"；能够发射回答信号的无线电装置，称为"应答机"。不管是询问机还是应答机，因为都要发射无线电信号，所以都得有天线。于是，询问机、应答机和天线就成了敌我识别器的三要素。如果一架战斗机接到来自预警机的询问信号，并且是己方或友方，就能够"读懂"接收到的携带在无线电波中的加密信息，并通过自身的应答机向预警机发射回答的信号——当然，也是加密的，并且能够被预警机"读懂"。如果是敌人，由于"读"不懂暗号，所以也就不能正确回答。这就是通过敌我识别器来识别敌我的基本过程。

敌我识别器工作时，虽然也是利用无线电波，但同雷达不同的是，雷达在探测飞机时，首先需要自己发射无线电波，电波碰到飞机后，只是无意地反射，而不会再次发射，整个发现飞机的过程中只有雷达的一次自身的发射；而敌我识别器在完成一次敌我识别过程，需要两次发射，第一次是预警机对战斗机发射询问信号，第二次则是战斗机"读懂"询问信号后，向预警机有意发射的回答信号。因为有两次发射，所以，敌我识别器还被称为"二次雷达"，特别是用于识别民用飞机时，一般不说"敌我识别器"而说"二次雷达"。而我们通常所说的雷达，有的时候被说成为"一次雷达"。实际上，几乎所有预警机平台的敌我识别器都不仅能认识自己的飞机，也能区别出不同的民航飞机，前者称为"敌我识别器"，后者则称为"航管监视雷达"，两者通常是一套设备，只是发射信号的波形和加解密处理不同。而因为对于军用雷达而言，只要装有雷达的地方，就一定有敌我识别器（通常敌我识别器与雷达寄生安装），它们就像如影随形的两兄弟，总是并肩战斗、共同迎敌。因为这个缘故，敌我识别器有时候又被理解成"第二监视雷达"，而这正是英语中"SSR"（Secondary Surveillance Radar）的原意。而由于敌我识别器/二次雷达有两次发射，询问机接收到的由对方发送的应答信号，其强度通常超过一次雷达仅由目标无意反射的回波信号，所以，敌我识别器/二次雷达的作用距离通常要远于雷达。

◎《中华人民共和国频率划分规定》（2023 版）指出，雷达是"以基准信号与从被测物体反射或重发来的无线电信号进行比较为基础的无线电测定系统"，而一次雷达是"以基准信号与从被测物体反射的无线电信号进行比较为基础的无线电测定系统"，二次雷达则是"以基准信号与从被测物体重发来的无线电信号进行比较为基础的无线电测定系统"。同时，该规定指出，"无线电测定"是指"利用无线电波的传播特性测定目标的位置、速度和/或其他特性，或获得与这些参数有关的信息"。

"暗号"中的秘密

最早的敌我识别系统是美国在 20 世纪 40 年代开发的 Mark 系统，现在已经发展到 Mark XIIA。早期的敌我识别系统仅有单个脉冲区分雷达回波，20 世纪 50 年代伴随着民航发展，启用脉冲编码格式，军用采用了 1、2、3 三个询问模式，后来为了提高保密性能，使战时的敌我识别更为可靠，Mark12 又增加了保密模式 4，只用于军用。同时，从军用向民用推广，模式 3 被选为军民共用，也称为"3/A 模式"，其中的 A，代表"ATC"（Air Traffic Control），即"空中交通管制"。此外，还增加了 B 模式、C 模式和 D 模式，与 A 模式一起用于民航。其中，D 模式作为备用询问模式，通常不使用。

由于敌我识别器和二次雷达通常都是合用一套询问机和应答机，而二次雷达是用于民航的，频率必须全世界通用，所以，敌我识别器和二次雷达的工作频率是一样的，询问频率是 1030MHz，应答频率是 1090MHz，加密主要靠编码，或者叫增加"暗号"的种类和复杂程度。那么，在询问和回答的"暗号"中，究竟隐藏了什么样的秘密呢？

——它在哪里？即战斗机相对于预警机的距离与方位，这是一个二维的信息。雷达也有这个功能，只是雷达在测量距离时，是把电波从天线发射出去到接收回来的往返时间记录下来再除以 2，得到电波单程在路上的时间；而敌我识别器在测量距离时，得到电波单程在路上的时间后还要减去战斗机上的应答器"破译"和发出应答"暗号"的时间。方位测量方面，敌我识别器也与雷达类似，对于从天线发射出去具有指向性的波束，在接收到应答响应时进行记录，并可以进一步在指向性波束内进行细化处理，得到目标具体的方位。

——它是我的朋友，还是我的敌人？即战斗机的敌我属性。敌我属性除了是敌、是友、是我的区别之外，也有中立的或属性不明的区别，这些不同的属性常常在雷达显示屏上以不同的颜色区分，来提示给雷达操作员。

——如果是我的朋友，它飞得有多高？即我方战斗机的高度信息，从 C 码中得到。获得飞机的高度，这个功能雷达也有，但预警机雷达对飞机的高度的测量是非常不准确的，对 300km 外的飞机，其测高的结果可能同真实的飞机高度相差 1km 以上。而敌我识别器所获得的战斗机的高度是很准确的，常常误差只有几十米不到，这是因为战斗机上的敌我识别应答机和战斗机的高度计是相连的，高度计利用飞行高度和气压的关系，通过测量某一高度上的气压来反算出飞机所处的高度，再将这个信息送入敌我识别器的应答机，战斗机在应答时，可以将高度数据一起打包在应答的无线电波中，以密码的形式发送给预警机。因此，预警机上的敌我识别器对己方被询问飞机的高度是"问"出来的，而不是"测"出来的。而通过这个过程，我们也可以知道，对于敌机的飞行高度，预警机也是"问"不出来的。而随着装备技术水平的提高，现代飞机广泛装备了全球定位系统（Global Positioning System，GPS），飞机自身的定位信息也可以与其他信息一起打包，在应答时一起报出。

——自家的飞机批号与舰船舷号。飞机批号即飞机的编号，它就是印在飞机机体上的号码，对于民航飞机来说，通常用 1 个字母加 4 位数字表示；对于战斗机来说，则通常用 5 位数字表示。舰船的舷号则用以表示舰船类型及其在同类舰船中的序号。

——它在一个什么样的队形里？即编队状态和飞机编号。编队状态可以根据军队内部既定的类别来加以定义，比如说一类编队、二类编队、长机或僚机等，分别代表战斗机协同作战时的"队形"；这些信息都隐藏在模式 1～4 中的信号波形中。飞机编号与飞机批号不同，前者是不变的，但飞机编号与特定的编队有关，用以表示它在特定飞机编队中的顺序。

——民航用的飞机代码，即俗称的"A 码"，可以从 3/A 模式中获得。

——其他特殊的信息。例如，对于民航飞机，可以包含飞机被劫持或处于其他紧急状态时的呼救信号；而在作战时，如果事先对每架自己的飞机或友机都编了号，相当于为每一架飞机都起了一个名字，那么，预警机就可以通过发射询问信号，让每架飞机都"自报家门"，这样就能知道每一架飞机的编号，即"单个识别码"。

★ 在敌我识别器/二次雷达询问的 6 种模式（即 1、2、3/A、B、C 和 D）中，以数字表示的模式是军用模式，以字母表示的是民用模式。其中，3/A 和 C 这两种模式为军民共用。每种模式下，其发射信号均由 P1、P3 两类脉冲组成，其脉冲宽度相同，不同模式之间以脉冲时间间隔区分（图 6-2）。例如，在 A 模式下，P1 和 P3 两类脉冲的时间间隔为 8μs，C 模式下则为 21μs（也就是说，如果应答机接收到两个间隔为 8μs 的脉冲，就知道这是 A 模式的询问；如果应答机接收到两个间隔为 21μs 的脉冲，就知道这是要询问高度）。根据需要，询问时可以只发射一种模式的询问信号，也可以几种模式交替发射。其中，

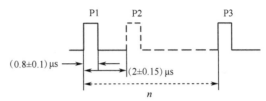

　　模式 1：n=(3±0.2)μs

　　模式 2：n=(5±0.2)μs

　　模式 3/A：n=(8±0.2)μs

　　模式 C：n=(21±0.2)μs

图 6-2　常规模式询问信号格式

　　其中：P2 是询问旁瓣抑制脉冲（ISLS）。

与上述各种发射模式对应的应答信号编码由 16 个脉冲组成，每个脉冲的宽度均为 0.45μs，其时间间隔也相同，均为 1.45μs（图 6-3）。其中，第 1 个和第 15 个脉冲称为"框架脉冲"，恒为 1；中间的第 8 个脉冲为备用位，恒为 0；其余 12 个脉冲，代表 12 个码位，可编成 2^{12} 即 4096 个应答码。在民用模式下，在框架脉冲 F2 之后的 4.35μs，还可以发射一个 SPI（Special Position Identification，特殊位置识别）码，用以当两架飞机互相接近或应答码相同以致航空管制员难以从屏幕上进行识别时，由管制员要求其中一架飞机再增加一次 SPI 脉冲发射，以便准确识别。在军用模式下，可以在正常应答之后再跟随 3 个空框架脉冲来代表军用紧急应答，它们之间互相间隔 4.35μs，特别是在模式 1 下，可以激发一个类似民用 SPI 脉冲的特定军用识别应答，在应答完成之后的 4.35μs，再复制一次应答码。

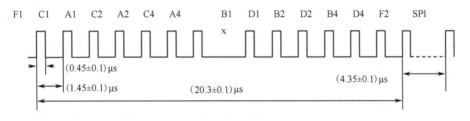

图 6-3　常规模式应答信号格式

　　由于传统的应答码只有 4096 种，易被破译，保密性较差，所以，Mark 系统后来仅将模式 1、2、3 作为一般非作战条件下的识别，并且发展了军用模式 4（理论上，二次雷达是世界通用的，敌我识别器则可以单独发展，但由于两者通常共用一套设备，所以事实上敌我识别器的装备在实现上同二次雷达高度相关）。其询问信号由 4 个同步脉冲、1 个询问旁瓣抑制脉冲（ISLS）和 32 个加密脉冲组成，所有询问信号的脉冲宽度均为 0.5μs，前 4 个同步脉冲间隔为 2μs，如图 6-4 所示。如果在 P4 后的 ISLS 脉冲位置（即 P1 脉冲后 8μs）出现脉冲，并且在它后面 1μs 的位置也出现脉冲，则其后的

所有加密脉冲必须在 1μs 的整数倍位置出现，否则，这些加密脉冲的出现时刻必须是 2μs 的整数倍。模式 4 的应答信号为 3 个脉冲构成的脉冲组，三个脉冲的宽度均为 0.45μs，脉冲间隔为 1.75μs。应答机在收到询问信号后进行译码，确认后以询问机要求的方式，在接收到 P4 后固定延迟 202μs，应答码开始发射共有 16 个可能位置，即接收到 P4 后的第 202μs、第 206μs……直到第 262μs，如图 6-5 所示。

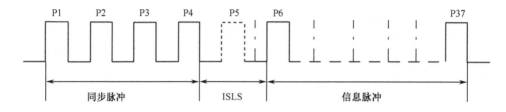

图 6-4　模式 4 询问信号格式

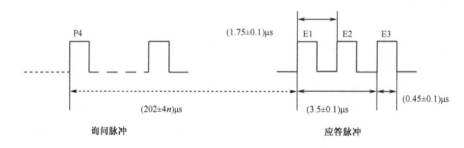

图 6-5　模式 4 应答信号格式

水冲龙王庙，不识自家人——俄乌冲突中的敌我识别

不少读者都会对 1973 年的中东战争津津乐道，原因之一是埃及军队在击落以色列 89 架飞机的同时，也击落了自己的 69 架飞机，真可谓是"杀敌一千、自毁八百"，当时，敌我识别器应用还不广泛，而且，正是这一次战争，使各国认识了加装敌我识别系统的重要性，从而推动了敌我识别器的研制和普及。到了海湾战争期间，多国部队已经使用了 Mark 12 敌我识别器系统，但由于各国敌我识别器自身的"暗号"事关国家安全，不能轻易泄露，也不能贸然整合，所以，并不能很好地协同工作；再者，友机的敌我识别器有时因为关机、故障或其他原因，不能正确回答，也造成了战场误伤的惨剧时有发生。据统计，海湾战争期间美军共死亡 146 人，其中有 35 人是死于自己人的火力误伤，也就是说，每 4 个阵亡的美军士兵中，就有 1 个是死于自己人之手。自从有了预警机以后,也发生过与预警机有关的误伤事件。在海湾战争结束后不久的 1994 年 4 月 14 日，美国空军 2 架在伊拉克上空战斗巡逻的 F-15 战斗机在 E-3A 预警机控制下，向 2 架正在飞行的直升机发射导弹，机上 26 人全部丧生，事后才发现这 2 架飞机是美国 UH-60 "黑鹰"直升机。可以说，几乎每一次战争中，"大水也冲龙王庙，自家人不识自家人"的情况都会发生，俄乌冲突也不例外。只是与欧美国家采用的西方体制敌我识别系统不同，俄罗斯和乌克兰采用的是东方体制的敌我识别系统，经历了从

"硅"系统、"口令"系统发展到了"卫士"系统的过程,其发展路线如图 6-6 所示。

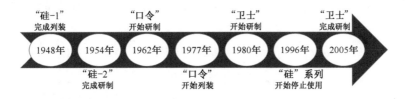

图 6-6 俄罗斯敌我识别系统的发展

1948 年,苏联列装了"硅-1"敌我识别系统,该系统采用基于电子口令进行询问和应答的基本体制,但两者分别使用不同的波段工作。1954 年,苏联研制了独创的"硅-2"敌我识别系统,并很快将其改进为"硅-2M",通过密码对应答信号幅度的调制,增加了应答信号的复杂性;通过采用较高的工作频率(询问 X 波段,应答 S 波段),提高了角分辨率,但由于其密码数量有限,且需要很长时间(数小时)来手动更换密码,因此,"硅-2M"的信号非常容易被模拟并用于欺骗。1962 年 4 月,苏联开始基于当时最新的电子技术研制代号为"口令"的新型敌我识别器,询问和应答分别工作在同一波段的不同频点,采用信号编码加密技术,提高了发射机功率和接收设备的灵敏度,改善了识别精度,识别距离与雷达作用距离相当,且具备抗有源干扰和异步干扰能力,于 1977 年正式列装。由于"口令"系统研制周期过长,技术和使用上很快过时,加之受 1976 年 9 月米格-25 飞机叛逃事件的影响,从 1980 年起,苏联就开始研制"卫士"敌我识别系统,进一步提升询问应答容量和抗干扰能力,并降低设备重量、体积和提高可靠性,但由于财政削减及其他原因,直到 2005 年才完成。当前,俄罗斯正在对现役敌我识别系统进行升级改造,例如通过换装技术更先进的电子元器件,提高敌我识别系统的加密能力,同时减少整个系统的体积和重量;不断提高敌我识别系统的分辨能力和识别概率,增强系统的作战效能,等等。

由于多种原因,俄乌冲突中的敌我识别非常复杂,误伤事件频发。首先,由于国家拨款严重不足等原因,"硅-2M""口令"和"卫士"等各类敌我识别系统混用现象比较普遍。虽然 1996 年俄联邦专门发布了停止使用"硅"系统的命令,但不排除很多老式的尚未淘汰的装备仍然使用"硅-2M"系统;同时,虽然"卫士"系统能够兼容"口令"系统,但在现役装备未全面换装"口令"系统的情况下,两个系统在性能、界面和使用习惯上仍有不同。其次,1992 年,独联体国家之间为在苏联解体后武器装备的目标识别不出现偏差,还签署了《莫斯科条约》,要求所有独联体国家都使用"口令"敌我识别系统,因此,乌克兰各类主战装备仍然主要使用"口令"系统,从某种意义上说,两家本来是一家人,而在"兄弟阋墙"之后,就出现了缺乏有效的敌我识别手段的情况,敌我识别器的使用也就容易出现混乱,甚至造成两家重返肉眼识别的"石器时代",如图 6-7 所示。乌克兰在直升机尾部涂有三条白色条纹,而俄罗斯涂的是两条白色条纹;虽然条纹的粗细和数量有所不同,但在距离较远或在能见度不高而又利用光学仪器进行识别的情况下,两家难免都会出现傻傻分不清的情况。最后,乌克兰近年来得到了大量的西方军援,这些西方武器原本装备的是西方体制的敌我识别系统,如果来不及更换为乌克兰原来规划使用的"口令"系统或其可能新研的新敌我识别系统，就相当于不具备敌我识别能力；而一旦出现这种情况，就会使乌方降低对敌我识别器使用的预期，甚至不要求使用敌我识别器，从而进一步增加了误伤的概率。下面举几个例子。

图 6-7　乌方（左）和俄方（右）直升机上非常接近的敌我识别标识

乌克兰方面，2022 年 2 月 24 日晚间，即冲突爆发当天，乌克兰防空部队使用 S300 远程防空导弹击毁了一个出现在基辅上空的飞行器。乌克兰初步研判击落的可能是巡航导弹，但随后改口声称击落的是一架俄军苏-27 战斗机，直到第二天凌晨，乌克兰军方在比对机体残骸后才发现是自家的苏-27 战斗机。同年 6 月 5 日，乌克兰地面部队使用便携式防空武器击落一架苏-27 战斗机，在飞机从空中坠落时乌克兰持有便携式防空武器的士兵也开始欢呼，但是很快他们就意识到了不对劲，乌军随后发现这架苏-27 战斗机并非俄军战机，而是乌克兰空军航空队的一架苏-27 战斗机。

俄罗斯方面，2022 年 4 月 1 日，俄罗斯别尔哥罗德州首府别尔哥罗德市一处石油设施遭到乌克兰武装力量 2 架米-24 直升机袭击并发生火灾。本来大国边境的防空系统应该较为完备，更何况是在交战期间，但由于俄罗斯与乌克兰的现役敌我识别系统均使用"口令"系统，乌克兰对其加密体制应该比较了解，加之"口令"系统密码量少且变化较慢，容易被破译或仿制，因此不排除俄罗斯地面防空系统的敌我识别器被攻破的可能。此外，2022 年 7 月 18 日，空天军一架苏-34 战斗轰炸机在飞越乌克兰东部被占领的卢甘斯克阿尔切夫斯克地区时被俄军防空系统击落。被击落前，从 S400 防空雷达屏幕上看到的这架苏-34 战斗轰炸机，正在 20000m 的高度稳定飞行，并没有采取任何躲避动作。分析认为，乌克兰空军的苏-25 攻击机当时正在打击俄军目标，由于在阿尔切夫斯克有俄军的弹药库，这里屡遭打击，包括美制 M142 "海马斯"火箭炮，很可能是当地俄军神经高度紧张，在未经敌我识别或者敌我识别系统失效的前提下，误将空天军的苏-34 战斗轰炸机当成乌克兰空军的苏-25 或者苏-24 攻击机，故而将其击落。

敌我识别器容易做错的"作业题"

敌我识别器/二次雷达（本小节以下统称"敌我识别器"）的所有询问机都采用同一发射频率、相同脉冲形状和间隔的询问信号，所有应答机也采用同一发射频率、相同脉冲形状和间隔的应答信号；询问天线的副瓣通常不够低，应答机又总是将应答信号全向辐射，等等，这些基本原理在先天上决定了敌我识别器容易受地理环境和电磁环境的干扰，敌我识别器要想更好地发挥作用，必须克服这些不利影响。

多径效应。多径是影响敌我识别器性能最主要的因素之一，它是指信号在询问机和应答机之间存在不止一条传输路径（图 6-8），在这些路径中，只有一条是信号在询问机和应答机间的直达路径，它才能真实反映询问机和应答机间的位置和时间关系；其他路径则通常由地物和建筑物等反射形成。直达信号和多径信号一起进入接收机时，不同来源的应答脉冲会形成交错、重叠或分开，改变了在接收机看来的应答脉冲的数量与相互位置关系，即应答脉冲重新组合，从而造成了错误解码，这种错误解码或者会将原有的正确代码误译为另外一种代码，或者会被判断为存在多架飞机。

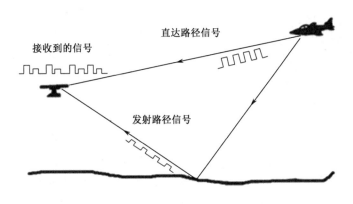

图 6-8 多径效应产生原因

例如，假设一个正常飞行的飞机目标，其真实 3/A 代码为 7572，高度代码为 3640（对应真实高度 4815m）；但由于多径效应影响，可能出现其 3/A 代码为 7776（4096 个代码中最大的一个为 7777）、高度代码为 7640（对应高度为 6614m）的情况，如表 6-1 所示。表中列举了当直射和反射的路程差所对应的时间差正好等于 2.9μs（1.45μs 的整数倍）时，直达波信号和反射波信号正好相差 2 个应答脉冲的时间间隔，它们先后到达接收机发生脉冲叠加，只要有 1 的位置经叠加后均为 1，从而使 3/A 应答造成误码，并使高度代码发生错误。

表 6-1 多径效应造成的 3/A 应答误码问题举例

代码	F1	C1	A1	C2	A2	C4	A4	X	B1	D1	B2	D2	B4	D4	F2		
真实 3/A 代码 7572	1	1	1	1	1	1	1		1	0	0	1	1	0	1		
反射信号 延时 2.9μs			1	1	1	1	1	1	1		1	0	0	1	1	0	1
错误 3/A 代码 7776	1	1	1	1	1	1	1		1	0	1	1	1	1	1		
真实高度 代码 3640	1	0	1	0	1	1	0		0	0	1	0	1	0	1		
反射信号 延时 2.9μs			1	0	1	0	1	1	0		0	0	1	0	1	0	1
错误高度 代码 7640			1	0	1	0	1	1	0		0	0	1	0	1	0	1

★ 从敌我识别器/二次雷达自身而不是外部地理环境的角度看，多径效应的一个主要原因，是天线在垂直方向上的尺寸过小。按照国际民航组织附件 10 对二次雷达天线性能的要求，天线水平尺寸一般是 8～10m，垂直尺寸一般是 1.8m。对于预警机而言，由于空间限制，在保证一次雷达所需要的足够天线面积之外，再保证敌我识别器有足够的天线面积就非常困难，加之本来预警机出于飞行考虑，在高度方向上也不能有较大的尺寸，共同造成预警机上敌我识别器的天线尺寸严重受限，成为制约其性能提升的一个根本性因素。E-3 预警机在圆盘型天线罩内布置了两块天线阵面，其中一块

图 6-9　E-3A 预警机圆盘型天线罩内的天线布置

用于雷达，另一块用于布置二次雷达/敌我识别器（图 6-9）及定向通信天线；虽然在水平方向和垂直方向都没有完全达到国际民航组织附件 10 的要求，但由于天线面积相对其他天线布局都较大，从而获得了优良的性能。

通过尽量减少天线在地面方向的辐射能量（即波束赋形），可以减少多径效应的影响；但其效果通常也需要天线保证一定的面积。在天线面积不能满足要求的情况下，可以通过信号处理在一定程度上抑制多径效应。例如，在应答信号的处理环节根据多径效应造成路程差或时延的典型值，计算出其多径效应可能会生成的虚假 A 代码和 C 代码；在一定的时间范围内，若在目标位置相近的位置出现与计算出的 A 代码或 C 代码相同的目标时，则判断其为假目标。例如，在某次飞行中，相近位置出现了两个目标，其中一个的 A 代码为 3145、C 代码为 3034（高度 14142m），另一个的 A 代码为 7347、C 代码为 1034（高度 9479m）。当 A 代码为 3145、C 代码为 1034 的目标出现时，通过多径预估算法，可以计算出其多径效应产生反射信号延时 2.9μs 的情况下，其 A 代码将会变成 7347、C 代码将会变成 3034，因此 7347 和 3034 代码将被当作假目标剔除。

副瓣干扰。当敌我识别器询问天线的副瓣较高（例如，当方位副瓣电平低于主瓣-27dB 的国际民航组织附件 10 要求）时，如果主瓣询问最远能够达到 400nmile（即 741km），那么在 33km 处，从副瓣发射出的询问信号也能满足应答机的接收灵敏度要求，从而在主瓣触发询问的同时，副瓣询问的信号强度也足以触发应答机产生响应，给出应答信号，即副瓣"假传圣旨"。这种干扰下，由于此时两个询问都是由同一个询问机同时产生的，所以又称为"同步干扰"。此时，由于副瓣应答和主瓣应答都是同时发射并且被同一应答机接收应答的，所以距离相同，但由于主瓣和副瓣不在同一发射方向上，因此在屏幕上显示的方位不同；干扰严重时，多个副瓣应答信号会在相当大的方位角范围内同时铺开并连成一条弧线，从而形成环绕效应。为消除副瓣干扰，可以单独发射一个比较信号，将与主瓣对应的回答信号和与副瓣对应的回答信号在幅度上进行比较。一般来说，来自主瓣的回答信号总是要比来自副瓣的强一些，这样就可以不处理由副瓣问出来的回答信号，也就抑制了副瓣干扰。

★ 随着未来预警机对目标探测威力的要求越来越远，对敌我识别器的威力要求也越来越远，因此对询问机的功率要求越来越大。当天线面积尺寸受到限制、副瓣不能控制在较低水平时，询问机的功率会有相当一部分通过副瓣辐射出来，就容易出现副瓣干扰。为抑制副瓣干扰和保证敌我识别器的其他重要性能，敌我识别器通常采用三询问脉冲两波束(两通道)发射、单应答脉冲三波束（三通道）接收，这也是国际民航组织附件 10 对二次雷达所规定的重要技术体制。

可能有读者会问，在敌我识别器发射的询问脉冲中，只有 P1 和 P3，那 P2 在哪里呢？实际上，除了发射 P1 和 P3 脉冲外，也要发射 P2 脉冲（图 6-2），它就是比较信号，用以在询问时抑制副瓣（Interrogation Side Lobe Suppression，ISLS），其中，P1 和 P3 通过发射机的和通道（∑通道）发射，称为"和波束"（∑波束）；P2 通过发射机的保护通道（Ω通道）发射，称为"Ω波束"。为了在更远的距离上发现目标并测量它的距离，∑波束通常增益较高，利用的是整个天线阵面形成波束；而 Ω 波束的增益在天线的主波束方向上小于主瓣增益，在其他方向上（即副瓣方向）则要高于副瓣增益，它通常仅由天线的部分单元而不是全部单元（雷达中有时也会单独配置面积相对较小的保护天线）辐射产生。为在询问发射时抑制副瓣，脉冲 P1、P2 和 P3 的发射功率相同，但由于辐射的天线增益不同，使得 P1 与 P2 的比值不同，被询问一方的应答机在接收到这三种脉冲后，会将 P1 和 P2 进行比较。假设询问信号为主瓣引起，P1 会远远大于 P2，因此国际民航组织附件 10 规定，如果 P1 强度超过 P2 强度 9dB，应答机必须应答；如果 P1 信号强度低于 P2 信号强度，表明询问信号从副瓣进来，此时应答机不予应答；如果 P1 信号强度相比 P2 信号在 0～9dB 之间，则应答机可以应答也可以不应答。

对于敌我识别器的接收机而言，除了∑通道、Ω通道两个波束通道外，还有一个波束通道，称为"差波束（Δ）通道"（简称"差通道"）；与一次雷达类似，差通道用以实现单脉冲测角。只不过雷达通常需要测方位和俯仰角（即高度），但因为二次雷达的高度可以被询问出来，因此不需要测俯仰角，只需要测方位角。发射时采用∑波束，接收时沿水平方向将天线面积分为两个部分，分别形成两个独立波束，即 Δ 波束，位于主瓣中心线的两侧较小方位范围内，并关于主瓣中心线对称。三个接收通道的处理分为两类。一类是单脉冲测角。接收时，∑通道用于测量距离，差通道用于获取飞机偏离天线主瓣中心线的角度，随着这个角度的变化，差通道的两路信号幅度也会变化，如果将这两路信号分别对∑通道信号求比值，即进行归一化处理，这个值也会有变化，它反映的是目标的方位角。其中，进行归一化的目的，是克服由于距离变化造成的回波强度变化，因为距离变化会同时影响和信号与差信号，如果将两者相除，就除去了距离的影响。另一类是抑制副瓣。除了应答机对询问机发射的 P1 和 P2 询问脉冲进行强度比较外，在接收应答的过程中还要抑制从副瓣方位接收到的应答，其具体过程是，将天线的∑和 Ω 两个波束通道分别连接至应答接收机的∑和 Ω 两个接收通道，比较接收机两通道输出端的应答脉冲信号幅度，判断出应答脉冲的接收方位，只有位于天线主瓣方位上的应答脉冲才会送到后续的应答处理器，副瓣应答脉冲在通过接收机时就被抑制，称为"接收机副瓣抑制"（Receiver Side Lobe Suppression，RSLS），又称"副瓣匿影"。由于接收机采用了单脉冲体制，所以在进行接收副瓣抑制时，所处理的都是单个应答脉冲信号，所以又称"单脉冲副瓣抑制"。

窜扰。当预警机对某架飞机目标发射出询问信号时，有可能两架或多架飞机也会对这个询问信号产生应答。这些飞机之间可能方位和高度都不同，但只要这些飞机离询问机具有大致相同的距离，询问机接收到的应答信号在时间上就会有相互重叠或交错，从而形成窜扰。这种干扰是同步的，因为它们对应于同一个发射源同时发射的询问信号。

当可能形成窜扰的两个信号对应方位角相差较大时，一般是一个信号从主瓣被接收，另一个信号从副瓣被接收，而由于离主瓣越远处的角度上副瓣能量越弱，因此，两个信号的强度相差较大，可以被副瓣抑制功能抑制。如果被询问的两架飞机间方位角不同但相差很小，以致被同一询问波束同时照射到，那么这两个应答信号就会产生窜扰。但是在采用单脉冲测角的体制下，对方位角有较高的分辨率，只要方位角略有差异，其应答信号可能在强度上也有足够差别，在应答处理机中可以分辨；如果两架或多架飞机目标同方向，且距离差小于 3.05km，此时对应的时间差就是 20.3μs（即标准应答信号的维持时间）以内，就会产生难以处理的窜扰。

异步干扰。如果有一架飞机同时处于多个询问机的询问范围之内（例如，两架预警机同时询问一架战斗机），由于应答信号向各个方向上发射，这架飞机的应答信号除了被一个询问机收到外，还会被临近的其他同类询问机所接收。即每个询问机不仅会接收到本地询问机触发的应答，也会接收到这架飞机响应其他询问机的询问所发出的应答信号。由于本地应答信号和他机应答信号不是同一个发射源，发射信号不同步，且因为它对于本地询问机而言是多余的，所以被称为"异步干扰"。异步干扰不仅是多余的无用信号，还可能与本地询问机产生的应答同步交错，进而干扰本地询问机对飞机识别码和飞行高度码等信息的正确解码。

产生异步干扰的情形较多。以两架预警机询问一架战斗机为例，有以下几种情况：两架预警机都是主瓣询问、两架机一主（瓣）一副（瓣）询问、两架机都是副瓣询问。如果两架预警机都满足国际民航组织附件 10 的规范要求，可以抑制掉来自副瓣的干扰。但是如果有一架预警机不满足国际民航组织附件10的要求，因为副瓣较高且没有采取副瓣询问抑制措施，所以副瓣导致的询问将会对另外一架预警机造成较多的解码负担。此外，异步干扰的发生概率还与询问机的布站密度及被询问飞机在空中的分布密度有关。例如，在某个相对较窄的空域内，如果有多架预警机及多架战斗机，且各预警机之间询问战斗机的询问信号重复频度（通常为150～450Hz，即每 2.2ms 或 6.7ms 发射一次询问信号，即按询问信号格式发射询问脉冲组）比较接近，那么，多架飞机的多个应答信号就会相对集中地"挤"在几乎同一时间段，从而造成异步干扰，甚至是因为询问的重复频度过于接近，各个询问机的询问信号几乎在相同的时间上发射，这种异步干扰会逼近同步干扰，抑制就会非常困难。可以看出，异步干扰的复杂性在于它的产生原因与副瓣干扰和窜扰的产生原因结合在一起。

综合起来看，多径效应、副瓣干扰、窜扰和异步干扰是敌我识别器/二次雷达面临的主要干扰，它们都能引起应答码错误地堆叠和交织在一起，或者造成假目标，或者解出错误码。从询问信号传输通道与目标飞机数量的角度看，异步干扰、副瓣干扰和多径效应是"多对一"产生的，即站在被询问飞机的角度看，询问信号均为多路传输所致。例如，异步干扰是一路来自某个询问机，一路来自另外一个询问机；副瓣干扰是一路来自主瓣，一路来自副瓣；多径效应是一路来自直达波，一路来自其他路径。虽然这三种干扰都是"多对一"产生的，但也有区别，副瓣干扰和多径效应都是同步干扰，而异步干扰虽然是询问信号的非同步发射，却也容易因为重复周期而接近于同步干扰。窜扰作为同步干扰，既可能由"多对一"产生（例如副瓣干扰），也可能由"一对多"产生，即同一询问信号被多个应答机所接收，是一类产生原因比较多、存在比较广泛的干扰。而在"同步"与"异步"方面，多路询问信号只要是由同一发射机同时产生的，就是同步的；否则一般就是异步的，但异步的两个信号如果重复频度过于接近，就会类似于同步干扰。

★ 美军及北约于 21 世纪以来研制和装备的 Mark XIIA 敌我识别系统，在原有模式 4 的基础上增加了模式 5，完善了态势感知、选址询问、数据传输及空对地识别等功能。

它设计了 Level 1～Level 4 四种工作模式，其中，Level 1 为改进的询问/应答识别模式，询问与应答信息中增加了平台的识别编号和致命因子（即带有命令攻击意图的杀伤性询问信息）；Level 2 为带有 GPS 位置报告的态势感知识别模式，位置报告包括经纬度、高度、国家代码和任务代码等信息；Level 3 为针对友方目标的点名询问模式，可以对友方战斗机群中的特定平台（如舰队的旗舰、飞机编队中的长机等）进行个别询问；Level 4 是数据传输模式，可用于空中、水面和地面等各种武器平台的高容量、高速率数据交换。

模式 5 的询问频度仅为模式 4 的一半（即 225Hz），有利于降低副瓣干扰和窜扰的影响；通过应答机使用随机应答延迟，可以降低异步干扰的出现概率。由于采用了纠错编码、数字化频率调制及扩频等技术，系统的抗干扰性能得到显著提升。而通过对通信信息及通信信道的双重加密，并缩短密码的有效期（每日 0:00 自动更换密钥），也提高了系统的抗侦收能力。在此基础上，模式 5 还通过采用随机应答延迟、同步脉冲间隔参差等技术，改善了系统的抗欺骗能力。

可以"点名"的询问与应答——S 模式

由于敌我识别器/二次雷达在发射询问信号时，凡处在询问波束范围内的被询问飞机，都会对询问作出应答，而如果有多架以上飞机距离接近，接收到的它们的应答脉冲就可能会重叠，从而形成窜扰，增加了对应答脉冲的处理难度，甚至无法辨别相邻的飞机。为了克服这个弊端，人们发明了 S 模式询问和应答，其中，S 即 Selective（选择）的首字母，其基本思想是可以选择飞机地址进行询问和应答，即点名呼叫。全世界范围内的所有飞机都被编以唯一地址（共 24 位，理论上可以为 16777216 架飞机编址），这个地址被加入询问信号中，处于询问波束照射范围内的飞机，只有询问信号中的编码地址与自身地址相同时才会给出应答，从根本上克服了窜扰现象。同时，为了能够使在重叠探测区域内多个询问机有效工作，每个询问机也被指定一个询问机码（共 4 位，即 16 个），被包含在全部的询问及对应的应答信号中。相应地，在询问机进行选择询问时，每个询问机都应该使用分配到的询问码（同一个询问机在不同情况下可以先后使用不同的 S 模式地址码），从而使应答机能够区分来自多个询问机的询问并分别作出应答，因此，S 模式在避免窜扰的同时也可以避免非同步干扰。

要实现对探测范围内所有采用 S 模式的飞机进行选择性的询问，其前提是要先发现探测范围内的这些飞机，即获取它们的距离、方位和 S 模式地址，这个过程称为"截获"。此时需要询问机工作在"全呼叫"模式，询问信号中包含 24 位全 1 的地址，只要收到这个包含全 1 地址信号的询问，就必须应答。当截获到一定范围内的所有飞机后，询问机需要选择性询问时，询问信号中就会包含对已截获到的各个飞机的地址控制信息，这些飞机对后续再收到的全呼叫询问就不再响应，而只响应对本飞机的选择性询问，这个过程称为"锁定"，默认情况下持续 18s 后自动解除，除非收到询问机再次发出的锁定控制信息。由于在一定范围内不断会有新的飞机进入，因此，S 模式询问机会不断发出全呼叫询问，以便截获新进入探测范围内的飞机，以及重新截获处于锁定状态的飞机。

采用"全呼叫锁定"可以有效减少空域中不必要的信号辐射，简化射频环境。一个 S 模式应答机可以同时被多个不同 S 模式地址的询问机锁定，此时如果多个询问机之间保持通信，即使多个询问机之间地址码不同（即"多站多码"），该飞机的所有航迹也可以由每个询问机共享。但多个询问机也可以连接起来后使用同一地址码（即"多站一码"），称为"群"方式，最多可以有 6 个询问机连接起来使用同一地址码，此时也可以共享被询问飞机的航迹。

★ 实际环境中，由于常常有多部二次雷达，且其探测范围存在重叠，并且被询问的飞机也可能数量较多，因此，截获与锁定策略需要周密考虑，基本策略主要包括随机截获、锁定忽略和间歇锁定。其中，随机截获是对多架飞机在距离上比较临近时的一种截获技术，可以避免它们因为距离接近而导致应答信号在时间上始终重叠时，如果询问机对同步干扰又难以有效抑制，那么这些飞机可能始终不会被截获的情况。所谓随机，是指对全呼叫询问采用概率加权的方式进行应答，加权值可以是 1/2、1/4、1/8或 1/16 等。例如，以 1/2 的加权概率对距离临近的两架飞机实施全呼叫询问时，在第一个全呼叫询问周期中，飞机 A 和飞机 B 都接收到全呼叫询问且都以 1/2 的概率选择了应答，因应答信号重叠，而询问机也未能有效解码，两个应答信号被丢弃；在第二个全呼叫询问周期里，飞机 A 以 1/2 的概率选择不应答，飞机 B 以 1/2 的概率选择应答，结果飞机 B 被锁定，只能在后续选择性询问时才能应答；在第三个全呼叫周期中，飞机 B 已经被锁定，全呼叫询问被忽略，飞机 A 以 1/2 的概率选择不应答，所以两架飞机都没有应答发出；在第四个全呼叫询问周期内，飞机 B 忽略该询问，飞机 A 以 1/2 的概率选择应答，结果 A 被锁定，后续只能响应选择性询问，从而飞机 A 和飞机 B 都被该询问机锁定。

为了允许相邻的询问机都能无优先级地正常工作，即使是应答机已经被某个询问机锁定，S 模式还是能够允许询问机强制应答机应答全呼叫询问，这称为"锁定忽略"，即如果一个应答机此前已经被某个询问机截获并锁定，那么在"锁定忽略"模式下，这个询问机将再次发起一次全呼叫询问。而为了避免应答的窜扰问题，对"锁定忽略"

模式的应答，一般也要使用小于 1 的应答概率。

当两个或多个询问机使用相同的询问机码但没有连接成"群"方式工作，它们之间对飞机的锁定可以使用"间歇锁定"，即通过有效安排"点名呼叫"周期而不是使用全呼叫周期进行截获和锁定，使重叠范围内的所有询问机都接收到该区域内应答机的全部呼叫后才锁定应答机；其具体做法是，询问机在对同一架飞机重置锁定前应等待一段时间（如 10s），在这段时间内询问机不锁定应答机，足以让其他相邻询问机即使以最慢的天线转速，也能截获到该飞机。一旦这架飞机被多个询问机截获后，其中一个询问机会在点名呼叫周期中锁定这架飞机一段时间（如 18s），这段时间里该询问机天线波束可以持续扫描，而所有其他询问机都不重置锁定状态。如果其他询问机还没有使用随机锁定和锁定忽略技术截获该飞机，18s 后可以再有一次机会截获到它，而先前锁定该飞机的询问机会在飞机解除锁定状态后 10s 再次锁定这个飞机。当然，在这10s 期间，其他询问机也可以对该飞机进行间歇锁定。

图 6-10 所示为 S 模式询问信号格式。前两个脉冲 P1 和 P2 的脉宽均为 0.8μs，脉冲间隔 2μs，在 P2 脉冲后面是一个长脉冲 P6，其中有许多相位反转脉冲，用来携带所要发射的数据信息。所谓相位反转，是指每当一个脉冲对应的数据有 $180°$ 的相位改变时，表示此时数据为 1，否则为 0。数据对应的每个相位反转脉冲的间隔为 0.25μs，因此，数据的比特率为 4MHz。

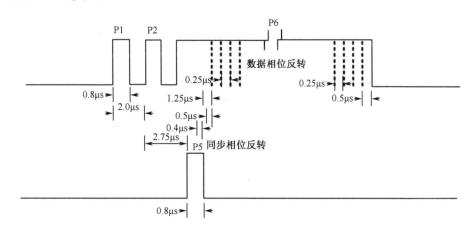

图 6-10　S 模式询问信号格式

询问信号中的第一个相位反转脉冲在这个长脉冲上升沿后的 1.25μs 处，称为"同步相位反转"，提供给 S 模式应答机作为时钟同步信号，应答机收到这个脉冲后开始对后续的数据进行解码。这个脉冲也是应答信号发射的时钟参考，自这个脉冲之后，应答机开始发射应答信号脉冲，询问机通过计算同步相位反转脉冲与所接收到的第一个应答脉冲之间的时间间隔，来测量飞机的距离。

图 6-11 所示为 S 模式应答信号的格式。询问机根据检测到的 4 个应答前导脉冲来确认此时收到的是 S 模式应答信号。紧随 4 个应答前导脉冲之后的是应答数据块，每一个数据位上都由两个宽度为 0.5μs 的区间组成，相当于每一个应答数据位被发射了两次，即前 0.5μs 有一个脉冲来表示数 1，无脉冲则表示数 0；在第二个 0.5μs，再由一个相反电平的脉冲来表示它，这种编码方式的抗干扰能力很强，因为在对某一个位置

上的脉冲干扰的同时，在这个脉冲的附近插入另一个脉冲是很困难的。

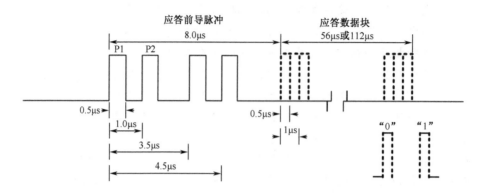

图 6-11　S 模式应答信号格式

在 S 模式询问信号中，有 56 位短格式和 112 位长格式两种数据长度（因此全部 P6 脉冲的持续总时间为 16.25μs 或 30.25μs）。相应地，在应答数据中也有 56 位和 112 位之分，无论哪种格式，最后的 24 位都是待询问飞机的地址。由于 112 位长格式提供了更多的数据位，因此可以用来传输数据；可以利用 S 模式传输的信息包括空中交通管制指令、重复发送的高度与位置信息、流量管理报告、机场与航线气象数据等，特别是，S 模式数据传输功能可以用来支持广播式自动相关监视（ADS-B）、多点相关定位（Multi-lateration，MLAT）和交通警告与防撞系统（Traffic alert and Collision Avoidance System，TCAS）。

安装有 ADS-B 系统的飞机，将自身通过全球定位系统获得的导航位置信息通过广播式通信设备发向空中（此时对应的系统是 ADS-B Out），装有 ADS-B In 系统的飞机可以接收广播信息并经过处理后予以显示；采用的数据传输手段，一般包括工作频点为 1090MHz 的 S 模式扩展电文数据链（1090ES）、万能电台数据链（Universal Access Transceiver，UAT）和甚高频数据链模式 4（VHF Data Link Mode 4，VDL4）三种，其中，1090ES 是国际民航组织推荐使用的通信方式。

多点相关定位系统（MLAT）则可以通过 S 模式询问应答、A/C 模式询问应答或 ADS-B 广播模式获得的来自同一飞机的发射信号到达不同 MLAT 接收站的时间差（即双曲线定位）来测量飞机的三维位置。特别是在 ADS-B 广播模式下，由于其数据发送频率高达 1Hz（即每秒 1 次），因此可以获得比二次雷达询问（通常 10s 1 次）更高的位置刷新率。

TCAS 也是 S 模式的一种重要应用。TCAS 系统的功能是探测和显示与己方飞机处于相互接近状态的其他飞机并给出协调行动方案，其作用距离一般在 100km 左右。TCAS 系统的 S 模式可以向另外一架飞机发出询问，利用 S 模式数据通信功能，对方可以报告自己的位置以及上升、下降等行动意向，以便收到这些信息的飞机制定协调行动措施，避免单方行动而产生冲突。但在 S 模式大规模应用之前，TCAS 系统已经被发明出来，使用 C 模式工作。当 TCAS 系统在连续 3 个监视周期（每个监视周期约为 1s）均收到同一架飞机的 C 模式应答，然后在后续的 5 个监视周期内至少再接收到同一目标的 C 模式应答时，则 TCAS 判断有一架飞机存在（后一个条件比较容易满足，所以 TCAS 判断为目标的依据主要在于第一个条件）。而由于 SSR 也要工作在 C 模式下，再加上 TCAS 是宽波束的，很多方向上的 SSR 询问应答信号都有可能被 TCAS 接收，因此 TCAS 可能会受到 SSR 的干扰而产生虚假目标。从本质上说，虚假目标的产生是异步干扰，主要有两种情况。一是空域内发出询问信号的询问源较多，从而应答信号也较多；由于本机的副瓣询问也可以看作询问源，因此其所造成的可能影响也不能忽略；特别是由于相控阵天线扫描到大角度上的副瓣会抬高，因此当 SSR 天线采用相控阵体制时，需要注意降低在大扫描角度上的副瓣，当扫描到大角度上时，可以改变天线单元幅度与相位的加权方式。二是 SSR 询问波束的调度策略。由于要保证足够的应答概率，SSR 的波束扫到某一空域时，在波束驻留时间内通常要询问多次，似乎增加了虚警产生的可能性，但通过牺牲 SSR 的应答概率来降低 TCAS 的虚警也不一定合理；同时，由于每次询问耗时仅数十毫秒，即使询问多次（10 次以内的询问，成功概率就很高了），其耗时也在半秒以内，最多能够横跨 TCAS 的 2 个监视周期，要达到 3 个监视周期也并不容易。因此，波束调度策略对 TCAS 虚警的影响首先并不在于询问次数。在有多个相控阵天线阵面条件下，如果每个阵面的 SSR 波束都可以同时工作并且独立调度（例如，都可以按一定的空域顺序扫描，也可以往特定的方向回扫），那么，在某一个阵面上的波束扫描时间已经横跨了 2 个监视周期时，另外一个阵面上的波束在下一个监视周期也回扫到这个目标，于是就基本满足了被判断为目标的条件。此时，需要改变波束扫描策略［例如，限制每个阵面的 SSR 波束间的夹角，或者是限定不同阵面间回扫的时间间隔（如超过 1.5s）］，就可能降低虚警。

与一次雷达的"一唱一和"

预警机中的敌我识别器和二次雷达虽然共用一套设备，且都要与雷达配合工作，但在具体的配合方式上有所不同。

预警机在飞行时，如果询问机工作在二次雷达模式下，意味着此时的主要询问对象是民航飞机及配备航管应答机的己方军机，此时二次雷达的询问机可以一直开机，或者说，不断向空中发射二次雷达信号；询问机发射的天线波束可以像雷达一样，在空中对战斗机和民航飞机进行独立搜索或扫描，而不管与它配合的雷达是否开机。工作过程中，军用的 1～4 模式和民用的 A 码模式可以轮换。如果某一时刻，有一个回答信号进来，敌我识别器就要判断这种情况下是误报还是确实有飞机存在；如果判断结果为确实有飞机存在，就会在屏幕上的某个位置显示出一个点，并指示出这个点所代表的飞机的位置，即给出二次雷达点迹。如果随着天线的扫描，连续有很多回答信号进来，二次雷达就会在屏幕上显示出很多点，并且判断出这些点分别对应哪几架飞机，然后把属于同一架飞机的那些连续观测点均显示在相应的位置上，看起来就像一条连起来的虚线，这条线可以指示出飞机运动的方向和速度，同时还被赋予一定的编号（被称为批号，不同目标的批号不同），并以标牌的形式给出包含高度、属性等信息在内的各种附加信息，即给出二次雷达"航迹"，这一点与雷达或其他传感器类似，只是能够包含在标牌中的信息因传感器自身的特性不同而不同。当一次雷达也在工作时，它可能与二次雷达看到同一架飞机，由于同一架飞机的信息（如距离、方位和高度）有了两个来源，一次雷达数据就需要和二次雷达数据进行关联，以确定不同的数据来源对应的到底是同一批目标还是不同批目标。当两者的数据精度比较接近时，这种关联就会相对容易；如果相差较大，通常一次雷达的距离和方位数据更值得信任，这是因为一次雷达的天线通常比二次雷达的要大，意味着在接近的工作频率或者是一次雷达工作在比二次雷达更高频率的情况下，一次雷达方位有着更高的精度，同时，一次雷达可以采用更窄的发射脉冲来获得较高的测距精度。当然，二次雷达采用单脉冲测角，提高了测角精度，也有利于一次雷达和二次雷达的关联。另外，二次雷达也有它的长处。由于二次雷达可以问到民航飞机或军机的航管代码，通过代码可以把多个不同的点迹准确地进行归类，把属于不同飞机的飞行轨迹区分开来，从而获得比一次雷达航迹较好的航迹连续性，有效避免同一个或同一批目标因为被判断出两批或者多批目标而给出不同批号的情况。

与 SSR 不同，IFF 则不是始终处于工作状态，而是触发式的。只是在雷达看到飞机时，才会由雷达给 IFF 发一个指令，告诉它要发出询问信号，询问后的结果将给雷达航迹"一点颜色看看"。例如，己机或友机的航迹用红色，敌机的航迹用蓝色，敌我属性不明或中立的飞机用黄色显示，等等，或者改变屏幕上用以表示飞机的图形形状，之后则保持沉默，直到出现新的雷达航迹再一次告诉 IFF "你该工作了"。IFF 的这种触发式的工作方式主要是出于保密起见，如果频繁工作，己方密码可能被敌方所侦收和破译；因为敌我识别器的编码就是它的生命，如果被敌方破译，唯一的选择便是把部队中的敌我识别器全部更换。所以，为确保安全，飞机上通常安装有敌我识别器密码的自动销毁系统。而随着加密技术的进步，IFF 也有可能越来越多地像 SSR 那样工作在扫描模式下，至少可以在一定的方位区域内独立扫描，在己方或友方飞机开启应答机的情况下，能够相比雷达在更远的距离上发现己方飞机。

由于雷达在某个方向上发现战斗机后，需要引导 IFF 在同样的方向上发射携带密码的询问信号用来探得战斗机的敌我属性，因此，IFF 的询问机天线（同时也是 SSR 的询问机天线）需要在发现战斗机的方向上把无线电波能量更为集中地发射出去，所以，询问机天线通常是定向的。但由于 IFF 应答机要接收和应答来自其他飞机的询问信号，

图 6-12　敌我识别器的应答机天线

而那些飞机常常事先不知道它到底在哪里，所以，IFF 的应答机天线（同时也是 SSR 的应答机天线）在各个方向上接收询问信号的能力是相同的，也就是说是全向的。为了避免预警机的机身对电波的遮挡，天线总是选在一些受机身遮挡较少的地方。例如，敌我识别器的询问机天线可以像雷达天线一样放在机背蘑菇形的天线罩内，而应答机天线则一般装在机头或垂尾（图 6-12）。

对询问机天线来说，它可以寄生在雷达天线上，此时，雷达天线指向和 IFF/SSR 的天线指向应做到相同，如果雷达天线是相控阵的，询问机天线也应是相控阵的，以便两个天线在搜索时能够服从同一个计算机的统一号令；也可以像 E-3 预警机一样，IFF/SSR 询问机天线被安装在与雷达天线不同的位置上（如背靠背），此时，雷达在某

个方向上发现飞机目标后,敌我识别器需转 180° 即半个扫描周期后,才能在这个方向上发出询问信号(如果扫描周期为 10s,则雷达和敌我识别器对同一目标的照射相差 5s),此时不用担心飞机目标在这半个周期内飞行一定距离后敌我识别器的天线找不到它了。由于敌我识别器的水平方向的波束宽度相对较宽(如 4° 以上),在 300km 的距离上波束覆盖范围(也就是以 300km 为半径,4° 所对应的弧长)就是 14400m,即使飞机目标以 2 马赫飞行,在 5s 内飞行的距离为 3400m,也还是逃不过敌我识别天线波束的"手掌心"。

"嫁鸡(机)随鸡(机)"——通用系统与特定平台的关系

敌我识别器不同于机载预警雷达等其他安装在飞机上的信息系统(这类系统可以根据不同的安装平台采用不同的技术体制,来较好地满足特定的需要),而是更加类似于通信与数据链系统(见第七章),是为三军通用而设计的,在各类平台上实施加改装时,技术体制不能更改。然而,由于各类平台的自身条件并不相同,通用化的信息系统在不同的平台上集成后,自然不可避免地会受到平台所提供的资源和使用条件等因素的影响,正所谓"嫁鸡(机)随鸡(机)"——在集成到平台之前,都有着自己的秉性,集成到平台之后,在保持自己的秉性的同时,又要在一定程度上适应平台,甚至作出一些让步与牺牲,以维持"家庭"的和谐,并且处理好与平台上其他"亲戚"之间的关系。

从敌我识别器自身的秉性看,它是一种以无线电为工作介质的信息系统;采用加密询问和应答且工作频率固定的基本技术体制,询问机采用定向天线,通过无线信道向目标发射出询问信号;应答机接收到有效询问信号后,通过全向应答天线及无线信道发射出对询问的应答信号;询问机在收到应答信号后,对目标的方位和距离进行测量,并输出包含其他各类信息的询问应答结果。由于它一般不单独工作,而是在雷达探测到目标后受到牵引和触发,因此,询问机收到的应答结果还需要同雷达的探测结果进行关联和显示,呈现给操作员。由此可以看到,如果以预警机为例,它通过敌我识别器完成一次敌我识别过程,其结果不仅取决于敌我识别器自身的技术体制,也取决于安装平台所给予的工作条件,还取决于传输过程中的信道条件与工作环境,并取决于与雷达探测的协同与结果关联。

在以上这四个"取决于"中,从第一个"取决于"来看,敌我识别器无论被集成到哪个平台上,其技术体制通常都应该是不变的,即使要根据使用情况改进性能,通常也会是统一改进,而不大会在特定平台上针对技术体制改动出一个专门状态。

从第二个"取决于"来看,由于敌我识别器是一个无线电系统,因此需要向其提供足够的孔径与电能等资源(例如,保证较窄的波束宽度、足够的天线增益及相对较低的副瓣),从而尽量减少多径效应、窜扰等由于技术体制决定的性能缺陷被暴露出来的机会,同时还要解决不同种类的信息系统集中到一个平台之上所可能带来的互相干扰问题,这种问题可能会限制敌我识别器本身秉性与能力的发挥。

从第三个"取决于"来看,复杂多变的地理环境、存在有意无意干扰的电磁环境及多架预警机或目标机同时密集在空工作，都会显著放大敌我识别器自身体制带来的性能不足，而这些性能不足仅利用平台自身的条件又可能难以解决。

从第四个"取决于"来看，如果敌我识别器得出的目标位置与方位精度与雷达探测结果相差较大，即使敌我识别器自身的敌我属性、类型等识别结果再准确，也可能"张冠李戴"，而且这种"张冠李戴"如果再与复杂的地理环境、电磁环境与目标环境相交联，预警机最终输出的识别结果将进一步恶化。从这个角度看，如果平台给予敌我识别器更好的资源（例如，减少波束宽度、避免相互干扰），就可能显著改善敌我识别器在平台上的使用效能。同时还要注意到，机载预警雷达的技术在不断发展，从早期的机械扫描到后来的相控阵扫描及机相扫，从早期的单波段工作到后来的多波段协同工作，从早期的模拟系统到后来的数字化系统，从早期的单机使用到后来的多机深度协同，其工作模式越来越丰富，平台适装性也越来越优良，这些都对敌我识别器在集成到平台后如何处理好与雷达的协同提出了新的挑战。

◇ 总的来看，为了提高敌我识别器在预警机等特定平台上的使用效能，在特定平台端，应该尽量给予敌我识别器足够的空间、电力资源以及与其他系统和谐工作的整体环境；应该设计与雷达或其他系统相匹配的多样化询问模式，甚至在必要时使其可以脱离雷达发现目标这一前提而相对独立工作；应该制定合适的询问策略，并不断优化不同信息的关联准则与判决逻辑，使敌我识别器在与雷达探测的空间一致性存在差异的情况下，仍能有效应对多个目标或密集目标；应该提供必要的功率管理能力，以改善对近距和远距使用时的识别威力与抗干扰性能，等等。而在通用系统端，可以基于友机应答中来自 GPS 的定位信息，降低识别结果与雷达结果在空间关联上的难度；可以采用更先进的加密技术，减少敌我识别器在独立工作时密码被暴露的可能性，并防止被欺骗、被利用；可以完善信道纠错和跳、扩频等手段（参见第七章），提升抗干扰能力，等等。敌我识别器从整个系统来看，它类似于通信；从询问/发射过程来看，它类似于雷达；从应答/接收过程来看，它类似于侦察。通信、雷达和侦察领域的先进技术都可以在敌我识别器中得到运用。因此，敌我识别器作为独具特色的信息系统，在功能性能的完善上有着巨大的空间，它必将能够执行好每一次的"生死问答"，从而为赢得战场上的胜利作出难以替代的更大贡献。

不断拓展的识别概念

"敌我识别"反映了战争最为基本也最为重要的要求，但随着战争形态的演变，人们对战斗识别的要求越来越高，驱动了其技术和装备的发展。

概念在拓展。早期的战斗识别主要通过敌我识别器解决"敌我"属性的问题，如今，战斗识别在类型、型号、个体和意图等不同层次上逐步发展。例如，在对空中目标、海面目标、陆地辐射源等个体目标的识别方面，预警机应能够接收本机和战场友邻平台多种传感器的探测和识别信息，进行多源情报的综合处理，对目标类型、型号、功能等进行推理和印证识别，实现个体识别。在对敌作战体系特征的综合识别方面，在当前配备的各类目标识别手段基础上，预警机应能增加对敌交战体系关键节点和通联关系的识别能力，利用雷达侦察、通信侦察等多种手段，对敌方多个目标之间的信息通联关系进行分析，结合雷达探测信息，完成对敌方体系关键节点通联关系的识别，从而识别出敌方多个目标的任务关系和编队关系等。在对敌作战意图的识别方面，预警机能够利用目标的速度、高度、航向、电磁辐射开关机状态、通信网络状态等要素的变化信息，以及敌编队成员配置、作战能力、编队队形、相对机动时刻等，通过关联、分析、匹配知识库中敌目标/编队执行拦截、联合突击、协同侦察等任务的战术运用规律，识别出敌方的战术意图。

应用在增加。随着装备形态愈加丰富，装备覆盖的作战域愈加宽广，无论是空中、陆上、海上、水下、天基还是电子战与网络战装备，无论是战争行动还是如反恐、救灾等非战争军事行动，无论是有人作战还是无人作战，无论是大规模作战还是小规模甚至单兵作战，都需要具备不同层级的识别能力，识别系统的分布范围正在向全域与多维发展。例如，除了要有在前面讨论的与预警机有关的敌我识别器外，还有战场识别系统，主要用于对陆军、空降兵和海军陆战队等军兵种的地面目标属性进行识别，可以采用询问-应答的基本体制进行协作目标识别，也可以采用毫米波、激光等手段进行非协作目标识别。而识别系统除了可以装在武器系统中，也可以配备在单兵上。以俄罗斯为例，其针对未来战场的敌我识别系统的询问机有两种安装方案：一种是安装在武装攻击直升机、强击机、轰炸机、作战指挥车、武器发射装置上，具体配置包括电源、显示设备、计算设备、跟踪设备、有源相控阵天线、"格洛纳斯"卫星导航系统超短波接收模块、激光测距仪；另一种是配发给前线航空引导员和炮兵观察员，当然这种询问机是移动式的或便携式的，具体配置包括电源、激光测距仪、移动式有源相控阵天线、便携式计算机、"格洛纳斯"卫星导航系统超短波接收模块。应答器则统一安装在所有战斗车辆上。在单兵系统方面，俄罗斯 RATNIK 单兵作战系统包括防护系统、武器系统、侦察和通信系统等及其 10 种不同的子系统，是利用高科技加强步兵的战斗力、机动性和防护性的整体系统，通常包括头盔、防弹衣、生命维持系统、通信系统、火控系统和单兵计算机以及先进武器等，由 40 多个小装备组成；内有敌我识别系统，可在射击时辨别目标的敌我属性，若非敌军则不射击，可以依靠电池工作 12h，并具备显示己方人员态势信息的能力。

★ 为满足民用条件下对船舶的识别需要，并支持实现海上交通管理，人们发展了船舶自动识别系统（Automatic Identification System）。它周期性地通过 VHF 频段的通信自动广播船舶的运动信息，包括静态信息、动态信息、航行相关信息及与安全有关的短消息四类。其中，静态信息包括其识别编码、船体尺寸/船舶类型/吃水深度、装载货物信息等；动态信息则包括船的当前经纬度、世界协调时（UTC）、真航向、航行状态（如停泊、抛锚）和转向速率等；航行相关信息包括航行目的地、预计到达时间与位置、世界标准时等；与安全有关的短消息，其内容则是可以自由编辑的。静态信息的发送周期一般在 6min 以内，或在接收到发送要求时立即发出；动态信息的发送周期则与其航行状态与航速有关，在 2s 至 3min 范围内。

AIS 系统分为三类，即 A 类系统、B 类系统和 AIS 接收器。A 类系统可以接收与发射 AIS 信息，超过 300t 的国际航线船只被强制安装 A 级 AIS；B 类系统适用于未被强制安装 A 类系统的船只，如私人休闲船只，它既可以接收，也可以发射；AIS 接收器则只限于接收信息，无法发送信息，适用于私人休闲船只或小型船只等不需要发送自身信息的船舶。

AIS 系统采用 TDMA 通信协议，系统运行时会不停地检测 TDMA 信道的活动状态，根据信道占用情况来预约本台的发射时隙。其中，一帧 60s 被分为 2250 个时隙，每个时隙长度 26.67ms，可以发送一条 256bit 的信息，当信息长度大于 256bit 时，将占用 2 个或多个时隙。理论上同一区域能同时容纳 200～300 艘船舶信息。在实际应用中，船只数量可能远远大于 300 艘，且对于 AIS 信号的接收通常采用全向天线，远近距离上的信号会同时被接收到，此时时隙会发生碰撞，加之 AIS 系统在接收信号方面设置了"不同信号间如果强度相差 6dB 即对弱信号予以屏蔽"的规则，因此，远距离上的信号可能因时隙碰撞且信号较弱而难以检测到，造成 AIS 发现距离下降。而如果利用定向天线来进行区域筛选并通过扫描实现全方位覆盖，又可能在扫描到近距离上时屏蔽掉远距离上发来的信号，在扫描到远距离上时又可能赶上某些船只没有发送 AIS 信号，因此在采用定向天线时，应对其主瓣宽度和副瓣水平仔细权衡，甚至还要考虑到方向图受机体的影响，并优化确定扫描周期和重点观察范围。此外，由于军船也可能伪装成民船发射 AIS 信号，从而在一定程度上限制了 AIS 在预警机上应用的有效性。

随着民用 AIS 的广泛应用，军用船舶既想在和平时期与民用船舶共同实施交通管理、避免碰撞，又想在特殊场景下隐藏自己、监视民船。北约随即发展了军用船舶自动识别系统（STANAG 4668），在民用 AIS 系统基础上考虑军事用途、增加加密方式，已经广泛用于海军和海岸警卫队等力量。

地位在提升。要实现从发现到打击的全作战环节，识别既是关键，也是瓶颈。己方雷达发现了一个目标，也准确地跟踪了它的轨迹，甚至都已处于目标锁定状态，但此时的扳机是否能够按下、导弹是否能够发出，需要通过识别来给出决定性的信息。所以，识别的重要性如何认识都不过分，它与探测、通信等同样重要，完全需要投入更多的资源支撑设计、使用和发展。

◇ 当前，敌我识别器是给出识别信息的主要手段。但无论是在预警机这样的机载条件下还是在地面航管雷达这样的地面条件下，向敌我识别器提供足够的孔径资源都是比较困难的。孔径资源不足，就难以保证敌我识别器的高性能。综观当前的各类预警机平台，其空间资源和时间资源都是以雷达探测为中心的分配，在主要资源都向雷达倾斜的情况下，敌我识别器就不再容易获得足够的天线面积。E-3 预警机将雷达与 IFF/SSR 询问机天线进行背靠背设计，使 IFF/SSR 获得了较大的孔径，从而有较好的性能。在 IFF/SSR 不能单独拥有更大孔径时，将其天线与雷达共阵面设计可能是一种技术途径，或者将 IFF/SSR 的集中式孔径化整为零，分布在机身的不同地方，并采取措施合成使之与一个大的孔径基本相当。否则，如果因为资源受限，性能就难以达到最佳，而性能达不到最佳，就意味着影响作战效能，反过来占用更多资源就更不可能，就形成了恶性循环。另外，从技术手段来看，虽然理论上目前识别的手段很多，如雷达微波成像、毫米波或激光识别、ESM/CSM 通过对辐射源信号的侦收与提取细微特征将录取到的飞行轨迹与事先报告的飞行计划相关联、多信息融合甚至是通过网络将跨平台的识别信息进行综合等，都可以给出识别信息，但在实际战场环境下基于在单个平台上的集成而达到可用状态是非常困难的。例如，雷达成像、毫米波或激光识别的距离与探测的距离不匹配，或对于感兴趣的目标无法进行成像；对于非辐射目标，ESM/CSM 无法工作；基于网络的跨平台识别，网络受到干扰或被摧毁，等等。从这个意义上看，敌我识别器具备简单、直接、快速的优点，然而，当对方询问器未开、出现故障或误码等情况时，敌我识别器又无法给出有效信息；同时还存在多径效应影响、多目标条件下异步/同步干扰、本身采用固定频率应答和仅靠编码保密而容易被捕获或仿制、远距离攻击条件下可能"力不能及"和层层传递造成时延大等问题。所以，本质上，将协作式识别（如基于询问和应答的识别）和非协作式识别（如成像识别）进行综合，即综合识别，是突破识别瓶颈的必由之路，但在具体的作战场景中实现最佳识别又将面临巨大的挑战，敌我识别器仍将发挥不可替代的重要作用。

形态在变革。电子与信息系统小型化、软件化、一体化的发展，可能会导致敌我识别器的形态像众多其他类型的电子信息系统一样，在装备的形态方面发生重大变化。例如，敌我识别器的专用集中式大孔径如果难以解决，在与雷达频段相同或接近的情况下，将两类孔径进行集成或共用；在与雷达频段相差较大的情况下，将天线与机身共形，采用"哪里有空就往哪里贴"的随机布阵方式并合成形成较大孔径，甚至是依据敌我识别器的孔径与能源需求研制专用飞机置于作战装备体系，都是可能的办法。再如，敌我识别器的规模可能显著减小，其采用软件化波形，与其他探测甚至是通信手段的波形统一产生，也是可能的发展趋势。

区块链技术对目标识别的一些启示

敌我识别器伴随着识别的概念拓展、应用增加、地位提升和自身的形态变革，需要不断地适应未来战争形态和解决当前使用问题，不断探索和采用新技术。例如，区块链，它也许会向未来的敌我识别系统提供可借鉴的技术，至少可以帮助我们进一步认识敌我识别的性质、过程与方法。

区块链技术较早地从货币与银行系统的应用中提出。假设 A 想向 B 转入一笔资金，会在网络上设置一个区块，以记录这笔交易；该区块会向网络中的所有参与者进行广播，所有的参与者都同意后，交易才能有效；然后，该区块被添加到存有多个区块的交易链上，且在没有所有参与者都同意的情况下不能被篡改，这样资金才被从 A 转入 B（图 6-13）。可以看出，区块链本质上是一个网络化识别/认证（Identification）系统，在完成识别/认证的基础上记录、确认和维护用户的行为，对认识敌我识别很有启发。

分布式存储。区块链中，每一个节点（区块）都存有或者已知用户记录。类似于军用识别系统中，需要建立具有一个已知的唯一的军用身份信息，节点内主动询问方均在权限内已知目标身份信息。

点对点结合加密。区块链中，任意两个节点之间都可以以加密方式直接交易。类似于军用识别系统中，两个节点之间可以以加密方式直接进行询问或应答。

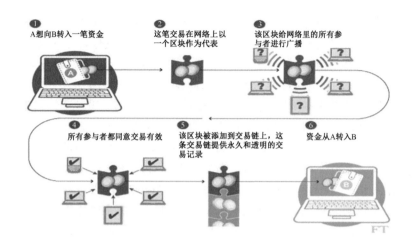

① A想向B转入一笔资金　② 这笔交易在网络上以一个区块作为代表　③ 该区块给网络里的所有参与者进行广播

④ 所有参与者都同意交易有效　⑤ 该区块被添加到交易链上，这条交易链提供永久和透明的交易记录　⑥ 资金从A转入B

图 6-13　一种区块链应用的工作过程

共同确认。区块链中，每一个节点记录的入库和改变都需要有统筹规划、检测认证，从而区块的属性难以篡改，确保唯一性。军用识别系统中可以逆向借鉴应用，即由于作战单元的识别属性是不变的，就可以通过互联互通互操作共同来识别。例如，有一个节点在某一次作战中不能被另外一个节点识别出属性，但由于理论上其敌我属性是不变的，只要被其他节点通过其他识别手段识别出来属性，该节点的属性在作战体系中就是有效的；此时，用以确认其属性的其他节点的数量，可以是一个或多个。

终身有效。区块链中，因为每一个节点的记录难以篡改，或者其历次的记录均被准确地记录下来，所以一次记录终身有效（即从区块链的纵向维度考察）。类似于军用识别系统中，一次识别不出或识别错误，就可以根据历史数据确认；但由此需要记录每个作战单元的历史数据，并且在下次作战中能够得到识别信息，以便同历史数据关联。从敌我识别器识别的过程来看，不需要这种历史数据，或者说，协作方采用的是永久不变的并且被己方所了解的询问机制，这种机制就等同于历史数据。但当协作式识别失效时，因为战斗条件下每个作战单元所获得的被识别对象的信息可能是非常广泛的，这就要求事先采集到被识别单元的多维度信息，建立身份信息映射库，以便基于任何一类已得到的信息，都可以进行识别。而且，这些信息至少是在某种条件下是能够永久留存并且是唯一的（如 S 模式下的地址）。

"无人化"照亮识别系统的未来

在第四章中我们介绍了美军通过"传感器飞机"来定制平台以更好地服务于雷达探测的重要理念。而从"传感器"（Sensor）本身的内涵看，除了雷达探测，目标识别也是其重要部分。事实上，如果将识别手段在预警机上进行多系统集成不能提供足够的资源和良好的环境，那么就可能需要考虑通过专用平台来解决这个问题。例如，类似于发展传感器飞机，研制用于识别的无人化专用飞机，并与预警机相互配合，解决多识别手段在预警机上集成时可能面临的资源不足和性能不匹配等问题，在战场中重点完成识别信息的感知任务，具备较大的孔径与足够的电力等条件，所获得的识别信息可以通过网络与其他平台共享。

应该说，预警机上包含敌我识别器在内的多系统集成与在无人机上安装的专用识别系统，代表了两种相反的趋势，这两种趋势都非常重要。一种是单平台的多功能，它将多类信息系统集成到一个相对较大的平台上，这种趋势在技术上受到综合化的驱动，在作战上受多任务的驱动；另一种是单平台的单功能，它将某一类信息系统分别置于不同的、相对较小的平台上，完成相对单一的功能；分布在不同空间上的信息系统彼此之间协同工作，共同实现多功能、完成多任务，这种趋势在技术上受到网络化的驱动，在作战上受到分布式的驱动。

无人化识别手段与预警机的协同及无人化识别手段彼此之间的协同，将为更好地解决识别问题提供有力手段，并带来设计理念、设计技术和工作模式的巨大变革。将预警机自身在识别方面的能力短板置于无人机上来弥补，由无人机搭载相应的信息系统，分别完成地面、海面和空中等各类目标的识别任务，是 "预警机+" 的重要形态。这些无人机 "不为我有" 但 "为我所用"，相当于将预警机自身应该具备的用于识别的 "火眼金睛" 装到了其他飞机上，既可以通过光学、微波等手段完成成像等非协作式识别，又可以通过经典的敌我识别手段完成协作式识别；既可以在较远的距离上获得比较粗略的识别信息，又可以在较近的距离上完成查证确认；既可以单机识别，又可以在多架识别飞机之间以及与其他功能平台之间协同识别；既可以人在回路，也可以自主智能……总之，识别系统是如此重要，它在发展的道路上一定会幸运地受到很多指引；也许 "无人化" 不会是最耀眼的那颗星星，但一定也会是它生命中美好的相遇，并照亮它一路前行。

参考文献

[1] Charles Kirke. 战场误伤[M]. 郑志东，袁红刚，李琨，译. 北京：国防工业出版社，2022.

[2] 张军. 现代空中交通管理[M]. 北京：北京航空航天大学，2005.

[3] 张蔚，何康. 空管二次雷达[M]. 北京：国防工业出版社，2017.

[4] 张蔚. 二次雷达原理[M]. 北京：国防工业出版社，2009.

[5] 张兆悦. 空管监视技术[M]. 北京：国防工业出版社，2017.

[6] 胡明春，王建明，孙俊，等. 雷达目标识别原理与实验技术[M]. 北京：国防工业出版社，2018.

[7] 陆军，郦能敬，曹晨，等. 预警机系统导论[M]. 2 版. 北京：国防工业出版社，2011.

[8] 黄成芳，何利民. 敌我识别 Mark XIIA 浅析[J]. 电讯技术，2007（4）：66-71.

[9] 谭源泉，李胜强，王厚军. 西方体制 Mark XIIA 的 Mode 5 数据格式分析[J]. 电子科技大学学报. 2011（4）：532-536.

[10] 曾湘洪，苟玉玲. 敌我识别系统对空管监视的需求分析[J]. 数字技术与应用，2022（9）：24-26.

第七章 现代战场的"经络"系统

——数据链及其在预警机中的应用

在 1982 年叙利亚和以色列的贝卡谷地空战中，叙利亚出动了米格-21 战斗机、米格-23 战斗机，以色列出动了 F-15 战斗机和 F-16 战斗机。尽管双方作战飞机的性能相差不大，但以色列方面由于有 E-2C 预警机的参与，以损失 1 架飞机的代价，取得摧毁叙利亚 19 个地空导弹阵地和 81 架飞机的战果。此战结束后，世界各国军事专家对这次空战不约而同地得出了这样的结论：以色列空军使人望而生畏的能力，来自一架预警机与若干架战斗机的高度协同和配合。这种预警机和战斗机之间高度协同与配合的现代化联合作战装备，就是各种飞机搭载的通信和数据链，它成为现代战场的"经络"系统。

虽然当前通信系统已经发展到非常先进的水平，以致它容易被当作现代化的标志，但是在预警机的所有组成部分中，很难找出第二个能够像通信那样历史悠久而又平易近人的系统了。说它历史悠久，是因为无线电通信的开端可以追溯到 20 世纪初；说它平易近人，是因为无线电通信设备在我们的生活中随处可见，像电台、手机和电视等。它们的基本原理和预警机上的通信设备有不少类似之处，当然也有很大的不同。本章就谈谈通信（和数据链）系统的基本原理及其在预警机中的应用。

永不消逝的电波

2021 年 10 月 6 日，我国第一部 4K 彩色修复故事片《永不消逝的电波》（图 7-1）上映，黑白经典，全彩重现。在影片的开头——男主角李侠从容而坚毅的脸部近景画面上，随着"嘀嗒嘀嗒"的发报声，出现一圈圈无线电波，同时在银幕上第一次打印出 7 个大字的片名。这一写意性的镜头，构思新颖，又与影片的内容十分贴切，令人回味不已，给了不少读者军用"通信"的启蒙。

图 7-1 《永不消逝的电波》剧照

影片中所展现出的通过电台和无线电波的发报过程，就是预警机诞生之初所使用的通信手段，称为"摩尔斯电码"。在世界上第一架预警机——TBM-3W 中，只有 1 个操作员（除了飞行员机组），负责录入雷达探测到的情报，并且操纵电台通过无线电波将情报传到地面或军舰上的指挥所。摩尔斯电码发明于 1837 年，通过点（.）和划（-）的排列组合来表达不同的英文字母、数字、标点符号及必要的停顿（图 7-2 中，"di"表示点，"dah"表示划，"-"表示字母 D，等等）。这种代码可以用一种音调平稳、时断时续的无线电信号来传送，也可以是电报电线里的电子脉冲，还可以是一种机械的或视觉的信号（如闪光）。在接收电码的另一端，不同的代码可以被表现为不同的声音并从扬声器或耳机中被人们听到，根据不同的电码的声音可以判断出所对应的不同代码，电码也可以被直接还原为文字。虽然摩尔斯电码的使用现在仅仅局限于无线电爱好者范围内，或者在特定的场合通过邮局发送电报表达某种特别的礼仪，而不再应用于军事通信，但是，这种通信方式所涉及的通信的基本要素，如无线电载波、信源、编码、调制和解调、译码和信宿等，仍然适用于我们对最现代化通信手段（包括预警机中的通信手段）的理解。

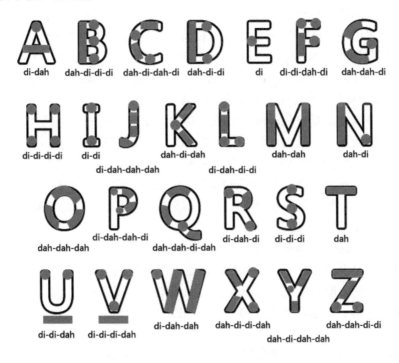

图 7-2 用摩尔斯电码表示英文字母

载波——运载信号的"宽体"或"窄体"客机

由于电磁波能够以极快的速度（300000km/s）从一个地方传播到另一个地方，因此人们就想到，把声音、图像或数据等信息搭载在电磁波上，让电磁波送它们到更远的地方。所以在通信中就有了"载波"的概念。载波，一般是指具有一定频率、幅度和初始相位的无线电波，它的波形呈正弦形。与之相对应的概念是"基带信号"，也就是要传输的信号本身。当不借助载波进行传输时，就称为"基带传输"。而有了载波，需要传输的声音、图像或数据就能够坐上像飞机一样的交通工具，实现长途旅行并迅速到达目的地。

需要说明的是，只要是无线电波，无论它工作在什么频率，在空间传播的速度都是300000km/s，之所以有工作频率上的区别，只是说工作频率越高，意味着单位时间内正弦波振荡的次数或周期数就越多，而每一个周期内的振荡都是可以携带信息的，因此，工作频率或者说载波频率高的无线电波，相比较而言，可以更容易地携带更多的信息，这也就是工作频段高的通信系统（如 Ku 波段）相比工作频段低的通信系统（如 UHF 波段），其信息传输速率通常要高的原因。工作频率或者说载波频率高的无线电波，可以比作"宽体客机"；工作频率或者说载波频率低的无线电波，可以比作"窄体客机"。两种飞机的飞行速度可以相同（对应于电波的传播速度，即光速），但在相同的距离上，飞一趟下来其载客量是不同的（对应于相同的时间内传输的信息量的不同）。

单位时间内的信息传输能力在通信中一般用"数据传输速率"来描述，与之紧密联系的另一个术语是"带宽"。带宽最早是指待传送的信号所占用的频率范围，它由信号的最高频率和最低频率决定，单位是 Hz。例如，第四代移动通信（LTE）可以支持的带宽包括 1.4MHz、3MHz、5MHz、10MHz、15MHz 和 20MHz 等，这些带宽指明了 LTE 信号可以传送的各种信号所可能覆盖的频率范围。如今，人们使用"带宽"的概念，则更多的是用来衡量单位时间内的数据传输速率。信号的带宽越大，就意味着单位时间内传输的数据总量越大，全部信号就可以在较短的时间内到达，其单位是 bit/s，通常简写为 bps；由于以秒（s）为单位，实际上说明了在每一秒的若干次无线电振荡中所能够携带的信息总数量。例如，当载频为 5GHz（即每秒振荡 5000000000 次）、平均每 2500 次振荡携带 1 个比特的信息时，无线电通信的带宽就是 5000×1000×1000×1/2500 比特/秒，即 2Mbps。

一般来说，电磁波的频率越高，电路实现起来难度越大。所以，通信设备以及其他以无线电为主要手段的电子设备（包括雷达）所采用的频段，是随着技术的发展而逐渐升高的。早期，摩尔斯电码赖以工作的无线电波在高频波段（2～30MHz），带宽不到 2.4kbps。如今，超短波频段（30～1000 MHz，用以通信的频段为 125～400 MHz）的通信，典型的带宽可以为 9.6kbps（与工作模式有关）；而当采用更高的卫星通信频段（如工作在 L 波段）时，带宽能够进一步提高到 19.6kbps 以上。假设预警机雷达天线转动一周（10s）最多形成对 400 架飞机的连续观测，每一次观测的结果用 30 个字节来描述，则这些观测结果在 10s 内通过卫星通信频段，就可以全部送至地面指挥所。

理解耳熟能详的"电台"

一说起通信，特别是军事通信，我们听得最多的就是"电台"了，在《永不消逝的电波》中，一个个电码正是通过电台发出去的。广义地说，电台是指能够发射和接收无线通信信号的装置，包含天线、发射机和接收机等部分，但其具体的组成和功能是比较复杂的，特别是随着预警机广泛采用数据通信，电台的内涵和作用又得到了拓展。

从前面介绍的摩尔斯电码中可以了解到，我们要传输的原始信息就是信源，而发报时需要按下的电键，即将非电量变成电信号的转换装置，也是通信系统中所说的信源的一部分。当需要传送声音信号时，与电键相当的设备就是话筒。摩尔斯电码将字母用数字表示，同时，又将数字用点或划表示，这就是最早的通信编码。现在的编码，一般将时间上幅度上连续变化的模拟电信号（如语音信号和图像信号）变换成时间上幅度上都可以用 0 和 1 这两个数字表示的数字信号。之所以要编码，主要是出于把要传输的电信号组织起来的目的，使其更容易被传输。当然，在军事通信中还有加密的需要。还有一个重要的考虑，就是在不损失或少损失信息的情况下尽量减少需要传输的信息。例如，采用压缩编码，以减轻对传输通道在容量上的压力。出于以上方面的原因所进行的编码，都叫作"信源编码"。还有一个重要原因，就是纠错。信息在从一个地方被传送到另外一个地方的路上（即"信道"，包括架空明线、海底电缆等有线信道，以及自由空间等无线信道），由于气象、干扰等，可能会使某些信息发生损坏（例如，0 被误为 1，或 1 被误为 0）。所以，需要在被传输的编码信号中一开始就引入一些多余的码字（称为"监督码"），并使这样的码字同被传输的原始信号码字有一定的逻辑对应关系。经信道传输到达目的地后如果出现误码，若接收端事先知道编码规则，就可以利用收到的监督码，根据编码时信息码和监督码的对应关系，自动地检错或纠错，减少误码。出于纠错原因而进行的编码称为"信道编码"或"纠错编码"，其目的就是减少信道引入的传输错误。

为充分利用信道的能力，可以进行多路复用，即把若干个低速数字信号合并成一个高速数字信号，经过信道传输后，在接收端再把这个高速数字信号分解还原成相应的低速数字信号。这样，一条高速信道就起到了多条低速信道的作用，提高了信道的利用效率。

前面讲过，为了实现远距离通信，必须把要传送的信号"搭载"在载波上。这种"搭载"不是简单的"乘坐"，而是让载波的幅度或频率或相位根据要传输的信号进行变化，也就是说，载波需要打上信号的印记，即"调制"。如果让载波的幅度按照要传输信号的幅度进行变化，而不再呈规则的正弦形，就叫"调幅"；如果让载波的频率按照要传输信号的频率进行变化，就叫"调频"；如果让载波的相位按照要传输信号的相位进行变化，就叫"调相"。这三种调制方法主要针对模拟信号，当信号数字化后，对应的调制方法分别叫作"幅移键控""频移键控"和"相移键控"，基本作用是相同的。用来完成信号调制的设备叫作"调制器"。在接收端，也就是信宿，需要进行相反的变换，以从载波中提取出被搭载的信号，并且将其经过译码后还原为原始信号。顺便指出，由于调制可能损失掉载波自身的一些信息传输能力（例如，调频导致的载波频率由高变低），因此，理论上不同的基带信号即使使用相同的载波，其实际传输能力也是不同的。

由于通信一般需要双向工作，所以调制器和解调器常常是一个设备，称作"调制解调器"，在发射时用于调制，在接收时用于解调，是电台的一部分。电台除了包含调制解调器外，还有信源编解码、频率选择、放大等电路模块。从使用方式上看，电台一般都是半双工工作的，也就是说，在点对点通信中，如果信道被设计成可以双向传输，但每一个时刻只允许一端发射，就称为"半双工"。例如，话音电台，平时处于接收等待状态，讲话时按下发话按键，这种方式叫作"PTT"（Push To Talk）。如果信道被设计成双向的，且同一时刻允许双方同时向对方发送信息，就称为"双工"；如果信道被设计成只能向一个方向传输，则称为"单工"。

随着技术的高速发展，预警机早已告别了摩尔斯电码时代，广泛采用数据通信系统，主要由数据终端设备（Data Terminal Equipment，DTE）、数据通信设备（Data Communication Equipment，DCE）和传输信道三大部分组成（图7-3），电台的内涵因此得到了拓展。

DTE在发送时用来完成数据的输入，在接收时用来完成数据的输出。或者说，DTE是一个数据源，即数据的发生者；也是一个数据宿，即数据的接受者。在信道只能传送模拟信号的情况下，DCE将起到调制解调器的作用，发送时把来自DTE的数据信号变换为模拟信号（即调制），在接收时将模拟信号变换为数字信号（即解调）并送往DTE；在信道可以传送数字信号的情况下，DCE将起到接口设备的作用，实现信号码型和信号电平的变换及线路特性的均衡等功能，对已编码的信号进行进一步处理以使信号更适合在信道中传输，并负责通信过程的建立、保持和拆除。当有多个数据来源时，DCE需要采用多路复用器以充分利用通信信道的容量并大大降低系统的成本，并需要采用集中器以汇总形成连续的数据流。有时为减少主机的负担，可能需要配备前端处理器，并处理由通信线路进入前端处理器的数据可能发生错误或数据代码格式不匹配等问题，以使主机主要负责数据处理。此外，由于数据通信系统往往由各种不同类型的终端、主机及其他设备组成，它们都有各自的数据格式（或编码规则）和传输特性，即采用不同的通信协议来描述和传输数据，因此还需要协议转换器来负责不同协议的"翻译"工作，使具有不同协议的设备之间能相互通信，这也是DCE的功能。

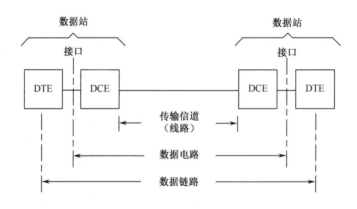

图7-3 数据通信系统组成

在数据通信中，多点之间数据通信的交换方式主要有电路交换、报文交换和分组交换，数据交换也是电台的重要功能。我们可以通过打电话来体会电路交换的方式及交换机的作用。打电话时，首先摘机拨号，拨号信息传到交换机时，经过判断和处理，交换机切换到被叫用户，并控制交换网络的接通和保持，分配给主叫和被叫一条连接通路，通话开始。通话完以后，交换机把双方的线路断开。在这个过程中，电路交换的动作就是在通信时建立（即连接）电路，通信完毕后拆除（即断开）电路。至于在通信过程中双方是否在互相传送信息，传送了什么信息，这些都与交换系统无关。这既是电路交换的优点，也是它的缺点。电路交换方式仅负责信息通路的接续，处理简单，可以提高处理效率，提供高速交换能力。这对于不能忍受较长的通信时间延迟的话音和图像等业务来说是合适的，但带来的问题是信道带宽的空闲。我们知道，在电话通信中，由于通话双方总是一个在说，一个在听，再加上说话的停顿间隙，因此，电路空闲时间超过 50%，在线路费用昂贵、容量有限的情况下，这是一种极大的浪费。尤其是在计算机通信中，由于人机交互时间长，空闲时间可达 90%以上。因此，在电路交换方式不能适应数据通信的特点而造成信道资源浪费太大的情况下，出现了报文交换和分组交换。

　　报文交换和分组交换的基本思路是一样的，就是采用"存储—转发"的方式。交换机把来自不同用户的数据暂存在存储器中，先找好一条路径，再确定这条路径是否空闲，如果空闲，就把全部数据一次发送出去；如果不空闲，就继续等待。这种交换方式，为了不造成接收数据的堵塞，需要存储器的容量足够大；同时，由于数据一次送出，可能导致较长的传输延迟时间。电报业务就是采用这种方式。分组交换则是按照更短的长度和一定的规格将全部数据进一步分组，每一组数据都可以分别存储并选择自己的路径进行传输，在接收端可以进行重组，传输的时间延迟大大缩短，基于 TCP/IP 协议的计算机网络采用的就是分组交换。

信息系统连接武器系统的捷径——数据链

　　第二次世界大战后，喷气式飞机的迅速发展和导弹的出现改变了战争的形式和节奏，遇到多架飞机不断改变航向、多机同时交战等情况时，仅仅靠指挥员喊话来进行引导就变得十分困难了，对于分秒必争的现代空战来说，这更是无法接受的。此外，雷达等新的传感器形式的出现，使获取的战场情况更为丰富，已经无法仅仅通过话音来充分反映战场态势了。因此，迫切需要直接以数据的形式在作战单元之间传送雷达情报或引导指令，这就是数据链诞生的背景。

　　由于数据链一般执行战术级的应用，所以它又称为"战术数据链"，按功能主要分为三类：一是宽带情报链，主要用于传输图像、数据等不同类型的信息，解决空-天-地一体大范围、大容量的战场情报信息实时共享问题，确保战场全要素信息的全域贯通，也是构建空空、空地、空星地无线骨干通信网络的重要支撑。二是指挥控制数据链，传递必要的情报和指令，以完成指挥控制和态势共享，实现"人-人"的连接。从当前世界各国预警机对数据链的装备情况看，均以指控链为主；本章要介绍的 Link 11、Link 16 等都是指控链。三是武器协同数据链，用于传感器与武器之间的战术协同，如网络瞄准、复合跟踪和接力制导等，以快速完成从传感器到射手的过程，实现"机器-机器"的连接，具有高网络容量、高传输速率、高时空同步精度、低信息传输时延等"三高一低"的特点；根据协同的武器系统类型与使用环境的不同，武器协同数据链又分为小编队协同数据链（用于三代机之间的编队协同）、定向协同数据链（用于四代机之间的隐蔽协同通信和火控级协同）、全向协同数据链（用于三代半战斗机与电子战飞机之间的火控级协同）及制导协同数据链（用于制导平台与导弹之间的网络化制导）等多种类型。

数据链在逻辑上有三个基本要素：格式化消息、通信协议和传输通道。其中，格式化消息是指以数据链消息格式规范表达的信息（相当于所选择的语言、词汇及其语法规则），是数据链系统传送的数据内容；它确定了机器可以识别的格式化信息，传输的数据可以用于在各类作战平台之间协同完成战术动作，也可以产生图形化的人机界面。通信协议则是有关信息传输顺序、信息格式与信息内容控制等方面的规约，主要解决各种应用系统的格式化消息如何通过信息网络可靠而有效地建立链路，从而快速达成信息的交互，涉及频率协议、波形协议、链路协议、网络协议和加密标准等。传输通道通常由数据终端设备（Data Terminal Set，DTS）和无线信道构成，其中，DTS常称为"端机"，在通信协议的控制下进行数据收发和处理，是数据链系统的核心部分和最基本的单元，格式化消息和通信协议一般都在端机内实现，它控制着数据链系统的工作，并负责与其他平台进行信息交换。

在物理组成上，数据链主要包括战术数据系统（Tactical Data System，TDS）、接口控制处理器、端机和无线收发设备（如天线、射频前端）等。其中，TDS一般是一台计算机，将雷达、侦察卫星等各类传感器收集到的信息或者指挥员、操作员发出的各种数据编排成标准的格式化消息，并接收处理链路中其他TDS发来的数据，基本相当于数据通信系统中的DTE。接口控制处理器负责完成不同数据链的接口和协议转换，基于格式化设计的消息，并根据战场态势感知和指控命令等信息传输的需要，按所交换信息的内容、顺序和位数等要素，编排成一系列面向比特的消息代码，以便在后续过程中进行自动识别、处理、存储并减少传输时延。端机则主要包括调制解调器、网络控制器和加解密设备，其中，加解密设备负责加密发送的信息和解密接收到的信息；网络控制器进行消息调制、加密、检错与纠错等，将格式化消息编成符合通信设备传输要求的数据信号，与调制解调器共同完成DCE的相关功能。

数据链是在数据通信的基础上发展起来的，但它并不等同于数据通信。简单地说，数据链直接服务于作战，因此需要将被传输的数据以格式化消息的形式与作战强关联，并且其传输规程和链路协议等设计均需要满足特定的作战需求，但数据通信仅是为了传输数据，传输过程中，对于数据所包含的信息内容不作识别和处理。可以将数据通信系统比喻成集装箱运输，其功能是在一定的期限内尽量无损地将货物从发货点运送到目的地，涉及交通线路（传输通道）、交通规则（传输协议）和中转（交换）等环节，但承运方并不关心集装箱里装的是什么（信息内容）。而数据链则像连锁店的鲜活品的物流配送，既涉及交通线路、交通规则和中转等环节，又要把不同种类（格式）、不同数量的物品（信息内容）配送到需要的商店（链接的对象），而鲜活品对环境条件和配送时间（实时性）的要求也更严格。

数据链的工作过程是，首先由作战单元（如战斗机或预警机）数据链系统的任务计算机（相当于TDS）将自身要发送的战术信息按照消息标准转换为格式化消息，经过接口处理及转换后，由端机按照一定的组网通信协议将消息通过无线收发设备发送出去。接收方由其端机接收到信号后，由端机按组网通信协议进行接收处理，再经过接口处理与转换，由任务计算机进行消息解读后，进一步处理并显示在作战单元屏幕上。

◇　简单来说，数据链是按照统一的消息标准和通信协议，链接传感器平台、指挥控制平台和武器平台，并实时传输战场态势、指挥引导、战术协同、武器控制等格式化消息的信息系统。顾名思义，数据链作为一种"链"（Link），其作用就是连接；既然是连接，就要具有一定的连接对象、一定的连接手段和一定的连接关系：其连接对象是处于不同空间、隶属于不同军兵种的作战平台，如分布在空中某一区域的飞机编队、分布在海上某一区域的舰艇编队、在某一地域展开的作战群（坦克群、装甲群）等；连接手段是基于消息标准和传输协议的无线数据通信，连接关系则是各作战平台之间的战术应用。就其本质来说，数据链是通过信息传输实现信息的作战应用，这是数据链与数据通信系统最根本的区别。如果说数据通信系统是它的肉体，那么作战应用才是它的灵魂。

预警机上使用的主要数据链

在预警机上使用数据链始于美国海军的 E-2 系列预警机。20 世纪 60 年代，美国海军的 NTDS（海军战术数据系统）催生了在航母编队中使用 Link 4 数据链，用于取代航母与飞机之间的话音指挥引导，同时增加可以引导的飞机数量，并且将预警机等飞机发现的目标回传给航母，扩大航母发现低空目标的范围。Link 4 数据链工作在 UHF 频段，采用频移键控（FSK）的数字化调频体制，但传输带宽只有 3kbps 左右；按 32ms 划分时隙，其中 14ms 用于发射消息，18ms 用于应答，时隙发与不发以及时隙的起始时间由控制站控制，飞机收到消息后不一定在同一时隙回答，回答的间隔事先约定好，以便保密；消息格式采用 V 系列和 R 系列。其中，V 系列有 12 种命令报文（含目标数据）和 4 种测试报文，用于控制台发送命令；R 系列有 5 种报文，用于机载设备应答。

Link 11 数据链是 Link 4 数据链的发展，用于在海上、陆上和空中平台之间交换战场态势信息；既可以工作在 HF（15～30MHz）频段，也可以工作在 UHF（225～400MHz）频段，传输速率为 1.3 kbps 或 2.25kbps。Link 11 数据链早期为海军专用，后续被引入空军装备，但采用了不同的加密体制，因此，其不是三军通用的数据链。由于相比 Link 4 数据链，Link 11 数据链在应用上增加了为各个平台提供统一的战场态势信息的能力——这些信息不仅可以来自自身的传感器，也可以来自战场上其他协作平台并通过数据链传递过来，因此其消息种类有所增加。它采用 M 格式，共有 42 种，以支持各移动平台的位置校正、外部航迹数据与本地航迹数据的相关、航迹相关质量估计和平台航迹报告职责等功能。

Link 11 数据链的主要工作方式有三种：轮询、静默和广播。在 Link 11 数据链网络中，应在所有入网单元中指定一个唯一的入网单元作为控制站，其他入网单元作为从属站；一个网络中最多可以有 62 个从属站，但实际使用时一般仅为 20 个左右。

工作在轮询方式时，每个入网单元都分配有一个唯一的地址，采用时分复用的方式共用一个发送频率。网络控制站负责对整个网络进行管理，要根据各入网单元的地址码建立轮询序列，在该序列中，每一个从属站都分配了一个信息发送时隙，并且在任一时刻只允许一个站使用网络频谱发送信息；网络上没有信号传送时，每个站都要监测该网络频率是否被其他站使用。轮询方式启动后，控制站依据地址序列依次向各从属站发送询问序列，所有从属站都需要进行接收；询问序列中包含了 DTS 的输出数据及下一个可发送信息的从属站的地址码，并将收到的地址码与自己的地址码相比较，如果二者相同，则切换到发送状态，并发送包含战术数据在内的应答信息。但如果发送信息的长度超过了所分配的发送时隙决定的容量，则必须等到下一次点名，并且即使没有信息需要发送，也要作出相应的应答。如果地址码不同，则继续监测网络频率。

◎ 轮询方式是 Link 11 数据链最重要的工作方式，它包含全轮询、部分轮询和轮询广播三种子方式。使用全轮询方式时，所有网络中激活的单元和入网单元都要对控制站的询问作出响应。使用部分轮询方式时，一些单元可以转换到静默方式，并且不响应控制站的询问。使用轮询广播方式时，控制站之外的所有其他单元都处于静默状态，由控制站发送所有的数据，被询问的单元也不作出响应。

静默方式是指所有单元都处于无线电接收状态，不发送任何信息；即使控制站进行询问，也不作应答。如果单元需要报告数据，则需要向所有单元发送一条短广播信息。

广播方式是指控制站重复广播其数据，其他入网单元都处于无线电静默，并且不会被询问，也不能发送信息。

E-3A 预警机共有 13～17 名任务系统操作员，其 Link 11 数据链系统配备了 19 部超短波电台 ARC-164（图 7-4），可以用于预警机和战斗机之间的空空话音和数据通信，也可以用于预警机和地面指挥所的空地话音和数据通信。其发射天线置于前机身上部，接收天线则置于前机身下部（图 7-5）。

图 7-4　ARC-164 电台（左）及其控制面板（右）

图 7-5　E-3A 预警机超短波天线布置在前机身的上部和下部

在 E-3A 预警机的顶部天线罩内，还安装了一种超短波通信天线（见图 7-6 左侧棱锥形的突出部分），它与布置于机身表面的全向超短波天线不同，被称为"定向天线"或"高增益天线"，天线波束宽度为30°左右，当天线对准己方战斗机时，可以定向发送引导战斗机的数据。

E-3A预警机问世后，带来了数据链系统的进一步升级。美军开发出三军通用的Link 16数据链，其端机和端机组成的系统称为"联合战术信息分发系统"（JTIDS）（图7-7）。它工作在L波段（960～1215MHz），共有51个频点，每3MHz为一个频点，其间的部分频点要躲开IFF/SSR（如1008～1053MHz、1059～1158MHz），每个波形所用频点在51个频点上均匀分布并以76923Hop/s（跳每秒）的

图7-6　E-3A预警机顶部天线罩内的超短波定向天线

速率快速跳变，以增强抗干扰能力；传输带宽最高可达238kbps；采用时分多址方式工作，即把时间资源分成很多间隙，每个作战单元都被允许在分配的时间间隙内发送或接收数据（图7-8）。通过在多个单元之间合理地分配时隙，可以形成多个子网，每个子网都可以使用不同的频率来传送数据。在每一个JTIDS网络中，所有入网单元的通信模式必须相同，选定了通信模式就确定了JTIDS是否工作在多个网络上，以及是否发送加密数据。这种通信模式共有三种：模式1是正常模式，入网单元在960～1215MHz范围内跳频，发送加密数据，可以多网工作；模式2和模式3中，入网单元均在969MHz下定频工作，无跳频，只能在一个网络上工作，但前者发送加密数据，后者只能发送非加密数据。在应用上，Link 16数据链对Link 4数据链和Link 11数据链进行了继承、综合和增补，具备情报分发、态势共享、网内相对导航（见第八章）和目标识别等功能。

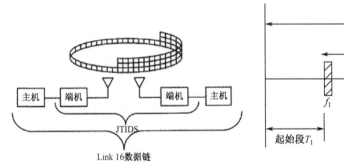

图7-7　Link 16数据链系统结构

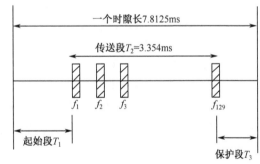

图7-8　JTIDS信号的一个时隙

Link 16数据链的消息分为四类，即0类消息、1类消息、2类消息和3类消息，每类消息均由报头和用户消息数据组成。

0类消息为可变格式，主要用于传输数字话音或自由文本。每条消息包括36字符的消息同步信息（其中粗同步16字符、精同步4字符）和报头信息（16字符），后接长度为930bit（每5bit对应1个字符，共186个字符）的数据位，分为两组，每组93个字符。这类消息不使用纠错或检错编码，其优点是数据字符格式比较自由，缺点是抗干扰能力较弱，在传送过程中可能存在错误，一般用于保密要求不高的场景。

1类消息为固定格式，报头部分包括35bit，后跟三个消息字，每个消息字75bit。

35bit 的报头数据被分为 7 组，即 7 个字符，每组 5bit，经（16，7）RS 纠错编码后得到 16 个字符；后 225bit 中三个消息字分别对应的 75bit 被视为三组，每组 15 个字符，按（31，15）实施 RS 纠错编码，形成 31 个字符，三组共 93 个字符；因此，1 类消息共计 109 个字符。由于 1 类消息使用了纠错编码，即使在传输脉冲错误过半的情况下仍能恢复全部信息，是 JTIDS 的主用格式，具有格式规范统一、抗干扰能力强等优点。

★ 实际上，Link 16 数据链固定格式消息对应的每类消息字，其比特数本来只有 70 个，而不是 75 个；每个时隙可以发送的三个消息字共有 210bit，而不是 225bit；两者相差的 15bit，是利用了报头数据中的源航迹号（Link 16 数据链在发送航迹信息时，需要指明该条航迹从哪里来，即源航迹号，用以说明它是本平台生成的报送还是来自其他平台的报送；占据报头数据的第 4～18 位共 20bit）并由检错编码检错后得到。三个消息字加上源航迹号共 225bit，先使用（237，225）多项式编码生成 12bit 的奇偶校验位，然后再按每组 4bit 分为 3 组，且在每组 4bit 的开头增加一个 0，从而形成 5bit 奇偶校验字符，并附加到 70 位消息数据之后的第 70～74 位，因此构成了 75bit 的消息字。

2 类消息为往返计时，用于网内时间同步时的询问/回答，询问时消息为 20bit，其中 3bit 用于说明消息类型，其余 17bit 为询问数据；回答时为 17bit，全部为应答数据；两者都是 5 个字符，采用（16，4）编码后均形成 16 个字符，共 32 个字符，具备较强的抗干扰能力。

3 类消息为自由文本，采用了与 1 类消息相同的编码形式，形成 4 组共 109 个字符，其中，报头部分 16 个字符，数据部分 93 个字符，也具备一定的抗干扰能力。

Link 16 数据链的每类消息的消息字都可以由初始字、延长字和继续字组成，其长度均为 75bit，都包含标识符、数据位和校验段；除了校验段的长度都是 5bit 外，标识符和数据位的长度均与字的类型有关。其中，初始字包含一条消息中最基本的数据信息；当要发送的数据字段组的长度超过初始字的有效位长度时，就会为该初始字确定延长字，用于传输与基本数据逻辑上关系密切的信息，同一类消息的延长字格式是唯一的；继续字则在延长字后传输相应的附加信息，同一类消息可以有多种不同格式的继续字。

一条消息中三种格式的区分由每一个字中的 2bit 字头来标识，其中 00 表示初始字、10 表示延长字、01 表示继续字、11 表示可变消息格式字。对于初始字来说，第 0～1 位为 00，第 2～6 位为 J 系列标识符，第 7～9 位为 J 系列子标识符，第 10～12 位为消息长度指示符（用于指示初始字后面延长字和继续字的总数），第 13～69 位为消息位，第 70～74 位为校验段。对于延长字来说，第 0～1 位为 10，第 2～69 位全部为消息位，第 70～74 位为校验段；对于继续字来说，第 0～1 位为 01，第 2～6 位为继续字标识符段，第 7～69 位为信息字段，第 70～74 位为校验字段。由于延长字中的字段是根据初始字中的 J 系列标识符与子标识符的组合来确定和解释的，因此必须按顺序发送。继续字是可以按任意顺序发送的，除非有特殊规定。

在传输波形方面，Link 16 数据链将 7.8125ms 的时隙分为起始段、传送段（数据段）和保护段三部分（图 7-8）。其中，起始段和保护段共占 4.4585ms，不发射信号；传送段视起始段的长短，或为 3.354ms，或为 5.772ms，此时发射射频脉冲串。由于 Link 16 数据链的最远传输距离接近 600km，它所对应的传输时间为 2ms，因此，只要保护段的时长不小于 2ms，就可以保证本时隙信号在下一时隙开始之前就被送至对应距离上的网内成员，因此，起始段可以在 2.4585ms 内随机抖动。

在每个时隙（即 7.8125ms 内）的传送段，Link 16 数据链可以周期性地发送 129 个字符。一个发送周期为 26μs，每个字符对应一个发送脉冲，其持续时间为 6.4μs（图 7-9）。在一个发送周期内，可以发送不同数量的脉冲，每个脉冲都既可以对应不同的字符，也可以对应同一字符，以提供不同的传输速率和可靠性。这种发送脉冲的数量及其组合形式，被称为"封装"，共有以下 4 种形式。

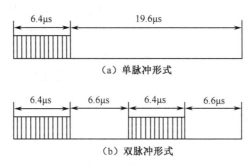

图 7-9　JTIDS 信号的射频脉冲形式

一是标准双脉冲封装（STDP）。一个发送周期内包含 2 个发送脉冲，且每个脉冲发送的是同样的数据，因此提高了可靠性。发送时首先是产生随机确定的抖动时延（相应地，传输保护时间则是 4.4585ms 减去抖动时间），然后发送 16 个粗同步字符、4 个精同步字符和 16 个报头字符（这些数据在任何封装形式下都是以双脉冲形式发送的，因此字符数加倍后分别为 32 个、8 个和 32 个）。随后是数据脉冲，共 186 个字符，分为两组脉冲，每组脉冲携带的信息相同，都对应 93 个字符，即 3 个 J 消息字，接收端只要接收到两个脉冲中的一个就可以获取全部数据。

二是 2 个单脉冲封装（P2SP）。一个发送周期内包含 2 个发送脉冲，每个脉冲发送的是不同数据。发送过程与 STDP 基本相同，即发送时首先是抖动时延，之后发送 32 个同步头脉冲、8 个精确定时脉冲、32 个报头脉冲和 186 个不同的字符数据。由于增加了单脉冲的数量且不同单脉冲又携带了不同数据，因此传输能力有所提高，每个时隙可发送 6 个 J 消息字。

三是 2 个双脉冲封装（P2DP）。发送过程与 P2SP 基本相同，只是一个发送周期内包含 4 个发送脉冲，但对于同一字符发送 2 个脉冲，相当于 P2SP 中的两个单脉冲的每一个均由两个双脉冲替代，因此其数据传输能力与 P2SP 相同，但提升了抗干扰能力。在这种封装方式下，没有抖动时间，传输保护时间为固定的 2.0405ms，总的消息传输时间是 5.772ms。

四是 4 个单脉冲封装（P4SP）。一个发送周期内包含 4 个发送脉冲，且每个脉冲发送不同数据，总共可以发送 372 个不同的字符数据，对应 12 个 J 消息字。全部发送过程中包含 32 个同步头脉冲、8 个精确定时脉冲和 32 个报头脉冲，但由于此时增加的数据量需要占用更多时间，因此在发送的时隙内没有抖动时延，传输保护时间为固定的 2.0405ms，总的消息传输时间是 5.772ms。P4SP 消息封装形式由于放弃了抖动和脉冲冗余，因此抗干扰能力有所降低，但数据传输容量达到最大。

★ 了解了 JTIDS 信号的时隙构成、消息类型和传输波形后，可以更好地理解固定格式消息中的报文格式，以及各种条件下的传输速率。在报头数据 35bit 的构成中，包含了时隙类型（3bit）、中继传输指示符/类型变更（1bit）、源航迹号（15bit）及保密数据单元（SDU）序号（16bit）等信息。其中，时隙类型被用以说明消息是四种封装格式中的哪一种、消息是四种类型中的哪一种，以及消息为自由文本时是否经过了纠错编码。中继传输指示符/类型变更与时隙类型字段结合使用，当时隙类型指示的是自由文本消息时，本字段用以表明传输符号包是双脉冲还是单脉冲；当时隙类型指示的是固定或可变格式消息时，本字段用以表明时隙中的消息是否经过中继。源航迹号用以说明时隙中消息的发送者，保密数据单元序号则用于消息的解密。

在传输速率方面，对于 0 类消息，在结束抖动和发送粗同步、精同步和报头共 36 个字符、72 个脉冲之后，可以传输文字或声音，允许传送的字符数是 186 个，是 1 类消息和 3 类消息字符数的 1 倍，分成 2 组，每组 93 个。由于没有采用编码，对应的全部比特数均为用户数据，当 2 组数据分别以 2 个单脉冲形式发送（即 STDP 封装）时，用户传输速率为 2×93×5/7.8125，即 238kbps，此即通常所说的 Link 16 数据链最大传输速率的由来；在 1 类消息、3 类消息下，由于可传送 3 个消息字，每个字的用户数据为 70bit，共 210bit，当采用 STDP 封装时，其用户速率就是 210/7.8125，即 26.88kbps；当采用 2 个单脉冲或 2 个双脉冲封装时，其用户速率加倍，为 53.76kbps；当采用 4 个单脉冲封装时，其用户速率再加倍，为 107.52kbps。

JTIDS 的端机分为两类，即 1 类端机和 2 类端机，每类端机都会被分配不同的时隙。1 类端机用于装备像 E-3A 预警机那样的空中大型平台；而 2 类端机则用于地面防空系统，它实际上是 1 类端机加上与地面传输网络的接口而形成的。这两种类型的端机于 20 世纪 80 年代初分别装备了北约的 18 架和美国的 34 架 E-3A 预警机，以及北约和美国的地面防空系统。但是，此时的 1 类端机的吞吐率只有 56kbps，没有导航和话音功能。从 20 世纪 80 年代起，开始研制 2 类端机，主要用于战斗机及其他小型移动平台，其体积小，价格低。由于平台种类和数量众多，2 类端机大大拓展了 JTIDS 的应用范围和应用方式。

在 2 类端机的基础上，美军还研制了 2H 类端机和 2M 类端机。2H 类端机用于大型空中和地面平台，发射功率为 1000W；2M 类端机用于陆军，没有话音和导航功能，发射功率同 2 类端机，为 200W。E-2C 预警机集成了 2H 类端机，配置了 4 副天线。1 副主接收天线安装在机身中央底部，用于接收 JTIDS 信号及塔康导航系统的信号。在左右机翼下方还各安装有 1 副抗干扰接收天线，这 2 副天线所接收到的信号会与主接收天线接收到的信号进行比较，以挑选出更强的接收信号。另外，由于这 2 幅抗干扰天线分置于机身的两侧，机身就可以提供一定的干扰遮挡能力。还有 1 副天线即发射天线，安装在机身底部、主接收天线的后面。20 世纪 90 年代初期，美军与北约的 E-3

系列预警机也将原有的 1 类端机全部升级为 2H 类端机。

　　2 类端机在推广过程中遇到了困难，主要是 2 类端机体积仍然过大，装不进 F-16 战斗机和其他一些体积较小的飞机，价格也太高，可靠性也不够理想，不利于大范围推广。20 世纪 90 年代初，美国、加拿大和西欧等 7 个国家联合起来，以更新的电子技术为基础，研制了体积更小、价格更低、更为可靠的端机，称为"多功能信息分发系统"（MIDS）。1999 年，MIDS 研制完成，现已装备美国和欧洲的 14 种飞机，数量超过 8000 架。

　　★　随着 Link 16 数据链的广泛应用，如何对其开展被动侦察也被广泛研究，并在 A-50 和"爱立眼"等预警机中得到了应用。第五章介绍的时差测向和三角定位等方法，都可以应用于对 Link 16 数据链的侦收，称为"无基准点定位"。由于 Link 16 数据链的信号有它自身的特点，特别是网内各成员之间存在时隙上的差异，如果我们已知 Link 16 数据链辐射源的位置，并测得其他成员的信号到达时间与基准点到达时间的差异，就可以实现定位，这种方法称为"有基准点定位"（图 7-10）。在实际使用中，基准点的位置可以先通过无基准点定位方法粗略给出，也可以通过其他方法事先掌握某个辐射源的位置，还可以在执行任务时由雷达探测到；基准点的位置精度越高，对其他成员的定位精度也就越高。两种定位方法相比较，无基准点定位方法需要利用机体的尺寸或通过实际飞行一段距离来构造出基线，其定位精度与基线长度和 Link 16 数据链辐射源的运动状态有关，辐射源运动状态变化较快时容易导致误差较大，因此，对于地面固定目标或慢速目标效果较好。有基准点定位方法则对于运动目标和静止目标都可以获得较好的定位精度，特别是对于空中运动辐射源目标，可以实时、持续地给出定位点，从而绘制出目标运动的完整轨迹，这是其相对于无基准点定位方法的一个优点。

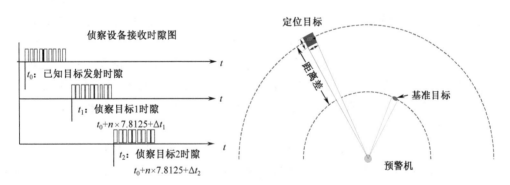

图 7-10　对 Link 16 数据链辐射源的有基准点定位原理

从应用看消息，从消息看应用

　　数据链反映作战应用的最直接体现，是它的格式化消息。准确、精练的格式化消息标准是数据链广泛应用的前提条件，只有一套科学、先进、在一定时期内超前的格式化消息标准才能够使各作战平台的传感器、指控系统和武器平台真正有机连接起来。它是作战样式和装备作战运用方式的科学表达，但也要减少资源占用以支持在环境复杂和资源有限的无线信道中传送。

在数据链发展的历史上，消息标准的规范和统一始终是一个突出问题，个中原因大概包括三类。一是由于人们对与数据链相关的需求和技术问题的认知有一个过程，难以在发展的一开始就能全面、系统和提前预知可能的作战需求和技术发展，从而自顶向下地建立全面、统一和长远的数据链总体技术框架和消息标准。几十年来，有几十种数据链先后被研发出来，从而也相继出现了数十种消息标准。例如，用于 Link 1 数据链的 S 系列，用于 Link 4 数据链的 R 系列和 V 系列，用于 Link 11 数据链的 M 系列，用于 Link 16/22 数据链的 J 系列、F 系列、FJ 系列和 K 系列，等等。二是由于不同军兵种之间要想真正实现联合作战也需要有一个过程。早期的一些数据链都是在联合作战理念被提出和充分发展之前就被研发出来了，等意识到需要数据链实现三军通用时，又发现各自的使命任务差异较大，如果基于现有各型数据链来实现标准统一，又会面临信道能力不同的困难，这样在客观上就造成了虽然可以勉强实现互联互通，但互操作能力相对不足。三是由于作战样式的演变速度较快，但数据链装备的历史负担较重，难以实现快速响应，进而把新的样式以消息格式和标准等的形式转化到数据链中来。

例如，Link 4A 数据链主要提供数字化的舰对空、空对舰及空对空的战术通信，通过 V/R 系列消息主要支持航空母舰自动着舰（对应自动着舰控制信息 V.6）、空中交通管制（对应交通管制消息 V.5）、空中拦截控制（对应目标数据交换信息 V.1、应答消息 R.3B 和 R.3C、飞机引导消息 V.2、引导与具体控制消息 V.3、精确指挥消息 V.18 和 V.19）、突击控制（对应突击控制消息 V.3121）及舰载飞机惯性导航系统修正（对应惯性导航系统校准消息 V.31）五类功能。Link 11 数据链不同于 Link 4A 数据链的应用目的，主要是在海上和运动速度较慢的平台之间交换态势信息和传送指挥引导信息，因此使用的消息标准和 Link 4 数据链不同，其 M 系列消息分为系统管理、监视、电子战、情报、信息管理及武器和控制共 6 大类 45 种消息，可实现舰队区域控制与监视设施、反潜战作战中心、区域作战控制中心与防区作战控制中心、海军陆战队空中指挥与控制系统等战术运用。Link 11 数据链与 Link 4 数据链各自独立发展、互不兼容。

随着作战样式的演变，需要协同的武器系统类型也在增加（例如，增加分布在水下或太空的武器系统协同），协同的样式也在拓展（例如，从单平台独立探测和发射导弹向"A 射 B 导"转变），协同的要求也在提高（例如，提高对情报精度的要求），数据链消息需要不断继承改进，以支撑新型作战样式的实现。美军和北约在制定 Link 16 数据链的 J 系列消息标准时，除了兼顾 Link 4 数据链的舰载飞机惯性导航系统修正功能以外，也基本涵盖了 Link 11 数据链的系统管理、监视、电子战、情报、信息管理、武器和控制 6 大类信息，并且数据元素的颗粒度进一步精细化。同时，相比 Link 4A 数据链和 Link 11 数据链，Link 16 数据链还新增了战斗机对战斗机报告、语音、相对导航、识别、威胁警告、水下、陆地和空间监视等功能，以及消息的重传和优先级控制。例如，针对未来作战中卫星系统的运用，Link 16 数据链也研发了卫星终端，并增加了相应的应用消息,同时针对卫星超远程传输带来的与传统视距内通信不同的同步方式调整、消息格式和同步机制,扩展了 Link 16 数据链的超视距传输能力。而相比 Link 16 数据链,Link 22 数据链又增强了对海上作战的支持,其在水下监视和反潜战方面的消息完整性明显优于 Link16 数据链。此外,Link 22 数据链还增强了敌我识别能力,可以通过 F01.0-0 消息字和 F03.5-3 消息字的信息交互实现对敌军目标识别信息的传输,同时提供了优先传输高优先级的作战指挥和告警消息的传输能力。

超越视距的传输——短波与卫星通信

无论是工作在 VHF/UHF 频段的数据链还是工作在 L 波段的 Link 16 数据链,都用于视距内传输(有的预警机,如瑞典"全球眼",还使用了 C 波段数据链,用于空地宽带情报传输,工作频段为 4~6GHz),超视距的传输则依靠短波数据链与卫星通信。

短波频段的无线电波(波长 10~100m)可以通过电离层传播到超视距的千里之外,其中,电离层是指大气层在受到太阳光的照射后,形成的一层带电的、距离地面 60~2000km 的空气层。当无线电波进入电离层后,就会因为折射而产生弯曲,就像光的折射一样。当短波无线电波进入电离层的一定深度后,它就会掉转方向向下传播,最终重新返回地面,返回地面的短波无线电波又被地面反射回天空,再被反射回地面,这样多次跳跃,就可以传到很远的地方。短波的这种超视距传播特征,使它被誉为战场上的"神行太保"(图 7-11)。但是,由于短波通信严重依赖电离层的特性,电离层的高度和电子密度随昼夜、季节、年份的变化而变化,因此短波通信选用的工作频率也要相应地改变,并且由此带来严重的信号衰减和很高的误码率。同时,由于其频段较低,带宽较窄,不适于大容量数据传输,所以在预警机中,短波通信一般用于超短波电台的备份通信手段,在应急情况下也可用作超视距通信手段。

◎ 与短波频段相比,超短波频段不能在穿透电离层后向下反射,而只能以空间直射的形式传播,但其传播的稳定性高,受季节、昼夜变化的影响小。同时,由于频段较高,因此传输带宽可以较大,天线也可以做得较小,便于单兵携带,或者适装于飞机上这种寸土寸金之处,且总体性能要远好于短波,是预警机上用于视距内传输的最主要的通信手段之一,而短波则主要用于紧急条件下的备份通信手段。由于 Link 16 数据链的工作频段更高,所以传输速率更快;且由于相比超短波数据链,其发射功率通常更大,加之采用了频率跳变(即让信号频率按照一定的变化速度和变化规则在较宽范围内变化)、频谱扩展(即让信号的频率分布在更宽的范围内,以减小单位频率范围内信号的强度,从而降低被截获的概率)等措施,相比超短波通信,Link 16 数据链还具有更好的抗干扰性能。

卫星通信是超视距传输的主要手段,它在通信距离远的同时,传输质量较高、传输速率较快,现在已经成为预警机的标配。美国 E-2C 预警机上安装了卫星通信系统,其天线罩上部的小突起就是卫星通信天线罩(图 7-12)。

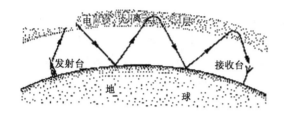

图 7-11　短波无线电波利用电离层的传播　图 7-12　E-2C 预警机顶罩上的卫星通信天线罩

美军高度重视卫星通信技术的应用。经过 50 多年的发展，美国军用卫星通信系统已经形成了由宽带卫星通信系统、窄带卫星通信系统、受保护卫星通信系统及全球广播业务系统构成的体系结构。预警机上主要使用 DSCS（国防卫星通信系统）、UFO、MILSTAR 和 GBS 等卫星通信系统。

DSCS 是美军战略、战术共用的宽带卫星通信系统，是美军全球军事指挥控制、危机管理、情报信息传递、预警探测、情报传送与威胁监视的主要通信手段，是战略远程通信的支柱。DSCS 共发展了 3 代，目前在轨运行的是 DSCS Ⅲ，它由 12 颗工作星、2 颗备份星共 14 颗卫星组成，位于地球同步轨道，每颗卫星的设计寿命均为 10 年，能保证除两极外全球所有地区 24h 不间断通信。前 10 颗卫星每星通信总容量为 100Mbps，后 4 颗卫星每星通信总容量为 250Mbps。

UFO（特高频后继星卫星通信系统）是美军当前最主要的提供战术行动的窄带业务通信系统。它工作在 UHF 频段，部分卫星则搭载了 Ka 频段全球广播业务载荷，由 9 颗工作星和 1 颗备份星共 10 颗卫星组成。定点于地球同步静止轨道，覆盖地球南北纬 70°之间的所有区域。

MILSTAR（军事星卫星通信系统）是美军现役的受保护卫星通信系统，其研发初衷是确保核战争条件下的三军保密通信，主要保障最高作战指挥机构在紧急状态时能够顺利下达指令，核力量是该系统的最优先用户，其次则是陆海空等非核作战部队。MILSTAR Ⅰ工作在 EHF 频段，具有抗核加固能力和自主控制能力。卫星通过星间链路在空间完成组网，无须地面中继。它发展了两代，即 MILSTAR Ⅰ/Ⅱ。其中，MILSTAR Ⅰ包含两颗卫星，采用抗核加固技术，星上携带一个低速率通信载荷（LDR）、一个星间通信载荷，其中 LDR 用于战略战术部队的高生存性和最低限度通信，可发送和接收速率为 75～2400bps 的数字化语音和数据信息。MILSTAR Ⅱ则以战术通信为主，用 3 颗卫星形成全球覆盖的抗干扰卫星通信网，同时配置了低速率（LDR）和中速率（MDR）有效通信载荷，减少了用于核战争环境的加固型终端，大量使用非抗核加固的小型终端和便携式终端，增加了 32 个中数据率信道，总通信容量提高了近百倍，并能针对敌方的干扰实施自适应天线置零等抗干扰措施。

GBS（全球广播业务系统）是美国国防部在商用卫星直播业务的基础上发展起来的军用信息传输业务，上行使用 Ku 频段，下行使用 Ka 频段，数据传输速率最高可达到 96Mbps，可为广大军事用户提供多媒体信息的连续、高速和单向传输。GBS 允许联合作战人员在全球范围内发送和接收音频、视频和数据信息。它没有专门的卫星平台，只是将全球广播业务有效载荷搭载在 UFO 星座的第 8～10 颗卫星上，提供过渡性的准全球覆盖的军用全球广播业务能力。

近年来，美军认为传输速率仅为 250Mbps 的 DSCS 星座已远不能满足信息传输需求，规划了用宽带填隙卫星（WGS）来替代现有的 DSCS 和 GBS，提供宽带通信和全球广播分发能力，并成为实现高速卫星通信的首选平台。每颗卫星的传输速率均可达 2.4～3.6Gbps，与 DSCS 相比，通信容量将提高 10 倍以上，可以使各种平台、陆海空部队及其指挥员快速、实时地交互信息，为美国及其盟国提供更好的天基通信能力和全球广播服务。WGS 的特点是增加了星间链路，采用激光通信技术；同时在 X 波段的基础上增加了 Ka 频段的通信能力，从而可以传输更多的信息，并且具有更强的抗干扰能力。

由于 UFO 卫星使用寿命即将到期而带来的转发器性能逐渐下降，以及 UFO 系统容量不足的问题日趋明显，它将逐渐被新一代战术移动卫星通信系统——移动用户目标系统（MUOS）替代。MUOS 由 4 颗工作星和 1 颗备份星构成，仍工作在 UHF 频段，通过提高卫星天线收发增益，可以用于机动性更强、容量需求更大、对业务质量要求更高的作战平台。MUOS 采用第三代移动通信的商用 WCDMA 技术，通过星上多波束天线实现类似于地面蜂窝系统的覆盖，具备星间链路与星上处理能力，既适用于传统的 UHF 动态多址接入（DAMA）终端，也支持新的便携式终端，可将文本、声音、视频和多媒体信息传输给众多平台。

为降低成本，美军还计划用容量更大、性能更好的"先进极高频卫星通信系统"（AEHF）来替代现有的受保护卫星通信系统 MILSTAR。AEHF 由 3 颗卫星组成，覆盖南北纬 65°之间的广大地区，每颗卫星的容量均可以达到 430Mbps，可以容纳 6000 个用户，最低可提供 71.7kbps 的传输速率。它采用星间链路、星上处理、轻型多功能通信天线阵列和宽带频率合成等技术，提高了抗截获能力，支持实现视频、图像、数据等通信业务的实时传输，为美国战略和战术力量在各种级别的冲突中提供安全、可靠的全球卫星通信。与 AEHF 兼容的通信终端主要是"先进超视距终端系列"（FAB-T），它基于软件无线电技术，能够兼容未来波形，软件和硬件都遵循联合战术无线电系统（JTRS）所确定的通信体系结构。2012 年 6 月，FAB-T 首次完成了与在轨 AEHF 卫星的通信试验。

◎ 除了发展专用军事卫星通信系统外，美国还高度重视商业卫星的发展，而以 SpaceX 公司的"星链"（Star Link）卫星互联网项目为代表的新一代卫星通信系统，则标志着卫星通信步入低成本、低轨道、大规模的新型发展阶段。2018 年 3 月，美国联邦通信委员会批准星链进入美国市场运营。SpaceX 公司计划总计部署约 12000 颗卫星，其中包括 4425 颗轨道高度为 1100～1300km 的中轨道卫星，7518 颗轨道高度不超过 346km 的近地轨道卫星，预计 2025 年最终完成 12000 颗卫星部署时，可为地球用户提供总带宽高达 1～23Gbps 的超高速宽带网络。

星链星座具有一些明显的技术特点，如全球无缝覆盖、接入方便、时延小、容量较大；由于大量采用标准化和商业化部件，对单星的可靠性要求较低，同时降低了系统成本并且便于大批量快速生产；星座容错备份能力强，无须投入大量资金用于商业保险。

星链功能主要有两个部分：互联网服务和军事用途。星链通过低轨道通信卫星提供高速互联网服务，但其通信传输、卫星成像、遥感探测等应用也适用于军事领域。在俄乌冲突中，星链是乌克兰境内政府、军方及部分普通民众内外通信的重要手段，也是乌军一线部队与指挥机构间联系以及获取外部作战情报的关键渠道。以美国为首的北约利用其陆海空天电网的信息获取优势，通过星链向乌军提供了大量的实时高价值战场态势、俄军事部署及重要军事目标等情报。

IP 技术在数据链中的应用——TTNT（战术瞄准网络技术）

　　Link 16 数据链系统为美军构建三军联合作战体系作出了不可替代的贡献，美军认为支撑联合作战的无线通信主要有两种手段：一个是 Link 16 数据链，另一个是为解决不同数据链之间透明传输问题的 BACN（Battlefield Airborne Communications Node，战场机载通信节点）。如果说后者主要是为不同链路在战术级提供互联互通互操作的无线通信手段，前者则直接服务于战役、战术两个层次，不仅连接空基、地基和海基等传统作战空间的各个平台，甚至已向天基拓展，并支持电子战等情报的协同，从而成为连接陆、海、空、天、电等全域作战空间的主要手段。应该说，Link 16 数据链在设计之初就考虑了跨域的使用环境，在全域空间高效交换战术信息；同时，它可以提供作战单元与指挥所的直接连接，可以在全域空间内形成统一态势，这样的设计极具前瞻性，即使在未来相当长的一段时间内也难以被取代。而且，它本身始终在利用最新技术进行改进，可以不断扩展消息标准、提升性能和适应新的任务，凸显了自身设计的开放性。此外，考虑到 Link 16 数据链在设计之初的技术水平，设计者面向链路所受到的技术限制而形成的设计理念和采用的基本技术途径都是非常宝贵的，如果将这些理念和技术途径继承下来，在有更好技术条件的情况下，就可以进一步提升链路的抗干扰能力和可靠性等。因此，Link 16 数据链既极具作战价值，又极具技术价值。但是，如果我们抛开历史原因，仅仅从当前能否满足任务需求的作战视角及能否采用最新技术成果的技术视角来看，Link 16 数据链仍然存在着一些亟须解决的问题。

　　Link 16 数据链系统的待入网单元必须在战前事先规划，按在战斗中的不同作用被分配时隙长度与地址、标识等参数，并构建多重子网，耗时较长，且这种规划是静态的，即在作战过程中需要接入的单元必须是在事先规划之内的。此外，在作战过程中，时隙轮到某个单元时，如果想多"说"也不可能，不想"说"也得占时间。

　　Link 16 数据链系统的基本原理受到了当时技术的限制，可谓"戴着镣铐跳舞"，在设计和使用上必须充分考虑并不充沛的通信资源。数据链之所以将各类应用以格式化消息的形式表达，并采用专门的协议，原因之一也是如此，这在事实上造成了应用与链路的紧耦合，限制了链路对应用的开放性。也就是说，如果各作战单元之间的协同应用在数据链已经规定好的各类消息格式定义范围之外，这样的应用就不能被支持。此外，Link 16 数据链链路资源由于带宽较小、延时较大，难以支持视频或图像情报等大带宽传输，以及武器飞行参数及控制指令等低时延传输，而为了支持这些应用，就要发展新的数据链，如宽带情报链、武器协同链等，从而造成不同的业务需要不同的链，而不同的链之间又难以互联互通互操作。可以说，数据链的巨大成功是因为它将数字通信很好地与应用结合在一起，代表了当时数字通信和无线通信发展的最高水平，为它们带来了新的应用领域，既满足了重大作战需求，又极大地促进了技术发展。而着眼未来，数据链发展所要解决的重要问题之一，可能正是要将应用与链路松绑，让链路更方便地为应用服务，从而更好地展现它无可替代的价值。

在抗干扰能力方面，应该说，Link 16 数据链采用了频率跳变、频谱扩展等当时非常先进的抗干扰技术，在抗干扰能力方面明显优于短波数据链和超短波数据链。而且，当前通过采用软件无线电、认知无线电等技术，有望进一步提高频谱利用效率和对干扰环境的适应能力。但水涨船高，针对 Link 16 数据链的干扰机能力也在逐年提高，一定程度上抵消了它的抗干扰能力优势；再加上其通道数（2 条数据通道、1 条话音通道）相对较少，一旦遭遇强干扰，就会导致备用通道不足。最重要的是，即使某种数据链系统自身通过采用各种先进技术可以提高抗干扰能力，但站在由各类数据链所构成的整个战场的连通性角度看，对抗环境下节点高动态变化，其退网入网受扰、失效、阻塞等情况频发，网络拓扑变化剧烈，网络维护可能变得非常困难。

从战争实践看，1991 年的海湾战争和 2001 年的阿富汗战争让美军意识到，对付类似地空导弹发射架这种打了就跑的时敏目标，是最为头疼的问题之一；当务之急是建立从传感器到射手的信息传递网络，并缩短射手反应时间。除了在情报探测（如传感器）方面采取一定措施外，还需要一种新型高速宽带数据链，这是因为先前的 Link 16 数据链主要用于分发情报和指挥控制，传输速率较低，不适合控制战机或导弹等武器系统。

鉴于 Link 16 数据链存在的这些问题，以及通过战争实践意识到的新需求，加之 20 世纪 90 年代以来，以 IP 技术为核心支撑的计算机网络在民用领域的应用取得了巨大成功，美军开始将 IP 技术应用于军用战术数据链的探索，这就是 TTNT（Tactical Targeting Network Technology，战术瞄准网络技术）数据链，它主要用于高速机动的作战单元（如装有雷达导引头的导弹，其飞行速度可达 7412km/h，而常规数据链只能适用于最大飞行速度 1667 km/h）之间实现数据共享和控制武器，总传输速率可达 10Mbps，可容纳超过 200 个用户，单用户传输速率为 220kbps（传输距离大于 370km、小于 555km）、500kbps（传输距离大于 185km、小于 370km）或 2Mbps（传输距离小于 185km），新注册平台可在 5s 内接入网络，传输时延在 185km 内低于 2ms。

它采用 IP 协议和无中心自组网技术（Ad-Hoc）及 Link 16 数据链的 J 系列格式化消息集，从而提高了网络的开放性、入网的便捷性和应用的一致性。其中，Ad-Hoc 来源于拉丁语，意思是"专用的、特定的"，它是一种多跳的、无中心的和自组织的无线网络，又称为"多跳网"（Multi-hop Network）和"无基础设施网"（Infrastructureless Network）等。整个网络没有固定的基础设施，每个节点都是可移动的，并且都能动态地保持与其他节点的联系。当两个节点之间无法直接进行通信时，可以借助其他节点进行转发，每一个节点同时也是一个路由器，能完成发现及维持到其他节点路由的功能。Ad-Hoc 网络中的信息流采用分组数据格式，传输采用分组交换而不是电路交换，基于 TCP/IP 协议簇，有效结合了移动通信和计算机网络的一些特点。

E-3A 预警机通过 Block 40/45 的升级，加装了 TTNT 数据链，并于 2008 年 7 月 7 日至 8 月 1 日在加利福利亚州的"中国湖"参加了"帝国挑战"军事演习，验证了空军作战平台加装 TTNT 数据链后对空战指挥者、空中战斗机及地面控制器之间的协同效能。此后，TTNT 数据链也被加装于 E-2D 预警机。

TTNT 数据链可以看作美军为解决传统数据链存在的问题的一种尝试，在网络层所采用的分组交换、路由和协议压缩等技术——也就是对 IP 技术的应用，可以看作其主要特征。TTNT 数据链通过 IP 技术为成员入网和协同应用所提供的开放性，是当前各类技术手段中最好的，在 Link 16 等数据链的改进与跨不同链路的集成中，有着巨大的应用潜力。同时，由于 IP 技术在民用领域已经支撑构建了广泛的计算机网络并实现了多类应用，也有望成为将计算机网络与军用数据链系统深度融合、实现"结链成网"并支持多业务一体化运用的重要选择。当然，在具体实现中也要解决 IP 体制固有的一些与军事应用不相适应的问题。

在一个基于 IP 协议的计算机网络中，人人平等，各类用户与网络主机无差别上网，以报文为对象进行传输服务，对资源的占用是先到先得，不区分用户业务、权限与服务质量；数据在传输时与控制绑定，根据数据包和流量边选路边传输，链路拥塞无法预测，在移动和跨网时需要重新配置地址和路由。由于民用网络通常规模巨大，需要多个地址位来支撑大规模单元入网，在采用静态路由时，难以适应网络动态变化，采用动态路由算法在大规模条件下又容易造成计算开销大，甚至因网络的变动与跨越引起路由振荡，这些因素都可能导致军用条件下业务质量难以保证。此外，全网无区分编址，网络空间与用户空间不加以区分，还可能造成安全隐患。在军用网络中应用 IP 技术时，可以基于 IP 协议建立网络承载层来实现多类通信资源的统一调配、拓扑重建与业务管理。例如，军用网络的入网单元数要远远小于民用网络，因此可以构建更为轻量化的网络，从而在享受 IP 技术分组路由的好处以实现端到端跨链传输的同时，对不同的业务进行分级并结合网络承载层的网络管理功能，监控和调度网络资源，保障优先级高的信息优先传输；通过引入网络标识、完全自主定义网络节点的编址规则，并结合区块链等网络化认证等手段，隔离网络空间与用户空间并建立从网络空间向用户空间的映射，将网络行为全程记录，既能为业务提供网络服务，又避免从用户网络进入核心网络，从而保证网络安全。

分布式作战系统的先驱——"协同交战能力"（CEC）系统

现代海战中水面舰艇所需应对的挑战日趋严峻。例如，威胁目标不再只是空中投掷的炸弹等，而且还有敌方于空中、水面、陆地发射的各种导弹和精确制导炸弹，防空系统需要在复杂的作战形势下快速作出反应，仅仅依靠可能被打击的平台自身是很难完成的；某个作战平台由于自然环境及电磁环境的影响，如受到强烈干扰或受海浪影响等，难以对某个威胁目标保持连续有效的探测，防空能力可能显著下降；在与多军兵种甚至多国部队联合实施的军事行动中，广阔而复杂的战场环境加大了敌、友目标探测和识别的难度，等等。因此，美国海军出于水面舰艇协同防空和火控级信息协同的需要，于 20 世纪 80 年代后期开始研发"协同交战能力"（Cooperative Engagement Capability，CEC）系统，它通常被认为是一种继 Link 16 数据链之后的新型数据链，以此将各类水面舰艇的探测系统、指挥控制系统和武器系统及 E-2 系列预警机等作战单元有机联系起来，允许各舰以较高的带宽和较短的时延共享包括火控级信息在内的各种探测器获取的所有数据，从而实现多单元高度协同作战（图 7-13）。CEC 系统的主要功能有以下三个方面。

一是复合跟踪与识别（图 7-14）。将各类水面舰艇雷达的探测数据进行滤波、加权和集中，经综合处理后得出威胁目标的航迹，各舰可据此进行目标跟踪和识别。如果某舰载雷达由于受到干扰及视距遮挡等原因，在一段时间内未能继续对某个目标进行有效探测，可利用其他舰艇的雷达数据对目标航迹进行更新。

二是目标捕获提示。在 CEC 系统已形成目标航迹的情况下，如果某舰的雷达未能获得此航迹，CEC 系统可自动启动捕获提示功能，使雷达能快速捕获到目标，从而大大增加捕获距离或缩短反应时间。

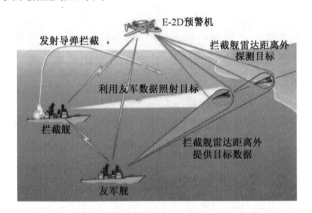

图 7-13　基于 CEC 系统的协同作战示意图

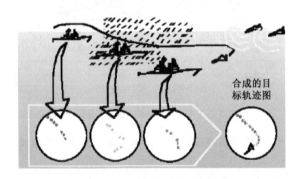

图 7-14　复合跟踪与识别

三是协同交战。使各水面舰艇能够共享其他舰艇获取的目标信息，克服自身的弱点和发挥自己的优势，发射导弹对目标进行攻击，被攻击的目标可以是本舰雷达未捕获到的目标，既可以遂行所谓的"超视距攻击"，也可以完成"A 射 B 导"或网络化接力制导，具体有多种协同交战运用模式（参见第十一章）。

CEC 系统的设备组成框图如图 7-15 所示。其中，数据分发系统（DDS）主要由相控阵天线（图 7-16）、高功率放大器、低功率放大器、信号处理器四大模块组成，保密网络控制器与协同作战处理器（CEP）连在一起，而 CEP 中又包含了舰艇各武器系统的底层接口。分布在每个平台上的 CEP 都执行相同的处理过程。

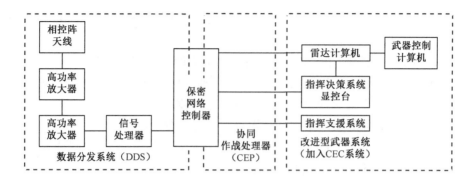

图 7-15　CEC 系统的设备组成框图

　　为了基于多个作战单元获得统一的综合态势图像，一是 CEC 网络中的共享信息是分布在各个地理位置上的、未经滤波的各类雷达的原始量测数据，二是各协同作战单元在获得相同的传感器数据时均采用相同的软硬件标准，其 CEP 均运用完全一致的数据融合算法进行滤波处理。因此，只要网络中的某个协同单元上的传感器探测到目标，CEC 网络内其他单元可不再依赖自身传感器，而是通过其他单元的雷达信息获得统一的综合态势图像，以便实现网络内各单元的互联、互通、互操作（如支持实现导弹接力制导等），从而大幅提高编队的协同防空能力。而由于 CEC 网络需要支撑原始量测数据的传输，同时也要支撑用以实施火力控制的高更新率、高精度、低时延和大容量数据，因此 CEC 网络的传输能力显著优于 Link 16 数据链，其传输速率在 10Mbps 量级。

图 7-16　E-2C 预警机的 CEC 天线（左，圆柱形）与舱内设备（右）

　　★ CEC 在形成统一态势的处理上也与 Link 16 数据链不同。Link 16 数据链也承担统一态势的功能，统一态势是 Link 16 数据链系统最为重要的应用。但 Link 16 数据链并不直接对来自各个平台的航迹执行融合，而是为航迹融合提供支撑，这种支撑主要来自 Link 16 数据链的航迹质量评价和报告责任机制。所谓航迹质量（Track Quality, TQ），是由发送航迹的单元确定对所报告的航迹位置信息可靠性的度量，而位置信息可靠性用与每个 TQ 值相关联的"位置精度"表示，它被定义为在报告时刻，实际定位的航迹点有 0.95 的概率落入某一个区域。报告责任则用来确保在链路上报告的航迹只来自拥有最佳目标位置数据的单元，它由首先探测或首先起始航迹的单元启动，并且应从分配给该单元的航迹号块中为已经启动并报告的航迹指定一个航迹号。如果某单元持有的本地航迹 TQ 值比从数据链上收到的远端航迹 TQ 值高，则该单元承担向链路报告航迹的责任；如果某单元持有本地航迹但是持续一段时间未收到远端航迹，则该单元也承担向链路报告航迹的责任。以预警机为例，情报综合是由专门的功能模块来完成的，在将本平台传感器的航迹信息与其他多源航迹信息进行融合时，如果存在来自 Link 16 数据链的信息，由于有着较高的来源可信度及航迹质量，Link 16 数据链的信息就能在融合时占据较高的优先级，从而为融合提供重要参考和依据。

　　2002 年，美国海军作战部部长冯·克拉克海军上将在进行"21 世纪海上力量"演讲时，进一步提出"海军一体化防空与火控"（Navy Integrated Fire Control-Count Air，NIFC-CA）概念，以 CEC 系统为核心，将先进的传感器系统和新一代超视距防空武器系统集成为一体，提供基于先进网络的分布式远程防御性火力，使美国海军具备对飞机和巡航导弹的超视距对空防御能力，构建能覆盖内陆纵深的海上对空防御体系。最早的构想是用于防空，主要组成部分包括宙斯盾系统、航母编队、"标准-6"导弹和 E-2D 预警机。其中，航母作为舰载机的起飞降落载体，也是编队的控制和管理中心；宙斯盾系统主要承担对空探测跟踪、复合跟踪与识别、协同打击指挥与控制、"标准"系列导弹发射与制导等任务；"标准-6"导弹是 NIFC-CA 系统的主要武器，具备较强的低空、超低空巡航导弹拦截能力，并具备有限的末端弹道导弹防御能力；E-2D 预警机是 NIFC-CA 系统的中心节点，用以提升航母编队雷达面临的地球曲率造成的低空盲区和地形遮挡的空域盲区问题，并将本机雷达系统获得的高精度目标要素传递给宙斯盾舰艇，经 CEC 系统复合跟踪处理，为宙斯盾舰艇上装备的"标准-6"导弹提供火控精度的数据，使宙斯盾舰艇能在自身雷达未发现目标的情况下发射"标准-6"导弹，实施超视距防空作战。当前，NIFC-CA 系统已由最初的具备防空能力逐步发展为具备分布式、网络化的协同作战能力，该构型以获取高品质传感器数据、提升系统弹载量和远距作战为目的，将 F-35 战斗机、EA-18G 飞机、F/A-18E/F 飞机和无人机等前出节点纳入该系统，进一步发展多平台协同、多构型协同及协同探测、协同指挥和协同打击能力，其中，F-35 战斗机可以利用其隐身和相控阵雷达能力，将 NIFC-CA 系统的体系感知范围向敌方前沿拓展，深入敌方空域中心收集 ISR 数据，对来袭目标进行更高精度的跟踪，并为 F/A-18E/F 飞机或者宙斯盾舰艇发射远程拦截导弹提前提供目标引导，面对高威胁时也可以对导弹进行末制导，提高 NIFC-CA 系统打击一系列复杂目标的能力；EA-18G 飞机则可以通过 F-35 战斗机较早获知来袭目标的位置信息和攻击意图后，实施远距离支援干扰（见第九章）；F/A-18E/F 飞机则主要作为武器库和攻击平台使用。在引入 F-35 战斗机等作战单元后，E-2D 预警机在继续承担原有任务的同时，进一步在后方制空和舰载机通信中继等方面发挥作用。

发展中的预警机数据链

　　预警机上的通信与数据链系统（以下简称"通信系统"），按照国外先进国家的发展实践来看，通常都不是仅仅为预警机或哪一种装备研制的，是通用性很强的装备，在预警机上主要开展以加改装为主的集成。但即使是全军统一建设的装备，考虑到预警机的特殊性，其集成也会具备自己独有的一些特色。同时，考虑到战争形态的演变和作战样式的变化，通过与预警机有关的应用创造出新的需求，从而反过来牵引通信与数据链装备的进一步发展，也是有可能的。在不远的未来，预警机的通信系统可能具备以下四个方面的能力特征。

高生存力。通信系统作为基础设施，是现代信息化战争形成体系对抗形态的主要支撑，但如果不能很好地解决适应复杂环境的问题，就可能成为作战体系的"阿喀琉斯之踵"，因此，通信系统应该在未来强干扰条件下仍然能够完成作战任务，但目前的军用通信系统在强干扰条件下要想达到与非干扰条件比较接近的通信水平，需要将干扰能力再提升数十分贝，同时还要求某些节点在丧失工作条件或退出某种工作模式的情况下能够迅速重新进入或恢复，并通过节点冗余设计或功能动态补偿来提高生存能力。

快速传输。未来，预警机将与更多的作战单元进行协同，完成对空目标探测、对舰船及地面目标探测、无人机控制、大范围战场情报综合、对非协作目标识别信息的网络化联合确认及火力控制级信息传输等功能，由此带来的机间协同需求迅速增长，数据量空前增大，通信系统应该具备更大带宽、更低时延的传送探测、识别和控制等信息能力。以美军 E-3 预警机开展的与"全球鹰"无人机的协同作战试验为例，协同过程中，预警机可能需要接收无人机的对地侦察情报，单架无人机的数据量即可能达到数十兆字节，如果同时协同多架机，空空通信传输数据量将达百兆字节量级；如果需要与执行空中目标探测的无人机或其他预警机开展空中多基地雷达（见第九章）协同探测应用，则空空通信传输数据量将增大至数百兆字节。

多链一体。由于历史原因，通信系统种类较多、多链并存，每一种链都对应特定的业务且又有着存在的合理性或使用优势，而由于预警机有较多的空间与电力等资源，因此可以集成更多的通信手段。同时，随着预警机功能的不断增强，又可能在未来集成包括新一代民用卫星通信、无人机测控链路等在内的更多手段。所以，作为空中通信与指挥枢纽的预警机，对互联、互通和互操作的"三互"能力要求尤其突出，必须解决不同链间的多业务综合、一体化集成、透明接入与转发等问题，显著提升其连接多种单元和适应多类任务的能力，既实现同种业务的多链和多手段传输，又实现不同业务的一体化运用，并减轻操作员的负担。

动态适应。除了高的生存力要求通信节点能够快速接入或退出网络，具备一定的动态适应能力，减少预规划的时间也有重要意义。Link 16 数据链规划时间需要以"天"为单位，显然难以满足高动态、快响应和大规模的实战要求，必须具备动态规划的能力。同时，多业务一体化所要求的各链路之间的"三互"操作，背后隐藏着不同业务下对信息传输质量的不同要求。例如，有时要求大带宽，有时要求低时延等，从而要求通信系统必须是服务化的，以根据不同的业务实现按需保障；必须是鲁棒的，以适应信息传输需求和战场环境的变化；必须是智能化的，以在多种约束条件下快速给出管理决策，而不依赖于人的干预。

为支撑实现上述各种能力需求，预警机通信系统需要具备以下五个方面的技术特征。

定向辐射。预警机上通信系统抗干扰的瓶颈问题，可以充分利用预警机的特点在系统综合层面予以一定程度的解决，如雷达通信一体化或专门配置定向通信天线：前者在雷达和通信频段比较接近的情况下可以采用，后者则与雷达系统所处频段弱相关。通过天线的定向和高增益特性，改善全向通信系统的抗干扰水平，如果能够同时利用 PD 雷达 5M 或更高的信号处理带宽，还可以兼顾提升传输速率。假设定向通信天线的增益在 30dB 以上，加上目前无线通信通过采用扩跳频等手段所获得的接近 20dB 的抗干扰增益，其总的抗干扰增益可达 60dB，接近有线传输所获得的高抗干扰特性。当然，将通信由全向变为定向，就需要波束扫描以搜索和确定通信对端所在的位置。但由于通信对端本来就是合作目标，预警机可以利用自身的雷达和敌我识别器等手段，在发现目标并确定目标属性后进行通信。同时需要指出的是，定向辐射不是取代当前采用全向模式的现役通信系统，而是在兼容其通道、端机和处理设备的基础上，提供一种新的应急的和备份的工作模式。

软件定义。软件定义对数据链系统可能带来的增量首先可能在于"软件化"，由于需要变革其基本组成模块的形态，将更多的硬件改用软件实现，从而可以有效降低装机的重量和体积；其次可能在于"可定义"，通过与综合化相结合，建立更加开放的架构，并引入智能化的因素，可以使多类业务变得更加易于调度和管理，实现应用的服务化，但是它也会带来复杂度高、系统稳定性降低甚至部分性能指标下降等问题，因此在工程应用中常常要全面权衡。

◎ 2021 年 4 月，波音公司开始采用软件定义无线电台 SWave SRT-800 用于北约的 E-3 预警机，以替代 UHF/VHF 电台、卫星通信设备、单信道地面和机载无线电系统（SINCGARS）及其加密设备。它具备软件可现场编程与加密功能，配置多种窄带和宽带波形，拥有更好的抗干扰和超视距通信能力。

智能天线。智能天线又称"自适应天线阵列""可变天线阵列"或"多天线"，比较多地应用于雷达领域，后来发现其在信道扩容和提高通信质量等方面具备独特优势而被引入军事通信。在雷达领域，智能天线通过数字化波束和智能信号处理来判定信号的空间信息，跟踪或定位信号源，并在空间筛选被接收的信号。在通信中，该技术可以类似地用于对发送信号和接收信号进行最佳处理，实现多路数据同时传送，支撑多节点组网，能在不增加带宽的情况下成倍提高通信系统的频谱利用率，并有效降低误码率，是新一代民用无线通信应用的重要技术之一。应该看到，多年来数据链通过综合化设计，较好地解决了底层资源的汇聚问题，但在空间资源和能量资源的有效利用方面，仍有较大的潜力。而通过数字波束形成（Digital Beam Forming，DBF；参见第九章）和同时多波束等应用，就可以更充分地利用空间和能量资源，在此基础上，通信系统通过一体化设计或孔径共用来获得多通道和高增益的优势，这可能是智能天线首次在预警机上的应用。另外，智能天线在军事通信中的进一步应用，还需要解决更多技术难题。例如，多径传播引起的频率选择性会增加信号处理的复杂性；在未来高速移动通信条件下，精确实时地跟踪信道状态变化，等等。

无线 IP。美军在世界范围内较早地开始了 IP 技术应用于军事无线通信领域的探索，如 TTNT、BACN、机载战术目标网关（Objective Gateway，OG）及下一代高级战术互联网——指战员战术信息网（War-fighter Information Network-Tactical，WIN-T）等计划，应用于包括 E-3 预警机在内的空中通信节点，并在 E-2D 预警机中配备了基于自组织网络技术的机舰联合任务规划系统（Joint Mission Planning System，JMPS）和多任务先进战术端机（Multi-mission Advanced Tactical Terminal，MATT），支撑实现无中心自组网、开放接入、快速规划和跨链中继/桥接等功能。同时，正如上一小节所指出的，

IP 技术也能为多链集成提供网络化的承载层，从而为机载通信达到空前水平提供重要的技术基础。

新型编码。以 4G/5G 为代表的现代民用通信技术存在频谱利用率高、通信容量大等优点，4G 通信的动态下行速率在理论上已达 100M 以上，5G 通信的动态下行速率在理论上可达 1G 水平，这些看起来非常高的指标无疑对于军用无线通信系统具有巨大的诱惑力。当前的部分研究结果表明，通过借鉴 4G/5G 的编码方式和帧结构，并研究新的频移估计算法和完善波形库的构建等措施，有望使空基无线通信获得更为理想的性能。但由于军用通信系统要具有较高的抗干扰能力、较远的通信距离、较低的时延和较高的信道可靠性，并且需要克服高移动速度所带来的多普勒效应，因此从一定程度上看，军用通信技术与民用通信技术是两个不同的跑道，民用通信技术在军用领域的应用面临巨大挑战：一方面，需要民用通信技术领域深刻认识军用无线通信的技术特点与使用特点；另一方面，需要军用通信技术领域更加准确地把握和表达需求。两者强强联合，聚优融优，从而共同避免基于民用通信技术研制出来的军用通信系统"看上去很美、装上去不行"。

◇ 毛泽东同志在《矛盾论》中指出，"对于物质的运动形式，必须注意和其他各种运动形式的共同点；但是，尤其重要的，成为我们认识事物的基础的东西，则是必须注意它的特殊点，就是说，注意它和其他运动形式的质的区别。只有注意了这一点，才有可能区别事物。"这段话极为精辟地说明了事物普遍性与特殊性的关系，特别是特殊性对于认识事物的价值。预警机的通信与数据链系统，类似于第六章介绍的敌我识别器/二次雷达，是通用信息系统在特定平台上的集成，一方面要遵循统一的软硬件标准与规范，以满足多军兵种联合作战的互联互通互操作等要求，这是通信与数据链作为通用系统要遵循的普遍性约束；另一方面，绝不能因此忽视在预警机这种特定平台上应用所带来的一些特殊性问题，它有着不同于其他装备的明显特点，对这些特殊性问题的认识与解决的程度，在很多应用场合下决定了实际效能发挥的程度。例如，与其他空基平台的应用相比，其平台规模较大，允许集成更多的系统及配备更多的人员，在集成方式、多链管理的方法与内涵、人员操作、系统兼容性及克服平台对自身性能的影响等方面有着较高的需求。同时，由于其飞行范围更大、协同单元的数量与所要传输的信息类型更多，加上预警机作为高价值装备的定位，也会面临更多的干扰与攻击，其在复杂环境与体系环境中的可用性和易用性需要进行专门研究。特别是随着作战样式的演变，与预警机相关的协同运用需求会显著增多，如预警机自身的编队协同及预警机与无人机等新质装备的协同等，都要求在消息格式定义、协议选择、硬件产品形态、软件配置及运用方式等不同层面，创造性地将普遍性和特殊性协调好、处理好，从而为联合作战提供能用、好用和管用的无线基础设施。

参考文献

[1] 骆光明. 数据链——信息系统连接武器系统的捷径[M]. 北京：国防工业出版社，2008.

[2] 何非常. 军事通信——现代战争的神经网络[M]. 2 版. 北京：国防工业出版社，2008.

[3] 梅文华，蔡善法. JTIDS/Link 16 数据链[M]. 北京：国防工业出版社，2007.

[4] 霍元杰. HF/VHF/UHF 航空数据传输链路规约综述[J]. 电讯技术，1998（3）：4-12.

[5] 李云茹. 战术数据链及其应用技术[J]. 中国电子科学研究院学报，2007（4）：211-217.

[6] 邱千钧，范英飚，陈海建，等. 美海军舰艇编队协同作战能力 CEC 系统研究综述[J]. 现代导航，2017（6）：457-462.

[7] 李天荣. Link 16 动态组网技术研究[J]. 现代导航，2013（2）：140-142.

[8] 蔡晓霞，陈红，郭建蓬. JTIDS 通信信号结构分析[J]. 舰船电子对抗，2004（6）：20-25.

[9] 蒋春山，邵国峰. 无参考点 Link16 信号定位方法研究[J]. 中国电子科学研究院学报，2015（4）：367-371.

[10] 曹晨，张鹏. 新一代预警机通信系统的主要特征[J]. 电讯技术，2015（12）：1182-1186.

第八章　从陀螺飞转到"星星点灯"

——预警机上的导航系统

　　导航系统的作用，一是要告诉人们"我在哪里"，二是要告诉人们"我该往哪里去"。人类很早就知道北斗七星指北，启明星指东，这大概是人类最早可以利用的导航信息。但研制出的最早的导航设备，大概算是传说中黄帝部落与蚩尤部落在公元前2600年发生的涿鹿之战中使用的指南车（图 8-1），那时还没有作为四大发明之一的、同时也是导航手段的指南针。指南车使黄帝的军队在大风雨天中仍能知道当前的位置，并且能辨别出前进的方向，从而取得了战争的胜利。几千年过去了，虽然导航系统的种类和先进性已今非昔比，但仍然要解决这两个基本问题。特别是，由于在预警机的飞机平台上加装了像雷达、通信、电子战等对导航数据高度敏感的系统，并且常常要长时间巡航，这更是对飞机的导航系统提出了更高的要求，它不仅要告诉预警机当前在哪里，应该飞向哪里，也要给全机的电子系统长时间提供准确的基准信息。那么，导航系统的基本原理是什么，主要手段有哪些，在预警机中是如何应用的，又是如何保障预警机上的所有电子设备正常工作的呢？在给出答案之前，先让我们从小时候玩过的陀螺说起。

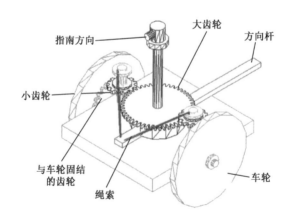

图 8-1　指南车的组成

陀螺中隐藏的奥秘

在不少读者童年的回忆里，可能都会有一个旋转着的陀螺（图 8-2）。在鞭子的抽打之下，它有两个基本特性：一是它的自转轴，也就是它的几何对称轴，在没有外力的作用下，其轴线总是指向一个固定的方向，这个特性称为"定轴性"，它是陀螺惯性的一种表现。陀螺越重、转得越快，这种惯性就越大，也就是保持指向固定方向的能力就越强。这个原理在轻武器中也有应用。比如，读者所熟悉

图 8-2　旋转的陀螺

的来福枪，为了使子弹在飞行中的方向更为稳定，需要使子弹在出膛前旋转起来，子弹在飞行时实际上是高速旋转的。来复线的作用就是为子弹的螺旋运动提供通道。此外，陀螺被鞭子抽打后，随着自转，会"摇头晃脑"，其自转轴不会再指向竖直方向。这种情况说明，陀螺在外力作用下，在保持自转的同时，自转轴本身会围绕另外一根轴线转动，其轨迹处于一个圆锥面上，而这个圆锥的中心轴线就是自转轴旋转时所围绕的轴，这就是陀螺的"进动性"。陀螺的定轴性和进动性分别说明了陀螺在高速旋转时，没有外力作用和有外力作用情况下的运动特点，这就是隐藏在陀螺中的奥秘，而这个奥秘就是惯性导航的基础。

惯性导航——导航系统中的"全能冠军"

要想让预警机顺利地飞向目的地，需要保持正确的姿态，并且朝向正确的方向。为了能够预计到达目的地的时间，除了要知道目的地的位置外，还要知道当前在什么位置，并以适当的速度飞行。这里面有几个要素：一是姿态，二是位置，三是速度。就姿态来说，可以从俯仰、横滚和航向三个独立的运动方向来度量。例如，飞机的抬头和低头是俯仰方向的运动，飞机的左翼抬起右翼下沉是横滚方向的运动，飞机在水平面内改变机头的朝向是航向方向的运动。由于陀螺的定轴性使陀螺在高速旋转时有着指向某个固定方向的能力，所以，可以设置三个其轴线分别指向不同方向的陀螺，陀螺轴线的指向就是基准方向，当飞机姿态变化时，实际的姿态就可以用相对于基准方向的偏离来测量。

应用于惯性导航中的陀螺（图 8-3），除了传统的机械式陀螺以外，人们还发明了光学陀螺（主要包括激光陀螺和光纤陀螺两种），用以取代机械部件、减轻重量、提高可靠性和改善精度，它们都是根据法国物理学家萨格纳克的理论发展起来的。当同一光束被分光镜分开后，分别在一个环形的通道中沿两个相反的方向（顺时针和逆时针）前进时，如果环形通道本身有一个转动速度，那么两路光线分别沿着和逆着通道转动的方向所走的路程将有所改变，从而到达相会点的相位也随之有所变化。因此，这两路光线叠加时，会产生不同的干涉条纹。由于环形通道和分光镜都是转动的，因此，干涉条纹也会转动，而且转动速度与环形通道本身的角速度成正比。光纤陀螺（图 8-4）

利用光程变化所导致的相位的变化来测量环路的转动速度，激光陀螺利用环路转动时光的谐振频率发生变化来测量环路的转动速度。

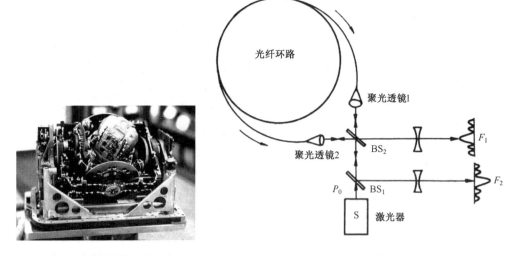

图 8-3 惯性导航中的陀螺　　　　　图 8-4 光纤陀螺的原理

根据陀螺仪是否安装于伺服平台，惯性导航又可分为平台式惯性导航和捷联式惯性导航。

前面介绍过，惯性导航陀螺轴线的指向在高速旋转时是固定的；如果将陀螺安装在伺服平台上，利用陀螺的定轴性，通过伺服平台就可以使陀螺旋转轴指向始终保持在初始的基准方向上，也就实现了当飞机平台姿态发生变化时，通过伺服平台的转动使陀螺指向保持不变，而伺服平台的转动角度就是飞机与基准方向的角度偏差，即飞机的姿态信息。这就是平台式惯性导航。

捷联式惯性导航则没有伺服平台，惯性导航陀螺与飞机相对固定安装，而且惯性导航也常常选用测量角速度单位更大的激光陀螺或光纤陀螺。通过把飞机的运动状态用数学的方法表示出来，并且通过计算机软件从数学上将飞机的运动抵消掉，从而构建一个所谓的"数字化平台"，来实现飞机的姿态变化同基准指向的隔离，从而减小设备的重量和体积，并且由于没有了复杂的机械结构，也提高了设备的可靠性。

但是，惯性导航仅有陀螺是不够的。因为飞机的姿态变化是由飞机的运动引起的，而飞机的运动包括转动和平动两大类，陀螺只能测量转动量，平动的测量还要依靠加速度计（图 8-5）。加速度计可以测出在三个不同方向上的加速度，由于加速度是速度随时间的变化率，知道了时间和初始速度，就能计算出当前速度；而速度是距离随时间的变化率，知道了速度、时间和最初的位置数据，就能计算出走过的距离，就知道了当前的位置。

利用陀螺和加速度计工作的导航系统，就称为惯性导航，因为利用了牛顿的惯性力学规律而得名。通过刚才的介绍，我们可以看出，惯性导航仅仅依赖于自身的陀螺、加速度计等传感器，不需要利用外界的导航台、无线电波，也不向外辐射能量，所以，应用不受外界环境的限制，可以用于海陆空天和水下；并且隐蔽性好，又不可能被干扰，无法被敌人利用，生存能力强。而且，惯性导航可以提供包括加速度、速度、位置、姿态和航向等最全面的导航参数。它的自主导航特性和导航参数完备的能力，使得惯性导航成为导航系统中的"全能冠军"。

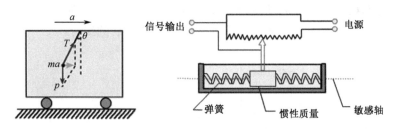

图 8-5　加速度计的原理

并不完美的惯性导航

惯性导航有一个明显的缺点，那就是它的定位误差随着惯性导航工作时间的增加而变大，称为"漂移"。理解惯性导航的漂移特性，需要利用惯性导航陀螺的进动性。当有外力作用时，陀螺会发生进动，其轴线的指向会发生变化，这样造成了陀螺轴指向与基准方向发生偏差。由于加速度计测量的分别是三维基准方向上的值，实际上是飞机加速度在三个基准方向上的分量，因此，在陀螺指向与基准方向发生偏差后，加速度的测量值就不再正确。而由于位置数据是加速度乘以时间得到速度后再乘以时间得到的，因此时间越长，位置误差就越大。

此外，惯性导航在工作前，需要有一定的时间进行基准方向对准，这个过程称为"初始对准"，这对惯性导航的作战使用有一定影响。这个特点与前面介绍的惯性导航的姿态与位置测量及时间有关，这就需要惯性导航在开始工作前必须准确测量初始时刻自身与基准方向的关系，而这个基准方向实际上就是惯性导航工作的惯性坐标系。通常，惯性坐标系选择飞机的重心作为坐标原点，两个坐标轴在地理水平面内，一个指东，一个指北；另一个坐标轴垂直于水平面，向上指天，称为"东北天坐标系"（图 8-6）。对平台式惯性导航而言，东、北、天三个方向就是三个陀螺的轴线的目标指向。由于人们所需要的姿态通常从俯仰、横滚和航向这三个维度（也就是机体坐标系，这个坐标系的原点仍然在飞机的重心，且一个坐标轴垂直于飞机所在的平面，另外两个坐标轴与飞机在同一平面，一个指向翼展方向，另一个指向机头方向）描述更为好用，所以，惯性导航通过解算惯性坐标系和机体坐标系之间的转换关系，就可以得出飞机的三维姿态信息。

由于惯性导航的定位会随时间漂移，这就给需要长时间利用惯性导航工作的预警机带来了麻烦。预警机空中巡逻通常在 6h 以上。惯性导航的典型定位误差是第一个小时内不大于 0.8nmile（1nmile=1.852km）；如果连续工作 6h，平均每小时的漂移误差可达 2nmile 以上，累计误差则可能高达 12nmile。如此大的定位误差，无论对于预警机自身的惯性导航还是引导协同作战的战斗机，都是不利的。

人们想到解决这个问题的办法，就是利用组合导航，也就是把不同工作原理的导航设备组合起来使用，达到扬长避短的目的。最常用的组合导航是把惯性导航和无线电导航结合起来，一方面利用惯性导航获取的导航信息丰富、自主性好、不易受干扰，另一方面利用无线电导航获取的定位精度非常稳定且非常高。对于惯性导航和无线电导航的组合，预警机中应用最多的是惯性导航和卫星导航的组合。

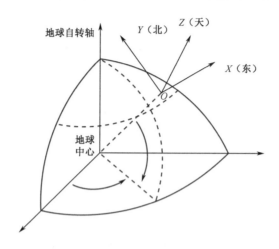

图 8-6　东北天坐标系

"斯普特尼克 1 号"催生全球定位系统（GPS）

1957 年 10 月 4 日，苏联科学家把人类历史上第一颗人造卫星"斯普特尼克 1 号"（图 8-7）送入太空，开创了人造天体的新时代。由于正值冷战时期，"斯普特尼克 1 号"毫无征兆的成功发射，引起了西方的极大恐慌。准确测量该卫星的轨道，不再仅仅是科学家的任务和天文爱好者的兴趣所在，也事关国家安全。于是，在"斯普特尼克 1 号"发射后的第三天，美国约翰斯·霍普金斯大学应用物理实验室的两名科学家捕获并跟踪到了卫星播发的无线电信号，通过测量计算无线电信号的多普勒频移，给出了卫星的运行轨道，并随后提出了"反向观测方案"，即通过观测卫星在轨道中的位置，计算出地面信号接收机的位置，这就是利用卫星进行导航和定位的起源。

历经 30 多年的建设，1995 年 7 月，美国国防部宣布全球定位系统（Global Positioning System，GPS）完全建成，它由空间卫星星座、地面用户设备（接收机）和地面控制站三大部分组成（图 8-8）。用户在定位时，无须向卫星发射信号，只需接收至少 3 颗卫星信号并进行相应处理即可。如果一个无

图 8-7　苏联为人类历史上第一颗人造卫星发射 10 周年发行的纪念邮票

线电信号从一颗卫星传输到地球上的一个 GPS 接收机的时间间隔为 0.067s，则 GPS 接收机可以算出卫星在 20000km 外，因为它等于 0.067s 乘以无线电的传输速度（3×10^5）km/s。这意味着 GPS 接收机必定位于一个半径为 20000km 的球面上的某个地方，这个卫星是该球面的中心。如果同时能够利用另外两颗卫星进行相同的测距运算，结果就是三个相交的球面会相交于一点，这一点就是 GPS 接收机所处的位置。因此，理论上，如果 GPS 接收机能够同时"看到"三颗卫星，就能完成测距（图 8-9）。

图 8-8　全球定位系统组成

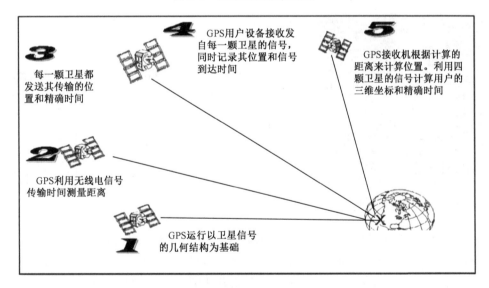

图 8-9　GPS 定位过程

在实际使用中，通常要求看到四颗卫星才能测距。如前所述，GPS 接收机的位置是通过时间来计算的，因此，时间能不能测准，就是 GPS 定位的关键。GPS 时间的计算是通过 GPS 接收机的时间和 GPS 卫星上的时钟时间的差值来获得的。由于这两台钟所指的时刻与真实时间相比都存在误差，所以，算出的距离不准确，因此称为"伪距"。准确距离的获得，需要知道 GPS 卫星上的时间同真实时间的差异，以及 GPS 接收机的时间同真实时间的差异。由于 GPS 卫星上的时钟是准确度较高的原子钟，且它们与真实时间的偏离可以从 GPS 卫星播发的导航电文中得到，经过改正后，可以认为各个不同卫星上的时钟基本是一致的（相差在 20ns 内），且是已知的；而 GPS 接收机所使用的是石英钟（如果也是原子钟，可能你能买得起汽车，但买不起车载的 GPS），它们与真实时间相差较大，是未知的。这样，为了求得更准确的距离，除了前面提到的三个伪距代表的未知数外，还有地面 GPS 接收机同准确时钟的差值，一共是四个未知数，因此，需要求解四个方程，所以，就需要利用第四颗卫星。

当然，上述定位过程中，还有一个参数是需要知道的，那就是每颗卫星自身所处的位置，它就是我们前面讲到的定位所需要的球面的球心。这个信息携带在卫星向 GPS 接收机播发的导航电文里。导航电文里除了卫星位置以外，还有卫星钟同标准钟的偏差、考虑到当前大气传播对电波影响后的可能修正值等信息。

由于 GPS 的 24 颗卫星中（图 8-10），每颗卫星每 12h 绕地球一周，这样看来，在任何时刻、在地球的任意地方，理论上都能看到 12 颗左右的卫星，而要定位，只需要四颗卫星就够了。所以，GPS 的设计有一定的余量，用户可以选择几何位置最佳、信号最好的四颗卫星来实现准确的定位。当然，由于气象或地形遮挡等原因，也可能一个 GPS 卫星的信号都收不到。

GPS 提供了两种不同的定位精度，分别称为"标准定位服务"（SPS）和"精密定位服务"（PPS），其定位精度如表 8-1 所示。美国政府规定，SPS 提供给民间用户使用，PPS 只提供军方和特许的用户使用。

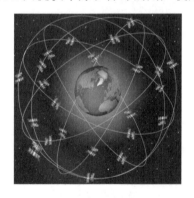

图 8-10 GPS 卫星分布示意

表 8-1 GPS 的标准定位精度与精密定位精度

项目	PPS	SPS
水平位置（m）	21	100
垂直位置（m）	29	140
速度（m/s）	0.2	2
时间（ns）	200	340

在两种精度的服务中，使用了不同的码元；根据其所采用的码元类型，也可以称为"C/A 码"和"P 码"。SPS 使用的是 C/A 码，码长为 1023 个码元，即在每秒钟内，各个码元进行 1023 次从数字 0 变为数字 1 或者从数字 1 变为数字 0 的变化，这 1023 个码元每秒各重复 1000 次，即 1.023MHz，或每一百万分之一秒跳动一次。在 PPS 中，采用 P 码，码长非常长，码速为 10.23MHz，即每千万分之一秒跳动一次。GPS 接收机通过对比码元的跳动来计算从卫星到 GPS 接收机的时间，然后再转换成距离。显而易见，P 码的时间精度高了 10 倍，距离精度也相应高了 10 倍：用现代信号处理技术计算码元跳动的时间精度是码宽的百分之一，一百万分之一秒折合出来的距离是 300m，

它的百分之一就是 3m，而 P 码的精度是这个数值的十分之一，即 0.3m。因此，理论上，在计算 GPS 定位误差的时候，其精度要优于 3m。但是，GPS 定位到底能够准确到什么程度，还跟很多其他因素有关。

比如，卫星时钟本身的误差所导致的距离误差为 1.5m 以内，卫星位置误差所带来的距离误差为 0～30m，卫星信号在传播过程中由于电离层和大气层的影响而带来的距离误差为 60m 左右，GPS 接收机本身的电子噪声引起的距离误差为 10m 左右，因此，总的定位误差，对于民用及多次反射所引起的距离误差，在每一种误差因素都取最恶劣的情况时，在 100m 以内。可以看到，GPS 的定位误差来自电离层和大气层，因为电离层中的气体分子和大气层中的水蒸气分子会折射 GPS 的微波信号，使其在从卫星到 GPS 接收机的路线中会稍微弯曲一下，导致 GPS 接收机把弯曲的路径当作直线路径，从而引入误差。无线电波信号频率越高，这种现象越明显。由于电离层和大气层对 GPS 的误差有如此巨大的影响，因此，在卫星的导航电文中，会包含对电离层和大气层的修正参数，能够消除 50%～70% 的误差。

说到这里，也许有人会问，我的手持 GPS 接收机或导航 App 给出的定位数据到底有多准？其实准确的回答是：不知道！因为 GPS 的准确率每秒钟都在变化：卫星轨道在不断变化，电离层在不断变化（白天和黑夜能差几倍），大气层的温度、湿度和气压也在不断变化，所以这些因素引入的误差也在变化。如果非要一个答案，以手持 GPS 为例，误差的大致范围是 10m，当然，这个标称值是在最好的条件下算出来的，就像汽车的百公里油耗指标一样，也许永远都不能达到。而且，这个位置误差的定义，是指在你周围画一个半径为 10m 的圆圈，你只有 50% 的可能性在这个圆圈里面，这种衡量 GPS 误差的方法，称为"圆概率误差"。

在 GPS 试运行阶段，由于提高了卫星钟的稳定性和改进了卫星轨道的测量精度，在电离层和大气层传播比较理想的情况下，使用 C/A 码进行定位的精度曾一度达到 14m，而利用 P 码进行定位的精度达到 3m。同时，由于一些厂家又获得了破译和跟踪 P 码的技术，这样 GPS 的应用范围和定位精度大大超过了原先美国对 GPS 限制使用的初衷。于是，美国政府对 GPS 实施了 SA 政策和 AS 政策，它的目的是降低 GPS 的定位精度，使 GPS 技术的应用限定在美国政府最初的设想内。

SA 政策即"选择性可用"政策，它的第一个办法是，向 GPS 卫星的基准频率引入更多的电子噪声，使 GPS 接收机对时间的测量误差增大（时间就是对频率的测量，通过把振动的周期与振动的频次相乘，就得到了时间），从而降低了定位精度。它的第二个办法是，人为地降低卫星星历中轨道参数的精度，当然，也降低了定位的精度。采用这两项技术后，C/A 码的定位精度由试用阶段的 14m 调整至 100m。

AS 政策即"反电子欺骗"政策，其目的是保护 P 码。它将 P 码与更加保密的 W 码组合形成新的 Y 码，这样使能够跟踪 P 码的接收机不能正常使用，限制了非特许用户群的进一步发展。

为了应对 SA 政策所带来的误差，使用者发展了差分定位技术。假定两台 GPS 接收机同时观测同一组卫星，显然，由于 SA 政策附加的轨道误差及时钟误差是相同的，由此引起的伪距或位置测量误差都是相同的，因此，如果建立一个已知精确位置的 GPS 基准站（其位置不一定通过 GPS 定位来获得），并且让这个 GPS 基准站也利用这一组卫星工作，得到相应的 GPS 定位数据，将这个定位数据同其已知的精确位置进行比对，得到位置修正量，再将此修正量发给其他用户，GPS 接收机将此修正量加到测量出的伪距上，就消除了 SA 政策的影响。从差分 GPS 技术中可以看到，这种方法也消除了电离层和大气层传播的消极影响。

为了应对 AS 政策，有的公司采用了 Z 跟踪技术。这一技术不要求知道 W 码的具体结构，它通过实验的方法，大致测出 W 码的定时信号的特征，从而提取 Y 码。这种方法在实现的同时，能够提高接收机信号能量和噪声能量的比值，使 GPS 静态定位的精度在理想情况下可以达到毫米级。

鉴于国际上 GPS 用户对 SA 政策和 AS 政策的反对，以及各大公司对 SA 政策和 AS 政策的技术对策的加强，以及其他一些原因，美国政府最后宣布放弃 SA 政策。总的来说，美国政府当初提出对 GPS 使用的限制性政策，既是对卫星导航技术在民用中的需求估计不足，也是对广大使用者的智慧估计不足，也许正所谓"高手在民间"。

中国的北斗，世界的北斗

为打破美国对卫星导航的垄断和对其使用的限制，有些国家力图发展自己的卫星导航。苏联首先发展了 GLONASS 系统，欧洲后来发展了伽利略系统，我国于 2000 年10 月和 12 月分别发射两颗"北斗一号"卫星，称"北斗双星"，从而开启了我国独立自主地利用卫星进行导航的时代。2003 年，第三颗卫星作为备份星被送入轨道。这三颗卫星及相应的地面处理设备组成了"北斗一代"导航系统。

由于"北斗一代"只有两颗卫星，还未能实现全球覆盖，只是可以满足我国及我国周边地区的卫星导航需求。在定位原理上，也不同于 GPS。用户在定位时，首先应向卫星发射定位请求信号，即"有源定位"，而不像 GPS 那样，用户只需要接收卫星所发送的导航电文即可自行完成测距，即"无源定位"。由于只有两颗卫星可以提供距离信息，因此，用户的位置在以这两颗卫星为中心的球面交线所构成的一个圆上。为进一步定位出第三维位置信息，还需要提供电子高程地图，因此只能实现二维导航。同时，由于用户需要发射测距请求信号及应答信号，易被侦察，所以保密性和安全性相对较差，加之没有多普勒处理，因此不适用于高速移动的平台，从而限制了其军事应用。而且，因为系统的用户容量取决于请求和应答信号传输所在通道是否阻塞、询问信号速度和用户的响应速度，因此，用户设备容量受到一定限制。但是，它的最大优点是在投资少、用户设备便宜的同时，能基本满足我国境内及周边地区的卫星导航需要。此外，"北斗一号"能够提供类似手机短信的短报文通信服务，因此，北斗卫星导航系统既是导航系统，又是通信系统。由于它是通信系统，在知道自身位置的同时，还能知道其他用户的位置，这是 GPS 没有的功能；如果考虑到通过电子高程地图补充提供的定位数据完成三维定位，那么，"北斗一号"的特点可以概括为"不仅能够知道我在哪里，也能够知道你在哪里，还能够实现我和你之间的信息传递"。

2007 年 4 月 14 日，我国成功发射第一颗"北斗二号"卫星；2020 年 6 月 23 日，由 30 颗卫星（包括 24 颗中圆地球轨道卫星、3 颗倾斜地球轨道卫星和 3 颗地球静止轨道卫星）组成的"北斗三号"全球卫星导航系统全部建成（图 8-11）。2023 年 5 月 17 日，我国又成功发射第 56 颗北斗导航卫星，也是"北斗三号"系统的首颗备份星。它采用无源接收技术体制，在提供定位、测速和授时等卫星导航基本功能的同时，提供短报文通信、国际搜救、星基增强服务、精密单点定位等五大功能，并在覆盖范围、定位精度和用户容量等指标方面有大幅提升（图 8-12）。2008 年汶川地震后，灾区通信基站等基础设施遭到严重破坏，北斗卫星导航系统利用通信功能，发出了灾区的第一条信息，并在后续搜救中发挥了重要作用。事实上，"北斗三号"系统有 6 颗卫星搭载搜救载荷，实现了全球一重覆盖，也就是说，全球任何一个地点的用户，都可以向至少一颗卫星的信标发出求助信号。此外，对于民用航空飞机等高价值用户，一旦定位精度下降超过阈值，系统可以在一定时间内向用户报警，确保用户使用安全，即"星基增强服务"。"精密单点定位"则是北斗卫星导航系统的特色高精度服务。如前所述，卫星导航系统一般情况下可以提供的定位精度在 10m 左右，在精密单点定位模式下，可以提供静态厘米级、移动条件下分米级的高精度服务，其授时精度也优于 20ns，能够满足各类应用的需要。

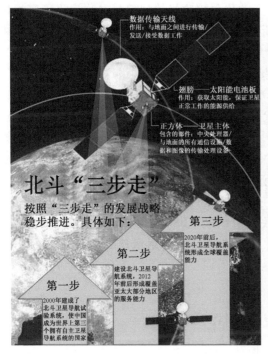

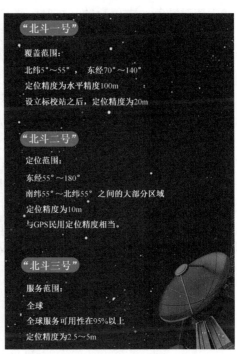

图 8-11　中国北斗卫星导航系统"三步走"发展规划　　图 8-12　北斗系统主要技术能力

卫星导航系统不能用时怎么办

作为对位置误差的修正手段，在 GPS 被广泛应用之前，通常应用"塔康"（TACAN）或"罗兰-C"等无线电导航系统。"塔康"是美国"战术空中导航"（Tactical Air Navigation）的缩写，它是一种近程陆基无线电导航系统，也是世界上第一种能够同时为飞机提供方位信息和距离信息的系统，由地面台和机载设备两部分组成，工作在 L 波段（960～1215MHz）。相比工作在 100kHz 的"罗兰-C"系统，"塔康"系统由于波长较短，因此，天线可以做得较小，更适合装在舰上或飞机上。

对于距离的测量，"塔康"系统采用的是类似于敌我识别器询问测距的方法，也就是机载设备（又称"询问器"）发出询问脉冲，地面台（又称"应答器"或"地面信标"）接收到询问信号之后，经过一定时间的处理（一般为 50 微秒量级，也称"地面台的时延"）后发出应答脉冲，应答信号被机载设备接收到之后，用发出询问和收到应答信号之间所经过的时间减去处理时间，再乘以光速，便可算出飞机与地面台的距离。为了避免由于其他能够发射脉冲的电子系统发射所触发的"塔康"系统工作，所以，"塔康"系统的发射脉冲是成对的，相应的应答脉冲也是成对的。

"塔康"系统对方位的测量要从"伏尔"（VOR）系统说起。"伏尔"系统为飞机提供相对于地面伏尔台的方位角，工作频率在超短波的 108～118MHz 范围内。它通过天线向空间发射的电波信号，其能量在空间的分布（称为"天线方向图"）是一个心形，并以一定的频率（30Hz）在空间旋转，以覆盖各个可能方位上出现的飞机。由于心形的最大值对准某个方位上的飞机时，飞机上的伏尔接收机输出信号（称为"可变相位信号"）的相位所对应的角度与这架飞机所处的方位有关，为了使"伏尔"系统接收机的输出信号的相位角等于这架飞机的方位角，心形旋转的频率经过综合计算，选定为 30Hz，这样，测得了飞机上"伏尔"系统接收机上的相位，就知道这架飞机的方位了。而为了提供在各个方位上测量相位用的基准，"伏尔"系统还要发射一个全向的基准信号。"塔康"系统对方位的测量沿用了"伏尔"系统的方法，但为了提高精度，"塔康"系统在心形方向图的基础上又叠加了 9 个"小瓣"（图 8-13），以提高方位上的分辨能力。通过心形对准飞机进行方位的粗测（心形每秒旋转 15 圈），然后再利用 9 个小瓣进行精测（9 个小瓣每秒旋转 135 圈），所以，"塔康"系统中所要计算的相位角有两个，要发射的基准信号也有两个，分别对应花瓣形的方向图和心形的方向图。"塔康"系统属军用设备，但是其测距方法被国际民航组织采用，称为"距离测量设备"（DME），再加上用"伏尔"系统测方位，就组成了民航中目前使用最广泛的导航系统——DME/VOR 系统。

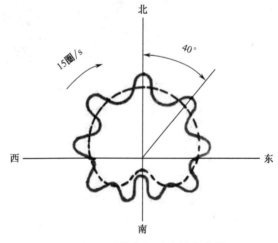

图 8-13 "塔康"系统的方向图

　　"罗兰-C"系统是在 GPS 不能用的情况下进行位置修正的另一种补充手段。"罗兰-C"系统全称为"Long Range Navigation"（远程导航），其英文缩写为 LORAN，音译为"罗兰"，经历了"罗兰-A"系统至"罗兰-E"系统的发展，目前得到最广泛应用的是"罗兰-C"系统。由于它的工作频率较低，因此更适合远距离传输，而且由于这个频段的电波可以以地波的形式突破视距的限制在地表传播，所以作用距离更远，可达2000km 以上，远远大于"塔康"系统的 500km 以内的作用距离。"罗兰-C"系统工作时，由位于地面的主台和 1 个副台分别发射两个测距信号，位于飞机上的接收机测量分别接收到这两个信号的时间差，乘以无线电波传输速度——光速，算出距离差；距离差保持不变的轨迹是一条双曲线（图 8-14），表明飞机应该在以主台和这个副台为焦点的一条双曲线上；再利用主台和另外一个副台，可以得到另外一条双曲线，两条双曲线的焦点就是飞机的位置。

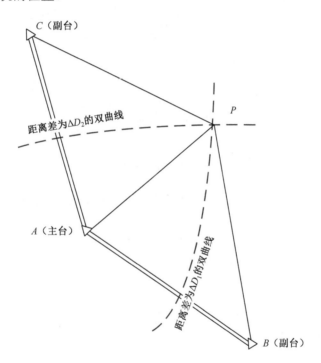

图 8-14　"罗兰-C"系统双曲线定位原理

　　由于"罗兰-C"系统的定位涉及计算飞机至罗兰主台和副台的距离差，实质上是时间差，所以，一方面主台和副台各自的时钟必须高度同步，另一方面为了提高测距的精度，每一个罗兰台的时钟都必须高度准确。因此，"罗兰-C"系统采用了高精度的原子钟，能够提供精确的时间起点。同时，由于"罗兰-C"系统采用的 100kHz 的信号在传输过程中比较稳定（特别是在已知传播路径的物理特性的情况下），因此，在已知罗兰台接收机位置的情况下，信号在从罗兰台到接收机的传输过程中的时延精度也比较高，这就使"罗兰-C"接收机能够从罗兰台的时钟考虑到传输过程中的时延后，得到自己的时钟，也就是说，"罗兰-C"系统具有与 GPS 类似的授时功能。

"塔康"系统和"罗兰-C"系统所给出的距离和方位只是二维的位置信息，要提供三维信息，还需要同大气机配合使用。大气机利用高度和气压的关系，通过测量某一飞行高度上的气压来求得高度（图 8-15）。粗略地说，海拔每升高 100m，大气压下降 5mmHg（约 0.67kPa），氧分压随之下降 1mmHg（约 0.14kPa）。

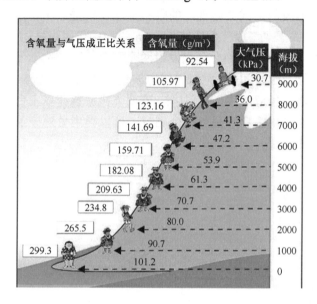

图 8-15　海拔与大气压的关系

"塔康"系统和"罗兰-C"系统的定位误差要比 GPS 低一个数量级，但也远远优于长航时下的惯性导航，典型值为 400m 以内。虽然当前的飞机普遍安装了 GPS 等卫星导航系统，但在卫星导航系统失效或没有信号的情况下，"塔康"系统和"罗兰-C"系统仍可以用来对惯性导航误差进行修正。

拿什么拯救你，我的信号

由于导航系统的重要性，军用领域非常重视针对或利用导航系统进行对抗与反对抗、利用和反利用，又称"导航战"。"导航战"可以追溯到第二次世界大战时期。

在精确制导炸弹出现之前，空中轰炸的效能很大程度上取决于飞机导航系统的精度。第二次世界大战初期，轰炸机由于缺乏精确的导航系统，极大降低了高空轰炸袭击的精度。平均来说，英国皇家空军轰炸机只有 10%左右的弹药落在目标 5mile 范围内，而德国空军轰炸机的情况也好不了多少。提高轰炸机作战效能的迫切需求致使利用电台和雷达作为空中导航辅助手段。在不列颠之战中，德国使用了一种名为"Knickebein"的无线电信标来引导其轰炸机飞向英国本土的重要目标。1942 年，英国皇家空军列装了"GEE"双曲线无线电导航系统（即"罗兰"导航系统的前身），使轰炸机的机组人员能使用来自英国地面站的信号来确定其自身飞行位置。无线电导航系统越来越频繁的使用，助推了早期导航对抗手段的发展。1940 年，英国部署代号为"阿

"司匹林"的伪信标来对抗德国的"Knickebein"系统，而之后的德国防空部队则使用干扰机来阻止英国皇家空军的轰炸机接收"GEE"系统的信号。

随着技术的发展，惯性导航和无线电导航成为主流，但由于惯性导航的自主特性决定了它不能被干扰和对抗，因此，导航战主要是指针对或利用无线电导航，特别是卫星导航。1996年，美军开始重点针对GPS应用，系统规划和实施"导航战"计划，以保护美国及其盟国对GPS的军事应用，防止敌方利用GPS并保持所谓对民用无线电导航的和平利用。由于"保护、防止和保持"三个英文单词的第一个字母都是P，因此，有时也把"导航战"称为"3P计划"。

2011年年底，伊朗宣称截获了RQ-170无人机的控制信号，迫使这架飞机降落在伊朗机场（图8-16）。有分析指出，伊朗之所以能够截获RQ-170无人机，就是先对其通信进行强力干扰，在切断无人机与后方的指挥与通信联系之后，无人机被迫转入自动驾驶状态并执行返航操作；而此时，伊朗利用伪造的GPS信号，欺骗RQ-170无人机降落在错误的地点。此后如法炮制，又将MQ-1C"捕食者"无人机"骗"下来。2018年10月至11月，北约举行了最大规

图 8-16 伊朗展示截获的 RQ-170
无人机（图中右侧）

模的军事演习"三叉戟接点2018"，演练了在挪威周边多个地区的电子战与导航战课题，所设置的场景包括使多架飞机失去定位信息及"宙斯盾"舰与邮轮相撞沉没等。2003年，中国中远公司远洋货轮"银河"号通过马六甲海峡驶入印度洋后，美国为使其停船接受检查，对GPS信号进行了局部干扰，使"银河"号失去了GPS信号。

从根本上说，之所以能够对卫星导航实施有效干扰，主要原因是卫星导航的信号太弱。以GPS为例，其卫星只有几十瓦的发射功率，要传播20200km的距离才能到达位于地球表面的接收机。前面介绍过，信号功率的衰减与传播距离的平方成反比，因此，抵达地球表面的GPS信号极其微弱。反过来说，GPS的干扰机功率就能够轻松做到比GPS信号强很多倍。从20世纪80年代末GPS投入使用后，便不断有在一定范围内GPS民用用户受到无意干扰的报道，从而证实了GPS的这个弱点。早在1997年的莫斯科航展上就展出了俄罗斯生产的GPS/GLONASS干扰机，据称仅利用4W的功率就可以使200km范围内的接收机全部失效。

除了采用大功率压制外，也可以采用欺骗的手法，即用地面上的、机载的或气球载的发射机，发射与GPS卫星相同的或相似的但更强一些的信号，使GPS用户的接收机把这种信号误以为是由GPS卫星发出来的，导致接收机产生错误的导航信息。由于GPS采用了AS政策，特别是采用了W码后形成的Y码更难被破译，而民用的GPS信号则是公开的，因此，3P计划中的"保护"，主要是指发展对大功率实施干扰的发现、定位和抵抗技术。由于美国对GPS军用的保护政策，因此，敌方大概只能利用GPS民用接收机或部分利用SPS服务与之对抗。因此，"防止"主要指的是美军要在战场区域或在美军认为应该的时间和区域，让民用接收机不能工作，所采取的方法也包括对其进行干扰。"保持"则是美国出于对本国政治和经济利益的考虑，要求不要在一定区

域阻止民用 GPS 的同时，使其他区域的民用 GPS 也停止工作。

◎ 在 2022 年 2 月爆发的俄乌冲突中，俄军非常重视对乌克兰和北约部队的 GPS 干扰。俄军配备的 R-330ZH"居民"可用于干扰敌方巡航导弹、精确制导导弹、无人机等兵器的导航系统；"田野-21"导航干扰系统可用于攻击卫星的下行链路，干扰精确制导武器的 GPS 接收机。早在冲突爆发之前，俄罗斯已经在 25 万个移动信号发射塔上安装了 GPS 干扰机，从而确保发生大规模常规战争时能够降低敌方巡航导弹的导航精度。在发起军事行动前，俄罗斯就在切尔诺贝利以北地带对乌克兰—白俄罗斯边境沿线实施了大规模的 GPS 干扰，同时顿巴斯地区的乌克兰部队也遭到了 GPS 干扰。在 2022 年 2 月 24 日的安东诺夫机场空降作战中，俄军使用了"Shipovnik-Aero"机动式电子战系统，生成虚假的 GPS 导航信号，影响了乌克兰战机在收到空袭预警情报后起飞迎敌。同时，俄罗斯也对克里米亚、黑海及波罗的海地区进行了 GPS 干扰，以限制北约预警机和其他情报监视侦察飞机的行动自由，压制其对乌克兰战场的情报支援能力，增加了北约作战飞机的飞行操作风险。2022 年 3 月 2 日晚，罗马尼亚一架米格-21"枪骑兵"战斗机和一架雅尔-330"美洲狮"直升机在靠近罗乌边境飞行时，因为遭到俄罗斯 GPS 干扰后操作失当，误入乌克兰领空被乌克兰 C-300 防空导弹误击落。

在 1999 年的科索沃战争和 2002 年的阿富汗战争中，美军在南联盟和阿富汗全境都停止了 GPS 的民用。而停止 GPS 民用的重要方法就是施放干扰。为此，美军研发了装在各式平台上的干扰机，有车载的有效辐射功率为 100kW 和 1kW 的干扰机，有装在直升机和无人机上的有效辐射功率为 50kW 和 100kW 的干扰机，还有气球载的有效辐射功率为 1W 的干扰机。虽然 GPS 的控制权掌握在美军手里，但是，对战场区域的 GPS 民用接收机进行干扰也不是那么容易的。一个重要原因是，美军现阶段装备的大多数军用接收机都需要先捕获 C/A 码信号，以获取精确的时间信息，然后在其引导下才能获得 P 码。因此，美军在干扰民用的 C/A 码信号时，有可能对这类军用接收机的工作带来影响。

在接收机上提高 GPS 的抗干扰能力，是导航战的另一个主要目标。第一类做法是改进接收天线的性能。对于天线来说，它在用于发射时和用于接收时的性能是对等的。如果天线在发射时，能够把更多的能量集中到某个方向上去发射，那么，在这个方向上的接收能力也会很强。一般 GPS 接收机天线具有向上半球状的能量分布，而具备抗干扰功能的 GPS 接收天线则能够在干扰机方向上具有最弱的接收信号的能力，形象地说，其天线方向图在这个方向上有个凹口；如果天线能够自动根据干扰机的方向让天线动态地在这个方向上的接收能力最弱，这就叫"自适应干扰置零技术"。第二类做法是提高 GPS 卫星发射信号的功率。当 GPS 卫星的发射功率增加后，为使 GPS 接收机不能正常工作，压制干扰机的功率必须增大。这一方面增加了干扰机的体积、重量和功耗，使部署难度加大；另一方面，功率较大的干扰机，本身会成为一个靶子，易于被发现和摧毁。所以，提高卫星信号的发射功率，是提高 GPS 军用抗干扰能力的根本措施。为了给提高 GPS 发射信号的功率开路，能够适应更高功率的新信号——M 码，已于 2008 年投入使用。不过，一方面由于更换卫星系统的发射机会导致卫星系统的成本显著增加；另一方面，由于只有在卫星更新换代时才有条件实施，还要涉及对已大量装备的 GPS 接收机进行更改，因此提高其发射信号的功率也绝非易事。

◎ 总的来说，美军高度重视 GPS 抗干扰能力的提升，采用星载抗辐射元器件、星间链路技术、自主导航、点波束、信号功率增强、M 码、军民信号频谱分离等手段提高了导航战的能力。美军使用的 GPS 接收机可以通过选择可用性/反欺骗模块（SAASM）、改进信号接收处理算法、加装自适应滤波抗干扰天线、射频干扰监测技术、直接 Y 码捕获、数字波束控制天线技术、组合导航技术等措施，进一步提高复杂电磁环境下的可用性。从整体上看，GPS 在不断更新换代。2018 年，美军首度发射第三代 GPS 卫星，2021 年 6 月已经发射至第 5 颗，与前期发射的卫星相比，增加了与欧洲伽利略系统之间的互操作能力及搜索救援等功能，装备了新型原子钟以提高时间精度，提升了载荷的数字化程度，并使 GPS 星座中支持 M 码播发的卫星数量达到 24 颗，基于 M 码的精度提升 3 倍，抗干扰能力提升 8 倍，信号功率也比现役 GPS 卫星提高两个数量级。

星星点"灯"，照亮你的前程——天文导航

卫星导航虽然是现代无线电导航的主要方式，但它"三定一弱"（由特定的信标——卫星，以特定的频率播发特定格式的信号，且导航信号极其微弱）的特征，使人们一直在探索多样化的导航手段。天文导航作为最古老的导航方式之一，正在回归现代化的应用中，并成为导航技术发展的重要方向。

天文导航是以太阳、月球、行星和恒星等自然天体作为信标，通过在测量点用天体敏感器测量天体的位置，来确定测量点的位置、航向与姿态（即定位与定姿）的方法。由于这种方法是被动地、无源地接收天体自身的辐射信号，因此，与惯性导航一样，不过多依赖于外界其他资源，自主性好。同时，由于天体辐射信号覆盖了 X 射线、红外线、紫外线和可见光等相当宽的频率范围，且天体的运动规律不受地域、空域和时域的限制及人为因素的影响和电磁波的干扰，所以抗干扰性能好、战时应用能力强，且误差不随时间和距离的增加而积累，这些都是它相比无线电导航的独特优势。

天体敏感器是用以测量天体位置的传感器，根据敏感对象的不同，通常包括地球敏感器、太阳敏感器、星敏感器、月球敏感器和脉冲星敏感器等。对于航空平台而言，主要使用星敏感器（图 8-17），它以恒星为参考源，视场较大，既可以定位又可以定姿。但由于航空平台主要在 20km 以下飞行，受天空背景、大气反射或折射、浮沉散射等因素的影响，星光敏感系统的观测能力被大幅削弱，为更好地积累能量，天体敏感器必须缩小观测的视场以提高在亮背景环境下的观测能力，同时增加伺服装置来弥补缩小视场带来的观星数减少的问题。这就是星敏感器类型之一的星跟踪器，其在航空平台中得到了广泛应用。星跟踪器本质上是一套带伺服机构的天文望远镜系统，其视场范围在角分级，每次只能观测一颗星体，且在测量到天体位置后，需要结合其他信息才能确定平台的姿态。工作时，星跟踪器先要进行扫描，在最短的时间内从被扫描视场

中可靠地搜索到在其自带的星表（用以记载星的类型及其特征）内的星体，之后根据星跟踪器的成像结果调整望远镜的空间指向，从而确保星跟踪器能够稳定观测指定星体。

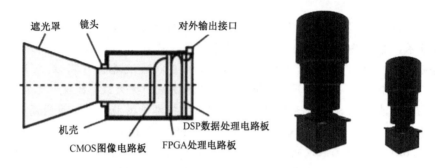

遮光罩　镜头　　　　　　对外输出接口

机壳　　　　　　　　DSP数据处理电路板
CMOS图像电路板　FPGA处理电路板

图 8-17　一种星敏感器的组成（左）与实物（右）

受星敏感器系统噪声和外界环境随机噪声的影响，星敏感器拍摄的星图是被各种噪声污染过的图像，所以，星敏感器拍摄的原始图像通常首先要进行去噪处理。由于拍摄的图像中同时包含有星空背景和多个目标星点，因此去噪后的图像需要经过星图分割，将目标星点与背景和其他星点分离。在分离时，由于目标星点在图像中通常是一个弥散的圆斑，因此初步分离出的实际上是一个个圆斑，在此基础上通过提取最能反映圆斑位置的信息（即确定圆斑的能量质心），才能得到高精度的星点定位结果，这个过程称为"星图的预处理"。

在完成星图的预处理后，需要将提取到的星点定位结果输入星图识别算法中，经过特征提取，得到观测星的特征，如高度、亮度和恒星几何分布等。之后，根据导航数据库中预先存储的导航星特征与当前的观测星进行匹配，进而得到该观测星的赤经、赤纬（即赤道坐标系下的经度、纬度，见后文关于赤道坐标系的定义）等位置信息，最后将这些信息输入星敏感器的定姿模块，根据观测平台观测到的星光信号的方位角和高度角信息（即星光矢量），计算得到观测平台的姿态信息。由于在观测平台得到的星光矢量与自身的姿态有关，而在同一姿态下，同时观测不同位置的多颗星就可以得到多个不同的星光矢量，因此将这些矢量联立起来解方程就可以求得自身的姿态。大视场的星敏感器由于可以同时获得多颗星的信息，所以能直接实现定姿功能。由于恒星的位置非常稳定，经长期观测得到的星历数据也比较准确，加之星敏感器本身的测量精度很高（可达角秒级），因此天文定姿精度很高，是当前航空平台应用精度最好的航姿测量手段。

★ 古人认为恒星在星空中的位置是固定的，随着人类对宇宙认知的提高，人们已经认识到这些恒星也在不停地高速运动，但因除太阳外的其他恒星都离地球非常遥远，所以人们也难以觉察其位置的变化，这为对恒星的长期观测提供了可能。为记载各种天体及其特征，人们很早就开始编制星表，记录其亮度、光谱和位置等信息。其中，亮度是指天体的明暗程度，通常用"视星等"（即用仪器测量或用肉眼感受到的亮度等级，见图 8-18）去描述。它除了与天体本身的亮度有关系外，还与距离有关。相同亮度的天体，距离近的看起来就会比较明亮，因此看起来并不明亮的恒星并不代表它们的发光本领差。视星等的数值可以至负数。视星等的数值每相差 1，恒星的视亮度就差 2.512 倍，肉眼能见的最暗的视星等为 6 等星。常见的恒星中，织女星为 0 等星，天狼星为-1.6 等星，太阳为-26.7 等星。在讨论天体的亮度时，如果去掉距离的影响，就得出了绝对星等，它与视星等之间有确定的换算关系。

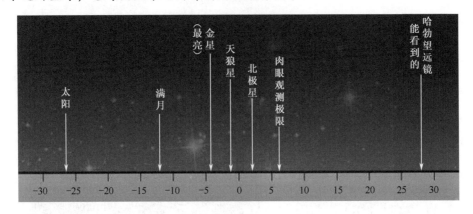

图 8-18　视星等

　　光谱是指恒星光的频率分布，从视觉上看，表现出不同的颜色，可以反映出恒星的不同物理或化学性质（图 8-19）。在表示方法上，其分为 O、B、A、F、G、K、M、R、S 和 N 等类型，每个谱型又分为 10 个次型，用数字 0 至 9 表示（如 A0、F2 等）。位置则一般在赤道坐标系中定义，如赤经、赤纬等。

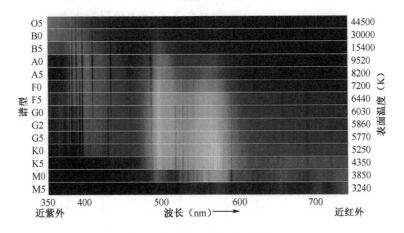

图 8-19　天体的光谱分布

　　星图是观测恒星的一种形象化的记录（这里的"星图"，不是前文所说的由星敏感器获得的关于恒星的图像）。它将天体的球面视在位置投影于平面并绘图，用以表示各天体的位置、亮度和形态，是天文学上用来认星和指示位置的重要工具。它精确地描述并绘制了夜空的特征，如恒星、恒星组成的星座、银河系、星云、星团和其他河外星系的绘图集，就是"星星的地图"。如今，星图已被电子化，可以用于星空导览、望远镜自动跟踪导引等。图 8-20（左）是用星图的形式给出的北纬 40°区域在春季可见的全部星空，星图外围的圆环内标有东、西、南、北等方位，最内侧的圆圈是观测地的地平线，星图中心为观测地的天顶。使用时可将星图举起，使图上标注的方位与实际方向一致，这样就可按图索骥，从认识亮星开始，一步步学习辨识各个星座。图中绘出了亮于 4 等的恒星和少部分 5 等星，亮星标注了中国星名，一些著名的深空天体也有体现。图 8-20（右）给出了局部放大图。

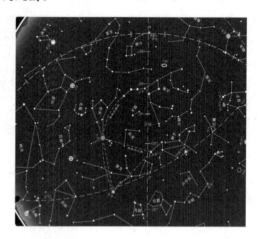

图 8-20　星图示例

基于天文导航进行定位，可以使用纯天文几何解析法。如前所述，由于天体的运动遵循其轨道特性，它们的位置可以通过查询太阳历、星历等确定，因此可以通过观测天体的方位信息来确定载体（如卫星、舰船和飞机等）的姿态。由于恒星距离载体较远，在载体上观测到的两颗恒星之间的夹角不会随着载机位置的变化而变化，但恒星及其近天体之间的夹角却会随着载体位置的改变而改变。因此，如果测得恒星相对于位置已知的近天体的方位信息（即恒星和近天体之间的夹角），就可以确定载体在空间中的位置。纯天文几何解析法就是利用一颗已知近天体与三颗恒星之间的位置关系，再结合该近天体相对载体的观测视角或另外一颗已知近天体与恒星确定的相对于载体的位置关系，得到载体的位置信息。但由于天文导航难以做到全天时地观测近天体，可能导致天文导航的可用性下降，因此机载条件下应用的天文导航系统，还可以利用载机所在的地平面（参见后文介绍的地平坐标系）与恒星光来向之间的关系实现定位。载机在地球不同地方观测同一颗恒星时，相对于当地地平面的恒星高低角和方位角是不同的（大约位置每变动不超过 30m，就对应 1 角秒），航空天文导航就是利用对已知恒星的高低角和方位角的变化，通过解算来获得载机的位置的。那么，如何获得恒星相对地平的高低角和方位角呢？这就需要知道天文导航设备和地平面之间的关系，而这个关系就是飞机的横滚和俯仰信息。如前所述，由于飞机的惯性导航可以提供横滚和俯仰信息，因此，航空平台上的天文导航系统通常将星敏感器和惯性器件进行一体化设计。

★ 在天文导航中，为表示距离、高度、角度等信息，经常采用特定的坐标系，称为"天球坐标系"，主要包括地平坐标系、赤道坐标系和黄道坐标系等，种类繁多，需要厘清其赖以建立的基本规律。地平坐标系以观测者（即飞机、舰船、导弹等导航平台）为参考点，赤道坐标系以赤道面中心为参考点，黄道坐标系以黄道面中心为参考点，三种坐标系的基本构建思想与普通地球坐标系类似。

如果我们以地球中心为球心构建普通的地球坐标系（图 8-21）就可以看到，有一个坐标平面处于赤道面（A3 面），这个赤道面的本质是过地球中心的大圆，可作为基准大圆，并且与地球的轴线垂直，地球的轴线与球体相交，将确定上下（或称"南北"）两个极点（分别位于图中 A0 和 A6 处）。空间中一点（P）的距离以离地球中心的长度给出。为了定义高度和方位，还需要引入子午面，它是经过两个极点的大圆所在的平面，其圆周就是子午线（或称"子午圈"），这样的子午线有无数条，球面上的任何一点都在某条子午线上，它所处的方位角可以这样定义：用子午线与赤道面的交点连接球心构成一条直线，这条直线与赤道面内两条坐标轴中任意一条坐标轴的夹角都可以被定义为方位角；高度则由与赤道面平行的无数个小圆（如图 8-21 中的 A0 至 A6 等）给出，球面上的任意一点都在一个小圆上，将这个点与球心连线，它与赤道面构成的夹角（也就是与地轴的夹角的余角）就被定义为纬度，每一个小圆上的点，其纬度都相同。

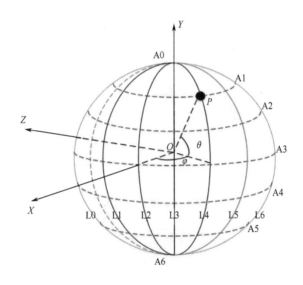

图 8-21　地球坐标系

在天体坐标系中，由于天体位于地球之外，为了使任意天体都能够放入常规地球坐标系的表面，所以需要将地球无限延伸。也就是说，以地球的中心为球心，其半径可以根据需要无限延展，从而将"地球"变成"天球"，地轴的延长线称为"天轴"，天轴与假想的天球相交，地球的南北极变为天南极和天北极，此外，地赤道也因无限延展而变为天赤道。

若要建立新的天文坐标系，应该确定原点和基准大圆。当以观测者为参考点建立坐标系时，观测者就是坐标系原点，需要构建轴线，然后确定大圆。将观测者与地心连线就得到轴线（即天轴），这根轴线与天球表面相交于两点，靠近观测者的一点叫"观测者的天顶点"，另一点叫"天底点"。观测者所在的平面有无数多个，选择其中与轴线垂直的那个平面并将其无限延展，由于它经过球心/原点，就是大圆（相当于常规地球坐标系中的赤道面），被称为"地平面"（或"地平圈"），于是方位角就可以在这个大圆上定义（可以参考常规地球坐标系来理解，方位角就是在赤道面上定义的），其对应的子午线就是经过天顶点和天底点的大圆。由于在常规地球坐标系中，方位角对应了不同的子午线（或经线），也就是对应了不同的时区，所以，此时的方位角又称为"时角"。与常规地球坐标系中定义高度的方法类似，与轴线夹角的余角就是地平高度。这样定义的坐标系就是地平坐标系。图 8-6 以飞机为原点定义的东北天坐标系就是地平坐标系。

地平坐标系由于是以观测者为参考点的，所以简单易懂、容易使用。但由于观察者的移动及恒星的视运动，导致恒星的方位角和地平高度每次都需要计算（机载天文导航就是应用这个原理），这对于有些场合（如卫星）下的应用是不便的，为此人们又根据不同的应用需要建立了赤道坐标系（图 8-22），当原点选在赤道圈的中心时，它与地平坐标系的主要区别在于"地平圈"被"赤道圈"代替，而赤道圈是地球赤道面的无限扩展，相应的天轴就是地轴的延长线。赤道坐标系中的"子午面"称为"赤经圈"或"时圈"；与天赤道平行的小圆称为"赤纬圈"；纬度角称为"赤纬"（向北为正，向南为负，如图 8-22 中的 δ）；赤纬的余角称为"极距"，即用角度描述的离极点的距离。相比地平坐标系，赤道坐标系中恒星的坐标是不变的，这也就是恒星为"恒"的原因，它更便于天体敏感器进行跟踪。

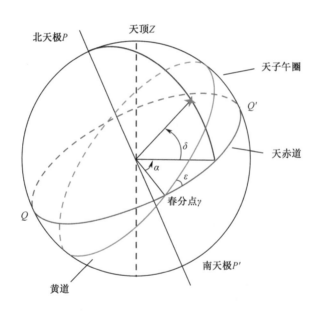

图 8-22 赤道坐标系

与天文导航有关的常用坐标系还有黄道坐标系（图 8-23）。将地球绕太阳的公转轨道面无限拓展而与天球相交，此时得到的大圆称为"黄道"；连线通过地心且垂直于黄道面的两点，称为"黄极"。赤道与黄道交于两点，黄道由南半球转入北半球所穿过赤道的那个交点称为"春分点"，与之对应的对面一点就是"秋分点"。春分点也常常被作为黄道坐标系的原点。

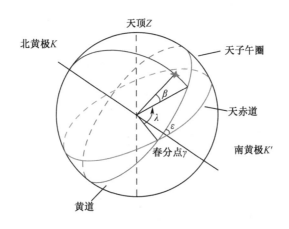

图 8-23 黄道坐标系

总之，与地平坐标系、赤道坐标系或黄道坐标系等的构建方法类似，因坐标原点和基准大圆的不同，还可以构建其他不同的坐标系，以满足不同的需要。

预警机上任务电子系统的基准

预警机上的基准有四个：一是姿态基准。姿态基准是由惯性导航提供的，用以测量飞机本身在航向、俯仰和横滚三个方面的姿态信息，GPS 和其他无线电导航设备都做不到这一点。二是位置基准，惯性导航也能够提供，但由于陀螺的漂移，位置误差随着工作时间的增多会增大；用 GPS 不但定位精度能够大大提高，而且这种精度与时间无关，长期稳定。举例来说，没有 GPS 的情况下，定位精度以预警机在空中工作 1h 计算，由于惯性导航漂移引起的位置误差为 0.8nmile，而在有 GPS 的情况下，定位精度可以达 30m 左右。三是时间基准，由 GPS 进行授时，精度约为 20ns。有了 GPS 以后，定位精度和时间精度都大大提高了，速度测量精度也大大提高了，相比于惯性导航提供的速度信息，GPS 提供的速度信息，准确度能提高一倍以上（GPS 利用多普勒效应测速）。四是坐标基准，在不同的场合下，对于不同的设备需要建立不同的坐标系。例如，在测量预警机的姿态而得到航向、横滚和俯仰等信息时，利用的是机体坐标系；而得到预警机以经纬度和高度表示的位置信息时，实际上利用的是地理坐标系；GPS 工作时所需要的坐标系则是地心坐标系。不同的坐标系之间常常需要转换，这会带来计算上的误差。

预警机上为什么对导航系统提出较高的要求，或者说，为什么需要加装任务导航设备？是因为导航的精度对雷达或其他电子设备的测量结果有着明显的影响，而载机本身的导航系统可能不能满足任务系统的需要。举例来说，在雷达中，如果电波从发射到接收的时间测量误差为 1μs，则对应于距离误差就是 150m；这还仅仅考虑的是导航系统本身的影响。实际上，雷达或其他设备工作中有很多环节，每个环节都会带来时间的误差，但导航系统影响最大，所以，人们总是想方设法提高导航系统时间测量的准确性。再以方向为例，如果航向精度为 0.1°，由于雷达在扫描时需要知道波束指向，所以 0.1°的偏差在 300km 处将带来 500m 以上的距离偏差，影响雷达对目标的定位。

当然，如果载机导航系统的精度足够高，可以不再加装任务导航系统。但是，由于导航系统对载机和任务系统的重要性，一般要装两套互为备份。每一套都既为载机自身的导航服务，又保障任务系统的正常工作。例如，在 E-3A 预警机上，早期就安装了两套 AN/ASN-119 型惯性导航/GPS 组合导航系统互为备份，后来被更先进的激光惯性导航 LN-100G 所代替。

★ E-3A 预警机为了向雷达提供更高精度的姿态基准信息，除了在前舱地板下安装惯性导航外，还在顶部的雷达天线罩（DOME）内布置了罩内惯性导航［图 8-24（a）］；由于罩内惯性导航离雷达天线阵面更近，因此对雷达天线波束位置的指示更为准确。有两个因素会影响罩内惯性导航与舱内惯性导航的姿态信息差异：一个是天线罩的下倾。为使飞机在飞行过程中产生足够的升力，需要向上抬头保持一定的攻角（又称"迎"角，不是"仰"角），而为了保持天线水平指向，就需要将天线罩下倾安装，我们从第三章图 3-24 中可以看出这一点。图 8-24（b）中，由于下倾角的存在，天线罩沿飞机纵轴方向的对称轴与飞机纵轴会交于一点，设交点为 O，天线罩对称轴为直线 OA，飞机纵轴为 OB，这就构成了三角形；当飞机横向滚转时，B 点移动到 B′点，在水平面上投影出 C 点，OC 就反映了天线罩体的真实航向，而 OA 是飞机的真实航向，可见二者有一个夹角，而且横滚角越大，夹角越大，也就意味着飞机转弯角度越大，罩内惯性导航与舱内惯性导航的数据差异越大。而如果天线罩保持水平，天线罩沿飞机纵轴方向的对称轴与飞机纵轴平行，天线罩对称轴在水平面上的投影也会与飞机纵轴的投影平行，二者的指向就是相同的。

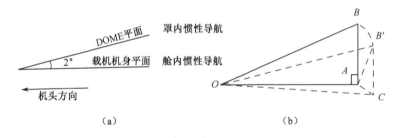

图 8-24　舱内惯性导航与罩内惯性导航的姿态差异

影响罩内惯性导航与舱内惯性导航的另一个因素是各种相关的安装误差，包括罩内惯性导航相对于天线罩体的安装误差、天线罩体相对于飞机（和舱内惯性导航）的安装误差及飞机舱内惯性导航相对于水平面的安装误差，这些误差指的是理论安装位置与实际安装位置的偏离。如果所有的安装位置均能实现理论值，或者偏离都是已知的，那么可以通过数据转换来消除。但在实际飞行过程中，由于气动力引起的形变等影响，误差可能偏离预期；或者安装位置误差较大，甚至大于惯性导航本身所能提供姿态信息的精度（例如，罩内惯性导航相对于天线罩体的航向安装精度为 0.3°，但惯性导航本身提供的航向精度能达到 0.02°），就可能难以有效修正，甚至是"吃"掉罩内安装惯性导航的好处。

就时间来说,预警机有两个问题:一是授时,又叫对时,也就是预警机上的信息系统从外部时间源获得工作的共同时间起点;二是守时,也就是以足够的精度维持时间的走动。GPS 可对预警机进行授时,当 GPS 不能用时,可以利用短波进行授时,可以利用敌我识别器的时间密钥卡来授时,也可以利用惯性导航自身的时间,甚至还可以由人工向预警机的计算机进行手工输入。当然,时间起点的准确程度要远远小于GPS。为了更好地进行守时,预警机的任务导航设备还像 GPS 系统一样,引入了原子钟,守时误差可在 10^{-11}s 以内。

Link 16 数据链中的相对导航

Link 16 数据链除了基于一定的消息格式和协议传送信息外,在 20 世纪 90 年代又引入了相对导航的功能,为共享一个网络的作战编队提供基准支持,并使 Link 16 数据链也在一定程度上成为对 GPS 卫星导航系统的备份或补充。通过相对导航,各个参与单元(JU)处于统一的坐标系中,不仅可以掌握自身的时空状态,也可确切地知道其他单元的相对位置,从而为编队协同和战场态势统一提供支撑。目前,美国在预警机上的 JTIDS 端机都与 GPS 进行了组合,以便在 GPS 未受到干扰时使用 GPS,而在 GPS 不能工作时则使用 Link 16 数据链临时进行导航,此时可以设置一个作战单元(如预警机或其他大型飞机)作为基准,它工作在卫星导航信号的可用区域;在编队前出至无GPS 信号或者 GPS 受到干扰的区域执行任务时,可以通过与基准飞机的空中通信来获得绝对导航信号。这种相对导航功能可以在 Link 16 数据链通信功能的基础上增加软件来实现,只分出去一小部分通信容量,因此还可具有与纯粹的通信系统相同的抗干扰和抗毁能力。

★ 参与单元实现精确定位的前提是各个单元之间时钟的精确同步(图 8-25)。参与单元向作为时间基准的单元(NTR)发送往返计时报文(RTT),根据报文传送时间调整自己的时钟。NTR 可以被指定给任意一个单元,并且允许同时提供多个候补。

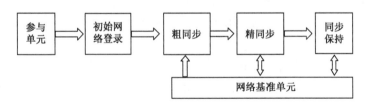

图 8-25 参与单元的时钟同步过程

Link 16 数据链中的各个参与单元在登录入网时,搜索并且接收有效的网络时间校准信息,由指派为网络基准的某个参与单元在每个时隙内发送时间校准报文,而其余的参与单元首先随机选择一个时间间隔,在这个时间间隔内扫描该校准报文,如果在这个时间间隔内没有接收到时间校准报文,在下一个时隙时,要按照一定的算法(例如,最简单的是线性方式,或者也可选择按照某种概率 P 的方式)增加选择的时间间隔，继续监听该时间校准报文。

当参与单元接收到时间校准报文后，根据校准报文内容调整时钟，可初步设定参与单元的系统时间为接收到的时间，校准报文中的时间加上所设定的时间间隔完成粗同步的过程。

精同步可分为主动同步和被动同步两种方式，前者是指参与单元在一个时隙内发送往返计时询问消息，并在同一个时隙内接收往返计时应答消息。往返计时询问既可以采用寻址方式（RTT-A），也可以采用广播方式（RTT-B）。寻址方式的往返计时询问消息 RTT-A，指明了一个时间质量最高的终端地址，在一个指定的时隙内被传输到指定的终端上，只有这个指定的终端才发出往返计时应答消息。广播方式的往返计时询问消息 RTT-B，不是发送给特定的终端，任何具有更高质量的终端都可以应答；通常应用于多重子网，终端在网络编号等于它们本身的时间质量时，接收询问消息并发送应答消息。

询问终端利用往返计时应答消息中报告的询问到达时间（t_{TOAI}）、询问终端直接测量应答到达时间（t_{TOAR}）和固定值 t_d，就可以得到询问终端系统时钟的修正量 ε（图 8-26）。因此，只要通过与一个具有更精确系统时间的 JU（例如，它已实现精同步，具有更高的时间质量）交换往返计时消息，询问终端就能提高本身的系统时间精度。

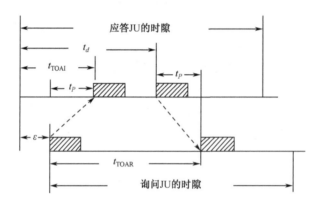

图 8-26　JU 的精同步

每个终端都通过网络报告自己的时间质量，并保留一个在视距范围内的终端的内部报告表，通过这个内部报告表可以帮助询问终端选择向哪一个终端发送往返计时询问消息。

被动同步方式实现精同步可通过接收多次精确参与定位与识别消息（PPLI）来完成，它要求被动单元（和次要用户）具有好的地理位置并至少有 3 个主动单元在视距范围内。

当一个单元的时间完全精确时，精同步即广播发布，全链路参与单元均可达到精同步。

为了便于实现精同步的成员找寻合适的其他成员作为被询问对象进行 RTT，每个成员都要在自己发射的 P 消息中标识其时间质量。显然，为了避免时钟同步发散，每个需要 RTT 的成员都应寻找时间质量比自身高的成员作为被询问对象。

在每个参与单元都达到了精同步之后，通过两个或两个以上的参与单元的精确的位置坐标可以实现其他单元的精确定位。JU 可根据对 3 个 JU 的 PPLI 消息的到达时间（TOA）测量得到的数据和报文中所包含的发送 JU 位置来决定三维数据，即通过 PPLI 报文的到达时间可推算出 JU 之间的距离，组成距离方程组来计算出 JU 的坐标。与 GPS 三星定位的原理类似，通过 TOA 得到的定位数据因报文在传输过程中的传输延迟和传播速度，及无线电传播自身的多径效应等问题而存在误差（通过 TOA 方法计算得到的距离也是"伪距"）。为减少误差，需要尽量采用高质量信息源，例如，彼此间的相对运动比较规则、几何关系相对简单等。事实上，Link 16 数据链提供了保证信息源质量的机制，例如，已在相对坐标系中精确定位的参与单元可以将自己的位置值通过 P 消息广播出去，其他需要相对定位的用户不仅可以利用导航控制器作为源，还可以选择已精确定位的成员作为源。而用时间同步质量和定位质量较高的单元作为源，还可以防止倒校准或循环校准，导致系统发散。此外，端机每次发射的 P 消息中均包括时间质量、地理位置质量、相对坐标位置质量和方位角质量四种质量等级，也为源的选择提供了条件。此外，在可以引入其他信息的条件下，如 GPS/惯性导航信息，再结合高质量的数据融合算法（如卡尔曼滤波或人工神经网络），可以进一步提高导航精度。

参考文献

[1] David H. Titterton，John L. Weston. 捷联惯性导航技术[M]. 2 版. 张天光，王秀萍，王丽霞，等译. 北京：国防工业出版社，2008.
[2] 李跃. 导航与定位——信息化战争的北斗星[M]. 2 版. 北京：国防工业出版社，2008.
[3] 张国良，曾静. 组合导航原理与技术[M]. 西安：西安交通大学出版社，2008.
[4] 李广云，朱新慧，丛佃伟. 漫画北斗导航[M]. 北京：科学出版社，2020.
[5] 王新龙，杨洁，赵雨楠. 捷联惯性/天文组合导航技术[M]. 北京：北京航空航天大学出版社，2020.
[6] 梅文华，蔡善法. JTIDS/Link 16 数据链[M]. 北京：国防工业出版社，2007.
[7] 何建新，何航，康永. 天文导航技术与机载应用研究概述[J]. 现代导航，2015（3）：235-239.
[8] 薛丹，战守义，李凤霞. 16 号数据链中导航与定位的同步方法[J]. 兵工自动化，2005（6）：12-20.
[9] 曹乃森，赵敬，丁永强. Link 16 数据链导航功能实现与改进[J]. 电讯技术，2011（5）：11-15.
[10] 樊建文，雷创. 飞机编队相对导航技术研究[J]. 现代导航，2016（3）：161-165.

第九章　魔高一尺、道高一丈

——复杂电磁环境中作战的预警机

电磁波自从被预测和发明以来，迅速应用于军事领域，成为人类战争形态从机械化到信息化演变的最大推手之一。武器装备对电磁波的利用程度，成为度量其信息化程度的主要标志。对电磁波的利用方式，不仅催生了雷达、通信和电子侦察等信息化武器装备，也助力了飞机、导弹等机械化平台的作战效能提升，并促进了包含电子战和电磁频谱战在内的各种作战样式的产生和变革，推动了战争空间从传统的陆海空天向电磁域的全域化发展。电子战和电磁频谱战等作战样式，既对预警机等各类武器装备构成了重大挑战，又反过来为预警机装备的发展不断注入了新的动力，正所谓"魔高一尺、道高一丈"，"魔"与"道"就像武器装备的左脚和右脚，你往前走一步，我再往前走一步，从而不断迈向未来。

从对马海战到贝卡谷空战——电子战前三个阶段的发展

无线电发明以后，于 20 世纪初首先被应用于通信。1905 年的对马海战中，日军首次动用无线电侦察技术，对俄军太平洋第二舰队的无线电通信实施监听并多次设伏，造成俄军 21 艘战舰被击沉（图 9-1），7 艘被俘，11000 余名官兵死伤，而日军仅损失 3 艘小型舰艇，伤亡 700 余人。对马海战因第一次展现了无线电有源（发射）与无源（侦收）这种对抗形式在作战中的作用，使其成为人类战争进入电子战阶段开端的标志，可以认为这一阶段的主要特征是"有源对无源"（这里的"无源"，既包含针对通信辐射源的侦收，也包含下文中针对雷达辐射源使用的无源干扰）。尽管基于无线电可以实施干扰也在这次战争中被发现——一名俄国报务员盲目地按下了火花式发报机的按键，对日本的无线电通信形成了干扰，导致电台出现很大杂音，日军无法进行正常联络，只好撤退——但它在电子战发展的早期，并没有被广泛使用。从技术上来看，是因为早期电台的工作频段很窄，而且不能精细调制，因此很难在干扰敌方通信频率的同时保证自身使用另一个频率与友方正常通信；从作战上来看，是因为当时人们发现，"利用"敌方的通信比"破坏"它们更有价值。

在第二次世界大战中，由于英国空军利用雷达成功地挫败了德军的空袭，使得雷达成为科学家和军方研究的热门话题，德国也很快从英国手中抢走了"头号雷达强国"的地位。德军在法国沿海设置了搜索雷达和火控雷达，英国舰艇经过英吉利海峡时常常被德军袭击。英国开始用与德军雷达相近的工作频率发射电波来施放干扰，迫使德军关闭雷达。德国很快就研制出工作频率点可以在一定范围内变化的雷达，当英国再次实施干扰时，德国则通过交替使用不同工作频率点避开了干扰，保证了雷达的正常使用。

英国干扰机的失灵迫使其研究新的对抗措施。根据对德国雷达系统的研究，一种新的干扰措施出现了，这就是无源干扰，即在对雷达形成干扰回波时，不需要利用干扰机主动发射无线电波。1943 年 7 月 25 日，英美联军大规模空袭汉堡时，首次使用了代号为"窗户"箔条（图 9-2）的无源干扰措施。联军在空中散播了 250 万盒金属箔条，使德国雷达的显示屏幕上出现了数千架"飞机"，从而无法准确引导防空火炮进行攻击，只好放弃对雷达的使用。德军的高射炮命中率降低了 75%，而盟军的轰炸机损失率则下降了一半。

图 9-1　对马海战中俄军战舰被击沉　　图 9-2　第二次世界大战期间使用的"窗户"箔条

◎ 箔条最初由锡箔切成条状而成，由于锡箔条是金属物体，因此当雷达照射到它时会反射雷达照射过来的电波。但是，对某一频率的电磁波的反射能力却与箔条的长度有关。当箔条的长度等于雷达波波长的一半时，就会产生谐振现象，此时对电波的反射最强。大量半波长的箔条被投放到空中飘散开来，它们对雷达波的共同反射作用，将形成十分强烈的回波，从而在荧光屏上出现一片亮点。

与利用干扰机主动发射干扰信号不同（此时称为有源干扰），箔条本身不发射干扰信号，只是反射照射过来的电磁波，称为无源干扰。无论有源干扰还是无源干扰，都可以用来产生压制干扰，也可以用来产生欺骗干扰。所谓压制干扰，就是产生足够强的干扰信号，淹没雷达的目标回波，使雷达不能正常发现目标。所谓欺骗干扰，则是使雷达收到假信号，使雷达产生错误的判断，或者使雷达在并不存在的方向或位置上认为有目标存在，或者对真实的目标测量出错误的参数。

雷达及与雷达有关的对抗，牵引了电子战的发展进入第二个阶段，这一阶段的主要特征是"有源对有源"（图 9-3）。1944 年 6 月的诺曼底登陆，充分展现了这一阶段的特征。在登陆开始前，英美联军通过无线电侦察详细查明了德军设在法国北部沿海约 120 部雷达的工作特征和部署情况，并用航空兵、火箭等摧毁其 80% 以上的雷达；对残存的雷达又用电子干扰飞机释放有源的电子干扰进行压制，致使德军无法查清英美联军的集结情况；为此，驻英国斯克索普空军基地的美国陆军航空兵第 8 航空队第

803 轰炸机中队被改装为专门的电子战部队，共装备 9 架 B-17 轰炸机。其中，8 架 B-17 轰炸机安装了 9 部美国研制的"地毯"干扰机和 4 部英国研制的"鹤嘴锄"干扰机；1 架被改装为电子侦察飞机，装备 SCR-587 和 S-27 电子侦察接收机。另外，美军在 22 艘攻击坦克登陆艇及 9 艘大型火炮登陆艇上安装了 76 部不同型号的雷达干扰机。在登陆作战前夕，英美联军一方面巧妙地运用无源干扰手段在加莱地区实施海上佯攻，另一方面则用飞机、舰炮和火箭向小船上空投撒了大量箔条，在德国雷达荧光屏上造成有大批护航飞机掩护大型军舰强行登陆的假象。登陆行动开始时，英美联军在诺曼底主要登陆方向派出了电子干扰飞机对德军雷达施放干扰，使德军部署在沿海的所有预警和火控雷达完全失效，从而掩护了在英国上空集结的飞机编队飞向欧洲大陆。由于英美联军周密地组织和综合应用了多种电子战措施，成功地把德军主力引到布伦地区，保证了诺曼底登陆战役的胜利；参加登陆的 2127 艘联军军舰，仅被击毁 6 艘，在世界军事史上写下了电子战空前光辉的一页。

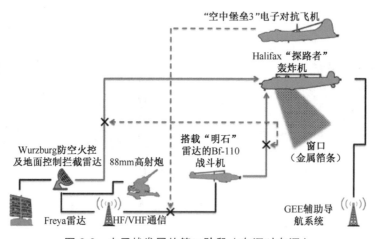

图 9-3　电子战发展的第二阶段（有源对有源）

第二次世界大战结束后，电子战领域的竞争并没有随着战争结束而停止，反而步入了新阶段。这一阶段的主要特征是"有源对摧毁"或者说"有源对导弹"，它标志着第一阶段"有源对无源"中的有源软杀伤手段向硬杀伤方向发展。如果说电子战第一阶段发展的主要动力是通信，第二阶段发展的主要动力是雷达，那么第三阶段发展的主要动力则是导弹。导弹区别于常规炮弹的主要特点正是其精确打击所需的制导系统。现代导弹主要通过雷达、红外线、紫外线、激光和电视等多种方式制导，而红外线、紫外线或激光制导所依赖的电磁波频率一般都远高于雷达或通信，所以，导弹对电子战的影响，首先在于电子战的频谱从无线电开始往更宽的范围发展，出现了光电对抗，以至于有人认为光电对抗已经不属于传统的电子对抗范畴；其次是反辐射导弹的诞生，使得与雷达的对抗除了压制或欺骗等软杀伤手段，还有更为恐怖和直接的硬摧毁方式。其中，反雷达导弹（ARM）可以说是第二次世界大战结束后电子战发展最为重大的成就之一。反雷达导弹本称反辐射导弹，它通过自身携带的导引头侦收敌方无线电发射装置的发射信号，并确定其所在方向，然后直奔辐射源并进行摧毁。由于雷达是战场上最为重要的辐射源之一，所以反辐射导弹主要被用来摧毁雷达，于是就干脆称之为反雷达导弹了。世界首型反雷达导弹 AGM-45"百舌鸟"如图 9-4 所示。

　　1982年的贝卡谷空战是一场闻名天下的电子战，以色列对电子战措施的全面应用确保了战争的最后胜利。叙利亚军队在贝卡谷地部署了 19 个萨姆-6 防空导弹。以色列在"猛犬"无人机上装备了高分辨率的照相机和电视摄像机，在"侦察兵"无人机上装备了电子侦察装置对叙军进行侦

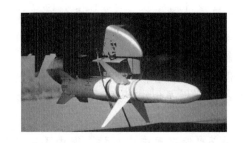

图 9-4　世界首型反雷达导弹 AGM-45 "百舌鸟"

察，确定了大部分萨姆导弹基地的位置和叙军的雷达参数。"猛犬"无人机和"侦察兵"无人机还被当作诱饵使用，它们装备了电子战系统，使雷达显示的目标像真正的飞机在飞行一样。叙军受到欺骗，认为以军来袭，开动雷达并发射导弹，从而进一步暴露了叙军的导弹阵地和雷达位置。以军同时用在波音 707 上改装的电子战飞机及无人机上的通信干扰设备干扰了叙军的通信网，剥夺了叙军有组织的战斗能力。而且，以军通过使用跳频通信，防止己方通信被干扰。当波音 707 电子战飞机确认叙军的全部雷达都已经启动，发射架上的导弹全部发射出去后，以军就开始利用反雷达导弹攻击雷达站和导弹发射装置。同时，用火箭弹散布箔条实施无源干扰，并利用电子战飞机实施有源干扰，彻底干扰掉警戒雷达和地空导弹火控雷达。叙军虽然发射了地对空导弹，但由于雷达被破坏，所以无一命中目标。为了干扰以军发射的激光制导炮弹，叙军开始施放烟雾进行防护，但为时已晚。由于地面防空系统受到严重破坏，以军在很短时间内就摧毁了叙军的 19 个导弹连和 79 架飞机，自身仅损失 20 余架飞机。贝卡谷空战所确定的电子侦察、电子攻击和电子防御这三大作战样式奠定了现代电子战的基本内涵，是电子战最重要的立身之战。更重要的是，电子战使作战域从传统的"陆、海、空、天"扩展到了"陆、海、空、天、电"。

　　◎ 电子战在 2022 年 2 月爆发的俄乌冲突中得到了高度重视和规模化运用。俄罗斯方面在冲突爆发之前就重视电子战装备的部署，爆发后的前期，由于北约依靠强大的天基和空基情报、监视、侦察系统，为乌克兰输送了大量情报信息，其中包括俄军雷达、通信、指控、电子战装备等辐射源位置信息，为乌军对俄军实施小分队突袭作战创造了条件，从而给俄军造成了不小的战损，于是俄军进一步优化了电子战装备的运用，通过体系化部署地面电子战装备，形成了完整的侦察-干扰压制链；使用 GPS 干扰贯穿整个战场，限制乌克兰战机起飞与制导弹药使用；利用电子攻击致盲乌克兰雷达系统和干扰包括星链在内的通信系统，辅助硬杀伤完成突防作战；实施电子伴动和电子欺骗，配合体系作战；重视对敌指挥控制系统的干扰，协同火力实施围歼；通过电子战结合硬杀伤，取得反无人机作战的显著成果；干扰北约包括 E-3 预警机、E-8 侦察机和卫星在内的情报监侦系统，降低其对乌克兰的情报支持。例如，开战前夕俄军就组织了大量由安-2 运输机改装的无人机实施大规模伴动，开战当天(2022 年 2 月 24 日)，其编队电磁辐射信号激发了乌克兰预警体系，并派出苏-27 升空警戒，随后被 A-50 预警机成功远程锁定苏-27 战斗机，然后通过数据链系统将目标信息传输给 S-400 防空导弹，S-400 防空导弹遂锁定苏-27 战斗机并在 150km 外发射 48N6E 导弹将其击落。

对于乌克兰而言，电子战是创造非对称优势的工具。为减少俄军电子攻击的影响，乌克兰分散部署指挥系统，并采用电磁静默和装备机动伪装降低雷达等装备战损；使用北约加密通信系统，成功实施伏击战；加强宣传战和认知战，发动民众搜寻并摧毁俄罗斯电子战装备；利用便携式通信干扰，小范围阻断俄军通信联络，等等。而俄军由于电子战能力不足，其大量飞机被乌克兰采用便携式防空武器摧毁。例如，由于俄罗斯在第一阶段作战中限制精确制导弹药的使用，主要采取超低空飞行模式以确保无制导弹药也能准确击中目标，但由于部分机型缺乏针对便携式防空武器的对抗措施，仅 3 月 5 日，俄罗斯空天军就损失了 2 架苏-34 战斗轰炸机、1 架苏-30SM 战斗机、2 架-25 攻击机、2 架米-24/35 武装直升机、2 架米-8 直升机，而击中它们的是"毒刺"、9K38"针"式等单兵便携式防空导弹。这些导弹射高在 3000～5000m，采用红外制导，目标特性不明显，很难提前探测到，对于低空飞行的俄军作战飞机形成了较大威胁。实战经验表明，作战飞机在低空作战时开启定向红外干扰机，同时释放红外诱饵弹，能够显著降低战损。在突击乌克兰首都基辅西北的安东诺夫机场时，俄军使用了大规模直升机空中突击作战，乌军防空导弹向直升机群射击，直升机则使用干扰弹强行突击，俄军卡-52 直升机战损明显低于其他直升机，就是因为该机配备有雷达、红外线、紫外线等多种电子战设备。2022 年 2 月 28 日，俄罗斯国防部公布的一段视频显示，一架卡-52 直升机依靠完备的电子战装备及娴熟的战术规避动作，成功躲过了 18 次高炮和导弹的攻击后才被 1 枚导弹击中并完成迫降。

雷达对抗中的"蛮道"与"诡道"

按照干扰雷达的原理不同，电子干扰可以分为压制干扰和欺骗干扰。由于雷达总是要在噪声中检测目标（噪声是电子设备中的电子随机起伏运动产生的电信号，有一定的功率强度），所以，压制干扰主要采用噪声的形式。它产生的无线电"信号"是杂乱无章的，进入雷达接收机后，其作用和接收机里本身具有的电子噪声相仿，就像电视机受到电波干扰时荧光屏会出现雪花点一样，强大的噪声会把目标的回波遮盖住，使雷达显示器上出现一片亮点，无法发现目标。实战中，压制干扰主要包括远距离支援干扰和随队干扰两类。远距离支援干扰由专用电子战飞机来完成，在敌方的火力范围之外，发射强功率的噪声干扰来压制敌方雷达，为进入敌火力区的作战飞机提供支援。随队干扰则由机动性较好的飞机来完成。它们和作战飞机一起进入敌防空区域。随队干扰飞机带有较多的、功能较全的干扰设备，由于距离敌方雷达的距离很近，所以能够为其他电子干扰能力不充足的作战飞机提供干扰掩护。

根据压制干扰的特点可以看出，只有施放的干扰功率达到一定强度时才能产生有效作用。这既与雷达有关，也与干扰机有关。因为对被干扰的雷达来说，雷达接收机既收到了目标回波的有用信号，也收到了干扰机发出的干扰信号，雷达能否正常工作，取决于收到的干扰信号能量和目标信号能量相对大小。为了使雷达无法发现目标，一般要求干扰信号是目标信号功率的 2～10 倍。

由于干扰信号与目标信号相比，只经历了从干扰机到达雷达的单程衰减，不像目标信号经历了从雷达到目标再到雷达的双程衰减，所以，对于干扰机来说，距离越远的干扰信号可能越容易超过目标信号的功率，从而获得更好的干扰效果；而随着距离的减小，干扰信号相对于目标信号在功率上的优势越来越小，到一定距离之后如果干扰机更靠近雷达，干扰有可能会失去作用，此时目标信号功率可能已经强过干扰信号功率了。这个距离就是"烧穿"距离，图 9-5 和图 9-6 分别示出了在自卫或随队干扰条件下的"烧穿"和远距离支援干扰条件下的"烧穿"。其中，J 代表干扰信号功率，S 代表目标信号功率。之所以有这两种情况，主要是因为在前者条件下，己方干扰机与己方飞机（即敌方雷达要探测的目标）或者在同一位置（如战斗机自身携带的干扰机），或者相距很近（如战斗机编队中的干扰机，与被保护飞机同在编队内，称为"随队干扰"）；而在后者条件下，己方干扰机与被保护飞机相距较远（称为"远距离支援干扰"，可以在防区内，也可以在防区外），在分析时，通常假设远距离支援干扰机距敌方雷达位置的变化远远小于己方飞机（即敌方雷达目标），即近似于不移动。而之所以称为"烧穿"，可能是因为雷达目标信号功率强过干扰信号功率之后，相当于雷达烧穿了干扰机所形成的目标检测"屏障"。"烧穿"的概念也说明，要想在比较近的距离上成功干扰雷达，干扰机的功率就需要更大。

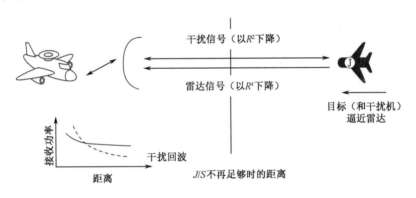

图 9-5　自卫或随队干扰条件下的"烧穿"

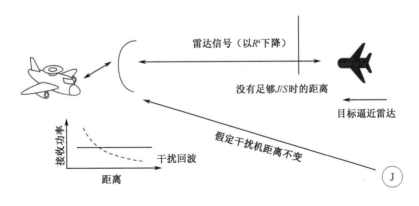

图 9-6　远距离支援干扰条件下的"烧穿"

干扰机所产生的压制干扰可以分为瞄准式干扰、阻塞式（或压制式）干扰及扫频瞄准式干扰。这三种压制干扰的基本原理在于利用雷达的接收机对电信号频率的选择性，也就是对于雷达接收机来说，它只能对一段频率范围内的信号具有最好的接收能力。

一部机载预警雷达接收机的典型信号带宽不超过 5MHz，也就是雷达对接收回波进行频率变换后的中心频点 5MHz 范围内的信号具有最好的接收能力。瞄准式干扰机的干扰信号频率覆盖范围一般是雷达信号带宽的 5 倍以内。干扰时需要首先侦察出雷达的工作频点，然后把干扰机的频率对准雷达频率进行干扰。由于干扰带宽略大于雷达接收机带宽，所以即使有一定的频率瞄准误差，也能使干扰带宽覆盖住雷达带宽。瞄准式干扰是窄带干扰，由于干扰能量在频率上分布比较集中，在雷达带宽之外的能量损失比较小，所以干扰效率较高。

阻塞式干扰则是宽带干扰，其频率覆盖范围一般是雷达带宽的 10 倍以上。由于雷达接收机所能接收信号的频率变化范围通常远小于干扰机的频率范围，所以真正进入雷达接收机的干扰功率仅是全部干扰功率的一小部分，大部分能量都浪费掉了。为此，引入雷达信号带宽除以干扰机带宽的比值，称为干扰效率。例如，若雷达信号带宽为 5MHz，干扰机带宽为 100MHz，干扰效率就是 5%。阻塞式干扰的低效率换来的好处是可以干扰工作在更多频率点上的雷达。和同等功率的瞄准式干扰机相比，阻塞式干扰机的威力要小得多，或者说，为了产生和瞄准式干扰相同的干扰效果，就需要干扰机的功率比瞄准式干扰机大得多。

扫频瞄准式干扰（图 9-7）结合了前两者的优点。扫频瞄准式干扰机产生的干扰信号以与雷达带宽相当的频率范围（如 10MHz）在更大频率范围（如几百兆赫）内进行扫描。这样，即使雷达的工作频率不能准确地知道，但由于干扰机能够进行搜索，只要落入频率扫描的范围，总能有机会使干扰信号进入雷达接收机。扫频干扰起到了宽带阻塞式干扰的作用，又不像阻塞式干扰那样频率分散，所以使用与瞄准式干扰相同的功率，就有可能干扰多部雷达，但其设备要比两者复杂得多。

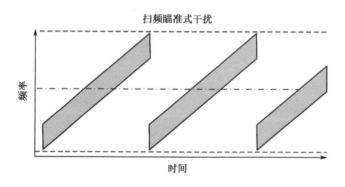

图 9-7 扫频瞄准式干扰

正所谓"兵者，诡道也"（出自《孙子兵法·计篇》）。除了压制干扰，还可以通过产生假信号使雷达接收机产生错误的判断，破坏对雷达目标的指示和跟踪。欺骗干扰主要用在武器系统的自卫上，用以对付各种火炮或导弹系统配备的跟踪雷达。因为不是采用压制原理，复制的干扰信号只要与雷达所能接收到的真正的目标信号功率相当，就能取得效果，所以对产生干扰信号的功率要求不高，便于在机动性要求很高、装载能力有限的武器平台上使用，完成自卫任务。所以，欺骗式干扰似乎是更为灵巧和"高智商"的电子干扰方式。

欺骗干扰的基本原理在于以雷达的原始信号为基础，改变信号的时间、幅度、相位或频率来形成假目标。欺骗性干扰机大致可以分为两种：一种是转发式干扰机，另一种是应答式干扰机。转发式干扰机的特点是信号从被干扰机接收到再到发射出去，几乎是直通的，只是在从被接收到发射的过程中，做了一些对原雷达信号进行频率调制或者幅度调制与放大的工作，但先后接收到的目标回波之间的相对时间间隔并没有变化。由于雷达测距就是测时间，所以在这种干扰方式下，假信号与真信号在距离上是相同的，只是对应的速度不同，所以常用于对脉冲多普勒雷达或动目标显示雷达产生速度欺骗，因为这些雷达能够利用目标的速度信息工作。而应答式干扰机适用的范围则更广一些。与转发式干扰机的主要差别在于，应答式干扰机增加了信号存储器，其产生的假信号可以比真信号延迟一定的时间再发射出去，因此除了能够进行速度欺骗，还能造成距离欺骗。因为对于应答式干扰机来说，由于要将真实雷达的接收信号延迟一段时间后再发射出去，这样才能造成距离欺骗，所以需要先把真实雷达的接收信号存储起来，这需要利用信号存储器。由于精确复制的关键是保证真、假信号在频率上的一致性，所以信号存储器又称储频器。要把从几百兆赫到几十千兆赫的雷达信号存储起来是不容易的。以前，让信号反复通过一段微波电缆，信号在传播过程中造成时间延迟，以实现延迟发射，但由于不能采用太长的电缆，否则传输过程中对信号功率的损失太大，所以信号存储时间只能非常短。而且，由于电缆长度不能轻易改变，所以也难以实现任意的时间延迟。随着 DRFM（Digital Radar Frequency Memory，数字式雷达频率存储）技术的发展，欺骗性干扰机的技术水平得以显著提高。DRFM 技术把雷达信号数字化，把波形变成数字代码存在高速半导体存储器中，由于半导体存储器可以长时间保存数据，没有时间限制，所以能够在任何时间取出数据；其中的难点在于，要对模拟信号取样，且取样率必须是雷达信号频率的 2 倍以上，而雷达信号频率太高，因此对器件的速度和容量要求相对高一些。

★ 在对机载预警雷达的欺骗式干扰中，主要使用距离波门拖引干扰（图 9-8）和速度波门拖引干扰，用以破坏机载预警雷达对目标的跟踪性能。

　　预警雷达每次发现新的目标，都会算出目标的距离、多普勒速度、方位角或仰角等数据，并判断这些数据是否与已经存在的目标航迹有归属关系，这就是跟踪。雷达在跟踪时，除了依据探测数据计算出目标航迹的当前参数值，还需要预测给出目标在下一个探测时刻的距离、角度或速度等参数，推算出具备最大可接受误差的波门，使得下一次探测数据的相应参数如果在这个波门之内，则可以认为与已有航迹有归属关系，就可以判断它们对应同一目标，从而给出相同的标记，否则被判断为新的目标或者是虚假目标。因此，波门是当前探测值与下一个探测值可以判断为归属同一目标的最大差值，它是基于历史数据所给出的预测结果。探测时间越长，积累的历史数据越多，对目标运动所对应的距离、速度和角度的变化估计也就越准确，给出的波门也就越接近目标真实的运动范围，跟踪就会更连续。

　　在距离波门拖引干扰中，干扰机发射的虚假目标回波脉冲与真实目标回波脉冲保持一定的间隔，且间隔越来越大 [图 9-8（a）]。由于雷达是根据目标回波的时间来测定目标距离的，从而让雷达错误地认为目标已经远离，将距离波门调整至更远的距离上 [图 9-8（b）]，起到了不让雷达获取准确距离信息的效果。

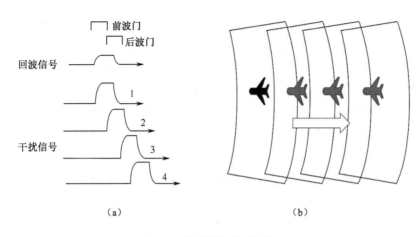

图 9-8　距离波门拖引干扰

在速度波门干扰中，由于速度与多普勒频率连续变化，而多普勒频率又是载频的偏离，因此，若将干扰机的载频连续变化，即实施扫频干扰，就是速度干扰。与距离波门拖引干扰类似，由于真实目标与干扰机相对于预警雷达都在移动，因此，干扰信号与真实目标回波信号都有多普勒频移，从而进入速度波门，但由于干扰信号功率更大，其更大的多普勒速度容易被检测，从而将速度波门拖离开真实目标回波信号的多普勒频率。

至于角度波门拖引干扰，由于机载预警雷达采用单脉冲技术，只要有一个回波脉冲就可以获得测角数据。通常，采用角度波门拖引干扰非常困难。从单脉冲测角的基本原理分析，它依赖于方位分辨力，且可以在方位分辨力范围内克服目标的闪烁。若 2 架飞机回波信号位于 1 个雷达方位分辨单元内，则单脉冲雷达无法将它们区分开；而如果将 2 个目标的回波信号置于 1 个雷达方位分辨单元内，且这 2 个目标都携带有干扰机，当两部干扰机分别采用与雷达带宽相近的不同闪烁速率发射干扰信号时，单脉冲雷达可能会按照 2 个干扰信号频率进行测角，从而降低了抗闪烁能力，影响到角度测量。这种方式一般多用于制导雷达。

你有"铁砂掌"，我有"金钟罩"——机载预警雷达的反干扰

虽然电子战通过侦察与干扰的方式不断向雷达、通信甚至是卫星导航系统发起挑战，但雷达等也不是等闲之辈，并没有坐以待毙，发展出不少有效措施去抵御电子战的攻击，从而与电子战一起不断上演着"魔高一尺、道高一丈"的游戏。由于本书第八章已经介绍了关于导航系统的对抗，本章主要介绍关于机载预警雷达和通信的抗干扰措施。

低副瓣雷达天线。雷达向空间辐射出来的能量，既蕴含在主瓣中，又蕴含在副瓣中。无线电侦察主要是利用雷达的主瓣能量，如果雷达主瓣较窄，就意味着侦察设备从 360° 空间中侦收到雷达的可能性更小。但如果副瓣功率比较大，那么进入雷达侦察接收机的电波也可能足够强，从而即使是通过侦收副瓣的方式也能发现辐射源目标的

存在。所以，E-3A 预警雷达的超低副瓣天线不仅对反杂波能力具有重要意义，对提高抗干扰能力也同样重要——实际上，杂波与干扰对于雷达而言，性质上有相同之处，都是不需要的回波。虽然当前无线电侦察系统也可以通过加大天线的增益而具备一定的副瓣侦察能力，但较低的副瓣相比较高的副瓣，毫无疑问增加了副瓣侦收的难度。

副瓣对消。类似反杂波所要求设置的保护通道。除了主天线外，雷达需要安装一个辅助天线（图 9-9），辅助天线在雷达主天线副瓣方向的增益必须大于主天线的副瓣增益。如果辅助天线接收的信号比主天线接收的信号强，那么就可以确定这个信号是副瓣干扰信号，将其延迟 180° 相位后送到主天线的输出端并与其输出相加（实际上就是两个信号相减），从而对消进入主天线副瓣的干扰信号。

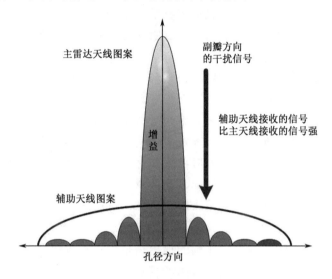

图 9-9 雷达的辅助天线

副瓣匿影。与副瓣对消类似，副瓣匿影也需要配备辅助天线。两者不同的是，副瓣对消需要将主瓣与副瓣通道的输出相减来消除干扰，但副瓣匿影是将两个通道的输出进行比较，通过比较结果来决定是否需要对主通道进行选通或消隐（即抑制它的输出）。处于主瓣中的目标在主通道中会产生一个大信号，在辅助通道中产生一个小信号，合适的消隐逻辑电路会允许这个信号通过。存在于副瓣中的目标或干扰或二者同时存在时，会在主通道中产生小信号，但在辅助通道中产生大信号，于是这些信号被消隐逻辑电路抑制掉。

单脉冲技术。单脉冲技术能够抗干扰的原因在于，在测量目标的角度信息时，只需要 1 个回波脉冲就够了，而欺骗式干扰机要产生假信号，总是先要收到真信号，然后才能伪造，而等到欺骗式干扰机制造出假脉冲时，单脉冲雷达已经通过 1 个脉冲把真实目标的角度测出来了。

跳频与宽带工作。雷达一般都有若干个工作频率点可供使用，例如，E-3A 预警雷达工作在 S 波段，其频率点覆盖 3.1～3.3GHz，也就是工作频率点的覆盖范围有200MHz，如果以 20MHz 为一个间隔，那么，这部雷达的工作频率点就有 10 个。当在一个频率上受到干扰时，就转换到另一个频率上工作，这就有可能跳出干扰的频率范围。所以，人们不断追求扩大雷达的带宽，甚至使其工作频率范围超过其波段所处中心频率的 10%，即"超宽带"。为了快速跳到干净的频率点上，许多现代雷达装有频率分析设备，一旦发现雷达在某个工作频率点上受到严重干扰，就会自动引导雷达更换到另一个工作频率点上，这种技术措施称为"干扰分析与发射选择"（JATS）。

如果雷达能够让每一个脉冲都工作在不同的频率点上，这种措施就称为"频率捷变"。由于敌方不能预知下一个脉冲到底工作在哪个频率点上，所以难以实施欺骗式干扰。频率捷变对于抵抗瞄准式干扰也非常有效。由于频率点比较多，变化范围比较大，所以，频率捷变能够使敌方把瞄准式干扰更换为宽带阻塞式干扰，从而把功率平摊到更大的频率范围内，大大分散了干扰功率。例如，假设瞄准式干扰的所用干扰带宽为10MHz，那么，当频率在 500MHz 内捷变时，需要采用宽带阻塞式干扰，此时同样的干扰机发射功率要平摊在 50 倍于瞄准干扰的带宽内，因而单位带宽的干扰机功率降低，使雷达接收带宽内的有用干扰功率只有原来的 1/50，大大降低了干扰的效果。

◇ 预警机配备不同波段的多部雷达，除了提供抗干扰的好处外，还便于发挥不同频段的优势。例如，低频段可能对隐身目标有更大的 RCS，但角度测量精度较差，高频段则可以提供较好的角度测量精度。在预警机上配装工作在不同波段的雷达，视高频段与低频段在数值上差异的多少，可能有不同的形态。如果高频段与低频段相隔较近，则可能在一定程度上共用天线并对收发组件进行综合化设计；如果高频段与低频段相隔较远，则需要采用不同的天线并分别集成。未来的预警机可能配备更多频段，以适应更为严峻的电磁对抗环境，并提供距离远、精度高、识别准的多种战场情报。

脉冲多普勒体制。脉冲多普勒体制的提出，是为了对抗地面或海面杂波。即使杂波强度远远盖过目标回波强度，但由于两者相对于雷达的速度不一样，所以脉冲多普勒雷达能够利用速度信息区分杂波与目标回波。而对于箔条这样的静止或慢速干扰，由于其低速特性，使脉冲多普勒雷达天然地具备了抑制能力。机载预警雷达由于普遍采用脉冲多普勒体制，因此可以有效抑制箔条干扰。

相控阵技术。相控阵技术至少在四个方面能够降低电子战对雷达的不利影响。第一，相控阵雷达的波束指向可以根据需要以电子的方法灵活地改变，而不像机械扫描雷达那样，波束的指向有着确定的规律，从而减少被侦察的可能性，是保证"低截获概率"的重要措施。第二，对于有源相控阵雷达，由于其辐射出的功率是多个收发组件辐射出的功率的合成，如果减少参与辐射功率的组件，就可以降低辐射出的总功率，从而减少被侦察的可能性，这种措施称为"功率管理"。第三，有源相控阵技术由于每个单元都有独立的发射与接收控制，所以可以采用数字波束形成与空时二维信号处理等先进技术，以有效减轻杂波和干扰的影响。第四，相控阵技术可以灵活地延长扫描时间，增大积累的回波数量，直至实现"烧穿"，使干扰机需要更大的能量才能保证干扰效能。

采用更复杂的波形。低截获概率雷达还可以采用随机改变波形参数、提升波形复杂度的办法来减小被侦察设备进行截获和识别的可能性。战场上进入雷达侦察设备的信号可能来自多个雷达，侦察设备首先应对这些信号进行筛选，从交叠的很多个雷达脉冲中分选出对应于某一部雷达的脉冲，关键是利用同一部雷达工作参数的规律性，如工作频率相同、脉冲间有相同的时间间隔等，如果这些规律不容易被识别出来，分选就失去了依据。有些雷达的脉冲之间间隔时长时短，称为"脉冲重复周期抖动"，它同样起到扰乱敌方侦察系统信号分选的作用。如果侦察系统的信号分选没有成功，就不能确定这部雷达是否存在，也得不出它的工作参数，更不能对它进行识别。

★　现代机载预警雷达具备了更为复杂的波形，从而有利于显著提高抗干扰能力。例如，预警雷达既需要探测空中目标，又需要探测海面目标，两种情况下波形显然不同，前者是脉冲多普勒模式，后者是非脉冲多普勒模式。当需要同时探测空中目标和海面目标时，由于空中目标速度较快，因此要求数据更新率高；而海面目标速度慢，数据更新率可以较低，通常采用多圈对空扫描、一圈对海扫描的方式，这样就有效结合了不同的发射信号波形。而由于相控阵体制可以灵活选取不同的扫描速率，实际上就是选择不同的脉冲数量、脉冲重复频率和积累时间，这些都对抗干扰有利；当降低扫描速率时，由于需要积累更多的脉冲，也可以理解为信号波形的变化。此外，预警雷达采用多频段时，不仅具体工作的频点不同，而且信号波形也可能不一样，这些都是抗干扰的有效措施。

数字波束形成（Digital Beam Forming, DBF）。雷达对分布在空间的电磁波的接收能力，是由雷达天线的接收方向图来描述的。方向图在某个角度上的尖峰，也就是方向图的主瓣，表明了雷达天线在这个角度上对辐射过来的电磁波有最强的接收能力；反之，方向图中某个角度上的低谷，表明了雷达天线在这个角度上对辐射过来的电磁波接收能力比较弱。自然地，对于干扰信号，我们希望用低谷去对准接收（即波束置零）。这种将能量对准接收的能力实际上反映了对天线的控制能力。由于天线接收方向图是每个天线单元接收能量情况的合成，因此，如果能够对天线单元接收到的信号的功率（即幅度）或相位进行控制，使不同单元的幅度或相位在整个方向图的形成过程中具备不同的权重，就能控制方向图（图9-10）。这里就有自由度的问题，即权重控制可能性的多少。由于有源相控阵雷达的每一个T/R模块都有独立的接收通道，而且T/R模块通常都有数百个至千余个，从而带来较多的自由度，为调整波束的对准方向提供了基础（实际应用时会考虑控制运算量，以便能实时运算或降低对处理器的要求，一般采用多个T/R及其对应的天线单元组合成一定规模的子阵）。但仅有较多的自由度还不够，还需要将其变换成为数字信号，因为传统的波束形成基于模拟信号，通过移相器、衰减器、波束形成网络等模拟器件实现对相位的控制和调整，波束的形状、零点的位置、相邻波束的间隔等参数是固定的，因此难以实现自适应控制。特别是，如果要同时形成多个波束，所要求的硬件设备量将成倍增加，并且很难实现多低副瓣的接收波束；通过将阵列天线接收到的各路信号都变成数字信号，然后进行更为灵活和快速的数字计算，就可以形成波束。

空时二维信号处理。在DBF技术的基础上，人们发明了空时二维信号处理技术。空时二维信号处理成为抵抗干扰和杂波的新利器，是对脉冲多普勒体制的重要革新。我们知道，脉冲多普勒信号处理的核心是通过建立滤波器进行滤波，即在可能出现"杂草"的位置上动用"割草机"（即设置滤波器），使杂波被抑制、目标被突显。但在传统的脉冲多普勒滤波器中，"杂草"的位置是从一维的视角去找的，可能等到雷达以为找到"杂草"的位置并准备动用"割草机"时，才发现位置不对，"杂草"是被割掉了，但目标仍然处在一个被遮挡的地方，并没有浮现出来。要避免这个问题，人们找到的办法就是"空时二维信号处理"，后文将专门以一节介绍。

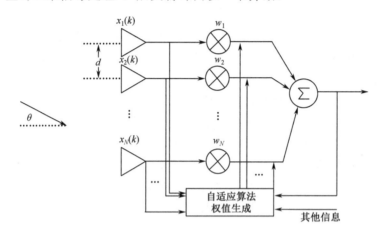

图 9-10　数字波束形成对方向图的控制原理

　　多基地雷达。它的基本原理是收发分置，也就是说，雷达的发射机置于战场纵深地区或载机上，而高灵敏度的接收机则散布在前沿地面、海上或载机上。发射机和接收机都可以有多个。这种雷达的优点主要有如下几个。

　　一是对杂波的处理比较容易。对于采用 HPRF 或 MPRF 的单基地机载预警雷达，其检测性能主要受副瓣杂波影响。而在双基地体制中，一方面，从发射到接收的传播路径很远，副瓣杂波由于经历了较远距离的衰减，因此对检测的影响常常可以忽略；另一方面，因地杂波的多普勒频率是由发射和接收两个平台运动产生的，可以通过调整发射端和接收端的飞行航线与速度，使地杂波频谱的展宽最小，相当于增加了对地杂波频谱的调控自由度。而由于同样的原因，某一地块上的主瓣杂波多普勒频率既与相对于发射机的视角和速度有关，又与相对于接收机的视角和速度有关，因此其计算方法不同于单基地雷达，然后再据此设置和跟踪主瓣杂波滤波器的凹口位置，并进行滤除即可。

　　二是可提高预警机的生存力。单基地预警雷达发射功率较大，易被敌方侦察和定位之后实施干扰或硬杀伤。双基地条件下，可使有发射机的载机在远离敌方阵地的安全区域内飞行，而将带接收系统的载机相对靠近战场前沿，由于其没有发射电磁波，敌方软硬杀伤系统的侦察系统不能测出接收机所在方向，所以也难以实施各类干扰或打击。

　　三是可提高反隐身探测能力。由于发射机照射目标的方向与接收机接收回波的方向不一致，接收机可能接收到敌方隐身飞机非隐身方向的散射能量，从而降低其隐身效果。通常，隐身目标是按其正面面对单基地雷达时的探测情况来设计外形的，当双基地雷达有一定的视向角时，这种目标的 RCS 可能增大。

　　但双基地雷达系统由于发射机与接收机分置，必须解决三个同步问题。一是时间同步。即在双基地接收机处必须准确知道发射脉冲的起始时刻，以此作为测量回波延时的基准。二是频率或相位同步。接收与发射的频率源必须准确同步，才能准确地识别信号的相位，从而进行相参积累。三是空间同步。在双基地雷达系统中，只有当目标同时落在发射、接收波束的交叠区内时，接收机才可能探测到目标。因此在发射波束搜索目标时，接收波束必须协调地同步跟踪，最有效的同步方法为"脉冲追赶法"，就是令接收波束去追赶发射脉冲的空间位置，使发射脉冲遇到目标而产生的回波始终落在接收波束之内，可能要求在一个脉冲重复周期，即数十毫秒的时间内，扫描范围达到180°。当前，对于时间和频率/相位同步，可以采用极高稳定度的原子钟作频率源来解决；对于空间同步，可以在发射机与接收机之间通过高速无线通信将发射波束的指向传送到接收机，同时接收天线采用相控阵技术与数字波束形成技术，通过计算机迅速算出接收波束的指向与扫描范围，并控制波束完成高速扫描的脉冲追赶。

优化阵位部署。由于雷达是基于从主瓣进入的目标回波信号来发现目标的，因此，在当前技术水平下，从主瓣进来的干扰难以被抑制。预警机执行任务的航线应尽量增大空域，使得在威胁情况下可以尽量拉大与干扰机之间的距离，并尽量避免预警机、干扰机和目标成"三点一线"，在不能完全避开干扰的情况下，尽量使干扰从预警雷达副瓣进入。此外，在可能的干扰源方向设置静默扇区，雷达在静默扇区内不扫描，以降低被敌方干扰机侦察的概率；或者在多个方向布设多架预警机，以确保敌干扰机难以同时对多架预警机实施主瓣干扰，并在多架预警机之间协同定位干扰，这些都是从使用角度看比较有效的措施。

横看成岭侧成峰，一维二维大不同——空时二维信号处理

"横看成岭侧成峰，远近高低各不同"，说明了在看待一件事物时，从不同的视角看可能有不同的发现与判断。为了对干扰或杂波准确定位，需要将其置于一个二维的平面上，而不是仅仅观察它们在一个特定方向上的投影，因为从一个投影方向去看，我们损失了一维信息。例如，目标从迎头方向去看，它可能被树木遮挡，但如果换一个角度，它可能就不被遮挡了。那么，这个二维的平面是如何建立的呢？一维是"空"，一维是"时"，有了这两个要素，就可以对干扰和杂波等"杂草"进行更准确的定位——正所谓"横看成岭侧成峰，一维二维大不同，找准位置再除草，目标更能现真容"。

★　那么，什么是"空"，什么是"时"呢？雷达天线接收回波时，首先被各个天线单元分别接收。假设天线单元一共有 N 个，即有 N 路输出通道，那么理论上，天线可以在 $N-1$ 个不同方向上形成方向图的凹口，即系统的自由度为 $N-1$，这是因为对于一个 N 元的方程，$N-1$ 个元的值确定了以后，第 N 个元的值也就确定了（相应地，它可以抑制的有源干扰个数为 $N-1$ 个）。如果对这 N 路输出信号进行自适应加权，这就是 DBF（数字波束形成），即自适应的"空间域"处理，简称"空域处理"，或称"空域滤波"。之所以称之为"空域滤波"，是因为空间域对应了电磁波能量在空间的分布，它也对应了天线单元的位置及其方向图，是在空间域对回波的筛选，可以解决干扰方向上的动态弱接收（即自适应波束置零）问题。但在每次动态设置一个方向图凹口的同

时，由于天线副瓣的存在，如果某个位置上的副瓣较高，意味着从这个位置上接收进来的干扰或杂波也会较强，从而有可能淹没目标回波，因此雷达还需要提供更大的副瓣杂波或干扰衰减。也就是说，在空间域，除了针对干扰设置凹口（相应位置上进来的杂波也得到了抑制）外，还需要提供对其他方向上副瓣的控制能力。

在脉冲多普勒（PD）体制中，经 DBF 加权和合成后的信号，按其所对应的不同的距离，也就是接收到信号的不同时刻，再进一步处理，以形成如第二章描述过的一个宽度较窄的滤波器，即时域处理，它实际上是将来自同一距离上的多个回波信号进行存储和运算，提取出其所包含的所有频率及其分布情况，即傅里叶变换。假设同一距离上的多个回波信号共对应 K 个脉冲，就是对这 K 个脉冲组成的脉冲串进行傅里叶变换。在这个过程中，有两个环节起到了反杂波（或干扰，下同）的作用。一是由于距离筛选，每个距离上的目标回波信号只需要与分布在这个距离上的杂波对抗，而不用同其他所有距离上的杂波都对抗，从而缩小了杂波的强度。当然，实际上由于距离模糊的原因，某个距离上的目标回波信号可能对应多个真实距离，因此，某个距离上的回波信号是与经模糊后在相同距离上的所有杂波对抗的。二是形成多普勒频率窄带滤波器组（图 2-14）后，如果目标对应的回波多普勒频率落在滤波器组的某个滤波器内，那么，它只需要对抗它所在的这个较窄的滤波器内的杂波或噪声，而不是对抗全部脉冲重复频率范围内的杂波或噪声。当然，由于频率模糊的原因，某个多普勒频率位置上的目标回波信号可能对应多个不同的真实多普勒频率。由于窄带滤波器组最前面的几个滤波器对应了主瓣杂波的多普勒频率分布范围，是不能用于检测目标的（即通过空域滤波，滤除了主瓣杂波），因此，如果目标的多普勒频率与主瓣杂波的多普勒频率相同，或者经频率模糊后与主瓣杂波的多普勒频率相同，目标回波也会落入这几个滤波器，从而无法被检测出来。而对于那些与主瓣杂波多普勒频率不相同的目标，它们的多普勒频率会落入滤波器组的其他位置，为了保证被检测，所在的窄带滤波器内的杂波应该足够弱，这一点只能靠天线的低副瓣来保证，这就是传统的 PD 处理，它不具备对副瓣杂波的空域滤除能力，或者说，不具备对与目标多普勒频率相同的副瓣杂波的抑制能力。

综合起来看，机载预警雷达的传统信号处理中，是先进行空域滤波，再进行时域处理，二者串行进行。这种处理对于静止的地面雷达没有什么问题。无论天线副瓣在哪个角度上存在，无论所照射到的地块在哪个方向，由于雷达静止，因此地杂波的多普勒频率都是零（地杂波多普勒频率与雷达的运动速度及地块相对于雷达的视向角这两类因素成正比，与工作波长成反比）。为了抑制仅仅分布在零多普勒频率范围内的地杂波，时域处理可以将窄带滤波器组的凹口设置在零频率附近。如果同时叠加上有源干扰，当干扰的多普勒频率在零附近时，与地杂波一起被窄带滤波器组的凹口抑制；当干扰的多普勒频率不为零时，可以通过在干扰方向上进行波束置零来抑制，即空域处理。但对于机载预警雷达来说，由于载机和雷达的运动，杂波和目标的多普勒频率是同时受空域和时域两个因素影响的。由于载机（也就是雷达）的运动，雷达照射到不同空域（方位）地块，从机头前方的地面远处一直延伸到机尾后方的地面远处，其形成的杂波都存在多普勒频率，而这些地杂波又都是被不同方向的副瓣照射所形成的。载机的运动及各方位上的副瓣打地，就是机载预警雷达在抑制杂波或干扰时不同于地面雷达的空、时因素。从图形上看，地杂波的多普勒频率与视向角——也就是天线副瓣辐射打地的角度——的关系是一条直线 [图 9-11，其中图 9-11（a）为平面示意图，图 9-11（b）为立体示意图]，这个关系称为机载雷达杂波的时空耦合，其中，空间因素主要是由天线方向图度量的，时间因素则主要是由多普勒频率度量的，因为它是由时域信号经傅里叶变换形成的。而由于工程实际中杂波照射单元不是一个点而是一个面，内部会产生起伏，且雷达频率源也不会完全稳定，加之天线单元自身的各种误差因素，这条直线被稍许展宽而成为一个条带。机载预警雷达传统的信号处理，实际上相当于是这条直线或条带沿两个方向上的投影。它不能抑制类似图 9-11（a）中 B 点处的副瓣杂波，因为 B 点处的副瓣杂波与目标的多普勒频率相同，为了使 B 点处的目标被检测，只能寄希望于 B 点处的副瓣杂波强度足够低，这一点只能由天线的低副瓣来保证。因此可以看出，为了提高对副瓣杂波的抑制能力，最好能够沿着图 9-11 中的斜线设置滤波器凹口，这就是空时二维信号处理。

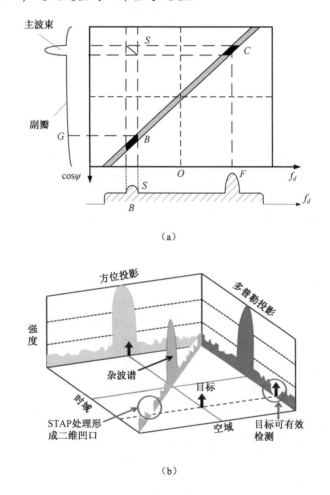

图 9-11　空时二维信号处理原理

在空时二维信号处理条件下，虽然可以更为准确地找到"杂草"（包括干扰与杂波）的位置，但由于这个位置有很多，以当前雷达信号处理技术的水平，无法在所有的位置上都使用非常锋利的"割草机"，甚至退一步，即使对杂草最为茂密的那些地方动用

"割草机"进行"定点清除"也是非常困难的，这主要是因为信号处理的计算量太过巨大，必须做很大程度上的近似处理。因此，虽然空时二维信号处理的原理早在20世纪70年代就被提出，但直到2011年E-2D预警机服役时才被投入使用。

　　★ 空时二维信号处理需要进行 $N \times K$ 维复数矩阵的求逆运算，如何减少 N 或 K 的数量并让其逼近最优性能，一直是人们研究的热点。由于天线靠近主瓣的角度上副瓣辐射功率相对较高，照射地面后所形成的地杂波也就较强，因此，一种有效的方法是，选择与主瓣回波到达时刻比较接近的几个不同时间点上的回波脉冲——而不是所有时间点上的回波脉冲——来做二维信号处理，重点抑制这些方向上的副瓣杂波，就可以有效避免在某个多普勒滤波器组中的杂波淹没与之同多普勒频率的目标。而由于某个位置上副瓣的回波到达时间与主瓣回波比较接近，就意味着在空间上它们的辐射位置也比较接近，这就相当于执行了空域滤波。如果把通道的个数记为 m，这种空时二维信号处理就称为 mDT-STAP，此时处理的维数由 $N \times K$ 降到了 $m \times K$。分析结果表明，选 2～3 个位置的回波通道，即进行 2DT-STAP 或 3DT-STAP 的处理就可以取得较好的效果。而与 2DT-STAP 或 3DT-STAP 相配合，对于离主瓣照射区比较远的回波单元，可以只选择 1 个到达时刻所对应的处理通道，此时相当于在天线的某个副瓣位置上自适应产生一个凹口［如图 9-11 (a) 中的 G 点］，从而抑制了有可能在 B 点干扰到该处目标多普勒频率检测的副瓣杂波。这种处理在单独实施时，就是 1DT-STAP。

　　空时二维联合处理在一定程度降低了对天线副瓣的要求，在工程上具有非常重要的意义，它使较低的工作频率在预警雷达上的应用成为可能。预警机的载机选定以后，它可以提供的天线面积是一定的，而天线增益、副瓣水平等性能在频段选定后与面积成反比。但为了提高对隐身飞机的探测能力，有可能采用低频段，此时难以实现低副瓣或超低副瓣，如果采用传统的 PD 处理，难以获得期望的下视性能。即使在高频段下，考虑到有源相控阵雷达天线单元较多，由于单元之间的非均匀性（或称"误差"）及互耦等原因的影响，做到低副瓣和超低副瓣也绝非易事。此外，空时二维联合处理还使其对有源干扰和副瓣杂波有了一体化的抑制能力。传统上对有源干扰的抑制，是在通过侦察发现干扰所在方向后，在这个方向上进行方向图置零实现的。在抑制副瓣杂波时，由于副瓣分布在各个方向上，出于天线控制的自由度和运算量等限制，无法通过 DBF 在多个方向上都进行方向图置零，而主要靠天线本身的低副瓣、发射机的频率高稳定度和通过信号处理形成窄带多普勒滤波器组来实现。空时二维联合处理则可以对有源干扰和副瓣不加区别地统一处理，在抑制某个方向上的副瓣杂波的同时，也能够抑制从这个方向上进来的有源干扰，是 DBF 和 PD 的高级阶段。

　　此外，空时二维信号处理也能减少低速目标多普勒频率位置受主瓣杂波的遮挡，因而提升对低速目标的探测性能，图 9-12 绘出了某个慢速目标在空时二维平面上的位置，以及设置在斜线上某个位置处的空时二维滤波器（这个位置上也有副瓣隆起，但未画出）。从图 9-12 中可以看出，传统的脉冲多普勒处理技术处理的是斜线上的某个位置在两个方向上的投影，而该慢速目标将位于时域（多普勒）滤波器或空域滤波器的凹口上，因此不能被发现。但如果瞄准斜线条带进行二维滤波，由于杂波［图 9-11 (a) 中阴影部分］沿斜线方向的宽度明显小于在两个坐标轴上的投影宽度（空域滤波器和多普勒滤波器的凹口宽度），该慢速目标将被检测出来。

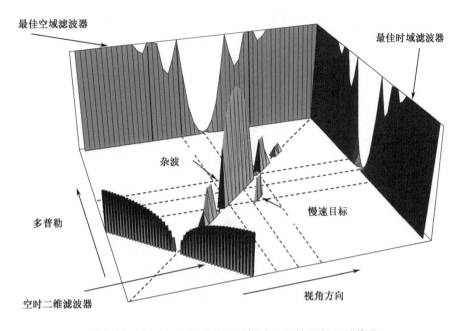

图 9-12　空时二维信号处理对慢速目标检测性能的优化

　　需要指出的是，前面讨论空时二维信号处理时是基于天线所在平面与载机运动方向平行（即天线阵面与飞行方向夹角为 0°，通常称为"正侧视"）这一前提的。由于地杂波的多普勒频率分布与天线照射到地面的视向角的余弦值有关（图 9-13），正侧视时，视向角 ψ 的余弦（即 $\cos\psi$）是方位角的余弦 $\cos\theta$ 与俯仰角 φ 的余弦 $\cos\varphi$ 之积，每一个俯仰角上的地杂波多普勒频率与方位角的余弦都是线性关系，如图 9-11 中呈现出的一条斜线。但在非正侧视条件下，每一个视向角余弦的计算还要计入天线阵面与飞行方向的夹角 α，称为偏航角，此时视向角 ψ 的余弦 $\cos\psi$ 是 $\cos(\theta-\alpha)$ 与俯仰角的余弦 $\cos\varphi$ 之积。当 α 不为零，对 $\cos(\theta-\alpha)$ 进行展开以得到杂波多普勒频率与方位角余弦关系时，会发现两者对应的关系不再是线性（直线）关系，而是呈现出一个斜椭圆，即非线性的，如图 9-14 所示，它刻画了杂波随空域变化的特性。图 9-14 中，纵坐标是地杂波多普勒频率对脉冲重复频率做归一化后的结果，横坐标是方位角的余弦值，即归一化的空间频率；虚线是考虑天线副瓣中向天线阵面后方辐射的那一部分能量（即背瓣）所引起的杂波，如果不考虑背瓣的影响，则椭圆只有一半；当 α 为 0° 时，椭圆退化为直线；当 α 为 90°（例如，三面天线阵布局中与机翼平行的那一个阵面）时，则为正椭圆。

　　图 9-14 还绘出了不同距离上（对应了不同的俯仰角）地杂波多普勒频率与方位角的椭圆关系。它呈现出两个明显的特点。一是椭圆的大小与弯曲程度都因波束俯仰角 φ（即波束打地的距离远近）的不同而不同，距离越远（也就是俯仰角越小）时椭圆曲线中相对较"平"的那一段越长，也就是说，越接近正侧视条件下的直线关系。而距离较近时则相反，说明在俯仰角较大（也就是距离较近）时，越来越偏离直线关系。二是距离越远（也就是俯仰角较小时），不同距离所对应的不同椭圆，在其弯度越接近直线的同时也靠得越来越近，也就是说，俯仰角的变化对距离不敏感，不同俯仰角上的信号处理性能比较接近。

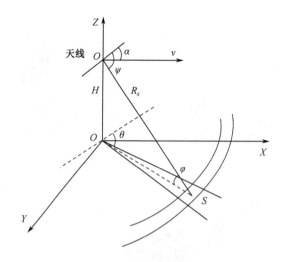

图 9-13　载机飞行与雷达照射地面的几何关系

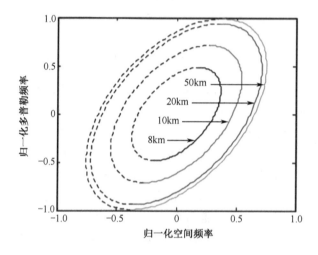

图 9-14　空时二维杂波谱与天线阵面布局的关系

　　椭圆关系的存在，理论上要求在空时二维信号处理时沿着斜线进行滤波变为沿着椭圆进行滤波，以适应空变的杂波，由此增加处理的通道数。但前面已经指出，增加处理的通道数在工程实现上非常困难，通常采用简化处理。一种方法是，既然远距离上的杂波分布是接近于直线的，并且不同距离上的处理性能也比较接近，也就是说，其检测性能受偏航角 α 的影响较小，而近距离上的杂波抑制则相对受到更大的影响，所以可以允许近距离上二维检测性能的下降，而重点考虑远距离上的检测性能，这一点是合理的，因为预警机主要考虑中远程目标的探测。另一种方法是，以椭圆曲线上某个待检测距离单元上的杂波数据为参考样本，通过对其临近的各距离单元进行多普勒频率或方位角的补偿与平均，使临近距离单元的杂波空时分布特性与待检测距离单元上的分布特性基本一致，从而减轻杂波的空变，让椭圆曲线通过补偿后尽量接近直线。这样做看起来使被补偿单元的杂波在补偿后会与该单元的真实杂波有差异，但它恰恰说明了在空时二维信号处理时，有时是杂波的变化（或者说非均匀性）而不是杂波的绝对强度，对信号处理有更大的影响。

事实上，从本章及第二章的内容可以看到，雷达对于干扰和杂波的有效抑制是非常重要而又非常困难的，是系统设计的主要内容之一。但综观世界各型机载预警雷达，相关设计都是通用化和固定式的，即无论在什么样的干扰与杂波环境下工作，其正常搜索、增程搜索和高数据率跟踪等工作模式都是固定的，发射的重频与信号处理方式也都是固定的。但由于预警机在不同条件下执行任务时，有意无意的电磁干扰和地理环境都是不一样的，它们在"空"和"时"两个要素上的反应程度是不同的，而信号处理的有限计算资源又难以在各类条件下都具备有效性，因此，可能需要在摸清装备各种不同的实际使用地理特性和电磁特性的情况下，针对不同的环境来设计和使用不同的专用波形与专用处理方式，即实现系统设计由"基于通用的"向"基于环境的"转变，从而有效提高预警机在复杂环境下的使用效能。

◎ 为进一步增强空时自适应处理的效能，人们认识到，需要事先获得雷达探测场景的一些先验信息，并且合理运用这些信息，因此提出了知识辅助的空时自适应处理（Knowledge Aided STAP，KA-STAP）。在实际情况中，先验知识可能有多种来源，主要是数字高程模型数据、微波雷达成像（SAR）、超光谱图像及对电磁环境的实时测量。当然，由于电磁或地理环境变化、杂波严重不均匀或知识获取设备老化等因素，可能会导致之前获取的先验知识发生变化而不再精确，从而对反杂波或抗干扰能力产生影响。

通信也有"铁布衫"

与雷达对抗类似，通信对抗从业务范畴方面划分，也包含通信侦察、通信干扰和通信电子防御三个方面，这里主要介绍通信干扰与通信电子防御。

通信干扰是以破坏或者扰乱敌方通信系统的信息传输过程为目的而采取的电子攻击行动的总称。通信干扰系统通常以敌方通信系统的接收终端为主要干扰对象，利用通信对抗侦察手段在对敌方通信信号进行侦收分析的基础上，确定选用相应的干扰方式与样式；通过发射与敌方通信信号相关联的特定电磁干扰信号，达到扰乱、削弱、压制甚至破坏敌方通信传输能力的目的。

通信干扰根据不同维度存在多种分类方法，根据最常见的一种分类方法，通信干扰可分为压制式干扰、灵巧式干扰和欺骗式干扰三大类（图9-15）。

压制式干扰是通过辐射强电磁干扰信号，从能量域压制有效信号，导致敌方通信接收机降低或丧失正常接收信号的能力，最终使敌方接收设备难以或者完全不能接收通信信息。压制干扰通常又分为瞄准式干扰和拦阻式干扰。其中，瞄准式干扰是指瞄准敌方通信系统的通信信道频率实施的一种针对性的窄带干扰方式。根据干扰频率产生的方式不同，瞄准式干扰又可以分为单目标干扰、多目标干扰、扫频式干扰和跟踪式干扰等。拦阻式干扰是指同时对某个通信频段的多个或者全部通信信道实施压制的宽带干扰方式。根据拦阻干扰信号频谱带宽和疏密程度，拦阻式干扰又分为连续拦阻式干扰（也称"频谱阻塞式干扰"）和离散拦阻式干扰（也称"梳状拦阻式干扰"），如图9-16所示。

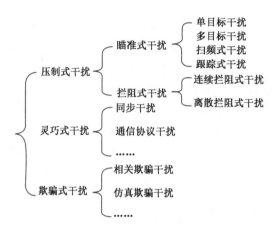

图 9-15　常用的通信干扰手段

灵巧式干扰是指通过针对性的对敌方通信系统的关键通信过程、关键通信帧等特定环节实施干扰的干扰方式。区别于压制式干扰，灵巧式干扰一般具备干扰辐射功率小、干扰隐蔽性强和干扰自适应能力强等优点，可以实现"以巧博大"的干扰效能。但灵巧式干扰通常需要在充分分析和深入掌握敌方通信系统特点和通信体制基础上实现，其对抗目标适用性相较压制式干扰方式低。通常根据通信干扰切入点不同，灵巧式干扰又分为同步干扰、通信协议干扰等方式。

欺骗式干扰是指在敌方使用的通信信道上，通过模仿敌方的通信方式、语音、信息等信号特征，发射与目标信号特征及时序相吻合的干扰信号，冒充其通信网内的用户终端，诱骗敌方通信系统与网络产生非预期响应，造成敌方接收判断失误或产生错误行动的干扰方式。相较压制式干扰和灵巧式干扰而言，欺骗式干扰的功率辐射近乎目标通信信号，其辐射功率最低、隐蔽性最强。但欺骗式干扰需要在充分掌握敌方通信系统的技术参数、使用特点和通联特征等基础上才能够实施，技术实现门槛最高。通常，根据欺骗类型不同，欺骗式干扰又分为相关欺骗干扰、仿真欺骗干扰等方式。

从衡量干扰效能的角度看，对于模拟信号（如没有被数字化的话音信号），对信号的阻断量达到25%～50%，话音将无法被准确理解；通常，30%的阻断会引起模拟语音通信质量显著降低，因此要使战术通信有效，至少应保证 70%的清晰度。另外，从使用上看，人们也采用"干通比"来衡量干扰效能，它是指干扰机能够实施有效干扰时，干扰机到通信接收设备的距离与通信收发设备之间的距离之比。

对于数字信号，干扰将造成数字信号的误码率提高。当误码率为 2%时，通信开始受到影响；当误码率达到10%～20%时，通信受到的影响会比较严重，可认为干扰有效地干扰了目标信号；当误码率下降为 50%时，数字信息基本无法进行正常传送，可认为通信彻底被干扰压制。

通信电子防御是以降低或免遭被敌方通信侦察手段侦察截获，或被敌方通信干扰手段实施干扰为目的所采取的通信反侦察和反干扰行动的总称。目前，常见的通信电子防御措施包括跳频通信、扩频通信、自适应通信、定向通信等抗干扰和反侦察能力强的通信体制，以保障通信系统和通信网络正常工作。为了衡量通信系统的抗干扰能力，常常采用"抗干扰容限"这个重要指标，它是指通信系统能正常工作时，接收机允许输入的最大干扰与信号功率之比（简称"干信比"），反映了系统在干扰环境中对干扰的耐受能力，其值与干扰方式、自身信号形式和所选择的接收方法等因素有关。

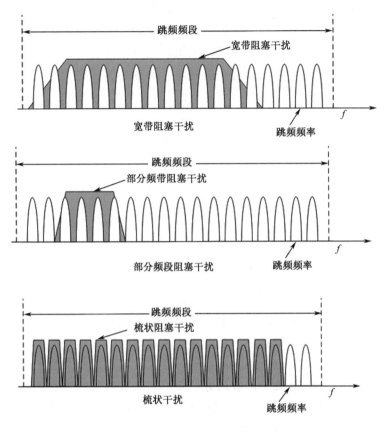

图 9-16 拦阻式干扰

跳频通信。如前所述，跳频（FH/SS，Frequency Hopping/Spreading Spectrum）就是在很宽的频率范围内，通信系统的工作频率按一定的规律和速率来回随机变化，每个频率上都携带了完整的信号，使敌方的侦察和干扰难以跟上。如果频点增加 N 倍，则抗干扰能力也增加 N 倍（图 9-17）。

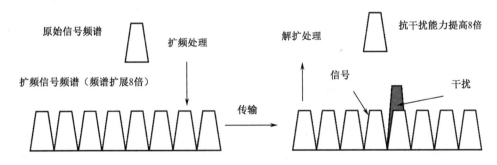

图 9-17 跳频通信原理

扩频通信。扩频通信主要指直接序列扩频（Direct Sequence Spread Spectrum，DS）通信。将被常规调制后的窄带通信信号通过附加的调制器，引入伪噪声编码序列进行

243

二次调制，将信号能量分散到更宽的频率范围，从而降低单位频段内的信号功率，然后再发射出去。接收机在取得与发射机的同步后，用相同的伪噪声编码序列进行解调，使信号恢复至扩频调制之前的常规调制状态，通过正常解调与检波得到被传输的信号。常规接收机或者由于不具备扩频解调设备而不能解调，或者由于信号能量过低甚至低于噪声而难以检测；即使有解扩功能的接收机，由于没掌握编码序列，因此也不能解调出通信信号，从而提高抗截获与抗干扰能力（图9-18）。

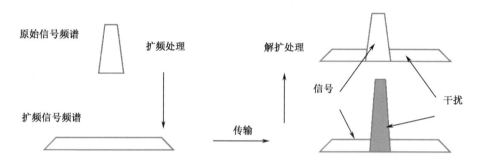

图 9-18　扩频通信原理

★ 需要指出的是，从某种意义上讲，直扩与跳频通信都是扩展了信号所占用的频率范围，但两者在原理上并不相同。直扩是直接意义上的扩频，原信号乘以宽频谱信号（即被宽频谱信号调制）后得以扩展频谱，于是信号功率被分散在很宽的噪声频带内，并以"隐蔽"的方式对抗干扰；被扩频的信号是定频信号，其扩频码直接作用于信元，将码速率提高，频谱展宽，因此其扩频增益直接体现在信号强度上，信号强度即使降得很低（在噪声以下），也能够被检测出来。而跳频是间接意义上的扩频，用多个载频乘以原信号（即信号同时被多个不同频率的载波调制）。尽管从单个载频上来看，信号还是窄带的，即保留了信号原来的窄带特征，但从整个频带上来看频谱被扩展了，经跳频方式扩频后的信息，其频率在较宽的频率范围内跳变，以"躲避"的方式对抗干扰。其处理增益与扩频信号不同，不是在信号强度层面，而是在信号数量层面。也就是说，通过多个信号实现了传输，而干扰要奏效，就必须适应信号数量倍增的情况，从而要求比干扰单信号增加了相应倍数的总功率。一般来说，跳频信号特征比较明显，比较容易发现。但是当多路跳频信号混杂在一起时，将各路信号进行分选是比较困难的。在需要与较强的定频干扰对抗时，跳频系统要比直扩系统优越，是比直扩使用得更为广泛的抗干扰方式。

超短波数据链路可以采用 DS（直扩）、FH（跳频）和 DS+FH（即跳扩）等抗干扰方式。DS 方式如果采用 128 位扩频码，则其处理增益为 21dB（即 10lg128），接收端处理损耗加解调门限为 15dB，因此 DS 的抗干扰容限为 6dB；FH 方式如果采用 16 个跳频频点，则其带来的抗干扰增益为 12dB；FH+DS 模式可同时享受 DS 和 FH 的好处，抗干扰增益将增加至 18dB。一般来说，在不同抗干扰模式下，可工作的频点数越多，意味着干扰信号的强度就越弱，因此信噪比就越高，其对应的数据传输速率也就越高。例如，在 10% 频点受干扰时，传输速率可达 19.2kbps；但在允许 30% 频点受干扰时，传输速率就可能下降至 3.2kbps，此时虽然传输速率低，但因抗干扰能力强，可以作为主要使用方式之一。

第七章介绍了 Link 16 数据链采用跳频和扩频（此外还有跳时，即第七章介绍过的发送时刻抖动）相结合的混合扩频体制，其波形在 969～1224MHz 频段内的 51 个频点上均匀分布，并以 76923 跳/s 的速率高速跳变（相邻脉冲载频间隔不小于 30MHz），具有一定的抗干扰能力。其所带来的 FH 处理增益为 17dB（即 10lg51，可以近似为 50 的分贝数，即 5 和 10 的分贝数之和）；对每个字符采用长度为 32 的 M 序列扩频调制，调制方式为最小频移键控，通过 32 比特伪码传输 5 比特数据，其 DS 处理增益为 8dB*（即 10lg（32/5），如果采用 6 倍对应的分贝数近似计算，则为 2 的分贝数 3 与 3 的分贝数 4.8 之和，共 7.8dB）；这些方式给系统带来的处理增益为 25dB，再减去解调的系统损耗及解调门限共 10dB，因此其抗干扰容限为 15dB。此外，它还采用 RS（31，15）纠错编码方式，31 个脉冲字符携带了 15 个脉冲字符可以表示的信息，多余发射的 16 个字符脉冲为冗余信息字符，用于纠正传输过程中产生的错误；即使一半的冗余位（即 8 个字符）发生错误，译码电路仍能正确还原 15 个字符的原始信息。就是说有 8 比 31 即 25.8% 的脉冲受到了干扰并发生了错误，纠错电路仍能正确还原原始信息，由此带来接近 4 倍即 6dB 的增益，因此抗干扰容限增加至 21dB。总的来看，由于 Link 16 数据链采用 51 个频点跳频发射脉冲字符，加之 RS 编码具有较强的纠错能力，只在少数几个频点上实施干扰，只能干扰到少数几个脉冲，经过纠错后对系统不构成任何影响，因此必须采用多频点同时干扰方式才能奏效；且由于其跳频速度很快，又是为战术应用设计的，即使干扰方对 Link 16 数据链信号的侦收、处理和干扰引导时间非常快，也可能使得当干扰到达通信接收端时，这一周期的通信信号早已接收完毕，因此比较可行的干扰方式是进行宽带或多频段阻塞式干扰。

定向通信。正如第七章指出的，定向通信可以在两个方面提高抗干扰能力：一是通过较大的天线提供更好的方向性，减少了空间上被干扰的可能性；二是通过功率增益提高了通信的能量，从而提高了敌方对抗的难度。

自适应波束置零。与雷达类似，在通信采用相控阵数字波束形成体制时，天线可以随着干扰源的方向改变，使通信辐射的主瓣方向始终指向通信对象，而将天线方向图的零点一直对准干扰方向。

新频段通信。增加通信频段的种类，特别是采用一些该频段内干扰手段不多的频段，就能够提高抗干扰效能。频段越低，要求的天线越大，所以，在预警机上更有可能采用高频段。例如，美军较早就规划了上行利用 Ka（30～45.5GHz）波段、下行利用 Ku（20GHz 左右）波段发展卫星通信。新的频段由于超过了一般通信侦察装备的工作频率，如不发展新的装备就难以实施有效干扰。工作频段越高，方向性越好，敌方侦收越困难，但同时传输衰减也越严重，且难以对准，因此可能主要用于短距离时预警机之间的协同或战斗机向预警机的大数据量情报传输等。

◇ 图 9-19 所示为通信抗干扰（即提高信干比）的主要方法，基本上可以将其概括为三类：一是"扛"，即增强自身的抗干扰能力，如提升功率、采用定向天线、改进编码方式和提高对干扰的滤除能力。二是"藏"，即隐藏真实信号，以不被敌人发现，如扩频。三是"闪"，即动态躲避与变换，提高对方锁定的难度，在一定时效内降低被干扰的概率，如跳频、链路切换和采用新工作频段等。而为了知道往哪里"闪"，就需要对干扰环境进行感知。除了不断完善技术手段外，通过加强运用研究，在不改变现有通信设备能力的基础上发挥其潜力，也有可能使战场通信系统更好地适应复杂的电磁环境。

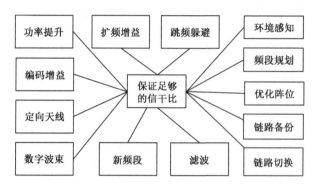

图 9-19　通信抗干扰的主要方法

分散法。对于预警机这样配置多链路的平台，在规划频率资源时应分段规划，分散占据尽量宽的频带，并在 FH 频率表的分散间隔中设置 DS 的频点。

猝发法。在设置好每一个可用频点对应的信道（又称"波道"）后，不要一开始就启用，而是待需要传输时才启用，启用之后再静默，增大敌方侦收难度。

梯队法。当预警机需要与战斗机通信时，战斗机编队内的通信由于定向等原因而相对不容易受干扰（例如，F-22 飞机配备的 IFDL 机之间/机队内飞行数据链），而预警机与战斗机之间的通信则相对更容易受干扰，可考虑将预警机与战斗机编队中的一架或几架相对近距组网，其余战斗机编队则通过机间链近距或远距组网。其中，相对近距的战斗机还可在预警机的指挥下，分担对战斗机群的部分指挥任务，并与远距的战斗机协同作战。

冗余法。重要信息利用多种信道同时冗余发送，如多条超短波波道同时发送，或者超短波波道和 L 波段波道同时传输；还可以通过同一信道多次发送同一信息，加大敌方在频率、能量和干扰维持时间等方面的干扰代价。

切换法。根据某个波道的受干扰情况，及时切换波道频率。该方法需要通联双方同时配合协作，可能在一定程度上分散操作员的精力，需要根据既定策略，提高搜索高质量链路、切换波道的自动化程度，减少手动操作。

备份法。预警机及其他平台上通常配置了多种通信系统，可以建立互相备份的传输通道，在一种手段受到干扰时启用另外一种手段，如重视短波、卫星通信（包括我国北斗卫星所特有的通信功能）等手段，以及不同军兵种特有的通信手段，需要事前做好充分的规划准备和协同，以适应干扰严酷和动态变化的作战环境。

"生存还是毁灭——这是一个问题"

配备了各类先进电子与信息系统的预警机，由于功能强大、造价高昂，特别是携带较多的作战人员，因此是典型的空中高价值目标，是敌方力求摧毁的重点对象。加之预警机的载机通常是由军用运输机和旅客运输机改装而来的，体积大、机动性能差，在执行任务时飞行航线又相对固定，因此易于被探测和攻击。预警机最可能遭遇的攻击武器是空空导弹、地空导弹和舰空导弹。地空导弹和舰空导弹由于从零高度发射，当预警机飞行高度为 10000m 时，最远打击距离为 400km，理论上，预警机位于 400km 打击距离之外就是安全的。空空导弹近年来发展较快，美军 AIM-120D 空空导弹的空空打击距离约为 150km，AIM-260 则提升到了近 300km。俄罗斯更是研发出打击距离长达 600km 以上的超远程空空导弹，专门打击预警机、加油机等高价值空中目标。

在战争中如何对抗预警机，并没有经过充分的实战检验，美国空军的 E-2 和 E-3 虽然几乎在 20 世纪 60 年代以后的历次战争中都大显身手，但是，这些战争中，美军占据了极大的技术优势，虽然现在一直在研究如何对抗预警机，但暂时都还是限于纸上谈兵。唯一的一次预警机在战争中被摧毁的战例，来自 1969 年 4 月 14 日 EC-121 的一次执行任务。当晚，美国海军派遣一架 EC-121 从日本基地起飞，潜入朝鲜东部领海内执行监视和侦察任务，结果被朝鲜战斗机击落，机上 31 人全部坠海死亡。即使如此，在现代预警机的设计中，对于预警机到底是否需要自卫防护手段，在很长的一段时间内意见并不统一。很多人认为这是不必要的，否则，不会有相当数量的预警机都没有装备哪怕是简单的自卫手段；也许相关人士认为，预警机要是真正面临了威胁，几乎没有逃脱的机会，因此，预警机应该远离前线作战，充分发挥它"看得远、听得远"的本领。为了保护预警机的安全，美国的战斗条例规定，必须禁止敌机进入距离预警机 100km 的安全线以内，也就是说，对敌机的拦截，必须在预警机安全距离 100km 以外完成。同时，预警机必须有战斗机护航。EC-121 被击落的事实使人们认识到，机动性差又无自卫火力的预警机，在没有战斗机的掩护下进入敌占区，极可能沦为敌方防空兵力的猎物。但随着作战环境的日益严酷，越来越多的预警机配备了自卫系统；美军对 2022 年度最终决定采购的 E-7 预警机就提出了"多手段自我防卫能力"的要求，而 E-3 预警机就不具备这样的能力。

由于预警机面临的主要威胁是导弹武器，所以，探测和对抗导弹武器就是其自卫系统的主要职能。其中，雷达告警和导弹告警设备是预警机自卫系统的标准配置，如果碰到威胁并且没有别的自卫手段可以使用，至少还可以指望在感知到威胁以后通过护航的战斗机来协助解除威胁，或者尽快逃逸返航至就近的飞行基地，或者发射红外/箔条弹实施无源干扰（图 9-20）。此外，部分预警机还配备了有源干扰系统，包括电子干扰（如 A-50 预警机）、红外干扰（如"楔尾"预警机）等手段，分别用来对火控/制导雷达、雷达导引头或红外导引头进行干扰。其中，对于雷达干扰，由于预警机上通常都配备有 ESM 系统，可以侦察到敌方雷达特别是敌方火控/制导的频率、方位与当前状态（如处于搜索、跟踪还是锁定），这就可以引导干扰发射机发射大功率的电磁波对敌方的雷达进行噪声干扰，或者以产生假目标信号的方式，对敌人进行欺骗式干扰。

除了技术手段外，战术运用对于预警机的防护也非常重要。可以配备战斗机进行护航，并将预警机的巡逻航线部署在己方防空火力控制区内，远离敌方控制区或战斗地区前线，同时在预警机前方一定距离（如 300km 以外）布置拦截兵力，将可能发射空空导弹的战斗机拒止在打击包线之外。或者，在预警机的操作员席位中设置一人观察威胁范围内的空中、地面或水面目标并及时进行告警，这一点同时要求在升空执行任务之前的地面任务规划阶段，就要提出预警机防护策略，并在任务实施阶段严密监控，为自身防护留足时间、空间。

图 9-20 "爱立眼"预警机发射红外干扰弹

◇ 在预警机防护中，需要充分认识外部信息制导所发挥的作用。美国海军在一体化防空与火控系统（NIFC-CA）中，提出了基于各类作战单元协同运用，解决武器系统中普遍存在的"打得远、看不远"的问题并提升其复杂对抗环境下适应能力的设想，"A射B导"日渐成为主要作战样式（参见第十一章）。在预警机所处位置可能超出某类武器系统杀伤边界的情况下，通过他型武器的制导系统，仍有可能对预警机实施杀伤，因此，不能简单地根据单平台的杀伤能力来判定预警机可能受到的威胁。

为加强自身防护，也要重视对敌方预警机及战斗机雷达等态势信息源的干扰对抗。可以综合运用雷达干扰和通信干扰等手段，或者压缩其远距态势感知能力，或者使其看得见但传不出，从而要么无法在足够远的距离达成攻击条件，要么只能由"A射B导"的协同攻击模式调整为"自看自打"，显著压缩其攻击射程。

加强对武器系统制导信号的侦收研究也非常重要。利用通信侦察手段，提前研判其发射征候，并对其制导数据链进行干扰，使导弹在发射前难以正常接收态势或指令。同时，基于雷达侦察等手段已掌握的导弹末端自主搜索制导特性，在预警机周围布设多架角反射器或其他干扰手段的无人机诱饵，以干扰导弹的末制导，可能也是有效措施之一。

当然，对于众多正在增长的远程导弹威胁，使预警机不断提高对它们的发现距离，也许才是根本的生存之道。

从电子战到电磁频谱战——不止改名这么简单

电子战经历了有源对无源（侦收与干扰）、有源对有源、有源对导弹这三个阶段的发展之后，进入了"辐射散射控制（即隐身）"与"有源无源宽谱对抗（即综合）"的第四个发展阶段。这一阶段发展的主要动力是隐身飞机。随着 F-117 的服役，电子战不再依靠开发功能更强的干扰机或诱饵来与敌方的传感器或通信系统实施对抗，其发展动因有二。一是发展到第二阶段以后，再延续传统的以有源对抗有源的方法遇到了瓶颈，因为无论是从防区外发起进攻还是近距离作战，要想突破对方雷达的探测或干扰其通信系统，都要拿出更多的武器系统及其能量和时间资源来对抗，甚至要求干扰机产生当时技术根本无法达到的能量等级。例如，越南战争后期，美国空中攻击群里有3/4至1/2的飞机用于对敌防空压制；在1972年的"滚雷行动"和1972—1973年的中东战争中，每个攻击群的战损都达到了2%，相当于15次任务就损失大概25%的攻击飞机。意识到这种"水涨船高"的"内卷"式发展已经不可持续后，美国军方开始尝试使用不同的手段来实施电子战。二是隐身技术经过多年的发展，已经具备使用条件。早在20世纪50年代，美军就已经探索了多种方式来隐蔽其舰艇和飞机的射频、红外线、声学、可见光特征。由于雷达是远程探测舰艇和飞机的最有效系统，因此美国国防部一开始强调的隐身技术和手段要通过对平台散射的雷达波进行控制，来减小平台的雷达截面积，以及使用无源传感器、可调功率的波形化传感器来降低隐身平台的可探测电磁辐射。20年代70年代，美国国防高级研究计划局（DARPA）开始开发第一代隐身飞机——F-117"夜鹰"攻击机。通过改变整体外形、边缘表面数量与结构，飞机可以将敌方的大部分入射雷达波散射到雷达接收不到的地方。由于F-117"夜鹰"攻击机在1991年"沙漠风暴"行动中被成功应用于实战，人们普遍认为，与非隐身飞机相比，有雷达隐身特征的飞机可使用更低功率的干扰机和其他对抗措施来降低被探测的风险。

F-117"夜鹰"攻击机开启了隐身时代，随后，降低雷达信号特征的理念与技术也被应用于发展空军的新一代战略轰炸机——B-2、海军的DD（X）驱逐舰项目及空军的下一代先进战术隐身战斗机——F-22上。特别是F-22，它相比F-117进一步降低了雷达截面（即进一步加强对雷达散射的控制），同时开展了红外隐身设计，表明它在宽谱隐身性能方面的提升；加装了AN/APG-77有源相控阵雷达，利用有源相控阵的优点实施功率管理以减少不必要的辐射，以降低被截获概率（即进一步加强对辐射的控制，实现射频隐身）；针对通信系统，设计了定向数据链，以降低被全方位侦收的可能性，并增加辐射管理功能，以进一步降低被侦察到的概率；装备了新一代无源光电/红外（EO/IR）传感器可无源探测威胁，并集成了AN/ALR-94综合电子战系统，具备了宽频谱和有源无源手段相结合的新型电子战能力。

2015年12月，美国智库战略与预算评估中心（CSBA）发布了一篇名为《电波制胜：重拾美国在电磁频谱领域的主宰地位》的研究报告，重点阐述在未来的大国竞争中，美国如何在电磁频谱战中重拾霸主地位。其主要内容包括：发布了电磁频谱战的新型作战概念，概括了电磁频谱战的三个发展阶段，提出了电磁频谱战的新能力需求，列出了需要加紧开发的新型电磁频谱战技术，给出了改进电磁频谱战系统采购机制的建议。2019年，美军正式将电磁频谱战列入电子战作战条令。

电磁频谱战的概念相比传统意义上的电子战，有以下几个重要的变化。

一是拓展了"对抗"概念。传统上的电子战都离不开"有源"对抗，特别是发展到第二阶段"有源对抗有源"之后，更多强调的是功率或能量的比拼。将"隐身"对抗引入电子战，一方面相当于更换了赛道，改变了对抗的重心所在；另一方面无论是哪种手段或哪条赛道，都没有改变其争夺信息权的本质。

二是拓展了频谱范围。长期以来，电磁频谱内的行动大致可以分为通信、传感、导航与电子战，针对它们的行动大多集中在电磁频谱的射频部分。未来的军用系统将使用更广的电磁频谱，包括激光、红外线、紫外线电磁辐射，甚至是 X 射线和伽马射线。

三是拓展了作战空间。《电波制胜：重拾美国在电磁频谱领域的主宰地位》认为，如今大部分的计算机网络都有无线部分，新兴的计算机网络作战（或称"赛博空间作战"）也可通过电磁频谱来实施；电磁频谱可以用来维持友军的通信和传感网络，同时阻止敌方维持其通信和传感网络，而这种能力反过来也能帮助美国赛博战士使用电磁频谱来利用、破坏、攻击敌方的计算机网络。这个观点实际上是现代战争"陆、海、空、天、电、网"的全域观点。

四是强调了"网络"概念。《电波制胜：重拾美国在电磁频谱领域的主宰地位》将电磁频谱战的发展分为三个阶段，即"有源网络"与"无源对抗"、"有源网络"与"有源对抗措施"、"隐身"与"低零功率网络"。可以看出，在每个阶段都使用了"网络"的表述。虽然在每个阶段发展的一开始，都以单平台对抗为主，但《电波制胜：重拾美国在电磁频谱领域的主宰地位》还是以现代的观点去考察背后的网络化协同运用等体系性作战因素。

◎ 《电波制胜：重拾美国在电磁频谱领域的主宰地位》还提到了美国航母编队是如何从建立电磁频谱管控组织架构和明确电磁辐射控制等级等方面实施"电磁辐射控制"（EMCON）的。EMCON 旨在不使用或尽量少使用主动发射电磁信号的系统，防止己方被探测、识别和定位，必要时还可以用来减小己方系统之间的电磁干扰，是关于电磁频谱管控的非常好的一个实例，有助于加深对电磁频谱战的认识，并为预警机的应用提供参考。感兴趣的读者可以参阅蒋春山、周天卫、周园明、沈涛所著的《应对航母编队电磁管控的电子侦察发展思考》一文，见于《中国电子科学研究院学报》2021 (9)：900-905。

◇ 电磁频谱战概念的提出，对预警机等信息化武器装备在设计理念和产品形态上都将产生重要影响。

从设计理念上看，电磁频谱战将成为未来作战的基本形态与常态。长期以来，电磁频谱的对抗状态被与非对抗状态分开对待，甚至认为无论是传感、通信还是导航系统，其大部分工作条件都是在没有干扰状态或较少干扰状态下的，从而会依据常规非对抗环境与对抗环境的不同，或者分别开展设计，或者对应不同的工作模式；但随着对抗频谱、对抗手段、对抗强度与对抗时间的增加，信息系统在对抗环境下的工作才是常态化的，在对抗环境下的工作时间甚至会超过非对抗环境，因此系统必须强化对抗环境下的设计，提升在对抗环境下的工作能力，并自动化适应对抗和非对抗等各类作战环境。

从产品形态上看，除了传统的有源手段外，宽谱化、静默化、网络化、分布式的手段将得到越来越多的应用。信息系统的工作频段将进一步拓展，预警机以微波为主要手段的探测将可能向多频段迅速发展，米波、红外线甚至太赫兹与激光，都可能在传感与通信中得到应用。在以有源雷达为主要探测手段的同时，为使其在受到干扰情况下预警机仍然具备探测能力，应该重视发展雷达侦察、通信侦察和红外侦察等这些无源手段，并利用好外辐射源，它们具备典型的低/零功率特征（"零功率"不是指探测与对抗绝对的不需要功率，而是在一个多装备协同的体系中，对于某一个信息系统而言，它可以不用主动发射功率），并可能具备像雷达那样的三坐标能力，特别是能够对移动目标进行定位；而且，不仅仅要解决好目标的"发现"问题，其信息甚至应该能为火力打击提供直接信息支持。在单平台受到干扰造成能力下降甚至能力丧失之后，通过网络化协同运用，由其他平台代替执行任务，或可使多个平台间仍然拥有整体的工作能力。将多个信息系统在地理上分布部署，增加敌方同时干扰的难度，甚至将综合化设计的多功能信息系统通过分解到不同的平台（特别是无人平台）上实现，并配置适当的冗余，以在对抗环境下的能力降级后仍然维持体系的韧性，这些都是预警机信息系统的发展方向。

参考文献

[1] 陆军，郦能敬，曹晨，等. 预警机系统导论[M]. 2 版. 北京：国防工业出版社，2011.

[2] David L. Adamy. 应对新一代威胁的电子战[M]. 朱松，王艳，常晋聘，等译. 北京：电子工业出版社，2017.

[3] David L. Adamy. 电子战原理与应用[M]. 王艳，朱松，译. 北京：电子工业出版社，2017.

[4] Andrea De Martino. 现代电子战系统导论[M]. 姜道安，等译. 北京：电子工业出版社，2021.

[5] 王娟，王彤，吴建新. 非正侧视阵机载雷达杂波谱迭代自适应配准方法[J]. 系统工程与电子技术，2017（4）：742-747.

[6] 杨建桥. 提高雷达侦察设备的电磁环境适应能力[J]. 电子对抗技术，2002（5）：8-13.

[7] R. Klemm. Introduction to Space-time Adaptive Processing. Electronics & Communication Journal[J]. IEE. 1999，11（4）：5-12.

[8] 陈旗，满欣，等. 通信对抗原理[M]. 西安：西安电子科技大学出版社，2021.

[9] 霍元杰. 网络空间下的数据链对抗技术及发展趋势[J]. 电讯技术，2013（9）：1243-1246.

[10] 霍元杰. 战场频谱态势感知及频谱筹划系统[J]. 电讯技术，2013（10）：1265-1268.

[11] 逢天洋，李永贵，牛英滔，等. 通信电子干扰的分类与发展[J]. 通信技术，2018（10）：2271-2278.

[12] 孙俊. 智能化认知雷达中的关键技术[J]. 现代雷达. 2014（10）：14-19.

[13] 蒋春山，周天卫，周园明，等. 应对航母编队电磁管控的电子侦察发展思考[J]. 中国电子科学研究院学报，2021（9）：900-905.

第十章　预警机研制技术的龙头与核心

——系统实现中的系统总体

　　预警机上集成了雷达、通信侦察、光学探测、敌我识别、通信与导航等各类信息系统,而且随着信息技术的发展,未来能够在预警机上集成的信息系统也会越来越多。它们被安装到飞机上时,除了要考虑如何充分利用机体的空间与能量等资源,还要考虑如何提供集成这些信息系统的基本骨架,并且使它们在集成后融合成一个高效、灵活、互相赋能而又便于扩展和升级的系统;既能基于本平台的资源体现出综合效能,又能融入体系而发挥枢纽性作用。而要使预警机具备这样的能力,就离不开系统总体,它在整个研制技术工作中发挥着龙头与核心作用——基于系统工程的理念和方法,全面负责系统设计技术的整体工作策划、重大技术路线的提出与选择、工程的总体设计与集成,以及处理其他事关项目技术的方向性、全局性、综合性和跨分系统的重大问题,同时还协助用户开展需求管理和风险管理。应该说,系统总体单位的确定体现了国家、军队和装备承制各级主管部门对总体单位的充分信任,是总体单位在特定装备研制中的至高荣誉和庄严使命。因此,系统总体应该珍惜这种信任、荣誉与使命,并以崇高的责任感,不断深化对总体技术工作规律的认识,不断努力提高系统总体设计与集成工作的技术水平,从而为提高装备的作战能力作出更大的、决定性的贡献。

预警机作为系统的五个主要特征

　　指导预警机研制的基本思想与方法是系统工程。所谓系统,按照钱学森先生的观点,是指极其复杂的研制对象是由相互作用和相互依赖的若干组成部分结合成具有特定功能的有机整体,而且这个系统本身可能又是它所从属的一个更大系统的组成部分。这个所谓的"更大的系统",视其规模或地位,按照美军的说法,则可能被称为"系统之系统",我国则通常译为"体系"。

　　关于系统应具备哪些特征,目前学术界尚未完全统一意见。从预警机角度看,它作为一个系统,其在目的性、整体性、相关性、层次性及演进性等方面具备的特征对于理解装备的地位及其实现过程非常重要。

目的性。任何一个系统的产生和发展都必须达到一定的目的。对于预警机而言，作为系统，它的目的性体现在必须满足用户需求上，这种需求对系统要素及其组成结构具有决定意义。一方面，预警机所必须满足的各类需求，通常需要在更大的系统，即体系中才能得到准确的定义；另一方面，如果目的变了，系统也应该在一定程度上适应这些改变。

整体性。从系统的定义可以看出，一个系统是由两个或两个以上要素组成的。预警机系统通常包含了雷达、识别、电子战、通信、导航和飞机等各类要素，共同构成了一个能够完成多种作战任务的有机整体。只有形成了有机整体，而不是仅靠其基本要素，才能更全面地满足系统需求。

相关性。一个系统中的各要素是相互依存、相互联系、相互制约、相互作用的。预警机中的同一功能，例如对隐身目标的探测，可能需要多个系统共同完成，如雷达、电子/通信侦察与红外探测；而这些不同的系统，在基本特性与资源占用等方面又各有不同，难以同时满足，因此，预警机系统是各类矛盾的统一体，矛盾的相互作用是系统相关性的重要体现。

层次性。"系统"可以在不同的层级上定义，所考虑的层级不同，其要素也有所不同。GJB 6117—2007《装备环境工程术语》将武器装备的构成划分为系统、分系统、设备、组件、部件和零件6个层次。对预警机而言，无论是站位提高，以体系视角（即将预警机置于比其更大的系统）来审视，还是眼光下沉，以分系统甚至设备的视角（即将预警机系统置于比其更小的系统）来认识，都有助于提高系统的研制水平。正所谓"不畏浮云遮望眼，只缘身在最高层"，又所谓"方寸之间见奇巧，细微之处有乾坤"。

演进性。系统要素的活动以及各类要素之间的相互作用都是动态的，因此，系统是具备活力的。这种活力体现在两方面：一是在生命周期内的动态活动，二是由于在系统的生命存续期间需求可能也不断变化，因此，系统应能使得自身的延续不断满足变化的需求，达成系统的"目的性"。由于信息技术的发展速度相对更快，通常具备"一代平台、多代电子"的特点，因此预警机作为集成在飞机上的电子信息系统，自身的可演进性就非常重要。

系统工程及其管理的基本内涵

系统工程是对系统的规划、研究、设计、制造和使用进行组织管理的科学方法，对所有系统都适用，具有普遍意义。它基于对系统在目的性、整体性、相关性、层次性和演进性等基本特征的认识，通过多种技术把系统要素及其涉及的学科组织起来，强调通过要素之间的权衡，来达到系统整体目标的优化，使系统在全部寿命周期内都能满足用户需求。20世纪60年代以来，世界各国均对系统工程进行了大量的研究，其中论证比较全面而又影响较大的，是美国学者霍尔于1969年提出的系统工程的三维结构（图10-1）。它由时间维、逻辑维和知识维组成。其中，时间维表示系统工程中在时间上相互联系的几个阶段的先后顺序，逻辑维表示在每一个工作阶段使用系统工程方法解决问题时的思维过程，知识维则给出了为完成上述各阶段的思维过程所需要的各类知识。相应地，对系统工程的管理，也与系统工程的三维结构分别对应，称为"分阶段研制"（时间维）、系统工程过程（逻辑维）及产品寿命周期综合（知识维）。

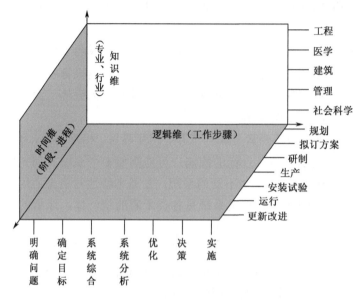

图 10-1　系统工程的三维结构

时间维。在一般意义上，系统工程的研制分为 7 个阶段。一是规划阶段，拟订系统工程活动的方针、设想及总体规划；二是拟订方案阶段，研究提出实现系统所需的具体实施计划和技术方案，经评审、批准后执行；三是研制阶段，根据方案推进系统实现，提出试制生产计划；四是生产阶段，按生产计划生产出系统的各个组成部分和整个系统，并制订出系统装配计划；五是安装试验阶段，开展系统装配、调整和试验，并通过试验确定系统运行计划；六是运行阶段，系统按照预定的目标，以期望的功能运行或按预定的用途服务；七是更新改进阶段，通过技术手段对系统进行改进或更新，进一步提高系统的功能或效率。

与系统工程的时间维相对应，系统工程管理的分阶段研制，突出了系统研制工作在时间上的系统性。"分阶段研制"将系统工程的全部工作内容按时间划分，同一类工作必须在规定的时间段内完成，例如，对系统功能的需求应该在方案设计开始前就确定下来，不能在产品已完成设计后再确定，避免因需求散落在不同阶段而丧失系统性或造成混乱。因此促进了系统研制的主体必须事先开展系统的规划和策划，厘清所有工作项，并将其归拢至其归属的阶段内；只有某一阶段的工作全部完成并经过确认，才能转入下一阶段。

◎　我国 1995 年发布的《常规武器装备研制程序》规定，常规武器装备的研制一般分为论证阶段、方案阶段、工程研制阶段、设计定型阶段和生产定型阶段。预警机因为装备数量不太大，通常不实施生产定型，只开展设计定型。近年来，常规武器装备研制程序进行了优化调整，分为论证阶段、方案阶段、工程研制阶段、状态鉴定阶段、列装定型阶段和在役考核等阶段（图 10-2）。各阶段的工作将在后文中详细介绍，这里只是择其要点，对分阶段研制做总体概述。论证阶段的主要工作是形成立项综合论证报告和研制总要求初稿评审和上报；方案阶段的主要工作是根据经批准的研制总要求开展系统和分系统方案的细化设计和关键技术攻关与验证；工程研制阶段的主要工作是开展样机研制、系统集成、地面验证与飞行验证；状态鉴定阶段的主要工作是通过飞行验证，由国家授权的专门机构（一级定型委员会）对系统状态是否符合要求给出权威判定，合格后交付部队试用；列装定型阶段的主要工作是根据部队试用情况完善系统功能性能，并固化状态，再由专门机构对状态予以确认；在役考核阶段的主要工作是装备批量生产和交付，并继续对装备进行考核、使用和改进。

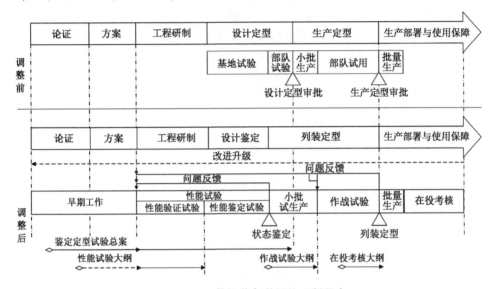

图 10-2 预警机装备遵循的研制程序

随着系统工程理论研究和实践发展的进一步深入，并行工程被提出已有多年，并逐渐得到了广泛应用。它改变了传统的程序性设计思路，在数字化、网络化、智能化、软件化等信息技术的支持下，人们将本来应该按常规程序（也称顺序工程或串行工程）依次展开的工程项目，经过精心设计后形成并行展开的程序，以此组织跨部门和多学科的联合研发团队，并行协同工作，对产品设计、制造工艺、使用保障等相关的各个方面同时考虑、及时交互和并行交叉实施，使问题和不足之处尽早暴露并共同研究解决方案，使产品研发方案更科学、更合理、更细密，从而达到缩短产品研发周期、提高产品质量、降低研发费用和产品成本等目的。但并行工程并没有否定分阶段研制的理念，只是在先进技术的支撑下，将分阶段研制所规定的某些环节适当地左移、右移或延伸，在同一阶段可以同时开展多阶段的工作，但每一阶段的工作项仍然是明晰和必要的。同时，由于并行工程的重点是要解决好实物制造出来之前的技术可达性（技术途径选择的正确性）及需求可达性（包括能力、进度和经费）等问题，需要将论证、设计、评估同时进行，因此，仿真技术就会在并行工程中得到重要应用，而随着技术的发展，仿真的层级、范围和逼真度也在逐年提升。

逻辑维。在一般意义上，系统工程过程中的每一个工作阶段的实施，一般都要经历 7 个步骤，也是在运用系统工程方法时思考、分析和处理问题的步骤，或者说是思维过程。一是明确问题，即弄清需要解决的问题的情况及实质，一般需要通过调查和收集相关资料、了解问题的历史和现状、分析和预测发展趋势等工作，为制定解决问题的目标提供依据；二是确定目标，即提出解决问题的最终目标的可评价功能指标，明确目标的各个相关项，选定对目标的评价方法，并对预定的目标方案进行比较和评价；三是系统综合，即按照问题的性质和目标（功能）要求，形成几个解决问题的方案，以供分析、评价和决策；四是系统分析，即为了对多个系统方案进行评价或分析比较，通常需要建立数学模型、开展仿真计算、绘制系统框图，甚至基于实物开展部分验证；五是优化，即在一定限制条件下，寻求最优的系统方案，常常是一个多次反复甚至多次迭代的过程；六是作出决策，即基于全面考量与折中，选定实施方案，必要时可能需要在前期已明确的各类目标及其判据基础上增加目标或判据，以利于决策优选；七是付诸实施，即按照既定的策划、规划与计划推进系统研制，过程中可能需要对方案进行优化迭代，但应尽量避免推倒重来。

与系统工程的逻辑维相对应，系统工程管理的系统工程过程体现了思维过程的系统性，各个环节缺一不可，且相互关联，是系统工程管理的核心。系统工程过程的定义为"将使用需求转变为系统性能参数的描述和优选的系统技术状态所应遵循的工作和决策的逻辑过程"，通过这一过程，将输入的需求和要求转化为系统的说明和描述，主要是各类规范等设计文件，这些文件随研制级别向下扩延而增加数量且愈加详细，其基本活动是要求分析、功能分析和功能分配、设计循环和设计综合，最后得到系统或分系统的说明。

系统工程过程是一个全面综合、反复迭代、循环递进、自上而下解决问题的过程。在每一研制阶段，都要进行本阶段的系统工程过程。例如，在论证阶段，通过该阶段的系统工程过程，得出对系统的总体功能性能需求和初步备选方案；在方案阶段，通过该阶段的系统工程过程确定系统方案，并完成总体设计向分系统的分解等。每个阶段的输出都是下一阶段的输入，每通过一个阶段的系统工程过程，都使对产品描述的详细程度更进一步，并支撑形成项目的工作分解结构（Work Bench Structure，WBS），以将全部研制工作逐级分解，直到在系统的每一个层级不能再分解为止。而作为对这一过程进行管理的最重要手段之一就是技术状态管理，本章后文将予以专门说明。

知识维。在完成上述各阶段、各步骤的系统工作中，一般需要用到各类知识和专业技术，包括工程、医学、建筑、商业、法律、管理、社会科学和艺术等。预警机是高度复杂的系统，既涉及飞机行业的气动、材料、结构等领域，也涉及电子与信息行业的微电子、通信网络、计算机和软件等专业，是机械化和信息化的高度融合体，所覆盖的知识范围既宽泛又精深。预警机的研制过程，就是对各类专业知识进行高度综合运用和逐步深化运用的过程，也正因如此，使得预警机成为一个国家综合实力的重要标志之一。

与系统工程的知识维相对应，产品寿命周期综合中的技术综合体现了系统在分阶段研制及其思维过程中运用知识的系统性。所谓寿命周期，是指系统的研究、研制、试验、生产、使用直至退役等各阶段的总和。系统研制之所以需要综合运用各类知识，本质上是因为系统需要满足各类需求，例如预警机为了满足多种功能性能要求，需要配备雷达、通信和导航等各类信息系统，因而涉及不同的专业知识。而对系统的要求，除了能看多远、能引导多少架战斗机等基本功能性能，又涉及可靠性、维修性、保障性、安全性和成本等其他维度。基本功能性能需求决定了装备是否在需要用到时能够用得了并有效发挥作用，即能用和管用；可靠性、维修性、保障性、安全性和成本等需求则决定了装备在能用和管用的前提下，是否便于使用（即好用）和用得起。这些需求应该被进行综合以实现整体最优，同时也应该被映射到产品寿命周期内不同的阶段；系统研制时，只有通过综合运用不同的知识，并且将掌握不同知识的人员以不同的形式组织形成高效的联合产品团队（Integrated Product Team，IPT），才能实现这些需求。

要注意的是，系统工程过程中的多专业综合，即系统工程在知识维的活动，有时特指将产品的可靠性与环境适应性、维修性、测试性、保障性、安全性（这些通常称为"通用质量特性"）、电磁兼容性与人机工效等专业内容纳入系统研制。这是因为人们认识到，产品的好坏受到时间、使用环境与条件、成本和人在回路等诸多因素的制约，不仅要求能用和管用，也要实现好用和用得起。因此需要在系统工程过程中，同时进行这些专业的研究，把各专业的要求纳入系统工程过程中去，并进行反复迭代与综合优化，使系统的总体设计与各专业的要求相协调，既使系统达到规定的功能性能，又具备较好的适用性。例如，现代武器装备的组成和功能日益复杂，对可靠性的要求也越来越高，产品应在规定的时间和任务剖面等约束条件内正常工作而不发生故障（称"基本可靠性"）或者不发生影响任务执行的重大故障（任务可靠性），因此，产品设计工作既要用专业技术去设计产品的基本功能性能，又要用可靠性、测试性（监控设备工作状态，找到可能的故障点以便于故障定位、维修甚至预测）和维修性（出故障后可以维修和易于维修）等技术，把适用性设计落实到产品中去。

★ 总的来看，系统工程的三维结构对系统研制和系统工程管理都非常有指导意义。而随着系统工程理论的推广应用和研究发展，世界上很多学者也对霍尔的"三维结构"提出了很多有见解的理论补充，例如，在系统研制过程中应增加一个"资源维"或"成本维"，形成系统过程的"四维结构"方法，意思是任何一个系统工程项目在实施的任何一个步骤中，都伴随着资源的保证，特别是各类"成本"的发生。而经费保证及项目成本的控制管理，在现代管理学中同样是一个重要的方面，而且"成本维"也可以分出诸如"论证、选定目标、设计、控制、校正、更新"等阶段。还有人认为，由于信息对系统工程的每个步骤都产生着重要的作用，影响着每一步工作、每一个措施和每一项决策，应该存在一个"信息维"……其实，这些对系统工程三维结构完善的建议，本质上反映了对系统认识的多个视角。而在预警机研制过程中，如何从多个不同的而又具有系统性的视角去认识装备，恰恰反映了研制者对系统的认识水平，从而对产品的研发产生深刻而又不易被觉察的影响。

技术状态管理的"四管"和"四要"

前面已指出，技术状态管理是系统工程管理的最重要手段之一，它的基本管理对象是技术状态项。技术状态项被定义为"能满足最终使用功能，并被指定作为单个实体进行技术状态管理的硬件、软件或其集合体"。简单地说，一个系统的技术状态，就是该系统的特性，即功能特性和物理特性，其中，功能特性包括性能、可靠性和维修性等，物理特性则包括外形、尺寸及不同部分之间的配合等。从定义可以看出，被明确为技术状态项的"项"，必须具备一定的功能和物理特性，这些特性必须覆盖多专业的不同要求，同时能够被指定为单个实体进行管理，这种管理——技术状态管理，要求对满足最终使用功能的这些特性必须在各种文件中予以清楚的标识，并且在整个研制过程中要对其功能特性和物理特性的生产和变化过程进行控制，记录并报告变化的信息，并对实际达到的特性进行审核。也就是说，技术状态管理包括：标识技术状态，即通过对系统进行分解，提出一个个的技术状态项，明确用以说明其技术状态的文件，同时形成项目和项目文件汇总表；控制技术状态，即对在研制过程中的各个阶段中技术状态项可能发生的各类更改，按规定程序实施的论证、评定、协调和审批等活动；纪实技术状态，即对未更改或已更改的各类技术状态项在研制过程中的执行情况进行正式记录或形成报告；审核技术状态，即对技术状态项是否符合其文件的规定进行评定，从而使得技术状态项的研制、生产工作能有序进行设计及更改，并通过文件形式进行表达和记录，并且可追溯和受控，各类设计所需的要素都能被定义并便于理解，产品的实际状态与文件始终保持一致。

技术状态管理充分体现了分阶段研制、系统工程过程和寿命周期多专业综合的系统工程基本思想，它的目的是通过研制全过程的受控，确保项目的实现符合预期。那么，什么是"受控"呢？就是"四要"，即产品要标识、过程要记录、变更要审查、文实要相符。

所谓"产品要标识"，是指产品必须分解为各类技术状态项，明确其应该具备的功能和物理特性。由于系统是分层次划分、分阶段研制和分批次生产的，所以，技术状态项也必须分层次、分阶段和分批次进行。例如，装备划分为系统、分系统、设备、组件、部件和零件这 6 个层次，每个层次的技术状态项都应该有相应的技术要求、质量要求和试验验证项目等内容。除了在设计阶段，也就是在未完成产品生产之前通过文件对技术状态项进行标识，在后续各个研制阶段中，对采购产品、生产过程中的产品和最终产品都要进行标识。例如，将各类相关技术文件、大纲、规范、表格或履历本随产品同步流转，或将标识制作在产品标签或铭牌上。不同的产品批次，由于它所要求达到的技术状态可以有所不同，或者由于生产的一致性存在差异，就需要分别予以技术状态控制。

所谓"过程要记录"，是指技术状态项相关的各类研制活动应该有案可查，以便为研制过程中的技术状态确认以及所发生的各种更改提供可追溯的途径，同时也便于审视研制过程中存在的问题。它记录的是技术状态项从策划到冻结的整个过程。它是支撑实现"变更要审查"和"文实要相符"的重要手段。

要理解"变更要审查"，首先需要理解这里所说的"变更"的含义，它包括以下两个方面。一是与研制阶段相关的变更，是时间概念，也就是研制阶段的转换。例如从方案设计阶段转到详细设计阶段，或者从地面集成联试阶段转到机上地面集成联试阶段。在转阶段时，需要对技术状态的符合性进行审查，只有达到当前研制阶段所规定的目标后，才能转入下一阶段。二是与技术状态符合性相关的变更。在产品研制中绝对不是不允许技术状态出现与预期的偏离或让步，而是这种偏离或让步一旦出现，必须是在被许可的范围内，而是否被许可，必须通过审查才能确认。

所谓"文实要相符"，"文"是指文件，包括经确认的纸质文件及其他数字化形式的文件；"实"是指产品，它是广义的，既可能是作为实物的产品，如样件，也可能是作为非实物的"产品"，如软件功能模块或数字样机，既可以是最终产品，也可以只是过程性的产品，它们都是研制过程中某种形式的输出。无论产品是否完全按照设计文件进行研制，还是其技术状态同文件中的预期发生变更，其技术状态均应该与规定其技术状态的文件一致。如果产品的技术状态发生更改，那么从纵向上看，与之相关的各类上、下游文件，如技术协议或设计方案，均应发生更改；从横向上看，与之相关的各专业、各产品技术状态项的相应文件也都要发生更改，而这一点之所以能够实现，都是基于对技术状态项的标识及对过程的记录。理论上，必须先有"文"后有"实"，即"先买票、后上车"，但在实践上也可能会出现"先上车、后补票"的情况，此时要特别注意从纵向和横向两个维度处理好所有相关文件的更改。总之，"文实相符"既是技术状态管理的要点，从某种视角上看，也是技术状态管理的目的——只是这里的"文"，不是一般的"文"，而是能够反映用户需求与系统研制科学性的"文"，只有通过技术状态管理实现"文实相符"和"前后一致"，才能确保研制出来的系统既符合科学规律又能真正满足用户需求。

★ 技术状态项在产品研制中必须满足的各类设计、生产和验收技术条件，必须通过技术状态文件来表达。不是所有的技术文件都是技术状态文件，技术状态文件是指直接作为产品研制、生产和使用保障依据的文件，主要包括规范、图样及其他所需要的技术文件。技术状态文件按研制阶段分为功能技术状态文件、分配技术状态文件和产品技术状态文件（图10-3），三类技术状态文件在不同的研制阶段进行编制、批准和保持，且在内容上逐级细化，充分体现了随着分阶段研制工作的推进，产品的研究和设计逐步发展成熟的渐进过程。

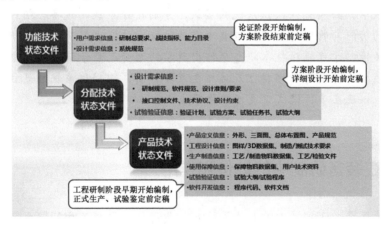

图 10-3　三类技术状态文件及其编制阶段和主要内容

其中，功能技术状态文件需在论证阶段编制完成，它用以规定预警机系统及其主要与重大技术状态项必须具备的功能特性、接口特性，以及为验证这些特性是否达到规定要求所需要进行的各类检查，即"系统规范"，是预警机装备在系统级应具备的功能特性（如系统能力、可靠性、维修性、保障性、环境适应性、电磁兼容性、安全性以及人机工效等要求）、接口要求、验证要求和质量保证等，GJB 7387—2011《军用射频识别惟一标识编码解析系统接口》给出了详细规定。

分配技术状态文件需要在方案阶段编制完成，它用以对系统级及其技术状态项以下，即分系统级及其以下的各类技术状态项，给出系统或上层技术状态项所赋予其必须达到的功能特性、接口特性、验证要求及附件的设计约束条件等，即"研制规范"，对软件配置项来说，则是软件规范，其主要内容与功能技术状态文件基本相同，只是其中的各项内容必须在系统级文件的基础上导出、细化和扩展，二者应协调一致。而各技术状态项的研制规范的编制，则为实现系统规范所明确的系统目标指明了道路。

产品技术状态文件需要在工程研制阶段完成，它用以规定技术状态项所有必须达到的功能和物理特性、生产和验收试验要求以及需要开展的各类验证试验，形成对产品的完整描述，即"产品规范"。产品规范编制过程中，需要进一步明确产品制造所必需的各类文件和图样，形成材料规范、工艺规范和软件规范，与系统规范、研制规范和产品规范一起构成六大规范，从而为产品制造与验证提供足够的输入；此时，虽然产品还未研制出来，但是产品的所有物理和接口特性均已描述清楚，对于所有研制人员而言，已是"所见即所得"，即从纸面或计算机上看到的设计，就是产品最后被制造出来的样子。

三类技术状态文件，实际上都不是一个文件，而是一系列主文件及其支撑文件的总和。这些文件的编制过程，就是功能基线、分配基线和产品基线的建立过程。文件通过审查确认后，就标志着基线的正式建立。从中我们也可以看出，三类基线的建立过程深刻体现了预警机作为系统的五个特性。其中，功能基线的建立，或者说系统规范的形成，突出了系统的目的性和整体性，因为系统规范是对产品在系统级功能的说明，而系统级功能，就是装备需求在研制过程中的第一次明确与细化；分配基线的建立，或者说研制规范的形成，则体现了系统的层次性和相关性，因为在从系统向分系统分解的过程中，必须充分认识系统的层级，分别在分系统、设备、组件、部件和零件明确相应的功能与物理特性、接口要求及其验证方法，也只有深刻认识系统组成要素之间的相关性，才可能对技术状态项作出科学的划分。至于演进性，则隐含于对具体技术状态项目的功能与物理特性及接口要求等方面，以提供系统的开放性、可升级与可扩展性，以及在多种模式下灵活工作等能力。

系统总体在装备研制中的地位和作用

系统总体是系统研制技术的龙头与核心，负责基于系统工程开展系统总体设计、集成、试验与技术协调，并协助用户开展军事需求管理和风险管理等工作，主要处理事关项目研制的方向性、全局性、综合性和跨分系统的重大技术问题。例如，系统是由多专业的分系统构成的，每个分系统都希望占据更多资源、获得更高性能，它们类似于铁路警察，各负责一段，同时照顾到所有分系统的需求是不现实的，这时就需要在各个分系统间进行折中，同时又要尽量实现它们之间的能力匹配，不要出现明显的短板。再如，各个分系统需要共同完成某项作战功能，这需要通过统一调度来实现。可以分别从时间维、逻辑维和知识维认识系统总体的地位和作用。

从预警机系统研制的时间维来看，先是论证阶段，其主要目的是对战术技术指标和总体技术方案进行论证，并对研制经费、保障条件和研制周期等进行预测，形成立项论证报告。这个阶段是由使用部门（本节简称"用户"）组织实施的。用户通过招标或择优方式，邀请一个或数个具备资质的单位进行多方案论证；参与论证的牵头单位应根据用户要求，组织各单位进行技术、经济可行性研究并开展必要的验证试验，提出初步总体技术方案和对研制经费、保障条件和研制周期预测的报告。用户则会同研制主管部门对各方案进行评审，并对技术、经济、周期和保障条件等多因素进行综合权衡，选出或优化组合形成一个最佳方案，同时纳入战术技术指标和研制分工建议等内容，形成立项论证报告并上报（称为"一报"）。

在方案设计阶段，其主要目的是完成总体方案设计，并基于总体方案的设计成果，形成对分承制单位的研制输入，并完成研制规范的编制，经确认后建立分配基线。系统总体应开展的主要工作有，根据批复的立项论证报告所明确的研制分工，牵头全面建立设计师系统、行政指挥系统、质量师系统、标准化师系统，并视情况建立会计师系统。配合和支撑用户编制研制总要求和试验鉴定总方案并由用户完成上报（即"二报"），同时开展能力要求细化研究，组织编制系统规范，即装备在系统级的技术要求，作为方案阶段的输入以及与其他分承制单位签订技术协议的依据，经审查确认后建立功能基线（这里需要指出的是，如上节所述，功能基线的建立应是论证阶段的目标，但在时间上通常与方案设计的早期阶段重合）。由于研制过程的主要输入输出均应以文件的形式呈现，因此，系统总体应编制《文件齐套性签署表》，明确研制各阶段应该拟制的各类文件，同时确定投产和生产的总体安排，制定产品研制零级和一级计划网络图，以对研制过程进行策划。牵头开展系统总体方案设计，确定技术状态项，通过与下一级承制单位签署研制技术协议完成研制任务分解，并组织完成分系统方案设计；编制专业设计规范、部件选型规范、环境应力与元器件二次筛选规范、环境条件与试验规范，制订可靠性、测试性、维修性和保障性等工作计划，并开展预计与分配等设计工作，策划建立故障报告、分析和纠正措施系统（FRACAS）；编制标准化、质量保证、安全性、电磁兼容性及元器件等大纲和工艺总方案；针对软件产品，结合软件工程化要求，开展系统规格说明（SSS）和接口需求规格说明（IRS）等方案设计工作，编制设计、配置管理、质量保证、设计/编码/测试等各类规范，明确软件开发计划，等等。通过这些工作，形成装备在分系统和部件级的技术要求，即研制规范，经确认后建立分配基线。

在工程研制阶段，其主要目的是依据研制规范，进一步细化形成装备所有的组成部分都能被设计、生产和装配出来的技术要求，实现上节所说的"所见即所得"，也就是说，即使是产品尚未被真正研制出来，但所有的这些技术要求和当前的设计成果，就已经能完整地定义产品，并以此为依据将所要求的产品实际研制出来。但即使如此，也只是"初步"建立产品规范，或者说，建立"受控"的产品规范；之所以只能是"初步"或"受控"，是因为这一阶段生产出的产品尚未经过后续的用户验证与确认（鉴定与定型）阶段，只有产品的状态通过确认，才能被认为最终"建立"基线。

工程研制阶段大致可以分为三个子阶段。

一是详细设计阶段。简单而言，详细设计的主要目标是将抽象的设计要求转化为明确的物理形态要求和软件开发要求，为绘制生产图纸和编制软件代码等投产准备工作创造条件。系统总体应细化系统组成与要素、功能/工作模式及其输入输出、信息交互流程与接口以及人机界面等设计内容，并以此为基础进一步细化研制技术协议，用以指导分系统开展详细设计；在即将投产前完成系统与分系统的战术技术指标可达性分析与设计校核；基于细化后的系统组成，开展FMEA（失效模式与影响分析）工作，进一步落实系统的可靠性与安全性等设计；牵头开展能够支撑初样机（即C型）投产和试制所需要的所有条件的准备，例如，图纸、工艺文件及工装、材料/工艺/软件与产品规范；开展用户资料与技术资料编制策划；针对软件产品，编制系统设计说明（SSDD）和接口设计说明（IDD）等详细设计报告，明确软件测试计划；配合用户完成总体与分系统详细设计评审；拟制电磁兼容、环境、可靠性、软件测评及地面功能性能等鉴定试验类大纲，以及首飞前电磁兼容、安全性等试验大纲；组织各分系统确定试飞验证需求，协助第三方试验鉴定单位编制性能验证、性能鉴定及状态鉴定试验大纲，等等。

二是样机试制阶段。组织分系统完成投产、零件制造、部件装配、产品总装、调试和首件鉴定，开展软件开发并完成自测试或第三方测试，在用户组织下完成分系统出厂验收和交付总体齐套，编制软件集成联试、地面内场（实验室）集成联试、地面外场集成联试、地面机上集成联试等试验大纲并完成相应试验，形成设计报告，配合用户完成从初样机转正样机（即S型）的审查和首飞放飞评审，配合第三方试验鉴定单位完成性能验证试飞大纲和性能鉴定试飞大纲的审查。其中，软件集成联试一般在各分系统实物齐套前开展，以软件结合模拟器的形式开展，用以先期验证软件接口、人机界面和主要系统功能，相应的试验环境称为"DSI（Dynamic Simulation Integration，动态模拟集成）"；地面内场集成联试是在系统实物完成生产后，在实验室环境下开展系统间的软硬件接口与功能试验，参与联试的对象可以是全部系统，也可以是部分系统；可以是全部实物，也可以是部分实物与模拟器相结合；地面外场集成联试是在外场条件下开展全系统的接口、功能和性能检验，这一阶段的试验对象空前齐套，功能性能验证内容也空前丰富，例如，在前一阶段不能开展的雷达在实际发射条件下与其他分系统的集成试验，在这一阶段就可以开展；地面机上集成联试则是在地面机上条件下开展全系统的功能性能检验，为即将开展的飞行试验验证打下基础。

◇ 通过工程研制阶段的样机研制子阶段，我们可以清楚地看出，系统集成联试是如何通过从模拟到真实、从部分系统到全系统、从部分功能到全功能、从非真实条件到真实条件的转变而逐步化解系统研制风险的；同时我们也要认识到，样机是化解研制风险极其重要的手段，我们在谈论样机时，根据它所处的不同阶段，会有不同的含义。工程研制阶段的样机是指初样机，通过完成设计、试验及转阶段审查，初样机就可以直接转为正样机，也就是说，初样机和正样机虽然是两个状态，但通常是一套系统。除了工程研制阶段的样机，立项论证阶段也可以安排样机来对部分重大关键技术提前进行验证，其结果既可以作为立项的主要支撑，也可以在此后的研制阶段作为验证平台继续发挥作用，为指导初样机的试制以及完成初样机转正样机甚至是后续试飞提供有用数据。

三是性能验证试飞阶段，即"科研试飞"阶段。它是在第三方试验鉴定单位对装备的功能性能符合性作出评价之前，由系统总体牵头各分系统单位，依据第三方试验鉴定单位牵头编制并完成审查的科研试飞大纲，先期开展各类功能性能的飞行验证，从而为接受正式的考试，即后续开展的性能鉴定试飞及作战试验等，准备技术条件，并在完成性能验证试飞后，与用户一起提交状态鉴定申请。在这一阶段，系统总体牵头各分系统单位，依据立项阶段编制并批复的试验总方案，配合用户指定单位和部队完成作战试验大纲的编制，作为在性能验证试飞完成后进入作战试验的依据。其间，基于调整试飞的结果，更改并冻结全套生产图样与技术资料，完善材料、工艺、软件和产品规范，并完成质量评审和转阶段评审，进一步完善受控的产品基线。

◎　为对装备的需求符合性和设计正确性进行全面和权威的评估，根据研制程序，需要开展性能试验、作战试验和在役考核等多类综合性试验活动。

性能试验是在规定的环境和条件下，为验证装备技术方案、检验装备主要战术技术指标及其性能边界并确定装备技术状态开展的试验，按其目的分为设计验证性能试验和状态鉴定性能试验，分别简称为"性能验证试验"和"性能鉴定试验"。其中，性能验证试验主要验证技术方案的可行性和装备性能指标的符合程度，为检验装备研制总体技术方案和关键技术提供依据；性能鉴定试验则主要考核装备性能的符合程度和确定装备技术状态，并为状态鉴定和列装定型提供直接的评估依据。

作战试验是在近似实战的环境和对抗条件下，对装备完成作战使命任务的作战效能和适用性进行考核和评估。

在役考核是在装备列装服役期间，为检验装备满足部队作战使用与保障要求的程度所开展的试验，依托部队、相关院校等装备使用单位，结合战备、演训、日常使用管理及教学等任务组织实施。

在状态鉴定阶段，其主要目的是通过权威机构（定型委员会）对产品各项要求的符合情况进行确认，以阶段性冻结技术状态，为开展列装定型考核奠定技术状态的基础，甚至可以提前进入生产阶段。总体组织各分系统分别完成电磁兼容、环境、可靠性及地面功能性能等鉴定试验和第三方测评；配合第三方试验鉴定单位完成性能鉴定试验，基于系统当前技术状态组织编制全部转阶段文件，经审查后给出符合性结论；编制完成状态鉴定所需的全部文件资料，包括设计文件、技术资料和用户资料等，开展部队培训，为在状态鉴定后交付部队试用提供支撑。根据需要，状态鉴定可以不对全系统的所有功能性能进行鉴定，且鉴定后就可以提前进入批量生产并交付部队，未完成鉴定的那一部分技术状态则可以延至列装定型阶段再开展鉴定工作，从而便于部队尽早拿到装备并尽早形成战斗力。

在列装定型阶段，其主要目的是通过部队开展作战试验与日常试用，以及解决状态鉴定阶段遗留的各类技术问题，来固化技术状态并由权威机构（定型委员会）对产品各项要求的符合情况进行确认，为全额生产创造条件，从而最终建立产品基线。如果状态鉴定阶段只完成了全系统部分功能性能的考核，在这一阶段还要完成余下部分的功能性能考核，包括其对应的性能调整、性能鉴定验证及作战试验，都需要在这一阶段合并解决。其间，一方面根据研制总要求，进一步调整和完善技术状态，另一方面根据部队在试用过程中新增提出的各类意见建议，进一步优化技术状态，使系统不仅满足产品列装定型要求，也适应部队不断变化的使用需求。在此基础上，编制全套定型文件资料，固化研制总要求，同时持续开展产品交付。

在在役考核阶段，装备进行批量生产，部队开展常态化使用；系统总体协助部队实施在役考核，进一步积累使用数据、掌握改进需求，是装备真正形成"论证—设计—验证—交付—使用—改进"闭环的关键。

◎ 前文已指出，技术状态控制是系统研制各个阶段都需要开展的重要技术工作，这项工作在整个产品的研制管理体系中，属于承制部门的主责，系统总体作为总承制方，自然责任重大。系统总体在论证阶段，负责策划技术状态项；在方案阶段，负责分解技术状态项；在工程研制阶段，负责控制技术状态项；在状态鉴定阶段，负责冻结技术状态项；在列装定型阶段，负责固化技术状态项。由于技术状态控制的基本对象是技术状态项，所以对技术状态项的划分就非常重要，而这种划分，在一定程度上可以反映系统总体对系统及其各组成部分的认识水平，以及系统的技术实现途径。例如，系统究竟应该如何划分技术状态项才能既便于系统的实现，同时又便于管理；多单元的集成设计，会导致对技术状态项的划分与各单元的独立设计不同，等等。

从预警机研制的逻辑维看，系统总体的业务工作内容极其丰富，可以大致分为四大类，即把握装备需求、开展技术策划、进行系统集成和搭建系统环境，它们在一定程度上呈现出了顺序性，但也有所交叉、互相支撑。

一是把握装备需求。预警机装备研制不同于民用产品的一个重要特点就是存在专门的机构来提出和细化军事需求，并将其作为研制过程的一个阶段——论证阶段，从而使得系统的目的性更加突出。虽然需求论证的主体是用户而不是承制单位，但绝不能据此就认为需求的论证仅仅是用户的责任。事实上，从预警机系统研制阶段的先后来看，系统总体的首要工作便是正确理解军事需求，向用户贡献承制单位对军事需求的认识，以作为对需求的重要补充，甚至在重大需求上给出承制单位的意见，力求对用户产生有益的影响并最终与用户达成共识，共同形成研制总要求和能力目录等需求文件，从而建立功能基线。在此基础上，深化与细化军事需求并向分系统传递，从而为分配基线的建立提供支撑。因此，系统总体应该对装备的军事需求进行专门研究，向用户提出作战概念、作战样式、装备定位和装备功能性能等方面的建议，必要时，应从机构设置、人员队伍与环境建设等方面予以保障。

二是开展技术策划。1984年，国务院和中央军委联合发布了《武器装备研制设计师系统和行政指挥系统工作条例》，明确指出"总设计师是武器装备研制任务的技术总负责人，即设计技术方面的组织者、指挥者，重大技术问题的决策者"。这句话本身有特定的内涵，不能认为总设计师或向总设计师提供支撑的系统总体单位（简称"系统总体"，分系统或专项的总体单位可在其层次上参照系统总体实施），只是简单地对技术工作实施"组织"与"指挥"就可以了。为了更好地实践这个要求，总设计师或系统总体应该是系统重大技术路线的提出者、推动者与验证者，也就是说，系统总体应该协助总设计师提出系统层面及总体各专业层面的重大技术路线，并指导分系统确认其主要技术路线，在此基础上梳理系统与分系统研制的难点与关键技术，明确主要技术工作项和分阶段的攻关与验证安排，形成用户认可的系统总体方案与研制实施计划。研制期间，系统总体应牵头组织开展各参研单位的技术协调（必要时应与用户协商），将系统总体认识转化为研制团队的整体认识，以处理分歧、凝聚力量。

三是进行系统集成。系统集成是系统总体在完成或阶段性完成技术策划后非常重要而又非常具体的技术工作项，它包括自上向下的系统总体方案设计及自下向上的系统组合所涉及的全部工作内容，大致可以概括为确定系统构成、选择集成架构（包括明确系统间的机械、电气与信息等各类接口）、厘清信息流程、分配系统指标、设计人机交互、管理各类过程和开展集成试验等主要工作（其具体内容见本章后文）。正是由于系统总体实施的系统集成，才能完成系统的科学定义，并将众多分系统安装到飞机上为之提供工作环境，努力减少降级，直至形成统一的有机整体。

◎ 人们可能在不同的语境下谈论"系统集成"。第一，它是一种思维方式。在装备研制时，先设计一个大的"框架"，将装备作为一个系统置于这个框架之内，先有整体后有系统，然后根据总体功能要求，自上向下明确各个分系统的构成，并通过综合、分析与迭代，自下向上将分系统最终整合成系统，并使之科学合理和运行高效。第二，它是一种工程管理模式，要求树立"大系统"的观念，将系统的各个组成部分作为一个整体，强化"大系统"对装备研制的龙头和牵引作用，相应地，"大系统"就必须对应有一个责任主体，即系统总体，从管理模式上对责任主体予以组织落实。第三，它是装备研制过程中的具体工作，此时又包含广义和狭义两种理解。系统总体有时被称为"系统集成商"，它负责按照系统集成作为一种思维方式和管理模式的要求，并依据作战体系对这个复杂系统的定位及作战功能的输入输出要求，通过总体设计，确定它的主要功能性能、分系统的构成、各自独立工作的条件与约束，以及它们之间的分隔界面与交互关系。由于功能性能、系统构成、相关的各类条件与约束、分隔界面与交互关系等内容通常需要从多个维度去描述，例如物质域的、能量域的、信息域的、硬件的、软件的、电性能的、结构的、可靠性与环境的、电讯的、电气的、物理特性的、与时间相关的特性的等，所以，系统总体设计的内容非常复杂，而且这些多维度因素由于其在时间、技术、成本等方面的满足条件可能非常苛刻，不同的因素之间还可能存在竞争，因此必须作出统筹、取舍与折中，也需要多个专业进行协同。系统集成则通常是指将各类分系统（分系统内部又包含设备、组件、部件和零件等要素，它们也需要在相应的层次上进行集成）通过一定的技术途径组合起来构成系统，各分系统及其要素之间既能彼此独立工作，也能协同工作。随着系统工程理念的普及与设计技术的进步，系统集成的方式通常在总体设计阶段就能基本确定，系统研制的全链条正在向"所见即所得"发展，即系统不仅是集成出来的，更是总体设计出来的，因此，现代复杂系统的总体设计与系统集成，在很大程度上也就可以不再区分。也就是说，广义上的"系统集成"是指系统总体在研制过程中的全部工作，包含了系统总体设计及其在将系统自上向下完成分解形成逻辑上的分系统、再由分系统完成分解、生产和齐套后形成物理上的分系统并经组合又形成系统的全部过程。而在狭义上，"系统集成"则仅仅包括从分系统组合形成系统的相应工作。

四是构建系统环境。系统环境是系统总体前三项活动不可缺少的辅助与支撑，包括五大类。一是需求分析与验证环境。在用户已经形成的主要需求基础上，系统总体应该在环境中完成对需求的细化和分解，并对其可实现性进行验证，同时为后续产品改进甚至是新的需求与概念的提出提供支撑。二是技术路线支撑环境。总体技术路线的提出需要技术支撑，只有被先期初步验证合理的技术路线，才有可能转化为总体技术方案，而技术路线的提出与完善，不可能一蹴而就，本质上必须是一个迭代的过程。总体应该具备计算、仿真甚至是部分实装环境，来对可能的技术路线进行先期验证并支撑其完成快速迭代，以尽早暴露并化解技术风险。三是系统集成试验环境。在分系统齐套交付总体的前后就要开展系统集成工作，即为分系统及其要素提供一个整合成系统并验证其功能和接口要求的环境，并逐级开展验证，例如，在分系统交付总体之前提供 DSI 环境开展软件集成联试，分系统交付总体之后，提供系统级功能性能联试环境；有些专业类的试验环境，例如系统级电磁兼容验证、系统级可靠性验证、系统级环境适应性验证等，则可以依托第三方建设。四是技术问题确认环境。随着系统的组成及系统间的交联关系日益复杂，系统在发生故障后的确认变得日益困难，加之如果系统已经交付，总体已经没有验证平台，因此，系统总体应该具备在故障发生后不借助于实装飞机就可重现故障、定位故障、确认其分系统归属及判断故障原因的能力，这一点只有通过建设相应的环境才能实现。五是系统性能评估环境。系统评估应明确、建立或掌握用以评估的统一的目标特性以及自然、地理和电磁等各类环境，以及评估时系统或分系统应该所处的工作状态，在不同阶段，分别以数字化或实装等不同方式，及时评估系统与分系统的合格性或达标性。特别是在用户与系统总体、系统总体与分系统就技术问题发生分歧的情况下，通过"有图、有数、有真相"来达成统一意见，尽快推动下一阶段的研制工作。上述各个环境不一定都分头单独建设，而是可以统筹而且也应该统筹建设，但内涵必须覆盖上述内容。

从预警机研制的知识维看，根据系统总体的业务工作内容，我们可以直观感受到它所涉及的知识范畴与结构，大致可以概括为四个方面。一是作战需求类，即与装备相关的作战概念、作战理论、作战样式及装备发展的趋势与规律等方面的知识。二是分系统专业知识类，即构成预警机的各个组成部分在其总体特点、基本原理、基本组成、工程实现难点和主要性能指标预计与核算等方面的相关知识。三是系统总体自身的专业知识类，包括对系统总体在系统架构、系统级指标的提出与核算、系统基本信息流程及其运用规律、系统的静态性能与动态性能设计、通用质量特性及系统描述方法（如系统仿真与数字化样机研制）等方面的知识。四是研制程序类，系统总体必须在熟知研制程序的基础上，具备对系统研制进行总体策划并据此细化各阶段研制工作的专业能力。

◇ 当前，国务院、中央军委、有关部委及各级装备研制主管部门对如何做好项目研制管理，已经形成了非常完备的规范要求，例如，《武器装备研制设计师系统和行政指挥系统工作条例》（国发〔1984〕49号）、《关于武器装备研制设计师系统和行政指挥系统工作条例实施中若干问题的规定》（〔1991〕技综字第471号）、《武器装备可靠性与维修性管理规定》（〔1993〕计基字第231号）、《常规武器装备研制程序》（〔1995〕技综字第2709号）、《研制阶段技术审查》（GJB 3273）、《武器装备研制项目工作分解结构》（GJB 2116）、《装备研制风险分析要求》（GJB 5852）、《军工产品定型程序和要求》（GJB 1362A）、《武器装备研制管理》（GJB 2993A）、《质量管理体系要求》（GJB 9001C）以及《技术状态管理》（GJB 3206B）顶层或通用性指导文件，这些文件不仅反映了我国对系统工程理念的深刻认识，也是对武器装备研制正反两个方面经验的深刻总结，有些虽然发布已有多年，但至今仍有极强的指导意义。系统总体必须逐字阅读、深刻体会，而且常读常新，特别是从中体会装备研制为了解决准确表达需求、及时化解风险和充分验证能力这三个核心关键问题，是如何建立项目研制组织结构、开展顶层实施策划、明确技术与管理主体责任、细化技术与管理内容，并在各个阶段采用各种措施对项目进行有效管理的，而这些有效管理，从承制单位责任的视角看，都需要通过系统总体发挥龙头和核心作用，与分系统共同推进实施。

系统总体的几项重点技术工作

粗略地看，系统总体需要着重做好总体设计的集成架构、静态性能、动态性能、数据管理与人机交互等几项工作。

一是集成架构。"架构"（Architecture）一词来源于拉丁语中的"建筑学"一词，包含了"主要的"和"建筑师"两层含义，我们可以在一定程度上回归至建筑学来理解"架构"所反映的对系统"主要的"和"结构性"的描述。虽然各行各业对架构的理解有所不同，但在一般意义上，它反映了人们对一个结构和结构内的元素及其相互关系的认识。从这一点可以看出，由于集成架构的集成对象是要素，因此不同的要素可能对应不同的架构，而不同的架构又可能需要统一设计或相互兼容——例如，如果以硬件为考虑的要素，就包含硬件架构；如果以软件为考虑的要素，就包含软件架构；如果以各类情报数据为考虑的要素，就包含融合架构；如果以计算资源为考虑的要素，那么就包含计算架构；如果考虑对各类要素进行管理，那么就包含管控架构；如果考虑比较抽象的各项系统功能，还会有功能架构，等等。因此，在预警机的系统架构设计中，首先需要明确组成系统的各类要素，而无论是与何种要素对应的架构，也无论要素之间需要执行多么紧密的协同，都应该是开放的、便于接入的，因此需要尽量简化不同要素之间的功能和物理接口，并努力实现特定要素所对应的逻辑形态与物理形态的解耦，以及不同要素之间逻辑形态与物理形态的解耦。例如，首先，预警机无论是确定采用圆盘型雷达还是"平衡木"型雷达，同一套系统架构都可以将其接入系统。其次，系统架构应尽可能支持多样化的业务，避免不同的业务对应不同的架构，并能够为不同级别的业务提供差异化的服务，提高资源利用效率，减少资源竞争和信息流转的代价。再次，系统架构还应具备可扩展与便于升级的特性，使得需要增加要素及其功能，或者实施替换与改进时，不用将架构推倒重新设计。最后，系统架构还需要满足信息处理速度、服务质量、可控制性及成本等多种特性。

◎ 系统要素不仅可以从硬件、软件和数据等多个维度定义，它也是分层次的，例如分系统、设备和组件等，因此在系统层面，先需要确定它由哪些分系统构成，这个过程通常相对简单，因为立项论证所定义的系统功能是明确的，而各类信息系统分别具有的特点和能力也是清楚的。而在分系统初步确定后，如何对分系统进行设计分解与综合的下一阶段设计过程中，人们意识到，为了使得有限的空间、重量、能量等资源能够服务于更多的分系统，而不是被某一类分系统独占，从而提高资源效率、降低装机代价以及更好地实现分系统间互相赋能，通常需要采用综合化设计，此时，传统的物理分系统可能演变为功能分系统。

二是静态性能。系统集成应该在飞机平台等各类基本资源与约束条件下，通过确定合适的总体布局，使得支撑完成各类功能性能的分系统能够被提供足够的空间、重量和能量等资源，同时又尽可能减少各类约束条件对分系统性能的影响。例如，根据系统性能对雷达探测威力的需要，决策确定何种天线布局形式（如单面天线、两面天线和三面天线），以提供合适的孔径资源；再如，在确定具体位置时，需要通过优选位置与架设高度等方法来尽量减少由于机身、机翼或发动机、螺旋桨等因素对天线方向图的遮挡，并对遮挡的程度进行测量与评估，为设计优化提供依据；开展系统电磁环境效应（Electromagnetic Environment Effect，E3）设计，为数量众多、类型各异的电子设备合理分配频率资源，并提供保证其正常工作的足够空间，避免互相干扰；开展减重设计，通过材料与结构优选等手段，使得系统重量在平台所能承载的范围内。

◎ 电磁环境效应是指存在于既定空间和既定时间内所有电磁频谱所产生的所有电磁现象，对电子电气系统或设备产生的工作性能影响。可以看出，对预警机而言，所有来自外部环境的有意和无意电磁干扰，以及所有来自内部的电磁干扰，都是电磁环境效应。但如果我们将考虑电磁环境效应的范围只局限在预警机平台内部，则多称为"电磁兼容"（Electromagnetic Compatibility，EMC）。电子电气设备在工作时都会在其周围产生、传输、存储或利用电磁能量。对每一个特定的工作单元来说，可能存在来自其他工作单元的电磁能量，会对自身的正常工作产生影响，或者导致性能降级，或者导致寿命缩短，或者导致性能永久下降，甚至导致功能完全丧失。这样的电磁能量被称为"电磁干扰"，产生电磁干扰的工作单元被称为"干扰源"，可能受到干扰的工作单元被称为"敏感设备"，干扰能量从干扰源传递到敏感设备的媒介称为"耦合途径"，有关干扰源、耦合途径与敏感源这三大要素相互作用问题的研究，就是"电磁兼容"（图 10-4），它的目的是使各个工作单元（包括部件、设备、分系统/子系统和全系统）在共同的电磁环境下，不受干扰并且不干扰其他设备。其中，耦合途径主要有两大类，即辐射和传导。其中，辐射又包括四种情况：一是天线与天线（即场和场）的耦合，即天线 A 发射的电磁波被另外一个天线 B 无意接收，从而导致天线 A 对天线 B 形成干扰；二是电磁场与导线的耦合，即空间的辐射场对其中的导线电流通过电磁感应形成干扰；三是电磁场与闭合回路的耦合，即闭合回路在其受感应最大部分的长度小于 1/4 波长且干扰辐射的电磁场频率比较低时，与干扰所辐射的电磁场之间的耦合；四是电磁场与孔缝的耦合，即干扰辐射的电磁场经过非金属设备的外壳、金属设备外壳上的孔缝和电缆的编织金属屏蔽体等介质时所形成的电磁干扰。传导则是指由于干扰源与敏感设备之间存在完整的电路连接，电磁干扰沿电路被传递给敏感设备。

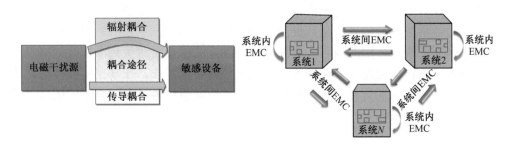

图 10-4　电磁兼容问题的三要素（左）及系统电磁兼容概念示意图（右）

在预警机上集成多个系统所带来的电磁环境效应问题，呈现出 4 个方面的突出特点。一是大量辐射源与敏感设备集中在相对狭小的空间内，电磁波的工作频率可能覆盖中波、短波、超短波和微波等超宽范围，大功率发射设备（高达几百千瓦）与高灵敏度接收设备（如近-70dBW）要求同机、同时工作。二是天线形式多样而且安装密集。天线形式可能包括相控阵、波导、抛物面等；极化形式包括垂直（电磁波传播方向上电场的方向垂直于磁场）、水平（电磁波传播方向上电场的方向平行于磁场）与圆极化（电磁波传播方向上电场的方向始终旋转）；有的全向辐射，有的定向辐射；其功能涉及探测、通信、导航与侦察等。三是电磁频谱背景异常复杂。受战场复杂对抗环境以及本平台上用频设备众多等因素的影响，有意无意干扰可能严重影响设备正常工作。四是电源种类多样化，涉及三相四线制 115V/400Hz、双线制 220V/50Hz 及 28V 直流电等多类电源，大功率瞬态脉冲可能严重冲击供电网络，非常强调用电设备与供电网络的兼容与适配，否则不仅影响用电设备，甚至危及飞机安全。

就电磁环境效应问题来说，它是预警机系统静态性能的重要组成部分，例如，通过为不同的用频设备规划好相应的工作频率；合理布局天线、线缆及接收机等不同设备，提供足够的空间隔离，或者为某些敏感设备加上屏蔽、做好接地/旁路引流及其他防护等工作。但仅仅有这些"静态"的设计常常是不够的，还需要通过工作模式设计以及基于对电磁环境与资源的感知，对系统进行动态调度，这就涉及系统的动态性能。

三是动态性能。系统集成应该确定和评价在载机运动、系统资源或工作环境发生变化时，系统如何维持相应的能力。例如，掌握载机振动条件，以及工作所可能处于的高度、湿度、温度和连续工作时间等工作环境与条件，以便提出对设备的环境适应性和可靠性等方面的要求；掌握地理环境与电磁环境及其变化情况，分析其对分系统工作的影响，从而实事求是地提出相应的功能性能要求，并开展相应的功能最优化设计，筹划和实施相应的试验验证。其中，系统的工作模式设计是动态性能的重要方面。工作模式设计的出发点，应该是使分系统在集成环境下能够根据特定的作战任务，发挥本身各自具备的最大能力，同时又能通过协同工作，或者完成完整的作战流程，或者实现协同增能（即"1+1＞2"）、优势互补，或者克服环境影响或资源限制。例如，当雷达的功率孔径积确定后，通过增加或减少时间资源占用，满足作用距离拓展或改善机动目标的跟踪等需求，甚至为火力打击提供高精度和高更新率的信息支持；有些电磁兼容问题通过频率分配、空间协调等静态性能设计难以完全解决，需要开展分时工作等动态设计；雷达与无线电侦察系统协同工作，无线电侦察系统在更远的距离上发现目标后，引导雷达实施探测，提高探测精度；雷达与光电系统协同工作，引导雷达在保证探测距离足够远的同时，增加探测精度，或者在雷达受到干扰时能够基本维持情报掌握能力；雷达与敌我识别器或无线电侦察协同工作，在掌握目标运动轨迹的同时，获得目标的识别信息；雷达与通信协同，完成情报的录取与分发，用以引导战斗机实施拦截作战；等等。

◇ 传感器管理是实现动态性能的重要保证，它要求系统在架构上能够实现"任务事前规划—工作模式设置—探测任务执行—实时效果评估—工作模式调整"的过程闭环。开环或单向的探测过程，有可能导致资源被耗费，但难以获得预期的探测或识别效果，进而可能延误战机。本来多传感器是预警机的优势，但由于各传感器秉性各异，且战场需求高度复杂并动态变化，真正将这种设备集成的优势转化为信息优势，并支持形成决策优势，必须做好传感器管理，否则可能带来信息杂乱和决策混乱。它的输入是传感器的情报质量与工作状态信息，如探测威力、精度、连续性、识别属性、健康状况和当前相关资源占用情况等，这些数据可能来自多传感器，因此还需要进行融合与综合，以去伪存真和取长补短。输出应该是传感器的工作模式、传感器信息综合的方式甚至是飞行剖面的调整，必要时还要涉及协同工作的其他作战单元。图10-5所示为一种传感器管理架构，它是分级式的，根据传感器的类型将其分组，然后分别进行融合，最后到一个最高级的融合中心进行融合（与图10-6所示的数据融合架构相对应），根据总的融合结果形成控制命令进行反馈传递，传递时，根据传感器的分组情况分别进行管理，给出传感器的工作模式与状态等命令，再根据传感器的数据进行融合……如此往复。

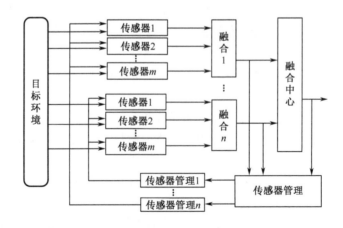

图 10-5　一种传感器管理架构

需要指出的是，这里给出的仅是传感器管理的一种可能架构；按照传感器或其数据在本平台甚至战场中其他平台上的分布和信息处理情况，传感器管理的基本架构可分为集中式、分级式、分布式、网络化等多种形式，不仅能够完成对本平台多源传感器的管理，甚至可以管理到其他平台上的传感器。

四是数据管理。数据不仅是系统的输入和输出的具体形式，是系统静态性能和动态性能的主要展现，更应该被上升到重要资产的高度来认识，甚至是将其看作装备相对独立而又固有的一部分。系统集成应该定义各类数据类型及其所遵循的标准规范，确定数据管理的相应架构，并在分系统和系统总体两个层面确定其来源和处理职责，然后融合来自各个分系统的数据，判定其有效性并以此为依据开展传感器管理、链路与网络管理、电磁频谱管理等系统级管控工作，为实现决策优势提供基础支撑。从各类数据的来源看，有些数据通过自身的内部网络来自本机设备，有些数据则通过数据链来自协同作战的其他单元；从各类数据的功能看，有的数据被用于融合形成完整的战场态势，使得指挥员对战场上当前分布的敌情、我情都非常清楚，并以此为基础对战场进程作出一定的预测；有的数据被用于向其他协同作战单元进行分发，以完成引导和火力打击等作战任务；有的数据被用于反映战场的电磁频谱及其变化，成为调度预警机甚至是整个战场频谱资源的重要依据；有的数据被用来监测系统当前工作状况与健康状态，为调整工作模式和满足不同作战任务提供辅助信息；有的数据则需要被长期积累下来，用于未来的数据挖掘，以提取出超出预期或难以事先预测的各类情报。

◇　多传感器数据融合是传感器管理的基础，也是保证预警机多传感器集成优势发挥的重要手段，图10-6示出了"爱立眼"预警机多源数据的基本融合过程。例如，惯导数据与卫星导航、塔康和罗兰等系统的数据融合，利用无线电导航的位置精度去修正惯导，克服其位置误差随时间漂移的缺点；雷达与二次雷达/敌我识别、AIS 或 ADS-B 等数据的融合，实施对民航、民船和己方军机、军舰等目标的属性识别，为雷达探测形成的目标航迹挂上属性标牌；雷达与红外探测系统的融合，提升雷达探测的角度精度，并为红外系统的探测结果补充距离信息；雷达与电子侦察、通信侦察系统的融合，雷达从无线电侦察系统获得更多的识别信息，并为不同目标的区分与编号提供支持，同时为无线电侦察系统补充距离数据……多源数据融合虽然有如此多的好处，但其实现却非常困难。

一是传感器自身的秉性差异。例如，雷达与二次雷达/敌我识别的距离精度与方位精度并不相同，相关波门选大了，会将两个目标判断为同一目标；选小了，则可能将一批目标由多源探测引起的不同探测结果判断为两批不同目标。再如，雷达与无线电侦察系统的融合，因雷达能提供三个坐标信息，而无线电侦察系统只有角度信息，因此可能造成一个角度位置上对应多个距离不同但角度相同的目标，且其角度精度低于雷达，加之各自获得探测结果的时刻不一样，一目（标）多值和一值多目（标）的情况就可能更加突出。

二是工作环境的显著影响。探测对象的密集部署，例如大量民船在港口聚集、大量地面雷达在相对狭窄的地域内部署，空域内目标比较密集且位置快速变化，复杂电磁干扰或复杂地理环境引起的虚假目标等，可能超出传感器自身的感知与分辨能力，从而为目标位置的确定、目标数量的判断和目标属性的识别带来极大困扰，大量新的探测结果可能孤立于已有探测结果之外。一方面，这些孤立的信息有的真假难辨、精粗难测；另一方面，有用的孤立信息难以附加到已有的真实航迹之上实现有效挂牌，在航迹符号旁以标牌形式给出位置、编号、属性等各类相关信息供操作员掌握和使用。

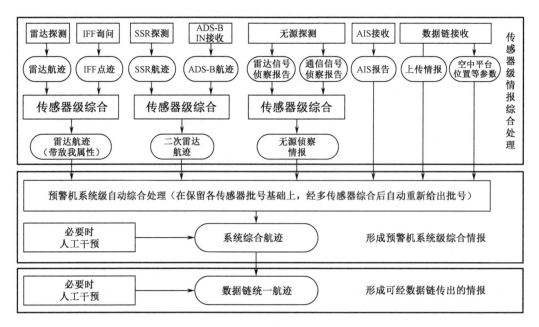

图 10-6 "爱立眼"预警机多源数据的基本融合过程

三是作战样式的创新挑战。分布式作战与协同作战牵引了数据融合方式的革新，同时也为之带来了新的挑战。在一个平台上的集中式大型传感器可能分布到不同的平台上实现，原始信号通过电缆、总线或光纤的传输可能变为通过无线网络传输，原始信号原来在本机的融合可能需要跨越平台来进行，本机融合时本就存在的单传感器自身以及多传感器之间在时间、空间和频率等资源上的一致性问题，在跨平台融合时可能更为突出，因为对信号的处理越是到底层，对时、空、频的一致性要求就越高。以雷达为例，在本平台执行的数据融合过程是从原始信号到形成点迹（给出目标的瞬时位置信息）再通过连续观测形成航迹，如果要实施跨平台融合，其基本融合对象是目标的航迹；但在分布式条件下可能需要在点迹形成之前就要进行融合，也就是说，需要从航迹融合下沉到点迹级甚至信号级融合。

五是人机交互。从一定的角度看，人机交互是系统动态性能的一部分，因为非常重要，所以予以单列。绝大多数情况下，预警机执行任务时必须是人在环路的，人机交互是极其重要的总体设计与集成活动，也是系统动态性能的重要承载与实现支撑，绝不仅仅是显示与控制要素如何设置与如何组织。第一，人机交互是设计者对作战活动的基本认识，需要针对每一个作战任务决定哪些过程是人的职责，哪些过程是机器的职责。这个过程需要将每个作战任务分解为作战活动，进而获知过程中需要哪些信息，它们如何通过设备操作来提供，以及人员需要如何介入。因此，优秀的人机交互设计需要预警机装备执行更多的作战任务以深化认识、积累经验。第二，人机交互是操作员对预警机系统的第一感受和直接感受。它关系到对系统的可用性和易用性的评价，更关系到如何发挥战斗人员的素质水平，需要不断缩短人的干预时间，减轻人的干预工作量，加快信息流转，为作战效能的提升作出直接贡献。第三，人机交互是提升机器自主工作、支撑未来实现人机信任的必经阶段。随着机器自动化水平的提高和人工智能技术的快速发展，越来越多的职责将交给机器，但人在其中的作用仍然是决定性的，并且在相当长的一段时间内，机器的智能化水平难以达到人类水平。通过认真研究人类使用设备的规律，为机器替代完成相应的任务积累经验。在人工智能快速发展的阶段，只有把"人工"的问题认识清楚了，才有可能把"智能"的问题解决好。

预警机集成架构三个阶段的演变

在预警机任务电子系统集成架构的形成与演变中，战斗机航空电子系统（简称"航电系统"）的发展是一个重要的参考因素，在一定程度上可以用来理解预警机。"航空电子"一词，源于 20 世纪 60 年代的美国，其英文"Avionics"来源于"Aviation"和"Electronics"两个词，表示航空和电子学两个学科领域的结合，其范畴包括支持飞机完成其任务使命的所有与电子学相关的系统和设备，因此，从定义上说，凡是航空装备——无论战斗机还是预警机——上的电子与信息系统，都被称为航电系统；但由于预警机的发展开始于战斗机之后并且独立于战斗机，特别是预警机任务电子系统的使命任务与战斗机航电系统有较大的差异，加之预警机通常基于现有的飞机进行加改装，而现有飞机的航电系统在被改装为预警机之前已经设计完成，任务电子系统的设计与集成是在飞机原有航电系统的基础上后发进行的，且预警机的改装平台通常是运输机，运输机的航电系统在设计需求上也与战斗机有很大的区别，因此，预警机的任务电子系统呈现出了与战斗机航电系统的弱相关性，两者虽然有共同点，但相对独立发展，因此应该把二者区分开来。

就战斗机航电系统而言，其发展普遍被认为经历了分立式、联合式、综合式和先进综合式四个发展阶段，总体上呈现出信息共享、成本、装机代价及功能性能等主要的驱动因素，但其最主要的特征似乎可以认为是开放性和综合化。预警机任务电子系统的总体集成架构发展，可以认为先期经历了类似于战斗机航电系统分立式和联合式的发展阶段，是对战斗机航电系统发展成果的推广与继承，体现了航电系统的普遍性，因为驱动战斗机航电系统架构发展的几类因素对于预警机同样非常重要，美军提出的未来机载能力环境（Futrure Airborne Capability Environment，FACE）架构就充分体现了机载航电系统发展的通用性要求和总体设想。

★ 多年来，美军持续重视航电系统架构的发展，先后发布了一系列架构标准，如开放式任务系统/通用指挥与控制接口（OMS/UCI）、硬件开放式系统技术（HOST）、模块化开放式射频体系架构（MORA）、联合通用体系架构（JCA）、雷达开放式系统架构（ROSA）、未来机载能力环境（FACE）及传感器开放式系统架构（SOSA）等。其中，SOSA 作为较近发布或更新的信号情报、电子战和通信系统的新型架构标准之一，参照了 ANSI/VITA、ARINC、DoDAF、STANAG 4586 等开放式架构的标准规范，并以 FACE 架构标准开展标准研发，在此基础上采用模块化设计和非专有标准，突出了互通性、安全性、模块化、兼容性、可移植、即插即用、可升级、可扩展及健壮性等要求，大力推动实现传感器的"即插即用"。

但自联合式（即总线式）之后，预警机的集成架构不再以实现综合化为基本方向，主要是因为预警机自身的特殊性更多地发挥了决定性作用，它集中体现在 4 个方面。一是驱动战斗机航电系统发展的几类因素在预警机上的优先级是不同的，例如战斗机中通过综合化来改善适装性，对于预警机而言就不会是主要的。二是因为预警机系统的多样化应用（参见第十一章），使得传统上基于固定的、预置的或程式化的系统运行不再能够满足要求，而是应该提高有限资源的利用效率，使系统提供更加服务化、定制化的按需运行能力，由此带来了对各类资源的开放性与统一管理需求，必须实现资源及其管理的"池"化与"云"化，不同功能（即各类应用程序）之间要横向解耦，上下层软件与硬件之间要纵向解耦——就像手机的 App 那样，某类 App 的加卸载不会影响到其他 App，用户也感觉不到在不同的手机硬件平台上安装和使用 App 会有什么不同——以更好地适应本平台多业务和跨平台多单元的协同，实现"端-端"的互联互通互操作。三是由于多样化的应用也带来了系统复杂性的提升和设备量的增加，必须使系统之间的关系尽量简化，而通过服务化（和开放性等）所要求的解耦，不仅可以支撑实现服务化，也可以使得系统内部各组成部分之间及其与外部各单元之间的连接"看起来"更加简单。四是由于多样化的应用通过软件相比通过硬件来实现可能更为便利，同时也便于改善适装性，从而使得系统软件的占比大幅提升，战斗机航电系统通过先进综合式及其之前的各个发展阶段所体现出的以解决硬件集成问题为主的架构，就难以为解决预警机上软件集成的问题提供有效指导。为满足预警机任务电子系统集成的服务化、软件化和开放式等要求，美军在 E-3G 预警机中提出了被称为"layered"的新型集成架构，由此，预警机任务电子系统的集成架构发展大致可以分为三个阶段，即分立式、总线式和层次式，其代表型号分别是 E-3A、"费尔康"和 E-3G。

E-3A 发展于 20 世纪 70 年代，这个时期 DAIS 计划尚未提出，以总线为特征的第二代航电系统不具备在预警机上的应用条件。20 世纪 90 年代中期，以色列开发出的"费尔康"预警机第一次在预警机上利用了基于以太网的总线技术。大多数对预警机情有独钟的读者说起它时，总是会对它的有源相控阵雷达系统以及贴在机身表面的共形天线津津乐道。其实，它所采用的基于以太网的开放式体系架构，也奠定了现代预警机任务电子系统集成架构的基础，图 10-7 示出了其系统框图（a）及基于以太网的总体集成架构（b），这种架构与它的有源相控阵和共形天线一样，是令世界的预警机技术专家为之眼前一亮的。它较好地改善了系统的开放性，其设备接入、拓展、升级和维护都非常方便，个中主要原因有二：第一，因为以太网和总线技术在当今的计算机与网络中得到了极其广泛的应用，几乎所有种类的计算机都支持与以太网总线网络的连接，便于采用商用标准和现货产品。第二，如果要增加设备，只需要把设备通过它的控制计算机连接到这个局域网上就可以了，新增加的设备同原有体系架构的连接关系

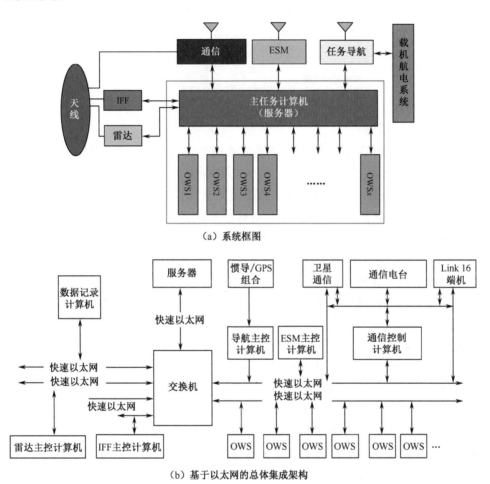

比较简单。例如，如果需要在预警机上增加电子侦察功能，除了安装相应的硬件，还可以把执行电子侦察功能的控制计算机挂到这个总线上，而不用破坏已有的软件和硬件体系，不用改变原有设备之间的连接关系。这种情况下，采用总线技术的任务电子系统体系架构就像一个"巴士"，乘客的上下进出都非常方便，正如"总线"这个词所对应的英语"Bus"，就是"公共汽车"，它为网络中的各种计算机之间传送信息提供了公共通道。

（a）系统框图

（b）基于以太网的总体集成架构

图 10-7　"费尔康"预警机系统

E-2 系列预警机自 20 世纪 90 年代末期的"鹰眼-2000"开始，也采用以太网进行系统集成，如图 10-8 所示，其任务电子系统由机载预警雷达、敌我识别（IFF/SSR）、电子侦察、惯导（INS）与 GPS 组合、数据链（Link 4A、Link 11 和 JTIDS Link 16）、CEC 系统（含 CEP 和 DDS）及任务计算机和高级显示控制工作站（Advanced Control Indicator Set，ACIS）等组成。

275

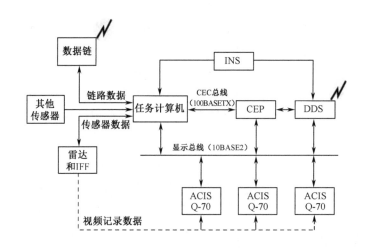

图 10-8　E-2C 预警机任务电子系统集成架构

◎　以太网产生于 1973 年，自 1985 年美国电子与电气工程师协会（IEEE）制定了 802.3 局域网标准后，其应用越来越广泛，目前已经成为最成功也是应用最广泛的局域网技术之一。在以太网中，如果一个计算机要发送数据，它就要把这个数据放到总线上，挂在总线上的所有计算机都能"收听"到这个数据信号，这叫作广播，所以，以太网是一种广播网。与点对点的情况不同，由于网络中所有计算机都可以利用总线发送数据，所以，就会碰到有多个计算机想同时发送数据的情况，这就会产生冲突。那么，以太网如何解决这种冲突呢？

我们以宴席上的互相敬酒为例，当一个人想要给另外一个人敬酒时，很可能碰到冲突，也就是你准备起身的时候，却有另外一个人也起身，并且选择了和你一样的对象。这种冲突产生的原因是，宴席上并没有一个总指挥去安排什么时间应该由谁来向谁敬酒。为了避免冲突，某人在起身之前，应该先观察一下其他人是不是也准备起身并且把酒杯伸向自己准备敬酒的对象，如果发现存在冲突，只能推迟进行。

以太网中的情况与此类似，以太网中也没有一个计算机专门用来协调组织和解决冲突。以往为了避免冲突，计算机在准备发送数据时，也需要进行观察，也就是要将它准备发送的信号波形与总线上已经存在的信号波形进行比较。如果总线上同时出现两个或两个以上的发送信号，它们叠加后的信号波形将不等于任何一个计算机单独发送的信号波形。当某个发送数据的计算机发现自己发送的信号与从总线上接收到的信号波形不一致时，表示总线上有多个计算机在同时发送数据。如果某个计算机在发送数据时没有检测出冲突，在发送结束后进入正常结束状态；如果在准备发送数据时检测出冲突，它将停止发送数据，随即延迟后重发。以太网采用的这种避免冲突的办法叫作"带有冲突检测的载波侦听多路访问"（CSMA/CD），实际上，凡是遵循这种避免冲突的方法的局域网，都可以称为"以太网"。

随着局域网应用的深入，对局域网的带宽或者传输速率提出了更高的要求。用户面临两个选择，即要么重新设计一种新的局域网体系结构取代传统的局域网技术，要么保持传统的局域网体系结构不变，但设法提高其传输速率。对大量已存在的以太网来说，采用后一种思路是更为明智的选择，这就是快速以太网技术。快速以太网的传输速率是普通以太网的 10 倍，传输速率达到了 100Mbps，保留了传统以太网的所有特征，即相同的数据格式、冲突控制方法和组网方式，只是将每个比特的发送时间由 100ns 减少到了 10ns，又称百兆快速以太网。通过将每个比特的发送时间由 10ns 进一步减少到 1ns，这样就产生了千兆高速以太网，它是目前预警机上任务电子系统集成所采用的主干总线。随着预警机上所配置设备种类的增加，对网络的数据传输需求越来越大，千兆网就有可能被万兆网取代。

在预警机中，除了应用以太网总线，也广泛应用战斗机中的 1553B 和 ARINC429 等总线。

1553 总线（飞行器内部时分命令/响应多路数据总线）是在军用飞机最先采用的总线技术，可以追溯到 20 世纪 60 年代。1973 年后，美国军方先后公布了 MIL-STD-1553A 标准和 1553B 改进标准，1553B 总线成为主流，其传输速率为 1Mbps；最新型的 E-1553 总线则将数据总线的传输速率从 1Mbps 提高到 200Mbps，并且无须重新布线就能使飞机航电系统的性能升级。

1553 总线采用时分多路复用传输方式，也就是把各个网络节点要发送的数据在时间上错开采样后再组合形成一个序列，占有总线的全部带宽在网络上传输；发送数据的一方在同一时刻只能发送，不能接收；在另外时刻，则可以作为接收方，这就是半双工方式。1553B 总线由三部分构成：一是总线控制器，是在总线上唯一被安排为执行建立和启动数据传输任务的终端；二是远程终端，也就是用户连接到数据总线上的接口，它在总线控制器的控制下发送或接收数据；三是总线监控器，监控总线上的信息传输，负责对总线上的数据源进行记录和分析。

F-16A 是采用 1553 总线标准的第一种作战飞机，省去了电子设备之间大量的点对点连接的线缆，从而大大减少了飞机的重量；同时，由于采用数字传输方式，速度更快、反应时间更短、保密性更好、抗干扰能力更强，可靠性也更高；在后勤维护方面，标准的接口、插卡非常容易拆卸，在地面调试或维护时，可比以往减少 30%的工时。

ARINC429 则是在民用航空中得到更多应用的总线，但在军用飞机上也应用较多。ARINC 是美国"航空无线电公司"英文字头的缩写。协议标准规定了航空电子设备与有关系统之间的数字信息传输要求。与 1553B 总线不同的是，ARINC429 总线是单工的，也就是在任何时候，信息只能从通信设备的发送口输出，经传输总线传至与它相连的需要该信息的其他设备的接口，但信息绝不能倒流至已规定为发送信息的接口中。当两个通信设备之间需要双向传输时，则每个方向上各用一个独立的传输总线。另外，ARINC429 总线不设总线控制器，其优点在于使得信息分发的任务和风险不至于集中到一个设备上。

ARINC429 总线上的数据传输速率要比 1553B 总线低，分高、低两档，高速工作状态的传输速率为 100kbps，低速工作状态的传输速率为 12～14.5kbps。高速率和低速率不能在同一条传输总线上传输。在"费尔康"系统中，LTN-92 惯性导航/GPS 组合导航设备通过 ARINC429 总线将惯性导航和 GPS 送来的姿态、时间、位置等基准信息经加工并转换为以太网格式后送上总线，广播至雷达、ESM 和通信等分系统的主控计算机。

"费尔康"系统中在首次应用以太网的同时，还采用了"服务器-客户端"架构，系统设置一个服务器（称为"主任务计算机"，采用了 COMPAQ 公司的 ES40 ALPHA 系列，最多可以配置 4 块 CPU 板，时钟频率最高达 833MHz，内存容量 8GB）和由若干工作站计算机构成的客户端。其中，服务器是中央计算机，用于执行任务管理、综合各类情报形成战场态势及监控各系统状态等功能；客户端中，有的是雷达、通信等各个分系统的主控计算机，有的是向操作员提供人机交互功能的终端计算机，这些终端计算机与显示器相连，综合显示各类战场情报与设备状态。

相比"费尔康"预警机 ES40 ALPHA 系列计算机而言，E-3A 的任务计算机可谓"古董"。其代号 CC-1，由 IBM 为预警机专门研制，其运算速度为 74 万次/s，主存储器的容量为 114KB，总重量高达 395kg，机柜尺寸 1.78m×1.02m×0.51m，内装磁鼓式主存储器、磁带传送装置、行式打印机及穿孔带读出器。虽然以现在的眼光看非常庞大而落后，但当时已经相当于一部大型地面计算机，并且超过绝大部分商用地面计算机的能力。1987 年，E-3A 开始实施 Block20 改进计划，换装 CC-2 计算机，其运算速度为 100 万次/s，主存储器容量为 665KB；20 世纪 90 年代末，E-3A 在 30/35 改进计划中，IBM 公司用超大规模集成电路和磁泡存储新技术，将 CC-2 改进为 CC-2E，计算机能力提高了 4 倍，主存储器容量增加了 5 倍，以适应加装 ESM、换装 JIDS 2H 终端以及未来进一步扩展的需要。E-2C "鹰眼-2000" 预警机中的任务计算机，则包括 DEC 公司研制的 4 个 64 位、333MHz 的 Alpha 940 CPU，配置了 512MB 内存。

21 世纪初，在 Block40/45 改进计划（即 E-3G）中，E-3A 预警机也基于千兆以太网和"服务器-客户端"架构将各类计算机连接起来，并广泛采用开放式和货架产品（COTS）技术，降低成本并提供更加快捷的改进升级能力。以网络化软硬件为支撑，E-3G 采用层次化总体集成架构（图 10-9），既是对 FACE 架构的重要实现，又充分体现了预警机作为指挥控制平台的特色。在描述方法上，它明显不同于图 10-7 和图 10-8，更突出系统架构的二维性和模块化。其中，横向维包括人机界面（HCI）、多传感器集成（MSI）、数据链（DLI）、任务应用、系统管理和网络防御，纵向维包括硬件层、操作系统层、基础设施层、域层及应用层，且在硬件层和操作系统层分别新增了接入外部网络并保证安全性的相应设施（含操作系统支持及网关），之上的基础设施层用以向

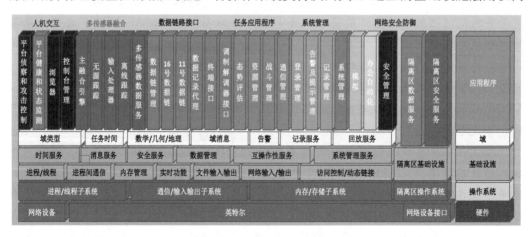

图 10-9　E-3G 的总体集成架构

域层提供共用服务的基础，如时间基准、位置几何（如坐标系及其转换）和数据记录与回放，域层则是公共服务，在此之上的应用层则提供各类设备的数据融合、管理与战术级的操作等不同功能业务；而无论是横向还是纵向，其组成部分均以模块化的形式说明了彼此之间的隔离特性。

与传统架构侧重于解决硬件的集成不同，E-3G 的系统架构对软件集成非常重视。前面已经提到，如果我们考虑被集成的要素不同，也就有不同的集成架构，当我们以软件为要素时，讨论的就是系统软件架构，它是系统总体架构极为重要的部分。特别是随着技术的发展，软件在系统中的占比逐步提升，越来越多的功能需要软件来定义与实现，软件架构空前重要。

系统软件架构除了应在软件层面遵循"架构"的基本内涵解决软件集成的各类问题，还有 4 个方面的需求特别重要。一是接入需求，即软件架构应该便于引接各类设备与功能单元。预警机上设备种类众多，相应软件分布在多个异构平台，且由于各种原因，其彼此之间的互联互通互操作性相对不足；而随着体系协同作战需求的不断发展，预警机还需要通过无线数据链路与网络接入更多的其他平台，并实现即插即用。二是质量需求，即软件架构应该为不同应用提供服务化保障。软件架构应该尽量弱化软件单元之间的强关联性，避免单点故障导致整个系统失效；应该按不同应用场景和消息类别制定差异化服务质量保障策略，并尽量降低通信关系的复杂度，同时又能有效利用通信与网络的带宽。三是扩展需求，即软件架构应该具备高的可重用性并便于升级改进。在应用软件与底层硬件（包括操作系统、不同指令集 CPU）之间以及应用软件模块之间解绑定，实现应用软件类似手机应用的 App 化及状态可迁移、系统功能可组合，以支撑改进、升级和软件定义功能，避免"牵一发而动全身"，甚至是"进三步退两步"。四是减"重"需求，即软件架构应该提高资源利用效率，减少装机或集成代价。应该降低架构运行的复杂度，精简资源管理流程，能够根据不同特定任务进行资源的按需调用和功能的裁剪定制，减少资源占用，实现"轻量化"，以支持实现体系化作战条件下多单元上的云化部署，并助力硬件设备进一步小型化。

为便于进一步理解 E-3G 的层次化系统架构，可以先考察"费尔康"预警机的集成架构。如果也按照层次化的观点，它大致可以分为四层（图 10-10），底层为硬件层，包括服务器、工作站、DSP 及 FPGA 等计算机类硬件，以太网、1553B 等总线，超短波、卫通和 C 波段数据链与通信系统，以及自身的雷达、电子侦察和敌我识别等传感器。硬件层的上层为操作系统层，提供经典的操作系统服务。为了提高软件模块之间

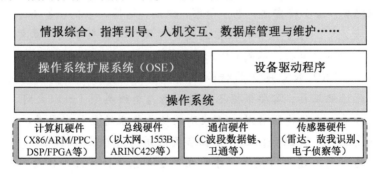

图 10-10　"费尔康"预警机的总体架构示意图

的连通性、可操作性和可交互性，在操作系统层之上增加了操作系统扩展（OSE）层，即中间件层，它用来提供系统软件与应用软件之间的连接，应用软件可以借助中间件在不同技术架构间共享信息和资源，通常包括通信中间件、存储中间件和计算中间件等，在这一层还同时提供了各类硬件的设备驱动程序。最上层为应用层，提供预警探测、情报综合、威胁评估、指挥引导、系统管理、人机交互等各类作战应用。

在 E-3G 的总体集成架构示意图（图 10-9）中，没有示出图 10-10 底层中的分系统（即传感器、通信等组成部分），可以认为这些分系统遵循图 10-9 所示的集成关系，通过计算机和其他硬件接入以太网。为满足预警机不断增长的接入、管理与扩展等需求，E-3G 可能在操作系统层及其扩展层发生重大变化。一是需要增加虚拟化层。在操作系统基础上，增加对计算机、存储、网络和传感器等资源的池化和封装功能，并结合不同的可能应用软件及其基础软件运行环境（如 Windows 或 UNIX）建立"容器"，以提供相对独立的运行环境。而在原有的操作系统层，也要精简内核，甚至对其进行定制。二是需要增加传输服务层。借鉴硬件集成的"总线"思想，将软件模块之间的点对点连接变为基于"发布"和"订阅"的按需信息共享，即构建"软总线"，实现传输节点间的解耦；优化数据总线构建方式和计算机选型，既能满足各类计算需求和数据传输需求，又不额外浪费算力；将各应用之间需共享和交互的数据进行组织，建立虚拟的全局数据空间，并定义一系列数据方位与操作规则，各应用可根据需要向全局数据空间订阅数据或者分发数据；针对异构设备或网络增加软件代理，屏蔽底层通信差异，适配各类链路及相应的传输协议；针对新的协同作战样式需要，定义和开发新的消息及协议格式；根据不同应用场景的可靠性和优先级要求，制定多种质量保障策略。三是需要增加组件管理层，基于采用容器技术实现应用组件隔离，规定好应用软件占用资源的边界，隔离应用软件之间的资源竞争和非法破坏；制定统一的应用组件管理接口标准并据此完成封装，在此基础上对软件模块进行封装和编排；建立元数据的描述框架、规范和分层文件系统，占用尽量少的资源实现数据同步；提供运行时状态监控和故障快速定位，支撑应用程序像手机 App 那样应用，实现即插即用、负载均衡、故障隔离和异常状态迁移。这些功能主要通过 E-3G 架构中的操作系统层和基础设施层来完成，可以理解为预警机上的共用基础环境，或不严格地称为"预警机专用操作系统"，是系统集成的核心工作。

★ 要实现类似 E-3G 的总体集成架构，系统集成工作极富挑战性，且工作量巨大。例如，在虚拟化层，需要将雷达、电子侦察、识别、通信、导航等各类分系统物理资源的状态、工作模式、工作参数和特征信息进行建模，将其数字化；需要根据各类操作系统（如 UNIX、Windows）、不同 CPU 指令集（如 X86、ARM、MIPS）、不同嵌入式硬件（如 FPGA、DSP）和有线/无线传输协议（如 UDP、TCP 及数据链），建立适配标准并开发自动化适配工具；需要根据不同的网络与总线类型（如以太网、FC），开发总线协议扩展插件等。在传输服务层，适应不同场景要求的差异化服务质量保障（QoS）策略，有可能高达数百种组合；还要根据各类应用场景开展各类报文、消息和数据的传输特性以及通道利用效率的摸底，才能在此基础上进行优化；需要采用自动化代码技术，实现上层应用无感的、经由无线/有线链路的发布订阅与服务调用。在组件管理层，需要根据各类作战应用开发上百个组件，建立 App 库，并摸清其对计算、存储和网络等各类资源的占用情况，并以尽量少的代价，满足作战应用对各类 App 的要求。其间，需要建立硬件设备、网络协议、模块集成和组件封装等各类规范和标准，包括组件规范、通信规范、服务规范、数据规范、AppStore 管理规范、集群管理规范、分布式数据检索引擎规范、传感器服务接口标准、传感器代理设计规范、通信链路服务接口标准及通信链路代理设计规范等，并将其转化为管理、运维以及设计、开发、测试与集成的系列工具集。

向左走？向右走？——综合化设计的权衡

　　战斗机集成架构截至先进综合式之前的发展，集中体现了综合化的特性；预警机上的综合化除继承了战斗机的相关综合设计理念与技术成果外，也体现出了与战斗机不同的两个特点：一是综合化的首要出发点不同，它更加强调通过综合实现分系统的性能提升；二是综合化的设计重点不同，重点体现在综合网络、综合孔径、综合处理和综合显示等方面。

　　在综合网络方面，基于以太网的服务器/客户端（即各个分系统的主控计算机以及终端计算机）架构，奠定了现代预警机集成架构的重要基础。事实上，预警机的每个分系统/传感器内部都有自己的网络，以满足自身的特殊需要，从而使得预警机系统建立了两级网络机制。例如雷达，需要通过连接在自身的内部网络上的各类设备——如天线、射频前端、计算机等，形成发射或接收波束、对探测回波数据进行处理形成点迹，然后再送往以太网；ESM 需要接收回波并按不同的接收机通道进行回波数据处理，等等，这些下一级的网络形成了众多分系统的各自"地盘"，而且各个"地盘"内的网络类型可能也并不一致。人们很容易想到，假如这些统一调用和处理能够提升性能、降低成本、减少硬件种类和空间重量占用，并改善开放性的话，是否能够采用综合化或统一的网络来实现资源的统一调用和处理。这种综合可以从横向和纵向两个维度考察，即二级网之间的综合，以及二级与一级网络的综合。

　　★ 如果在分系统网/传感器网这一级做过多的预处理，分系统向后端输出的数据量将大大减少，系统级网络的时延性与带宽等要求也将大为下降；如果在分系统网/传感器网这一级仅做少量处理，以适当降低后续对系统级网络的带宽与时延等需求，并为系统级网络提供最大的系统灵活性和数据共用/融合的潜力，又会对系统级网络的带宽分配带来挑战。而且，除了带宽因素外，服务质量也是网络架构的重要考量。从根本上说，预警机上的各类数据、信息在各级网络上的传输时延及其抖动都有确定性的要求，不同类型的任务数据又表现出不同的实时性要求；如果说，这些要求对于预警机的传统应用来说还是可以允许放松的，但随着预警机功能的拓展，有些要求可能必须得到满足。例如，导弹制导数据对时延的要求就特别苛刻，而某一个处理节点可能会大量涉及与其他节点的通信，消息必须在可预见的时间内完成在节点之间的传输，否则由于某一信息资源不能及时获取，将导致整个处理任务不能完成，以致损害或降低任务系统的时间响应能力，因此，任务系统网络的确定性和实时性需要提高。参照美国 SAE 组织的定义，新一代飞行平台的传感器数据传输与分配网络应在 Gbps 量级的数据速率下提供不大于 100μs 的传输延迟；指令与响应信息传输则在 Mbps 量级的数据速率下提供不大于 10μs 的传输延迟。对于不能离线确定的消息延迟，也要求其在运行中的延迟是可预测和可控的。此外，网络的容错性与可靠性也是至关重要的，它们分别从错误发生后控制其对系统的影响，以及从先天上控制错误的发生这两个角度，提出了对网络的可信性要求，通常包含空间上的容错、时间上的容错和系统的降级使用。其中，空间上的容错能力是指在系统中配置两套或多套硬件系统，通过对其输出进行比较来判断系统是否发生故障并输出正确的结果。时间上的容错能力则通过牺牲时间，如对一个任务重复计算，来达到容错的目的。系统的降级使用是指将有故障的子系统与系统隔开，此时系统仍然可以完成某些主要功能，只是其性能指标有所下降。

在综合孔径方面，以机载预警雷达为例，它对飞机在空间和重量等资源的占用是最大的，能否让雷达为系统作出更多的贡献呢？也就是说，通过将分系统独占或主占的资源尽量变成系统资源，最终要体现到分系统的效能提升上。敌我识别/二次雷达、ESM 甚至是通信，都有增大孔径的需求，其中，二次雷达天线性能需要尽量满足 ICAO 组织规范，减少多径和副瓣干扰，并增加询问距离，在空间有限情况下，单独保障其较大的天线面积已经很难，是否可以与雷达共用孔径；ESM 利用大的天线面积提供的高增益，可以显著提高侦收距离，甚至由只能侦收敌方火控雷达的主瓣，提升为可以从副瓣发现敌方飞机；当前的通信都是全向辐射的，定向辐射则可以显著改善抗干扰能力，并提高通信距离（在 E-3A 顶部圆盘的雷达天线背面，就专门配备了超短波定向通信天线），等等。

在综合计算方面，预警机因为使用的计算机种类太多、需要支持各种不同的应用，因此在综合计算方面面临的挑战较多。例如，除了服务器、工作站和个人计算机，预警机还广泛使用工控微机以及单板机、单片机等嵌入式计算机。单片机是指一个集成在一块芯片上的完整计算机系统，尽管它的大部分功能集成在一块小芯片上，但是它具有一个完整计算机所需要的大部分部件：CPU、内存、内部和外部总线系统、外部存储器和外部接口等。单板机则是将一个完整的计算机系统集成在一块电路板上，相比单片机，可以接更多的外部设备，如显示器、打印机。单板机和单片机都是嵌入式计算机，它们的特点是仅限于完成特定的功能，并且硬件和软件（包括操作系统和应用软件）捆绑在一起，功耗小、集成度高、价格便宜，而不像个人计算机、服务器和工作站那样，能够完成很多通用的功能，可以在已有的硬件和操作系统上使用通用的开发工具开发更多的应用程序。例如，E-2C 预警机电子侦察系统的接收机就是 PowerPC740 单板机。嵌入式计算机系统在预警机上也是随处可见。例如，对于采用相控阵雷达体制的预警机来说，为了充分发挥相控阵波束扫描的灵活性，就必须靠计算机来控制，无论是无源相控阵中的移相器的控制，还是有源相控阵中在波束扫描中对收发组件的功率和相位的控制，都可以通过嵌入式计算机来实现，称作"波束扫描控制器（BSC）"。工控机是专门为工业应用而设计的计算机，之所以要为工业应用单独设计，是因为工业环境下常常有更多的防振、防冲击和防电磁干扰等要求。

◎ E-2D 的任务计算机采用 Fast Cluster2942 刀片式服务器，可以看作预警机上实现计算综合的显著标志。每一个刀片上都集成了 4 个 PowerPC 芯片，提供了 32G 浮点运算能力。所谓刀片式服务器，是指在标准高度的机架式机箱内可插装多个卡式的服务器单元，每一块"刀片"实际上就是一块系统主板，也是一个独立的服务器，它们可以通过主板搭载的硬盘启动自己的操作系统。每一块母板都可以运行自己的系统，服务于指定的不同用户群，相互之间没有关联；也可以使用系统软件将这些母板集合成一个服务器的集群，此时，所有的主板可以连接起来提供高速的网络环境，并同时共享资源，为相同的用户群服务。在集群中插入新的"刀片"，就可以提高整体性能。而由于每块"刀片"都是热插拔的，所以，系统可以轻松地进行替换，并且使维护时间最短。

在综合显示方面，预警机有着自身的特色与需求。预警机上有种类更多的传感器与通信设备，要执行更大范围、更多信息量的任务；同时，预警机是一个更多人员分工协同操作的系统，需要执行雷达情报录取、各类情报综合、情报传输、电子战和指挥控制等各类任务，且支撑这些任务完成或与这些任务相关的信息，对每一个不同职责的操作员来说，他们所关心或使用的程度又是不同的，显示系统一方面要实现综合显示，另一方面要实现定制显示。此外，预警机执行任务的除了后舱的任务系统操作员，前舱的飞行员也存在一定的任务信息显示需求，以支撑实现平台飞行与任务执行之间的协同。

预警机在显示综合方向的发展有两条脉络：一是通用化。预警机上的操作员一般各有职责，例如"费尔康"预警机配置有雷达操作员、电子战操作员、通信操作员、情报综合员、武器引导员及指挥员等。其中，雷达操作员兼顾二次雷达与敌我识别器的操作，电子战操作员负责电子侦察与电子干扰系统的操作，通信操作员负责通信设备的操作，武器引导员负责引导战斗机的操作，指挥员则负责掌握战场与操作员的整体情况并分配或明确各操作员的职责分工。这些操作员的工作席位就在显示控制台上，显示控制台配备了综合化显示器和一些实体键形式的操作面板。长期以来，不同分工的操作员所看到的画面不一样，例如，雷达操作员看到的只能是雷达和二次雷达情报，包括点迹与航迹；而情报综合员看不到雷达的点迹，但可以看到雷达航迹以及雷达和 ESM 等多源情报综合后的系统级航迹及其敌我属性，武器引导员可以看到综合后的情报，还有一些引导战斗机或控制武器的界面。每一个显控台被设计成操作员可以以任何一种职责登录，也就是说，显控台的职责是可以切换的，这就是综合化的体现。随着设备自动化程度的提高，一方面，席位数量正在减少，例如"爱立眼"预警机中，电子战操作员与通信操作员已经不再配备；另一方面，席位正在通用化，具有不同职责的操作员可以看到完全相同的画面，这有助于减少操作台位，从而使得即使是小飞机上不多的操作员仍然拥有足够的对系统的操控能力。二是一体化，即后舱任务系统操作员执行任务的情况也需要显示在驾驶舱飞行员的台位上，便于驾驶员处于飞行安全的需要，掌握飞机当前所在空域的整体情况，同时也便于在执行任务过程中，需要调整载机空域与飞行姿态等参数时，能够更及时有效地与任务系统操作员协同。

◇ 从前面我们可以看出，无论是战斗机还是预警机，综合化设计都是系统设计的重要内容，也对系统架构有重要影响，但它带来的绝对不只有收益，需要在系统性能指标、产品的可获得性、生产关系以及经费和研制周期等各类技术和非技术因素之间仔细权衡。

系统性能。综合化设计在带来系统性能提升的同时，也可能带来指标下降，特别是天线与射频前端等方面的综合。例如，由于天线的增益与其物理尺寸和使用频段等密切相关，天线单元需要按使用频率的半波长设计，如果将工作在各个频段的系统进行综合，即共用天线与射频前端通道，由于频率在比较宽的范围内变化，显然，不同天线的增益与通道灵敏度因频率的不同会有一定程度的差异，难以保持单独设计时更高的性能；其中的具体原因可能是，为了覆盖更宽的频段，需要在天线中加入相应的匹配电路，满足全频段特性阻抗基本一致的要求，从而难以同每一个单频段天线的最佳阻抗相匹配；天线的物理尺寸也要采用折中的设计，因此难以实现单频段天线的最佳尺寸，等等。

生产关系。各个分系统的设计相对独立，有它的优点。由于可以分头开发，从总体设计的角度看，工作量较少，各分系统之间的工作界面简单清晰，便于在设计的一开始有效利用厂家各自长期积累的产品基础与专业优势，加快研发进度，但由此带来了系统资源利用率低、不具备性能提升潜力、后期集成工作量大以及产品类型多造成售后维修保障困难等问题。如果开展综合化设计，要求系统总体提出大量软硬件开发与接口管理等各类规范，而这些工作又必须以各分系统开放接口与算法为基础，同时还会涉及分工调整，增加了实施难度。

产品生态。满足综合化设计对网络、计算机或基础软硬件等方面的要求，其方案可能不止一种。有的技术体制可能先进性较好，但厂家代理少，且其未能完全掌握关键技术，供货来源不能保证；或者其此前的应用不够广泛，相关产品种类有限，且不一定能够满足机载环境使用要求。有的技术体制则可能先进性不足，但基本能满足需要，且产品成熟、来源稳定、长期售后支持有保障。这些都是实际工程中需要权衡的重要因素。

E-2C 预警机的人机界面

E-2C 预警机配备有空中控制官、作战信息中心官和雷达官 3 名任务系统操作员（图 10-11 左），为战斗群提供远程目标探测与识别能力，向其他参与单位下发相关信息，引导飞机作战。任务计算机采用雷声公司 940 DEC Alpha 型计算机，集成了 UNIX 操作系统、4 个处理器及更大的内存。3 个相同的 ACIS 分别配属于 3 个操作员，采用了当时最新的商用现货（COTS）硬件、软件及现代图形用户界面（GUI）。

E-2C 人机界面的主体部分（图 10-11 右）是战术态势（TACSIT）的平面位置显示（PPI）窗口，占据了大部分显示空间，可以显示地理信息、重叠图形和符号。ACIS 可以生成一个主窗口和一个辅助窗口。其中，主窗口中显示全局远程视图，辅助窗口则向操作员显示某个战术事件的局部或放大视图。如果两个窗口重叠，则可以调整其中一个或同时调整两个窗口的大小，其比例尺可以不同，并且可以移动到屏幕的任何位置。此外，选定某个特定对象后，可弹出字符读出（Character ReadOut，CRO）窗口。参考文献 *E-2C Hawkeye Combat System Display*（Daniel M. Sunday，Timothy P. Barrett，Michael G. Dennis；Johns Hopkins APL Technical Digest，2002（2）：209-222）或其中文译文"https://mp.weixin.qq.com/s/il8OYlYeokl6iA02KU5Q-Q"详细介绍了 E-2C 预警机人机界面在增强地图显示、关联显示、颜色显示、历史航迹显示、航迹信息过滤以及 ESM 信息显示等方面的设计特点，感兴趣的读者可以参阅。

图 10-11　E-2C 预警机配备的操作员（左）及台位（右）

◎ 预警机上的显控台，早期一般只有一个显示屏，20 世纪 90 年代以后开发的预警机显控台的显示屏有增加的趋势。例如，"爱立眼"预警机包含"一大两小"共 3 个液晶显示器（图 10-12），即 1 个态势显示屏，尺寸较大（如 20 英寸[①]）；2 个触摸屏，尺寸较小（如 12 英寸），分别显示表格和操作菜单。所谓态势显示屏，是指可以看到比较全面的战场态势的显示屏，在上面可以看到战场对应的数字地图、预警机录取到的或者从别的作战单元传送过来的情报，包含雷达情报、敌我识别情报、ESM 情报以及从地面指挥所上传来的情报等。以雷达情报为例，可以用一个小飞机符号表示飞机目标，目标根据预警机的距离、方位和速度等信息以标牌的形式出现在小飞机符号的旁边。当对该飞机完成了敌我识别并知道其敌我属性之后，就可以根据其敌我属性的不同，分别用不同的颜色来表示它。而对于 ESM 情报，即截获到的辐射源信息，用 LOB 线指示辐射源所在的方位，在 LOB 线旁边还可以显示该辐射源对应的载频、脉冲宽度、脉冲重复频率、调制方式等"指纹"信息。在采用表格显示屏后，可以以表格的形式进一步列出感兴趣的目标的信息细目。

预警机显控台上，除了显示器、键盘、摸球、耳机以及紧急情况下使用的吸氧设备等，还有一部分操作员对电台和内部通话设备进行控制的界面，一般称为"音频控制面板"（ACP），它包括对战斗机或地面指挥所的人员进行通话的操作界面，以及预警机上各个操作员之间进行通话的界面（图 10-13）。

图 10-12　"爱立眼"预警机使用的"一大两小"显示器

---

① 1 英寸=2.54cm。

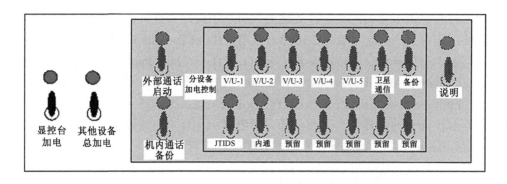

图 10-13　一种操作员音频控制面板

预警机的地面配套系统

　　为支撑实现预警机的各项作战功能，预警机除了包含飞机、雷达、被动探测、IFF/SSR、通信、导航和指挥引导软件等子系统，还包括任务规划、模拟训练、地面接入、场站保障以及测试床等配套部分。

　　任务规划系统。任务规划系统在"爱立眼"预警机中被称为"规划与报告系统"（Planning and Debriefing System，PDS）。事前为预警机的载机飞行以及任务电子系统的各个组成部分准备基础数据、加载相应参数和预设工作模式等（图 10-14）。例如，作战区域的数字地图与敌我雷达站、机场、阵地等兵力部署，我方参战单元的基本性能数据与武器挂载，雷达主用与备用频率点、通信频点与密钥、敌我识别器密码以及各种特殊情况下的处置预案。事后则卸载任务数据、设备数据并支持回放和推演，以开展任务评价、更新数据库。例如，任务过程中会对飞行机组通话和飞行参数以及任务电子系统设备工作状态与操作员操作过程进行记录，任务后通过 PDS 卸载并回放，以分析设备故障、进行战术演练和评价操作效果。对于 ESM/CSM，任务过程可能会侦

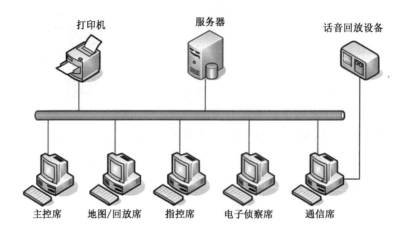

图 10-14　"爱立眼"预警机的任务规划系统

察到新的情报，而对应的数据可能是数据库中不存在的，利用 PDS 可以对数据库完成更新。PDS 可以做成固定式的，放置在预警机的飞行基地内；也可以做成移动式的，采用笔记本电脑。

　　模拟训练系统。模拟训练系统包括飞行训练和任务训练模拟器两部分。前者用于对驾驶舱的飞行机组进行培训，包括基本驾驶技术、机载设备的操作使用、特殊情况处置的训练，以及根据预警机执行任务的需要同任务机组协同等。后者则用于对后舱的任务机组进行培训，包括机上各类任务电子系统的设备级操作以及任务机组不同成员之间或与预警机相关的不同作战平台之间的协同训练（图 10-15）。

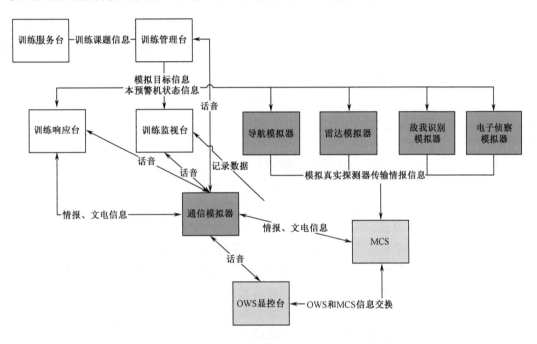

图 10-15 "费尔康"预警机的任务训练模拟器
（MCS：主任务计算机/服务器；OWS：操作员显控台）

　　◇ 随着体系化作战需求的不断强化，以及数字化和智能化技术的飞速发展，模拟训练系统的功能与形态正在发生重大变化。既要模拟后端，也要模拟前端，提高对预警机系统进行模拟的真实性和全面性，使得训练能够覆盖对系统的完整操作；既要模拟系统，也要模拟场景，在对预警机系统真实再现的基础上，特别加强对那些难以组织和安排的作战场景的仿真实现；既要模拟单装，也要模拟体系，实现体系条件下多作战单元之间的协作与对抗；既要模拟设备，也要模拟战术，在帮助操作员熟练操作设备的基础上，加强不同操作员之间的任务协同；既要模拟能力，也要模拟缺陷，使操作员掌握装备的"能"与"不能"，并强化在失能或降级条件下的处置应对……模拟训练系统也必将因此成为联合作战效能提升不可缺少的加速器与倍增器。

　　地面接入系统。地面接入系统用以提供预警机与地面指挥系统的连接，包括地空通信、接口转换及相应的显示控制系统（图 10-16）。其中，地空通信系统可以是固定式站点，也可以是机动式站点，后者可以为预警机在不同地区执行任务提供移动式的通信手段。接口转换与显示控制系统用以将预警机送至地面指挥所的情报进行格式转换，以被指挥所识别和执行融合、显示等操作，并视情况分发至其他地面或空中情报站点。接口转换与显示控制系统既可以配备在指挥所，也可以配备在机动式地空通信车辆内，或者配备在与之同时配属的专用车辆内。

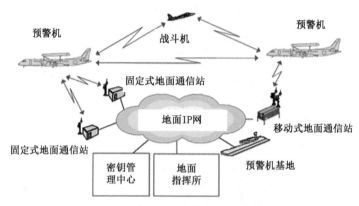

图 10-16　"爱立眼"预警机的空地接入关系

专用场站设备。专用场站设备包括电源车、空调车、液冷车和高空作业车等，当预警机在地面执行加电调试、任务前准备和维修等工作时，分别代替飞机自身的供电、空调和冷却系统，为系统开机或工作提供条件，并用于天线罩、罩内设备和机身外部天线等部位的检查、调试。

测试床。测试床用于与系统方案设计、故障排除或改进升级相关的功能性能检查、软硬件集成联试、先期开发与设计/改进效果验证，通常由实物和仿真系统组成，它并不交付给用户，但在全寿命周期中都将发挥重要作用。如果没有测试床，在研制过程中就会缺乏先期开发平台，在交付用户后就会缺少故障复现、排查与先期验证平台，而相关技术方案与措施只有通过测试床的试验和确认有效后，才能在预警机上正式实施。得益于数字化技术的发展，人们逐渐意识到应该打造与实物平行存在的数字化孪生平台，以有利于扩大测试床的系统规模与使用灵活性，并促进研发过程各个环节的左移，尽早地开展需求与设计验证，提前释放研制过程中存在的各类技术与需求符合性等风险。

王国维治学三境界，预警机集成三层次

近代著名学者王国维在《人间词话》（图 10-17）中论及治学经验，指出了"古今之成大事业、大学问者"治学须经历的"三种境界"，成为人间佳话。第一种，"昨夜西风凋碧树，独上高楼，望尽天涯路"，取自晏殊之《蝶恋花·槛菊愁烟兰泣露》，作者意指做学问成大事者，首先要有执着的追求，登高望远、勘查路径，从而了解事物的概貌，并明确目标与方向；第二种，"衣带渐宽终不悔，为伊消得人憔悴"，取自柳永之《蝶恋花·伫倚危楼风细细》，作者意指大事业、大学问不能轻而易举、唾手可得，而必须经过一番辛勤劳动，废寝忘食，苦而不悔；第三种，"众里寻他千百度，蓦然回首，那人却在，灯火阑珊处"，取自辛弃疾《青玉案·元夕》，作者意指成大事业与大学问者，在反复追寻、研究和下足功夫后，自会顿悟与豁然贯通，从而由必然王国走向自由王国。

预警机研制作为大事业、大学问，自然适用治学的三种境界，系统总体当以此孜孜以求，不断探究总体设计与集成的规律，力争早日实现"总体自由"。如果我们站在分系统的角度来看系统——这会有助于更好地理解系统集成，则不妨认为它也有三个层次。

第一层，"试问岭南应不好"，"此心安处是吾乡"，出自苏轼词《定风波·南海归赠王定国侍人寓娘》。元丰二年（公元 1079 年），苏轼好友王巩（字定国）因受"乌台诗案"牵连，被贬谪至位于岭南

图 10-17 王国维《人间词话》

荒僻之地的宾州（今广西宾阳），侍人寓娘毅然随行。至元丰六年（公元 1083 年），王定国北归，终能于开封同苏轼相会，三人共饮。席间，苏轼问及广南风土，寓娘答道"此心安处，便是吾乡"，苏轼大受感动，遂作此词。预警机上被集成的各个分系统，是在集成环境而不是独立的工作环境下工作，"人"生"地"不熟，多少带来一些自身的功能性能限制。例如，供电功率与天线面积孔径受限，自身"天赋"恐难以发挥，电波打到机身上，还可能引起其能量分布的畸变，飞机转弯也可能引起遮挡或波束变形。再如，众多成员汇集到一个新的"家庭"里，原来住"别墅"，现在只能住"单间"甚至"多人间"，而且还有一些"脾气"不一定合得来的其他成员，有的嗓门大，有的动作轻——正所谓"在家千日好，出门一时难"，因此只能"入乡随俗"。

第二层，"镜湖流水荡清波，狂客归舟逸兴多"，出自李白的七绝《送贺宾客归越》。贺知章自号"四明狂客"，会稽（今浙江绍兴）人，身为道士与太子宾客。天宝三年（公元 744 年），贺知章因病求还获准，正在长安待诏翰林的李白，书赠大自己四十余岁的忘年交，想象了好友归至镜湖的情景——由于贺知章彼时身处家乡，且美景如画，自然"逸兴"非常，本性皆显，才华尽彰。预警机的各个分系统被集成到飞机上后，虽然在功能性能的发挥上会受到很多限制，但较好的系统设计（如合理的电能、空间与时间等资源分配方式）能尽量将分系统受平台的影响降至最低，并设法避免各分系统之间的互相影响，从而使得各个分系统尽管"独在异乡为异客"，但也能安居乐业，发挥出自己的才华，因此可谓"宾至如归"。

第三层，"身无彩凤双飞翼，心有灵犀一点通"，出自李商隐的七律《无题》。本意是指相爱的双方很想跨越时空见到自己的心爱之人，虽然身上没有彩凤那样的翅膀，但他们之间却又像犀角一样心意相通。这句诗既表达了无法实现相聚的思念和无奈，又表达了两情相悦并且思想互通的默契与共鸣，是广为流传的千古名句。其中，"灵犀"是指犀角中心的髓质像一条白线那样贯通上下，于是古人常常将其作为灵异之物，也有指古书记载的一种名为"通天犀"的犀牛，其有一条类似白线之物贯通首尾。在预警机上集成的各个分系统，如果不仅较好地解决"安居乐业"的问题，而且哪怕自身

能力有一些欠缺，没有能够飞翔的双翼，但是通过彼此之间的高度默契与协同，也可能发挥出自身的最大潜力，甚至使系统具备新的能力，即实现"1+1>2"。打个比方，如果分系统自身的能力为 80 分，系统集成问题如果解决得比较好，彼此之间可以互相赋能，可以额外提供 1dB 的得益。因为 1dB 是 1.25 倍，这样全系统就可以做到 100 分。系统集成的这种层次就是"相得益彰"。

总的来看，在形成预警机系统时，系统总体设计与集成工作，一是应该使各个分系统"入乡随俗"，利用系统环境所提供的各类资源开展工作，并服从相应的各类约束；二是要使各个分系统"宾至如归"，在系统环境下就像未参与形成系统时那样，可以发挥出自己最大的能力；三是各个分系统间可以形成和谐的大家庭，并"相得益彰"和"互相赋能"，从而真正实现整体大于部分之和。

系统总体需要处理好与分系统的关系

《武器装备研制设计师系统和行政指挥系统工作条例》明确了总设计师系统与行政指挥系统的工作关系，并且要求两个系统正确处理好局部与全局、技术状态确定与技术改进、技术民主与技术集中、研制质量与进度、设计与工艺及两个系统与使用部门等六大关系。预警机在研制过程中，系统总体技术工作上的主要联系对象就是各个分系统的参研单位，总体与分系统的关系是局部与全局关系中最重要的内容之一，二者在本质上共处于预警机系统这个矛盾体中，既相互协作，又存在分歧，系统总体特别需要注意做好 3 个方面的工作。

一是系统总体应该全面深入了解分系统的基本特点、主要技术、发展趋势和研制程序，具备对分系统主要功能性能指标的论证、计算、仿真和校核能力，掌握好研制全程中分系统的主要试验数据、主要技术质量问题及其解决情况，充分建立与分系统的共同语言，为理解、支持直至指导分系统的研制奠定技术基础。

二是基于数据采集、分析和试验环境，对分系统的功能和性能进行充分分析和验证，特别是在多个分系统的集成环境下要能够准确定位分系统的故障，在复杂地理、自然和电磁环境的交织情况下要能够准确判断分系统的"能"与"不能"，在可能存在争议的情况下要能够用数据和事实说话，从而增强总体的权威，利于总体对研制进程的有序把控。

三是针对系统总体在推进技术路线与落实计划安排中存在的与分系统的分歧，应该了解情况、理解立场、回答关切和帮助解决。总体处理好与分系统的关系，毫无疑问，首先是要保证总体的技术路线和技术决策得到执行，但这种保证并不是为了控制分系统，而是为了达成统一的目标与共识，并充分发挥分系统的专业特长和积极性，从而使得产品全面满足用户需求，同时也使得系统总体和分系统在装备的政治、军事、经济和社会效益等方面都能取得双赢，甚至多赢，并为构建重大武器装备研制和关键技术攻关的新型举国体制提供有力支撑。

从分系统的角度看，系统总体的价值在于为分系统提供基本工作环境，定义好它们的各种工况以及在每种工况下应该达到的能力，同时利用分析与试验环境等各类技术手段，充分验证能力并发现能力欠缺，并在系统级力争弥补分系统的短板，帮助它们克服单纯靠它们自身难以克服的困难，实现分系统在系统条件下的能力提升，并根据产品研制的需求与经验教训，为分系统承制单位的未来发展提供指引和建议。在这个过程中，系统总体要始终尽最大努力，既能解决它们的问题，又不损害它们的利益，甚至给它们带来利益，并且通过对总体工作规律的不断深化认识，挖掘出更多应该在总体层面开展的技术工作，挖掘出更多只有系统总体自身才能做好的工作，从而也解决好系统总体自身的发展问题。举个简单的例子，分系统的天线方向图设计是分系统的工作，但方向图受平台的影响评估及其问题解决，由于是跨系统的问题，就是系统总体应该开展的工作，总体仅仅依据暗室的方向图来对分系统的性能进行评价是不科学的。再如，由于产品形态的变革、装备定位的调整以及系统功能的演进等原因，系统架构、数据管理、人机交互、目标与环境特性数据及各类研制环境和手段建设等这些系统总体工作的应有之义都会具备新的内涵，更会衍生出很多只有系统总体才能把握好的新方向和只有系统总体才能完成好的新事项——"若待上林花似锦，出门俱是看花人"，系统总体应该更敏感、更深刻地认识装备发展的趋势与需求，看得更远并先行一步，从而提高装备研制的质量并为自身的发展获得先机。可以说，系统总体对总体工作规律的认识越深刻，自身的价值才会体现得越充分，自身的发展空间也才能越广阔。

◇　武器装备研制的系统总体离不开国家、军队和装备承制各级主管部门对总体单位的充分信任，它没有鲜花、没有桂冠，却是参研单位在特定装备研制分工中的至高荣誉。由于预警机系统极为复杂，覆盖专业非常广泛和深入，且协调工作量巨大，因此系统总体工作及人才培养极为困难。而系统总体在项目研制中发挥的作用与树立的威信，又并不来自这种地位的天然赋予，而是来自对知识的充分占有、对问题的深邃洞察、对想法的清晰表达和对安排的正确决策。因此，系统总体的每一位设计师都应该树立崇高的荣誉感、责任感与使命感，热爱技术、崇尚技术和钻研技术，加快建立作战需求、总体专业知识、分系统专业知识和研制程序"四位一体"的知识结构，并能够同各参研单位和用户开展有效沟通，特别要避免以对技术工作的组织、管理与协调来代替技术工作本身，不断深化对系统总体技术工作规律的认识，不断强化技术手段在组织、管理与协调中的作用发挥，避免"订书机"总体和"会议"总体，并使得对系统和分系统的情况掌握就像了解自己的孩子，哪里长了痣哪里有个疤，是外向还是内向，有哪些优点又有哪些不足，都非常清楚，从而展示出系统总体人员的良好形象，对团队成员特别是新生力量作出正确示范，否则就容易产生"系统技术总体就是协调总体、总体设计师就是总体协调师"的错误认识，进而形成系统总体人才培养的错误导向，极大地危害装备事业的发展。

参考文献

[1]　殷世龙. 武器装备研制工程管理与监督[M]. 北京：国防工业出版社，2012.
[2]　李晓曦，张立新，郭科志，等. 基于系统工程的新一代军机技术状态更改管理[C]// 中国航空学会. 第 5 届中国航空科学技术大会论文集. 北京：北京航空航天大学出版社，2021：572-577.

[3] 唐书娟，夏海宝，肖冰松，等. 预警机异质多传感器管理架构研究[J]. 中国电子科学研究院学报，2019（3）：283-289.

[4] 王博甲，任文明. 未来机载能力环境（FACE）标准跟踪研究[J]. 电子技术与软件工程，2021（1）：97-99.

[5] 王亮，王璇，谢博琳. 基于 FACE 的航电系统软件架构设计[J]. 计算机应用，2021（10）：125-127.

[6] 高翔，李辰. 复杂航电架构的开放式系统标准研究[J]. 航空电子技术，2015（6）：26-31.

[7] 蔡爱华，范强. 下一代机载任务电子系统总体设计思考[J]. 中国电子科学研究院学报，2016（2）：111-114.

[8] 唐晓斌，高斌，张玉. 系统电磁兼容工程设计技术[M]. 北京：国防工业出版社，2016.

[9] 唐晓斌，汪月清，黄帅，等. 电磁协同理论与方法[M]. 北京：国防工业出版社，2022.

[10] Daniel M. Sunday, Timothy P. Barrett, Michael G. Dennis. E-2C Hawkeye Combat System Display[J]. Johns Hopkins APL Technical Digest, 2002（2）：209-222.

[11] 陆军，郦能敬，曹晨，等. 预警机系统导论[M]. 2 版. 北京：国防工业出版社，2011.

[12] 张鹏，曹晨. 新时期武器装备试验鉴定特点分析与启示[J]. 中国电子科学研究院学报，2021（1）：87-92.

第十一章　预警机支撑构建杀伤链

——七十余年来的发展划代

　　自世界首型预警机 TBM-3W 于 1944 年开始研发，1945 年正式服役，经历了近 80 年来的发展，我们可以按照类似对战斗机划代那样对预警机进行划代，以更好地认识其发展规律并预测未来。但长期以来，人们在划代时多以预警雷达为标准，并由此划分为机械扫描、脉冲多普勒和相控阵三代，这样做是不科学的。虽然雷达是预警机的主要传感器，但预警机是一个由多个设备组成的系统，其作用必须通过全系统才能充分体现出来。更重要的是，预警机的发展离不开作战需求的牵引与驱动，它从一诞生就是作战体系中的一员，今后也将继续在作战体系中发挥作用，在为体系赋能的同时也反过来从体系中汲取力量。从 OODA（发现、定位、决策、行动）杀伤链的角度看，预警机的作用已经从最早仅作为杀伤链中的一环向组织、拉通和调控整个杀伤链的方向迅速发展。如果用一句话来描述预警机近 80 年来的发展主线和主要作用，也许应该是——可以将预警机作为骨干甚至枢纽，支撑构建杀伤链。

预警机发挥作用的基本机理

　　基于作战应用的牵引和技术的推动，预警机装备的重要性得到了世界范围内的广泛共识，其发挥作用的基本机理，可以概括为 3 个方面。

　　一是平台升空带来的无线电视距延伸能力。直线传播所带来的视距问题是无线电系统应用的基本限制。雷达、通信和电子侦察等信息系统升空，大大提高了传输视距，也大大促进了技术发展。例如，雷达升空后下视所带来的反杂波和运动补偿问题，通信系统由于多径效应引起的衰落、平台运动引起的多普勒频移、环境变化带来的更多干扰与噪声，以及温度、振动等环境因素所要求的设备轻型化与可靠性问题等。虽然升空平台比较多，但预警机是为数不多将最大升限所决定的视距与无线电系统最大能力相匹配的空中系统。

　　二是系统集成所带来的多要素链接和多任务能力。技术的进步已经使得当前几乎所有的地面信息系统装备都可以在飞机上狭小的空间与恶劣的环境中集成。现代先进预警机除了雷达，还加装有敌我识别、电子对抗等多传感器，短波、超短波、L 波段和卫通等各频段通信链路，以及指挥控制系统等，因此，预警机既能执行侦察、预警、指挥等多种作战任务，也能链接多种作战要素，与其他单元进行协同作战，从而形成体系作战能力的重要依托。

三是多专业高素质操作人员带来的战场动态把控能力。预警机的高价值不仅体现在设备上，更重要的是有人。预警机具备指挥控制能力，主要是由人的因素决定的。虽然机器的智能化水平在不断提高，但指挥、决策、管理和引导等智能活动，甚至是相当比例的设备级操作，都还需要人来完成。预警机上的操作人员在各类空基平台中是比较多的，代表了较高的智力水平。为了实现信息优势向决策优势的转换，人在环路中仍然有着决定性的意义。虽然现代战争正在向智能化演变，正如第十章指出的，只有先把"人工"的问题解决好，才能把"智能"的问题解决好。

◎ 美国空军 2022 年决定通过"出口转内销"采购 E-7 预警机，并提出了 18 项能力要求，包括先进的空中移动目标雷达指示能力、敌我识别能力（发送/接收/询问）、电子对抗能力、集成一体化通信的战斗管理指挥与控制能力、至少 6 个战斗管理任务（进攻性与防御性制空、空中交通管制、近距离空中支援、对敌防空压制、空中加油、战场搜索和救援等）的并行处理能力、雷达对海预警监视能力、多手段自我防卫能力、座舱内全任务感知能力、硬式空中加油能力、基于 M 码的全球定位能力（GPS）、移动用户目标系统通信能力（卫通）、AIS 接收能力、二代抗干扰战术超高频通信能力（北约制式）、Link-16 加密通信和频谱重规划能力、机组成员保障能力、系统集成试验能力、任务前/后地面保障系统以及空勤、地勤训练系统。同时要求，机上配置 8 个基本战勤操作员席位和 4 个预留席位，满配条件下共有席位 12 个；并建设新型地面移动指挥控制系统，将相关地面设备集成到一辆多功能运输车上，作为机上指挥控制席位的地面拓展席位，增强大规模作战指挥能力。在对伊拉克和伊斯兰王国的军事打击行动中，澳大利亚装备的 E-7 预警机承担了对 80 多架战斗机的周期性作战管理任务。

预警机早期发展回顾

78 年来，可以认为目前预警机发展了三代产品。20 世纪 40 年代到 60 年代初是第一代，主要解决雷达装机升空问题。20 世纪 60 年代中期到 90 年代初是第二代，主要解决指挥控制能力。20 世纪 90 年代至今是第三代，开始构建以预警机为骨干的空中信息化作战体系，预警机因为其战斗管理能力而成为体系枢纽。

预警机的发展起始于美国海军，最初被定位为航母编队中的空中探测节点，主要解决海军海上舰艇编队的低空预警问题，20 世纪 60 年代后期才开始被空军使用，主要原因有两个，一是海军作战环境主要为海面，无法像空军那样借助高山地形提升雷达高度扩展低空探测视距，因此其军事需求更为迫切；二是在较低海情下，雷达探测性能受海杂波影响程度较小，仅仅把地面雷达装到飞机上，不考虑振动与环境等问题，雷达就可以基本正常工作。

　　第一代预警机基本都是美军研制的，主要有 12 个型号，含 E-2A/B 预警机，不含 E-2C 及后续型号预警机以及 E-3 预警机（图 11-1）。它们标志了预警机作为新型武器装备的出现。这一时期，在技术形态方面，雷达天线普遍采用抛物面形式，S 波段为主要工作频率，采用普通脉冲的技术体制，主要用于探测海面上空的飞机目标，在复杂地形条件下不具备下视能力。雷达情报通过摩尔斯电码和话音下传至舰载或地面指挥所，20 世纪 50 年代末，模拟式计算机已经在预警机上得到应用。

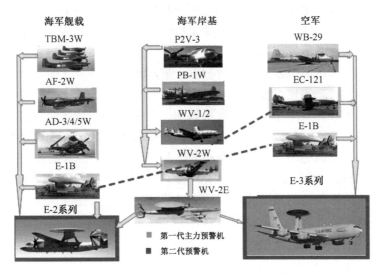

图 11-1　美国的第一代和第二代预警机的典型型号

　　在产品形态方面，预警机载机普遍较小，最大起飞重量一般不大于 40t，大部分载机由于需要上舰，其最大起飞重量最多为 20t，但从总体上来看，载机规模在不断扩大，至 EC-121 时其最大起飞重量已高达 150t。作为对预警机产品构型影响最为显著的因素，雷达天线罩从腹部逐渐移至机背，外形经历了从不规则鼓包、水滴形至椭球形的改变。载机规模和雷达天线布局形式发生改变的主要推动因素是，日益增长的雷达探测威力需求带来了更大的功率孔径积要求，显然，更大的载机以及载机背部所拥有的更为充裕的空间，能为实现更大的功率孔径积创造条件。

　　20 世纪 60 年代中后期到 21 世纪前十年是预警机的第二代发展时期，以美国空军的 E-3 系列和美国海军的 E-2C 后续型号为代表，其装备定位已经既是空中情报站，更是要素日益齐全、可以摆脱对地面指挥所依赖的空中机动指挥所，是信息化战争的"空中帅府"。相比于早期仅作为航母编队的空中探测节点，预警机开始更多地被空军使用，在空中作战体系中的地位进一步提升。特别是海湾战争以后，其地位和作用被广泛认识，装备规模急剧扩大，目前装备预警机的国家已多达 25 个，预警机装备数量已约为 300 架。对于现役的大部分预警机型号，虽然研发时间和技术特征各异，且雷达技术已有跨越式的发展，但总体来看，由于其装备定位与这一阶段早期的产品并没有显著区别，因此仍处于第二代水平。

　　第二代预警机作为通信与指挥平台，继第一代预警机作为雷达平台之后升空，标志着现代化的空基作战体系正在逐步形成。因为以预警机为代表的高度信息化平台完成升空后，它与体系中其他平台的关系也会日渐丰富。预警机先是扩大了雷达情报的覆盖范围和提高了雷达情报的质量，并因为数据通信和移动通信技术在机载条件下成功应用，使自身从单纯的情报平台发展为具备对战斗机进行指挥控制的能力，在作战中发挥了越来越大的作用并成为空中枢纽。

在技术形态方面，雷达普遍采用脉冲多普勒技术，频段则呈现多样化的特点，P 波段、S 波段和 L 波段均有应用，高频率稳定度发射机、高性能处理机和超低副瓣天线技术全面突破，从而较好地解决了在复杂地形上空的探测问题；20 世纪 90 年代以后，雷达则普遍采用超大规模集成电路和固态有源相控阵技术。由于预警机功能的拓展和所要求的设备量增加，第二代预警机陆续采用基于网络的开放式系统架构和综合化设计来解决平台内的设备集成问题。

在产品形态方面，载机以大型平台为主，椭球形天线罩体（即背负式圆盘）在相当长时间内成为主流，雷达天线则普遍采用阵列形式；同时，中小型平台大量涌现，而大、中和小型平台均集成了雷达、敌我识别、电子侦察和通信侦察甚至光电设备等多种手段。特别地，有源相控阵技术在预警机上的应用，既标志着预警机雷达在时间能量利用率上有了质的进步，也对预警机的产品形态产生了巨大的影响。除了椭球形雷达天线罩，共形、平衡木和 T 型阵等无须旋转的固定天线罩形式，以及结合机械扫描和有源相控阵扫描优势的旋转式机相扫椭球罩体形式，为在各类平台上获得更大的孔径提供了各具特色的解决方案。

预警机上的"双头鹰"——俄罗斯 A-100

在预警机从第二代向第三代发展的过程中，A-100 预警机是当前在研的最新型号之一。早在 20 世纪 80 年代后期，雷达的"四大威胁"已经全面成型之后，美军就提出"未来的 E-3 预警机应当使用工作于低频率的电扫描雷达以增加目标的雷达截面积，同时使用高的工作频率获得高的定位精度"，并建议按两个阶段对 E-3 进行改进，第一

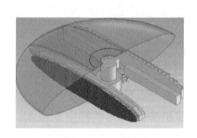

图 11-2　A-100 预警机采用背靠背两面天线阵布局

阶段，重点改进雷达处理设备，提高灵敏度，即 RSIP 计划，已经付诸实施；第二阶段，研制先进的机载相控阵雷达系统，可能同时使用 P 波段和 S 波段。随后，西屋电气公司提出了"E-X"双波段有源相控阵预警机的研制设想，但最终未能实现。俄罗斯 A-100 预警机（图 11-2）采用了机械扫描结合相控阵体制，并背靠背布置了两个雷达天线阵面，分别工作在 P 波段和 S 波段。在其完成首飞后，广大军迷曾经围绕 A-100 预警机双波段的布置展开了热烈讨论，分别提出了自己的观点。

评论 1："平心而论，UHF 不是什么高大上的东西，相反，是个很普通的天线技术，特点是成本低、重量轻、距离远，但精度差、下视能力捉急，强敌海军的 E-2 就是靠这个玩了几十年，而背靠背双波段也不新鲜，舰用'顶板'就是个好东西，这两个技术合起来，倒不失为一个实用技术融汇创新的东西，成本、质量、性能都能得到非常

好的平衡和妥协，值得肯定。不过要说反隐身就有点过了，长波段能感知隐身目标很正常，但能不能抓住、能不能定位就不好说了……俄罗斯用 UHF 最重要的是尽量拓展预警范围，给 S 波段相控阵做一个前期的预筛选，形成搭配。至于咱跟不跟的问题，个人果断认为不跟，一是我们不差钱、不差技术，继续坚定走固定相控阵的高端路线不回头；二是长波段雷达、海基、陆基我们都是有的，而且不少，远程预警已经够了，也不需要刻意弄空基，毕竟 UHF 也好、米波也好，上了空基克服了地球曲率，但对低空目标也是'一脸懵'，实在是没有意义啊。"

有理。E-2 系列预警机开了在预警机上使用 UHF 天线的先河，距今已有近 60 年的历史；背靠背的舰载双波段雷达，则最早见于俄罗斯 MR710 三坐标搜索警戒雷达，又称"顶板"，工作在 S 波段和 C 波段。虽然 E-2D 采用 P 波段的主要原因之一是其重量轻、成本低，但从后来历史发展的视角看，也获得了反隐身的额外优势。由于在同样的天线面积下，频段越低，天线波束越宽，分辨力和测量精度都会越差，也就是"抓住"和"定位"难度大；并且其副瓣相对也会较高，从而下视也会存在严重杂波，而天线波束较宽和副瓣较高，也会使抗干扰难度加大。综上可知，P 波段的使用还存在很多问题。一方面，通过采用低脉冲重复频率和先进信号处理技术，并尽量在海洋等弱杂波区域工作，可以尽量减小杂波和干扰的影响。另一方面，P 波段的这些问题正是高波段存在的必要性。当 P 波段发现目标后，会对目标存在的方向有一个大的判断，然后在 P 波段上一时刻所对应的指向角的两侧，分别发射一组 S 波段的脉冲，专门用于对 P 波段发现的目标进行测量和分辨。考虑到隐身目标在 P 波段的回波能量会显著超过 S 波段，为了获得足够的回波能量，可以多发射几组 S 波段的脉冲并把其回波能量累加起来，从而保证 S 波段的回波也能被检测出来。也就是说，在双波段的配合过程中，通常高波段只需要在低波段刚完成搜索的一个很小的空域上发射足够数量的脉冲就可以，而不用执行全方位的搜索任务，因此，即使为了获得与低波段相当的隐身回波能量会牺牲更多时间，但这个时间不会使得高波段下的测量和分辨影响整个空域的搜索数据率。综上，双波段及空时二维等先进信号处理技术的使用，以及根据作战需要和技术特长，合理采用三面阵固定扫描、单面阵或两面阵机相扫等多样化总体构型，有望较好地解决空基条件下低波段预警雷达在反隐身、反杂波和抗干扰等方面存在的问题，从而为预警机更好地在对抗环境中发挥作用奠定坚实的技术基础。

评论 2："两个波段做成两个阵面不稀奇，两个波段做成一个阵面才叫牛。"

精辟。双波段天线单元的互相影响是两个波段在一个阵面上集成的最大难题之一，在频段相差越远时越突出。如果采用更为接近的两个频段，例如不是 P 波段和 S 波段、L 波段和 S 波段，而是 P 波段和 L 波段，这种损失可能可以接受，且 L 波段也可以在很大程度上弥补 P 波段测量精度低的不足，同时带来抗干扰的好处。此外，两个波段集成后，会带来重量的显著增加，在尽量低的频段上采用双波段，可利于更好地控制重量。例如，低频段上的功率管放大效率更高，利于以较轻的重量产生足够的功率；在频段接近的情况下，可以有更多的设备共用。

评论 3："对雷达不是很懂，但两面都行很可能意味着两面都不行。"

深刻。优秀的预警机设计，需要突出产品特色并兼顾多种需求。但特色常常意味着放弃与选择，兼顾常常意味着妥协与牺牲，因此，设计师要有充分的决心、勇气与担当，要敢于坚持己见、力排众议。例如，"平衡木"型预警机，以头尾的盲区为代价，在最大起飞重量仅为20余吨的小平台上实现了方位向天线面积接近大型预警机，受到了国际上中小国家的普遍欢迎；"机相扫"以牺牲全方位电子扫描的灵活性为代价，进一步加大了天线面积，从而改善了天线的增益和副瓣等性能，并在一定程度上兼顾了有源相控阵的好处，为预警机雷达改善反隐身、反杂波和抗干扰能力提供了重要的设计选项。在A-100的具体设计中，如果采用背靠背布置两个频段的天线，不存在共阵面布置时两个频段天线单元的复杂排布问题，如果解决好重量控制等问题，应该可以保证两个阵面的性能。虽然低波段的雷达照射到目标后，需要旋转半周才能由高波段的雷达进行测量，但由于天线转速和旋转半周的时间是已知的，因此计算机可以预测在这半周内低波段雷达探测到的目标所处的新的大致位置，从而完成关联处理。E-3A预警机背靠背地在两块不同的天线阵面上布置的雷达和敌我识别/二次雷达，也利用了这个道理。

预警机系统的基本作战功能

经过前两个阶段的发展，可以认为预警机系统的基本功能已经形成，可以概括为态势生成、信息通联和指挥控制三个方面。而随着E-2系列和E-3系列预警机的不断改进和使用，美军对这三个方面功能的认识也在不断加深。

一是态势生成。预警机利用预警雷达分系统确定空中和海面目标的位置和速度，利用敌我识别/二次雷达分系统确定目标的位置、敌我属性或民用属性，利用无线电侦察设备对雷达或通信等辐射源进行测向、定位和判断武器平台的类型、属性和数量，等等。随着信息技术的发展，预警机对目标和环境的感知手段正在不断丰富。除了利用自身传感器获取信息，也可以通过数据链与网络接收来自其他作战单元的信息；同时，预警机事先也会加载作战资料库、作战计划和作战命令、各种作战情报库、地图甚至地理空间信息，这些信息都会被用来与本机各类信息进行综合处理，以形成战场综合态势。而为满足态势生成需要，预警机还要对本机传感器资源进行管理，包括调度其工作模式、自动调整情报综合方式或者通过操作人员人工介入情报处理，等等。

◇ 各类新质威胁为态势感知带来了严峻挑战。在传统的"四大威胁（隐身目标、低空目标、电子干扰和反辐射导弹）"的基础上，极度隐身目标（比传统隐身目标的RCS还要小一个数量级以上）、极速目标（包含极高速目标、空中极低速目标和极加速度/高机动目标）、集群/密集目标（如无人机集群、饱和攻击导弹）和真假混合目标（如弹道导弹的真假弹头）可能成为探测的"新四大威胁"。预警机需要对哪些新质目标承担什么样的探测任务，应待深入研究界定。但无论需要探测何种威胁，通过网络实现多域战场情报的整合与协同组织运用从而形成战场态势，都是预警机在体系作战中的基础职能。一方面，预警机需要基于多种平台和多类型传感器的协同探测和情报综合，从而以大范围、全要素、多维度、高精度的方式去描述战场；另一方面，预警机又需要根据战场环境和武器平台任务，对自身传感器及其他有人情报侦察监视平台、无人侦察平台的飞行航线、探测阵位、传感器工作模式及工作参数等实施管理，并综合天基侦察卫星、地/海面的探测支援情报，实现协同探测、协同侦察、协同抗干扰，并形成情报组织从"使用需求—传感器管理与组织—情报综合处理"的按需保障闭环。例如，预警机组织多型飞机的红外、电子侦察和通信侦察等手段，实现对运动目标和电磁信号的快速交叉定位，以提高情报定位精度和跟踪连续性，缩短目标定位时间；协助无人机地面站为无人机分配战术任务，为其提供探测/侦察区域、频段、目标位置等信息，间接引导无人机实施查证或详查任务，等等。此外，由于指挥员和计划与作战管理人员、专门负责情报综合的作战人员、引导员、电子作战人员、通信与网络管理人员以及接受预警机管理与控制的战斗机、无人机等，其对情报的需求都是不一样的，因此，预警机组织形成的战场态势应该多样化，以满足不同作战人员的不同需要。

二是信息通联。根据上级指挥机构的授权，将指定地理区域内探测到的各类情报发送到地面指挥机构，或者用以弥补地面雷达对低空和超低空探测能力的欠缺，并通过在地面指挥机构的情报综合，形成覆盖更为完整的战场态势图；或者向地面指挥机构提供特定区域或特定目标更为丰富的信息，提高战场情报的质量，支撑目标判性识别或火力打击；或者将自身情报、地面上传情报或指令分发给战斗机或其他协同作战单元，支撑实现多目标对抗、超视距攻击或先敌发现、先敌打击。必要时，预警机还可以担负通信中继任务，以扩大通信范围或通信容量。而为满足情报分发需要，预警机还要对本机通信与网络资源进行管理，包括仅发送指定区域的情报、限制情报分发周期、指定分发的信道与频点等。

◇　从国际上看，各类预警机的信息通联手段长期以来均以指控数据链为主，带宽较小、时延较大，且抗干扰性能不足，信息传输种类和质量难以满足完整战场态势生成和协同交战需求。因此，美国空军在 E-3 预警机上加装了 TTNT 数据链，美国海军在 E-2 预警机上加装了 CEC 数据链，提升了预警机的通信系统对更多作战能力的支持。而随着通信手段的不断丰富，加之预警机相对较大的空间具备了集成更多链路的条件，由此带来了对通信网络的更多管理需求，需要具备对本机各条通信链路与网络的自动监控、动态规划和智能调整能力，甚至将对本机信息收发手段的管理范围扩展到战场的多平台，以确保网络在连通性、信息承载能力等方面能够更好地适应战场任务的动态变化，并有效应对敌方的通信网络攻击。例如，预警机需要根据数据链网络提供的共享信息和网络管理消息，对通信质量、覆盖范围、网络流量、连通概率和传输延迟等网络运行状态进行监视，形成网络运行态势图，同时能够根据本机电磁频谱监测手段和通过宽带数据链共享的其他平台的频谱监测数据，生成通信频谱态势图；在此基础上，实时评估通信网络对作战任务的支持能力、敌方通信干扰设备对我方通信效能影响，进而基于作战任务对信息交互的需求，考虑网络承载能力、编队成员战损或动态出入网等情况，对网络路由和资源分配等进行动态调整，同时根据战场电磁对抗、气象、地理条件变化，同步调整网络参数，确保网络的可用性。此外，对于日益增加的通信与网络对抗手段，还要能够在信号和信息层面对敌方干扰和网络入侵（如重放干扰、压制干扰、网络欺骗等）进行检测、评估和威胁预警，制定有效的安全防护措施。

三是指挥控制。在上级指挥机构的授权下，预警机在战时可以执行指挥控制任务，发挥"空中帅府"作用，而在和平时期还可以执行航空管制等任务。从美军预警机在海湾战争及其之前历次局部战争中发挥指挥控制作用的情况看，基本上是以对航空兵的小规模引导为主，即主要引导战斗机按航路、航线飞行，以及对重点目标实施攻击，并不具备对各型飞机的全面管控能力，较少组织多机型、多兵种间实施协同侦察、协同干扰、协同打击和协同防御。而随着作战样式的演变，"指挥控制"的内涵正在不断丰富和扩展。海湾战争后，美军提出了战斗管理（Battle Management，BM）的概念，目标是对战区空战进行计划、执行和监控所需的所有功能和资源的管理，以满足美空军对敌实施多样化军事行动的需要，并于1995年年底开始研发其空军战区战斗管理系统（TBMS），其中 E-3 预警机成为美空军实施战斗管理系统的核心节点，其"空中帅府"作用进一步凸显。

预警机的战斗管理职能要求在形成战场综合态势的基础上，利用信息交互手段，根据不同的作战任务、不同的责任区域划分、不同的作战阶段、不同的威胁程度及协同作战单元武器系统配置情况等因素，向有人或无人空中平台实施任务分配、情报保障、飞行流量与通道控制、编组集结、精确或概略引导、引导交接与兵力衔接、空中加油引导及搜索救援等任务，甚至直接向火力系统发送情报指示信息或管理火力系统。而为给预警机的战场态势生成功能提供支撑，它还可以调度其他平台或其他平台上的传感器，以扩大情报覆盖范围、获得进一步的识别查证信息或者获得火控级情报。

在未来体系化协同作战和多军兵种联合作战条件下，战场作战力量规模不断增长，呈现多机型、多兵种联合及多任务协同等特点，并且随着对抗程度的加剧以及作战进程转换的加快，预警机的指挥控制与战斗管理职能需要适应作战规模的扩大，并随战场变化快速响应，实施临机调整和灵活组织兵力火力等任务。例如，为了使预警机能够实现一定的空战指挥规模，除了增加人员、更多地引入智能化处理以及做好多架预警机间指挥控制相关资源的协同之外，还可能需要建立预警机—机群/编组—编队长机的分级机制。而为了提高战斗管理的动态化能力，预警机要能把握每项作战任务在整体中的地位和作用、任务间的关联关系以及任务对资源的依赖关系，掌握被管理单元特别是关键节点的任务目标、协同关系、协同手段、任务计划的主从关系、时序关系、耦合程度，并设置关键环节及其通过准则以进行评估，在此基础上，实施对作战计划的后续调整，如任务调整和资源调整。而由于作战单元的类型不断丰富、数量不断增加，预警机还需要加强对多种作战平台的行动控制能力，依据其不同的作战特性，实施不同的作战协同，甚至与其他军兵种的指挥机构协同完成预警/侦察/探测、协同防空作战、对地/海突击、对地空中支援等任务。例如对于四代机，可以辅助制定隐身策略，或实施静默攻击；对于电子战飞机，可以辅助实现电子防御、电子进攻或对电磁目标的火力打击引导，等等。

◇ 预警机通过以多元化和多域化情报进座舱为特征的态势生成，以大范围、多用途、快响应为特征的信息通联，以及以人工智能加持、指挥控制人员进一步增加为特征的指挥控制，使其不仅在战术级有着更强的能力，甚至有可能在战役级发挥作用，从而使它从早期单纯的"预警"飞机，经过"预警与控制"飞机的发展阶段，演变成"远程预警与战役指挥"飞机甚至是"战略预警与战役指挥"飞机。

◎ 在预警机上述三方面的作用中，态势生成是基础职能，指挥控制是核心职能，信息通联则是提供给前两者的支撑职能。但按照美军的说法，预警机是作为"指挥控制"平台被定位的。而近年来，美军又频繁使用"战斗管理"概念，它也与预警机密切相关，认为预警机应该执行战斗管理任务。那么，美军是如何理解指挥（Command）、控制（Control）与战斗管理（Battle Management，BM）的呢？美国空军第505指挥控制联队队长科尔曼上校于2022年对此发表了看法，呼吁对之予以正本清源。

按照美军联合作战条令 JP-1 的定义，"指挥是军事指挥官依法对下属行使的指派任务和责任以使其成功完成的权力"，"各层级的指挥是激励和指导人员与组织完成任务的艺术"；"控制是依据指挥官的指挥授权，管理和指导部队及其职能的行为"。通常理解，"指挥"是告诉某人或某个组织做什么或不做什么的权力，它是一种授权；而"控制"是告诉某人或某个组织应该做什么或不做什么，它是一种行为。

美军认为，指挥与控制（Command & Control，C^2）存在于战争的战略、战役和战术层面。在战略层面，总统或国防部长有权力和能力指挥武装部队进行一场战役或一场特定任务。例如，国会发布的战争宣言或者是使用军事力量的授权，就是战略层面的指挥与控制。在战役层面，联合作战司令部指挥官和下辖部队指挥官有权力和能力管理和指导特定的部队实现战略目标。例如，联合作战司令部发布的执行命令或空中组成部队指挥官发布的空中任务指令（ATO）就是战役层面的指挥控制。在战术层面，训练有素的人员使用系统和平台来指导和协调行动或活动，以实现战役目标。战术层面的指挥控制，通常被称为"战斗管理"，相应的人员就是战斗管理员。例如，战斗管理员决定将下一批紧急起飞的战斗机派到需要支援的战线上去，就是战斗管理。也就是说，战斗管理是指挥与控制的子集。按照 JP 3-01 的定义，战斗管理是"基于相关权力方给出的命令、指示和指导，在作战环境中对活动的管理"，是决定"在何时、何地、使用哪些部队应用能力应对特定威胁"的行为。

科尔曼认为，美军较早将 C^2 与情报、监视、侦察（ISR）任务联合在一起，称为 C^2ISR，后来美军认识到，C^2 职能依赖于通信"communication"与计算机"computer"，因此把二者融合进去，就形成了 C^4ISR（后续又补充了 Kill，即杀伤，从而形成了 C^4KISR，并在很多情况下成为国内对美军作战体系的代称——作者注）。但对当下的美国空军而言，"情报监视侦察"与指挥控制都已经演变为空军的五大核心任务（空中和太空优势、指挥控制、情报监视和侦察、快速全球机动、全球打击）之一。由此可见，C^4ISR 只是其中两项核心任务的合并。因此科尔曼认为，宏观层面，美国空军的所有核心任务都有重叠，仅仅将其中两者进行合并，会混淆关键需求；而且，C^2 不是唯一依赖于通信和计算机的联合职能或核心任务，通信和计算能力可以认为是任何现代联合职能或核心任务的基本要素，但这并不意味着所有的军事缩略语都要加上"C"。

科尔曼也对 BM 和 C^2 的联合使用（BMC^2）提出了看法。他认为，"BMC^2"这个所谓的"术语"在条令中是不存在的，因为 BM 是 C^2 的一个子集，所以"BMC^2"是多余的。他明确指出，"如果讨论战术控制任务，使用 BM 这个条令术语更有帮助，如果涉及更广泛的 C^2 任务，也就是在战役层面和战略层面的指挥与控制，则使用 C^2 这个条令术语更为有益。"

总的来看，美军多年来一直认为"指挥与控制"是它的最大优势，这种能力在与实力相当或相近对手的战斗中可以发挥决定性的作用，美军也正在持续努力巩固这一优势并进一步推进这一项核心任务的现代化。在这个过程中，使用精确的语言进行交流和表达变得越来越重要；像"C²ISR"和"BMC²"这样长期使用的缩略语掩盖了一些至关重要的职能，并引起严重的混淆，不再使用这些用语，可能也便于加速创新。

相比美军采用"战斗管理"术语而言，我国在描述对空中战场的战斗管理任务时，则越来越多地使用"空战场管控"的术语。战斗管理的时空维度应该包括空间与时间两部分，空战场管控则主要实施联合作战条件下战场空间（即空域）的管理，因为从近期局部战争与未来作战样式演变趋势看，无论是陆上、海上、空中还是网电作战行动，均不可避免地涉及空域的使用，空战场是一体化联合作战的主战场，空中力量是联合作战的主导力量，从而使得空域成为诸军兵种共用的一种核心资源和同联合作战行动的重要枢纽。其具体管理的对象，涉及整个战场所有用空单元，不仅包括战场空域内各类航空器，还应包括导弹、高炮和气球等占用空域并影响空中飞行的各种用空单元。其具体管理的过程，既涉及战前，也涉及战中，既涉及平时，也涉及战时。在战前准备阶段，空战场管控的重点是搞好空域类型划分与空域建设，为战时联合作战指挥所需的空域自动规划、配置与利用奠定基础，提升战时空域资源配置利用能力。在战时阶段，管控则贯穿作战筹划与作战实施的全过程。在作战筹划阶段，空域管控的重点是与作战行动相匹配，同步搞好空域资源的统筹规划配置，将各类行动用空矛盾消除在筹划阶段，以空域控制计划统筹规划好各类行动的用空需求，从源头上保障空域资源高效利用；在作战实施阶段，空域管控则强调要对空域使用实施全程监督评估，合理配置空域资源，有效控制流量，消除各类行动的用空矛盾，实现作战筹划与作战行动规划的动态同步，确保作战行动的顺畅有序实施。

◎ 当前，美军将空域管控措施区分为空域协调、火力支援协调、防空、海上防御、机动控制、空中基准和空中交通管制7类，共95种，其中空域协调措施又分为空中走廊、限制活动区域和独立措施3类，用于三军联合作战协同；火力支援协调措施主要用于火力支援作战行动，旨在促进快速打击目标，同时为己方部队提供安全防护；防空措施用于在区域防空指挥官指挥下明确职责，并对来自敌空中导弹的威胁进行识别、探测、跟踪和拦截；海上防御措施用于协调海上进攻和防御行动；机动控制措施用于确定地面支援或被支援部队指挥官的职责界限，以支援友军行动和机动；空中基准措施用于准确定位，以达到指挥控制的目的；空中交通管制措施用于在战时确保非作战任务或民用飞机快速安全运行的协调。通过这些措施，美军较好地解决了战时空战场的合理规划问题。

在联合作战条件下，对各类作战任务所要求的空域进行规划和控制，就需要一个统一的和通用的地理参考系统，用以对战场二维地理区域进行明确定义，包括对地表区域进行划分和对点线区域进行编码两部分工作。以美军为例，在2001年"持久自由行动"（即阿富汗战争）和2003年"伊拉克自由"（即伊拉克战争）中，美军均使用了

CGRS（Common Ground Reference System，通用地理参考系统），其界面如图 11-3 所示，俗称"九宫格"。它按照"方格—键区—象限"的 3 级结构，将地表划分为 30'×30'（即 30nm×30nm，1 nm =1.852 km）的方格，每个方格又划分为 9 个键区（10'×10'，即 10nm×10nm），每个键区分 4 个象限（5'×5'，即 5nm×5nm），从而形成从粗到细的标准化地理空间方格，且每个方格、键区和象限均根据相应的规则编码。其中，每个方格在东西方向使用字母进行编码，若战场范围东西跨度超过 12°，则采用两位字母；南北方向使用数字进行编码，若战场范围南北跨度超过 5°，则采用两位数字。每个键区的编码使用数字 1～9，每个键区内的 4 个象限使用 NW、NE、SW 和 SE 4 个方向字母。使用时，可根据对空间的尺度需求选用 3 个级别的编码，例如可用 7F、7F9 或 7F9SW。

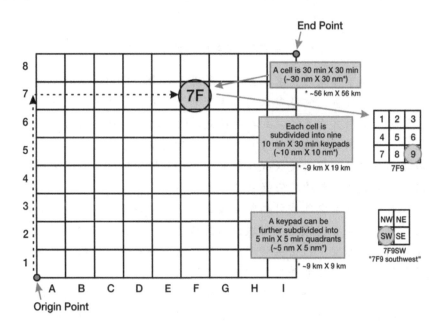

图 11-3 美军使用的 CGRS 地理参考系统界面

在 CGRS 的基础上，美军为在全球范围内支持联合作战，还采用了 GARS（Global Area Reference Systems，全球区域参考系统），选用固定原点、固定编号将全球进行编码，从南极向北极，按 0.5°一个方格，使用字母 AA～QZ；从国际日期变更线往东，按 0.5°一个方格，使用三位数字 001～720。在每个方格的细分中，与 CGRS 不同，GARS 是先分 4 个象限，每个象限再分 9 个键区，且三级的尺度分别为 30nm、15nm 和 5nm。其界面如图 11-4 所示。

由于 CGRS 和 GARS 在精度上最小均只能到 5nm，且在高纬度地区，东西方向的尺度会缩小很多，所以这两种参考系统不适用于高纬度地区，也不能用于描述更高精度要求的区域。因此，美军还使用了一套更复杂的参考系统——MGRS（Military Grid Reference System，军用网格参考系统），为美军提供更为准确的全球一体化位置服务，并在民用领域推广，形成了美国国家网格（USNG），在街道管理、邮政传递和旅游交通等方面发挥了重要作用。

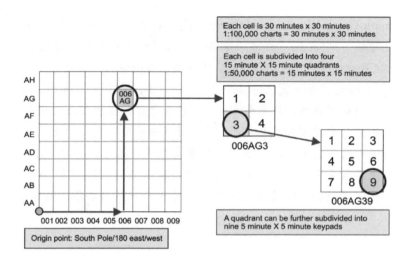

图 11-4　美军使用的 GARS 地理参考系统界面

此外，为适应城市作战的需求，美军又采用了 UGS（Urban Grid System，城市网格系统）来描述地理位置，它往往采用非规则划分方式，通常按照街区、建筑布局划分并编码，划分和编码方式灵活，且都是在战时测量、划分并编码的。

可以看出，美军的这些地理参考系统，通过对网格进行多尺度划分和分层编码，对空间的描述非常精确，便于定义战场的空间边界和协同位置，从而为指挥信息系统自动检测与消解空域使用矛盾冲突提供了可能。

美军在战时的联合空中作战计划制定过程中，基于每日空中作战指导制订空中打击主计划的同时，收集各空域用户空域使用需求申请，同步修订空域控制计划，修订的空域控制计划最终与空中打击主计划一起送往指令生成部门，同步生成空中任务指令、空域控制指令和特殊指令并下发部队执行。这种作战计划与空域控制计划同步推进制定的方式，本质上是一个边计划、边协同的过程，围绕空域使用进行作战协同，旨在在计划阶段消除空域使用矛盾，解决了各用空单位在联合作战过程中的空域使用协同问题。

美军在实施空战场管控时，将指挥与控制分离，以根据行动的专业性由不同的人员来开展，其战区联合空中作战指挥控制体系如图 11-5 所示（从图中也可以看到 E-3 预警机的作用）。指挥部分主要是战区联合空中作战中心实施，其职能包括情报处理、打击目标确定、作战计划制订、空域计划与控制、任务分配与分发、任务执行与监控和打击效果评估等。控制部分主要由战区联合空中作战中心的空中和地面下属单位，以及分布于陆军、海军和陆战队的空域控制要素组成；其中，空中部分是指各种空中指挥控制飞机和前进空中控制员，地面部分主要包括空军各级控制与报告部（分）队、陆军空中支援作战中心及其下属控制分队以及特种战术组。分布于各军兵种的空域控制要素包括：陆军军、师一级设置的空域指挥与控制部门，陆军军、师、旅和营各级设置的火力支援分队，海军的支援武器协调中心，海军陆战队的火力支援协调中心以及特种部队的特种作战指挥与控制分队等。这种指挥与控制分离的方式，可将空战场管控纳入作战指挥的各个环节，体现并渗透到联合作战的诸军兵种每个作战行动中，实现了对空战场的全面管控。

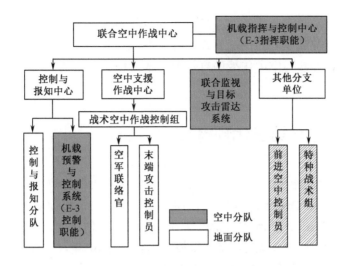

图 11-5　美军战区联合空中作战指挥控制体系

结合外军的实践可以认为，空战场管控至少包括如下三个方面的具体内容。

一是空域的预先规划设计。第一是战场的栅格化，即将整个战场栅格化成一个个大小一定的区域，并进行统一编号，以便统一指挥和协同。第二是空域的标准化，即按照联合作战各类行动用空需求，预先对战场空域进行分类设计，为战时基于指挥信息系统的空域快速生成与调用奠定基础。第三是规则的条令化。应明确各个空域自身使用的相关规则，包括空域由谁设置、设置后由谁指挥、怎样实施控制和内部如何协调等，以及各个空域间的协同规则，包括确立空域使用的空间间隔标准、时间间隔标准、频率间隔标准，以及空域使用存在矛盾冲突时的空域优先级和冲突消解规则，等等。

二是空域的联合使用筹划。联合作战的筹划阶段应与联合空中作战计划制订相同步，包含预警机在内的空战场管控主体应依据授权，统筹各军兵种对特定或全部作战空域的使用需求，为各类行动合理规划配置空域，制订详细的空域控制计划，从源头上解决各空域用户空域使用的冲突与矛盾，主要工作包括依据各军兵种使命任务、作战责任区划分，规划各军兵种空域控制区，明确空域控制主体；分析空域控制系统指挥控制能力以及战场环境对空域控制的影响，为科学规划各类行动空域提供参考；与联合作战筹划流程相耦合，与作战构想、作战方案、作战计划和作战指令形成过程相同步，拟订详细的空域控制计划，最终生成并下发空域控制指令，为部队空域使用提供遵循依据，等等。

三是空域的动态控制。指在联合作战实施过程中，对各空域用户空域使用过程进行的监督与调控。包括预警机在内的空战场管理的各类主体应能够对各类占用空域和影响空中飞行的活动进行有效监视，并对各类用空行动实施纠偏；例如，空情鉴别，即通过飞行计划和传感器探测等手段，对空中目标进行敌我属性识别和威胁判断评估；作战管制，即依据空中作战计划和空域控制计划，对作战任务飞机实施指挥引导和对用空火力实施管制；航路管制，即对非作战任务飞机及民用航空器的管制。平时，航路管制与作战管制各司其职，相互之间互通飞行计划与动态信息；战时，基于对敌情和安全的考虑，根据作战需求，统一由作战管制单位实施管制。航路管制服从于作战管制，两者共同提升联合作战效能。

由此我们也可以看出，虽然空战场管控的直接对象是战场空间，但其动态化的特征实际上使其也延伸到了对时间的管理，加之其联合化的要求，使得空战场管控实质上成为了对各军兵种参与空中作战的直接要素或其相关要素的全面管理。

"杀伤链"概念与第三代预警机

20 世纪 70 年代，能量机动理论的提出者、美国空军上校约翰·伯伊德（John Boyd）提出 OODA（Observe-Orient-Decide-Act，观察、定位、决策和行动）作战链条的概念，成为杀伤链（Kill Chain，又译"打击链"）概念的萌芽。他认为，在战斗中能够比对手更快地完成 OODA 过程的军队，将获得战术优势。1990 年，时任美国空军参谋长约翰·江珀（John Jumper）针对时间敏感目标的打击，提出了 F2T2EA（Find-Fix-Track-Target-Engage-Access，发现—锁定—跟踪—瞄准—交战—评估）杀伤链模型（图 11-6），在 OODA 概念的基础上，突出基于杀伤效果评估的反馈来构建链条环路，是对 OODA 概念的细化与深化。其中，"发现"是指通过战场传感器的调度与融合，发现目标的存在；"锁定（又译"定位"）"是指确定目标的位置及其属性；"跟踪"是指在变化的战场条件下连续掌握目标的运动和属性情况；"瞄准"是指基于目标的威胁程度、可用的武器资源和打击约束，计算武器的发射点和命中位置，生成打击策略；"交战"是指分发打击指令，启动武器发射，动态监视战场态势，实时调整作战任务与打击预案；"评估"是指评估打击效果和战场态势，作出再次打击的分析与决策。我国将杀伤链概念表达为"侦、控、打、评"，似乎可以看作对 OODA 和 F2T2EA 二者的融合，表达非常简练。

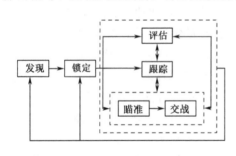

图 11-6 F2E2TA 杀伤链模型

进入 21 世纪以来，随着世界范围内新军事变革的持续和深入，作战环境和作战需求发生显著变化，预警机进入了第三代发展时期，其作用从根本上说是为基于各类作战单元协同构建杀伤链并加速其闭环提供更多支持，其装备定位、产品形态和技术形态因此发生重要变化。

在作战需求方面，随着国家利益的拓展，战场可能由本土向远洋推移，预警机应该对远程进攻作战提供更多支持。预警机利用平台升空和集成多种信息化手段的优势，相比没有预警机的情况，作战范围更为广阔，甚至超出地基探测和通信的视距，可以不依赖地面指挥所独立担负起态势形成、武器控制和对空/地/海打击等多种作战任务，其中也包括有效融合来自天基的情报或者进行情报与指令分发，也就是实现远程作战条件下的空天一体，这就意味着，远程作战需要一个包含预警机的有一定独立作战能力的远程空中作战体系，正是依托这个体系而构建出完整的 F2T2EA 杀伤链。即使是在没有超出地基防空系统探测与指挥范围的情况下，预警机仍然可以发挥其探测视距大并具备指挥能力的优势，提供远距离的情报，解决武器系统"打得远、看不远"的问题，并在授权下独立完成作战任务分配和打击决策，减少情报和指令传递的环节，从而不仅是支持实现 OODA 环路的发起，也协助解决 OODA 环路的贯通与加速问题。

预警机所在的这种空中作战体系，按照美国空军的装备概念，实际上是网络中心战中传感器网格、信息网格和交战网格在空中的延伸。它依托 E-3 预警机、RC-135 电子侦察机、E-8C 对地侦察监视飞机与 F-15、F-16 和 F-22 战斗机甚至是无人机等空中作战平台，以及地面空中作战中心等指挥控制平台紧密连接起来，通过数据链构建空基多平台协同探测、瞄准和武器控制等作战能力，支持空中编队作战资源的协同运用，形成与远程机动作战相适应的相对独立、自主和完备的空基作战体系。在这个体系中，相当长的一段时间内，美国空军将 E-3、E-8 和 RC-135 飞机共同作为"空中铁三角"（图 11-7），分别支撑形成制空权、制地权和制电磁权，而并没有明确预警机与空中"铁三角"中另外两角（E-8C 和 RC-135 飞机）的关系。自 2011 年利比亚战争后，美军提出预警机"扮演联合战术空中管理者（JTACs）"的角色，增加管理无人机、U-2、E-8 和 RC-135 等装备的功能，实施平台间交叉引导（cross cueing）的任务，获取战场的目标信息，发现、识别、应对并引导打击目标，并且提出，"预警机在后方控制无人机及其传感器，获取无人机的目标信息，发现、识别、应对并引导打击目标，可在 1min 内完成过去需要 1h 甚至 1 天才能完成的任务"，从而明确了预警机在空中作战中的枢纽地位。

◎ 美国空军"铁三角"中的 E-8 飞机即"联合监视与目标攻击雷达系统"（英文字头缩写为"Joint STAR"，又译为"联合星"）（图 11-8），是以地面军事设施和作战部队为目标，为陆军提供战场情报并引导空中或地面火力打击敌方地面军事力量的大型特种飞机，载机平台与 E-3 预警机相同，为波音 707 飞机；机上配备 3 名飞行机组和 18 名战勤人员，战勤人员总数超过 E-3 预警机。有人将 E-8 飞机也称为"预警机"，其实这是不对的，因为它在定位与作用上与 E-2、E-3 等预警机有着明显的不同。雷达型号为 AN/APY-3，采用地面动目标显示（GMTI）和合成孔径（SAR）等模式，分别用以发现地面移动目标和对静止目标实施高分辨率成像，重 1.9t，长约 7.2m，位于前机身下部。1991 年，尚在研制过程中的 E-8 飞机即被派往参加海湾战争，在伊拉克大规模从科威特撤出期间，探测到数千辆逃跑的车辆，有效地引导了攻击机进行攻击。

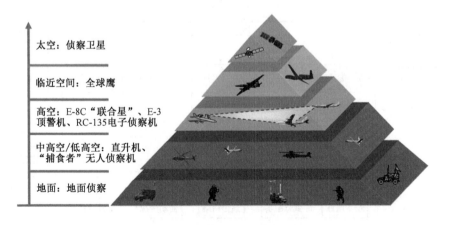

图 11-7　"铁三角"在美国空军装备体系中的地位示意

由于 E-3 预警机和 E-8 飞机这两类机载探测与控制系统都是必需的军用机种，但它们又都十分昂贵，不仅研制成本高，而且运行和维护费用也非常高。因此，美军于2002 年决定开始研制"多传感器指挥和控制飞机（Multi-Sensor Command and Control Aircraft，MC2A）"，代号"E-10"，希望集 E-3 预警机和 E-8 侦察机于一身，飞机平台选用当时较新的波音 767-400ER。2007 年年初由于耗资巨大，美国空军宣布中止该项

图 11-8　美国空军 E-8 飞机

目，雷达的相关成果被用于"全球鹰"无人机。

"铁三角"中的另外一种型号飞机——RC-135，则代表了电子战情报进入 OODA。电子战情报产品非常丰富（图 11-9），所以美军高度重视，不允许其游离于 OODA 之外。具体来说，它包括辐射源、平台目标、部队/组织的相关情报以及对这些情报的综合，既可以用于探测，也可以用于识别，甚至是向非火力杀伤（如电子干扰）和火力杀伤（如导弹武器）提供直接的情报支持，是形成战场态势图不可或缺的一部分。其中，"辐射源"是指雷达、通信等可辐射电磁波的信息系统的型号/类型/用途等基本属性，工作频率、脉冲宽度、PRF 等雷达技术参数以及工作频率、带宽与调制样式等通信技术参数，通信辐射源的通联关系、通联时间、通联内容等通联情况，工作时序、工作模式等辐射源的活动情况，以及辐射源的方位/位置信息。"平台目标"则主要是指配属有辐射源、服务于部队或组织的各种作战平台或设施，包括空中、海上和地面目标等，可以用基本属性（如平台型号、类型、平台战技参数等）、武器配备（如所配备的武器型号、类型）、所搭载或处于的通信网络、活动情况（如活动频度、活动时间和活动区域）及位置信息（如固定位置或航迹）等来描述。"部队/组织"则是指由人员组成的、具有特定层次结构的军事/民间机构，利用基本属性（如所属国家、类型与承担的任务）、组织关系（如编制、层次关系）和位置（如驻地或作战部署地）及装备的平台目标（如平台型号、类型）进行描述，可以配属多种类型的装备。综合情报则是指对前三类电子战情报进行综合与分析，掌握某段时间和某个区域内部队/组织、平台目标、辐射源的部署及活动情况，生成空中、海面与地面等目标的分布与活动态势，并根据平台目标活动规律对作战意图进行预测分析。

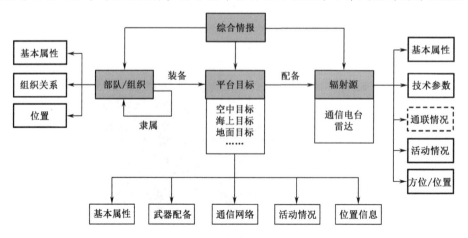

图 11-9　电子战情报产品

如果说美国空军提出将预警机定位为"联合战术空中管理者"，是着眼于预警机在已经具备的指挥控制能力的基础上，进一步增加预警机对其他大型有人飞机及其传感器甚至是无人平台进行管理的能力，以加强位于杀伤链中前端"OO"环节的整合；那么，美国海军提出 NIFC-CA（Navy Integrated Fire Control-Count Air，海军一体化防空与火控）系统概念，则是强调预警机的信息应该直接服务于火力打击，即强化 O-A 环节的畅通。因为此前预警机对战斗机的指挥控制功能，只是具备了将情报和指令传递到平台级的能力，不能为平台的武器系统提供直接情报支援。将美国空军战斗管理概念与美国海军一体化防空火控概念综合起来，可以更清晰地看到，预警机对 OODA 的支持，正在向更全面、更深入的方向发展。

◎ 2009 年，美军结合拦截巡航导弹的过程，第一次给出了预警机在杀伤链中的作用示意，反映了预警机与杀伤链相关联的早期认识。整个杀伤链被分为发现/形成航迹、新增加的航迹融入态势、识别和分类、威胁估计、威胁优先度判断、作战判决、火控系统开始跟踪、武器系统投入战斗、射手选择、火控解算、作战计划再解算、资源投入、拦截器发射、中段制导、移交给导弹自主末制导、拦截和杀伤评估等环节。预警机发挥作用的环节主要集中在前端和后端，分别是发现/形成航迹、新增加的航迹融入态势、识别和分类、拦截器发射、中段制导、移交给导弹自主末引导、拦截和杀伤评估；指挥员发挥作用的环节主要有威胁优先度判断、火控系统开始跟踪、射手选择、作战计划再解算、资源投入；武器系统发挥作用的环节包括威胁估计、作战判决、投入战斗和火控解算。2022 年，美军对 E-7 在杀伤链中的作用提出了明确要求——应能实现 6 个地面节点和 2 个 Link-16 网络的组网，从传感器到射手的杀伤链闭环时间应控制在 40s 至 4min。

美国是世界上最早装备预警机的国家，美国海军是最早运用预警机解决低空目标看不远问题的军种，也是最早意识到需要将预警机等信息系统的信息直接与武器系统交联的军种。由于舰船在海平面运行的原因，舰载传感器的探测视距过小，不能同武器系统的打击距离匹配，"打得远、看不远"的矛盾尤其突出。而且在复杂电磁环境下，武器系统的探测手段可能出现威力下降，因此，美军针对搭载"标准"系列导弹的舰船编队作战系统（如"宙斯盾"舰）以及航母编队中的 E-2C 预警机，先后通过 CEC 系统和 NIFC-CA 等系统的研制，强化舰队传感器组网，以及传感器情报直接支持火力系统实施打击，同时强化预警机在杀伤链中的指挥与火控级情报支援作用，以形成杀伤链并加速其闭环。

在 NIFC-CA 系统中，规划了空—空、空—地和空—海三类杀伤链（表 11-1），E-2C/D 预警机是杀伤链构建的组成部分与核心节点。在每一条杀伤链中，预警机都可以提供不同程度的火力打击支持，其运用模式主要包括远程提示、远程发射、远程交战、前向打击和远程火控 5 种，在此基础上细化形成了预警机支持下的 160 多条导弹武器杀伤链。

表 11-1 NIFC-CA 规划的三类杀伤链

类型	远端传感器	传感器网	武器系统	攻击导弹
空—空 杀伤链	E-2D F-18 E/F	Link-16	F-18 E/F	AIM-120C
空—海 杀伤链	E-2D JLENS F-35C	CEC	宙斯盾	SM-6
空—地 杀伤链	E-2D JLENS TPS-59 G-ATOR	战术组件网 （CEC 陆基版）	陆基防空 导弹系统	爱国者等

远程提示（图 11-10）。预警机探测到威胁目标后向武器系统（下文均为武器系统的视角，即武器系统为本地单元，如舰船）发送威胁目标的大致提示信息；本地单元根据目标提示信息，引导自身火控雷达参数在威胁方向进行探测，锁定来袭目标，然后由本地单元根据自身探测情报进行发射前解算、发射导弹和后续制导。

远程发射（图 11-11）。预警机提供满足火控解算要求的威胁目标数据（即火控级情报）并发送给本地单元，本地单元基于预警机数据直接进行火控解算和发射导弹（即盲发射），然后由本地单元锁定目标，为发射后导弹提供制导数据。与远程提示模式相比，预警机所提供的情报更为精确，足够支撑本地单元盲发射；并且因为可以让本地单元尽早发射导弹，以及减少了本地雷达自身获得情报的环节，从而加快了杀伤链闭环的速度。

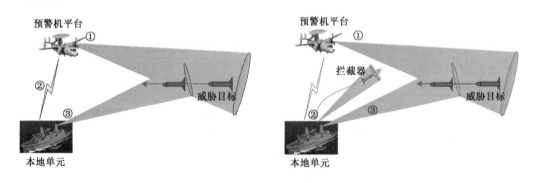

图 11-10 远程提示　　　　　　　　图 11-11 远程发射

远程交战（图 11-12）。预警机提供满足火控解算要求的威胁目标数据，本地单元基于该远程数据进行火控解算和发射导弹（盲发射）；之后由本地单元继续基于预警机提供的远程火控级数据进行导弹制导。与远程发射模式相比，预警机不仅支持盲发射，还在导弹发射后向本地持续提供制导信息，供本地进行导弹发射后的交战管理，如目标跟踪和中继制导。此时，相比本地平台自身执行交战管理，即使由于目标较远，本地传感器可能难以触及，但由预警机来执行，就获得了更远的交战管理距离。

前向打击。如图 11-13 所示。预警机提供满足火控解算要求的威胁目标数据，本地单元基于该远程数据进行火控解算和发射导弹，发射后将导弹控制权交接给预警机，预警机接管导弹并持续提供制导数据。与远程交战模式相比，导弹发射后的交战管理不是在预警机远程情报支援下由本地单元进行，而是直接由预警机实施交战管理。

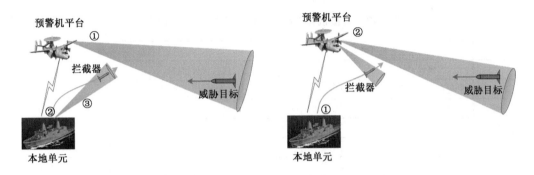

图 11-12　远程交战　　　　　　　　　图 11-13　前向打击

远程火控（图 11-14）。预警机提供火控级数据并直接进行跨平台火控解算，本地单元根据预警机指令发射导弹，发射后由预警机实施交战管理。与前向打击模式相比，预警机承担了除导弹发射外的全部工作。在这种模式下，情报获取的时间以及情报或指令传递的环节最少，杀伤链闭环速度最快。

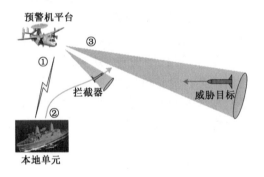

图 11-14　远程火控

表 11-2 给出了上述 5 种运用模式的比较。除了目标提示这种模式需要武器发射平台自身在导弹发射前发现威胁目标，其余各种运用模式均实现盲发射，即武器发射平台自身没有发现威胁就能发射导弹。另外，前 3 种运用模式是在发射导弹后，尚需要由武器发射平台自身进行交战控制，后两种运用模式已能实现武器发射平台在发射导弹后不再对导弹进行控制（即发射后不管），而在远程火控模式中，武器发射平台仅提供导弹发射，其余过程全部由预警机完成。可以看到，通过这些运用模式，预警机不仅可以在一定程度上协助解决"打得远、看不远"的问题，也可以缩减杀伤链中部分情报与指令等信息传递的环节，因而压缩杀伤链的闭环时间。

在上述 5 种运用模式的基础上，美国海军进一步提出最佳射手应在体系范围内进行动态选择。在武器系统打击目标的全过程，均实现探测、控制、发射和交战控制等功能要素的最优配对。在整个作战体系内，预警机同其他特定平台一样，其所配备的探测、通信和武器等要素均与平台解耦，各类要素不再专属于任一平台，而是隶属于整个体系，是协同作战的"共产主义"，预警机或其他分布式指控单元可以统一调度和配属。最佳射手在体系内进行选择，导弹发射后可由不同单元进行接力制导，直到命中目标。

表 11-2　预警机参与综合防控火控的 5 种运用模式

	预警机（或其他平台）					武器发射平台				
	情报		解算	发射	交战控制	情报（火控级）		解算	发射	交战控制
	发射前	发射后				发射前	发射后			
远程提示	√					√	√	√	√	√
远程发射	√					盲 发 射		√	√	√
远程交战	√	√						√	√	√
前向打击	√	√			√			√	√	发射后
远程火控	√	√	√		√				√	不管

需要指出的是，在 NIFC-CA 系统中，除了预警机，任何一个系统成员（例如另外一艘舰船）也都可以发挥在前述各个模式中预警机的作用。但之所以更加强调预警机，正如本章开篇所指出的，其平台高度高，无论是对低空目标的探测距离，还是通过视距内数据链进行情报传输的距离，都能远于其他平台；再加之平台规模更大，允许搭载更多的设备和人员，可以具备更高的处理能力和智能水平，因此理应在杀伤链中发挥更多作用。在本身精度不够的情况下，可以融合其他平台的火控级高精度信息，分发给火力单元；本身精度足够时，可直接制导。从美国海军 E-2C/D 预警机实际情况来看，由于雷达工作频段较低，其自身精度较差，主要采用前一种运用模式。如果预警机自身精度较高，则预警机与导弹武器系统协同运用的可能作战样式将进一步丰富。因此，从某种意义上说，预警机的情报精度问题将变得越来越重要，因为它直接关系到可以实现的运用模式。

◇　预警机最基本的功能是远程警戒，因此一直以来都非常强调威力优先，通过最大限度地提高功率和可用天线面积，以提供更远的探测距离。但从杀伤链闭合的角度看，精度与识别能力相比探测威力，更容易成为杀伤链贯通的瓶颈。需要充分重视探测精度和识别能力的提高，甚至在某些应用场景下应该做到精度优先、识别优先。

正如前面章节所指出的，机载预警雷达存在探测空域（包括探测距离和覆盖空域）、精度与时间三者之间的基本矛盾，特别是随着隐身战机日渐成为各军事强国的主力装备，预警机实现尽远的探测威力仍然存在严峻挑战。采用低频段有利于获得较大的RCS，但在允许的天线面积下，将带来更宽的波束，宽波束由于空域覆盖大、搜索效率更高，比窄波束有利；而窄波束虽然空域搜索效率相对较低，但能够带来更大的功率增益、更高的角度分辨力和更高的测量精度，加之窄波束在照射到地面时形成的地杂波单元更小，杂波功率更小，因此，窄波束又存在着对增加作用距离有利的因素，也有利于提高航迹质量。所以可以考虑低频主要负责搜索，高频负责在低频搜索到目标后对其进行测量，而不用执行空域搜索任务。为进一步提高测量精度，还可以利用相控阵雷达波束扫描灵活的优势，在允许的条件下尽可能延长照射时间，以获得更多的回波能量。至于高频需要和可能高到什么程度，则是值得研究的问题。以往通常认为，机载预警雷达的精度特别是高度测量精度，受限于高度方向上的天线尺寸，不容易做高，因此难以对目标给出精确的三坐标信息，从而限制了预警机对战斗机实施更加精确的引导和控制。但在杀伤链概念下，精度问题不仅是情报质量问题，也不仅是对战斗机的引导方式问题，而是更高意义上的作战样式问题，它限制了作战体系内单元间协同组合形成杀伤链的方式；如果某一类传感器难以完成任务，就需要引入其他传感器或在系统层面努力解决。

随着威胁目标特征的日益复杂，目标识别不仅是分辨问题，更是目标多维信息的提取与判断问题。所谓分辨，当前主要是指获得目标在外形和运动等方面的细节特征，但预警机在先天上存在对识别的不利因素。例如，本书第六章曾经从敌我识别器的角度分析了识别的难点；从雷达角度看，为了提供更高的搜索效率，不能采用较高的频段，从而限制了分辨力的提高，并且雷达为了尽远探测，目标回波的信噪比都不会很高，但雷达识别的前提是有足够的能量，而为获取足够的能量，又可能需要花费更多时间，从而影响对目标的搜索和跟踪。因此，从如何提高预警机的识别能力看，一方面要挖掘现有手段的潜力，另一方面也需要增加手段，要么在预警机上增加，要么与其他作战单元协同，例如将多源情报综合、网络化识别甚至是将识别器或其他手段加在无人机上，实施有人机—无人机协同识别，等等。虽然预警机识别能力的提升可能存在技术上的诸多挑战，但在本质上，预警机对识别的问题能够解决到什么程度，主要取决于用户需求和设计理念，以及对识别问题的重视程度。

综上所述，第三代预警机在作战体系的横向维上需要连接更多的作战单元，在纵向维上可以涉及杀伤链的更多环节，在空中作战体系中与其他装备的关系将更为丰富，核心节点的地位更加突出。一方面，预警机在负责形成并维护战场的完整态势图的过程中，应能够在授权下负责战场内更多空中作战资源要素的调配，例如传统上并不在其调配范围内的大型对地监视与指挥平台与电子侦察机，以及未来大量涌现的无人探测平台；另一方面，在态势情报的服务对象上，不仅是战斗机，也可以是战斗机上的火力系统或其他武器系统，使得战斗机提升先敌发现、先敌攻击的能力，并加快杀伤链闭合的速度，提高体系的响应能力。预警机在杀伤链中的"联横、贯纵、提速"作用，正是信息系统在未来联合作战中发挥主导作用的重要体现，可以称之为"预警机支撑构建杀伤链"。

◎ 预警机对火力系统的充分或直接支持，可能会面临与大范围搜索的矛盾。因为火力支持除了需要更高的精度，还可能需要更多的时间资源占用；例如导弹制导常常要求很高的跟踪数据率，假设 1s 就要更新 1 次（即更新率为 1Hz），由于雷达波束每次对导弹待攻击的目标进行照射是需要花时间的，假如要同时满足 10s 搜索一次 360°全空域的要求，要么以高更新率照射的目标数就不能太多，要么加长对既定空域的搜索时间（例如将 10s 延长至 20s）。据估计，当在 360°全空域 10s 完成一次搜索时，如果其间还需要额外对一定数量的目标以 4s 一次的高更新率进行跟踪，那么，这样的目标数大约为 36 批；如果将 4s 调整为 1s，36 批可能就得压缩到 4 批左右。要解决资源调配的矛盾，预警机本机可能需要配备更加多样化的传感器，或者精心设计传感器的工作模式，或者本机在制导时将搜索任务转移给其他预警机，或者将本机的制导任务转移给其他位置上的协同节点，等等。对预警机在搜索和火控方面矛盾的处理，本质上也与预警机的定位有关。预警机应该是橄榄球中的四分卫，或足球场上的中前卫，是全队的核心，有着更宽的视野和更强的组织能力，必要时也可以直接进球；其首要任务是形成战场态势并对战场的防守与进攻进行组织，而在能够兼顾搜索与火控的情况下，或者在不能兼顾搜索但此时火控更为优先的情况下，也可以直接制导。就像1986年世界杯阿根廷对英格兰的比赛中球王马拉多纳的第二粒进球，被誉为世界杯上的最佳进球之一，他在球队中的位置正是以组织防守与进攻为主要任务的中前卫。

第三代预警机的技术特征是"网络化、多元化、一体化和轻型化"。

网络化是指预警机在由多单元有机组合形成的作战体系中完成作战功能，一方面为网络贡献资源，另一方面将通过网络快速地融合来自更多平台的各种情报，通过自动化处理，形成动态的、三维的作战空间态势图，使整个网络的所有作战单元都可以看到一幅"共用的、统一的、单一的战场图像"，及时为指挥员产生目标指示信息，并有效地对目标进行控制，以较目前更快的速度发出对目标进行打击的命令。

◎ 美军开发了 NCCT（网络中心协同瞄准系统），作为空军情报侦察系统的中枢神经。它是传感器平台上通用、开放的网络应用软件，综合了包括空军 E-3、E-8、RC-135 侦察机和陆军的"护栏"系统以及太空系统、U-2 侦察机、分布式通用地面系统等在内的不同作战平台，并和海军 CEC 系统集成，建立了机—机网络，在当前各不兼容的多情报源情况下，形成一个协同组，提高情报响应的效率。

针对协作式敌我识别器存在的问题，发展了"非协作式敌我识别系统（UCIFF）"，不依靠询问和应答的交互，己方将直接判定目标属性。工作时把探测到的目标特征输入计算机，与事先预存的关于目标的一些数据信息进行对照，初步判定目标性质，再与数字化信息网作信息交换，查阅"战况报告系统"，作出敌我性质的二次识别。"战况报告系统"就是通过遥测卫星和各种探测手段及作战计划，将覆盖范围内的目标信息，实时标在以"代码"为标志的数字化地图上。数字化敌我识别系统由于采用了非协同技术，其被截获率几乎为零，同时与数字化通信网、数字化地图、武器人控系统联动，识别实时、准确和可靠，大大提高了火力的反应速度。

而作为作战体系基础设施的网络，应该具备快速规划、出入灵活、抗扰硕存、适应多种应用等需求。美国空军 TTNT 系统和美国海军 CEC 系统的建设，反映了在网络化发展趋势下美军在预警机装备研制中的探索。通过 NCCT、UCIFF、TTNT 和 CEC 等系统，初步完成信息向情报的转换，实现了战斗管理、自动统一态势和数据共享，大幅缩短了杀伤链的运行时间，增强了对巡航导弹等时敏目标和战术弹道导弹的防御能力，共同构成了第三代预警机网络化发展的重要标志。

多元化的发展有两重含义。一是通过增加传感器与其他设备的种类，引入对空/对海/对地监视雷达、雷达侦察、通信侦察、红外系统和更多的数据链路，来适应对新型威胁目标探测与体系协同作战的需求，同时做好多源情报的综合，使得预警机和作战体系内的各个成员共同完成对目标的发现、识别、决策、打击和评估。二是出于不同国情、不同军兵种、不同部署形式与开发周期等需求，继续发展多样化的产品，或形成系列。

随着电子技术的发展，预警机一体化的趋势越来越明显。以第三代半导体和微系统为代表的主要技术，正在使下一代预警机通过一体化来提高能源和空间的利用效率。多功能宽带阵列使得雷达孔径成为系统孔径；第三代半导体带来能量利用效率的成倍提高和带宽的进一步拓展，为工作在不同频段的有源、无源系统提供更大的能力，例如提升电子战系统的灵敏度，或使通信系统获得更高的系统增益、带宽和抗干扰能力，并实现从全向通信向定向通信的转变；计算机技术的进步、功能强大的综合核心处理机能够把以前的任务计算机、武器控制计算机、信号处理机和其他用于控制各自设备的计算机的功能集于一身。

随着预警机的频繁使用，迫切需要减小预警机的造价和使用费用，降低载机规模，在尽量小的平台上使能力最大化。第三代预警机已融入一个网络内，空中的预警机可以基于网络充分利用地面资源，减少机上设备量和人员，自动化和智能化水平的提高可以进一步降低人员数量；天线与机身共形可充分利用有限的飞机表面空间，在一定程度上解决天线面积和载机气动的矛盾；数字化从后端的处理不断前移，天线阵列将从数字化接收处理向数字化射频信号产生发展，笨重的模拟器件与电缆将被数字化器件与光纤取代，集成电路的密度按摩尔定律发展，设备体积重量不断下降；软件化的发展使系统功能将更多地由软件来配置和实现……这些都显著降低了装机代价，为在小型化平台上发展预警机提供了技术基础；或者反过来看，在同样大的平台上，这些技术的应用将导致更加强大的能力。

从"杀伤链"到"杀伤网"，从"数据链"到"数据网"

随着 E-8C 和 E-3 这些大型有人平台在杀伤链中的作用越来越大，美军意识到它们在未来作战中将更容易被视为高价值目标而面临更多的打击风险。2014 年，美国空军提出分布式空战概念（图 11-15），将 E-3 预警机作为分布式作战管理平台，协同位于前方的无人侦察机、无人电子战飞机和无人通信平台以及 F-22 和 F-35 等有人战斗机，实施对空和对地目标打击。2017 年，美军在"多疆域指挥控制计划"中提出，E-3 预警机（AWACS）的任务可能会分解，这意味着该任务将由数量更多、尺寸更小的平台执行，但可能仍会有某种空中的中心节点协调有人驾驶飞机和无人驾驶飞机的功能。

同年 8 月，美国 DARPA 提出"马赛克战"概念，强调以"低成本、网络化和可重塑"的方式重新进行武器装备组合，重点是发展有人/无人编组作战和武器功能分解重组的能力，并允许指挥官根据战场态势无缝召唤海陆空作战，而不管由哪支部队提供。其中，"低成本"是指传感器和功能单一的各类低成本武器系统或平台；"网络化"是指通过网络实现信息互联互通互操作和装备赋能，以提高低成本武器的效费比；"可重塑"是指功能可拆分成多种排列组合，以使杀伤链更具弹性。

"马赛克战"概念之所以被提出，主要原因有三。一是美军认为在大国竞争中，以往长期存在的高科技武器装备竞争优势正在降低。中、俄等大国在隐身战机、卫星、超高声速武器等方面均已形成与美军的制衡态势，迫切需要解决竞争优势从哪里来的问题。二是美军认为先进武器装备开发时间太长，F-22战斗机从签订合同到服役长达近20年，随着技术的快速发展，按照传统的装备研发路线，可能造成装备一旦服役就落后的结果。三是作战体系对原有重要军事系统依赖性强，容易成为体系短板。如果重要系统被攻击，整体作战效能就会显著下降，且目前的装备只针对单一作战环境，如果想发生变化，则不能重新构建装备体系。

马赛克战的主要特点可以归纳为四个方面。一是分散部署。有两种形式：位置分散和功能分解。所谓位置分散，是指多个装备分别部署于不同的空间或地理位置上；所谓功能分解，是指将原来集中于大平台上的多个功能分解到不同平台上，以降低成本和增加功能组合的灵活性。功能分解后的作战单元通常是分散部署的，但在空间上分散部署的作战单元不一定是做了"功能分解"的。马赛克战分散部署的两类形态，从某种程度上也可以认为是装备实现的两个阶段，当前阶段仍以集中式平台、多功能为主，未来则可能基于无人平台发展单一功能，然后通过网络进行组合。从装备形态上看，当前集中式平台上的各个组成部分在同一空间上以有线网络集成，未来"分解式"或分布式的装备则可能是在不同空间上以无线网络集成。二是快速重组。根据作战任务需要，对位置分散、功能分解的作战单元，快速和动态地进行协同与联合。如何保证快速？通过人工智能辅助决策，克服功能单元组合的复杂性，并将复杂性变为优势，所以，马赛克战也被视为美军继平台中心战、网络中心战之后的"决策中心战"。三是变链为网。传统意义上的杀伤链通常是程序化的，某些作战单元虽然在杀伤链的各个环节可以发挥不同作用——例如预警机，可以在杀伤链中仅提供低空情报和控制战斗机，也可以将情报直接传递给火力系统支持打击，但从总体上来看，杀伤链是按类型事先规划好的，每条杀伤链中的各个单元也是事先明确的（E-2C支撑构建的对陆、对海和对空三条杀伤链就是一个例子），但杀伤网更加强调基于作战单元的动态组合和按需调用，实现"不为所有、但为所用"。四是跨域杀伤。杀伤链中每执行同样功能（例如同是"观察"环节的各个不同单元）的各个功能单元都可以分布在陆、海、空、天、电和网等各个作战域，从上一个环节向下一个环节的传递也可以发生在不同的作战域，针对同一目标的作战行动可以在多个域内同时发起、联合进行。

2018年，美国空军提出发展"先进战斗管理系统（ABMS）"，最初的定位是适应未来强对抗环境的新一代战场监视、指挥控制与战斗管理系统，是E-8C飞机的后续项目，将无人机、AWACS、F-35等各类C⁴KISR平台连接成簇，利用多平台形成的"面"侦察指挥网络替代E-8C的"点"侦察指挥系统，并将各传感器节点信息绘制成统一的战场图景，其实施过程分三步。第一步，2018—2023年，整合现有传感器和升级通信网络，改进作战管理系统；第二步，2024—2029年，集成更加先进的传感器和软件，推动E-8退役；第三步，2030—2035年，利用多种方式提供韧性的多传感器作战管理能力。2019年4月，美国空军宣布ABMS的新愿景——通过数据融合、人工智能和机器学习，实现万物互联和联合全域指挥控制（JADC2），是由空军牵头全军联合作战和全域作战能力建设的体系性项目，是美军推进马赛克战的重要抓手（图11-16）。

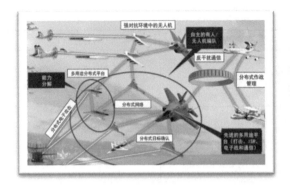

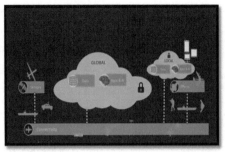

图 11-15 分布式空战概念 图 11-16 美军基于 ABMS 发展军事物联网

"马赛克战"概念的提出与推进，将深刻地改变包含预警机在内的装备形态与设计理念，并加快装备研发机制的变革，有力推动武器装备的体系化发展，它所涉及的四类关系可以为未来装备发展提供重要启示。

一是"装备体系化"与"体系化装备"的关系。早在数十年前，美军就通过 SAGE（半自动防空系统环境）系统启动体系集成工作，希望打破既有装备形成的一座座的"烟囱"，更好地实现互联互通互操作，并且通过推进 GIG（全球信息栅格）、DoDAF（国防部体系框架）和 JIE（联合信息环境）等建设，不断加强顶层设计。理想地看，装备体系应该是一次性从顶层上设计好的，但由于历史的原因，只能不断基于现有装备加强系统集成，实现"装备体系化"。但在马赛克战条件下，它要求装备能够基于大量"位置分散、功能分解"的单元，基于网络实现动态组合，本质上就是将装备在先天上就以体系的形式发展，从而可能加快"体系化装备"的实现进程。

二是"协同"与"分布"的关系。美军为推动马赛克战发展，提出了四个阶段的总体规划（表 11-3），其中，NIFC-CA 系统被视为第一阶段"分布式杀伤链"的例子，是对现有系统的手动集成，实际上是在做协同，可是马赛克战的内涵之一是对装备做"分解"，两者之间似乎有些矛盾，但深思起来实际上是对立统一的。因为如果多个单元的协同做得非常好，以至于能够把它们视为一个集中式的整体单元，那么反过来，原来的多个单元就可以视为协同后形成的这个集中式整体作战单元的分解形态，因此，协同的工作要做好、做到底，让不同的单元真正合二为一并且"1+1>2"。此外，"集中"与"分布"的关系长期以来都是被广泛关注的问题，但 NIFC-CA 的装备组成仍是传统意义上的"集中式"居多，所以，也许只有先把集中式的问题认识清楚了，分布式的问题可能才能更好地解决。在分布式作战体系的构建上，美军给出了前瞻而又务实的示范。

表 11-3 马赛克战的实现路径

	分布式杀伤链	系统之系统	自适应杀伤网	马赛克战
典型	NIFC-CA	SoSite	待定	待定
描述	手动集成现有系统	适用于多种战斗配置的系统	任务执行前可以半自动选择预定的效应网	能够在作战时编配新的效应网

续表

	分布式杀伤链	系统之系统	自适应杀伤网	马赛克战
优势	增大有效距离；增加交战机会	实现更快的集成和更多样化的杀伤链	允许任务前调整；更具杀伤力；使对手感到棘手	适应动态威胁和环境；可扩展为同时进行多场交战
挑战	固定的杀伤链；建立时间长；难以操作和扩展	固定的架构；适应能力有限；无法添加新功能；难以操作和扩展	固定的剧本；杀伤链数量有限；可能无法很好地扩展	拓展性只限于人类决策者的能力

三是"链路"与"网络"的关系。"马赛克战"概念的提出可能导致装备本身的形态不断发生深刻变革，如无人化、智能化、低成本等；同时也对体系内各装备之间的连接关系提出了更高的要求，"连接"问题的解决可能变得非常困难，传统的数据链路难以充分支撑马赛克战所要求的大带宽、低时延、动态重组和按需服务等需求。对比当今计算机与民用通信领域，网络化水平还相对落后，正如第八章所指出的，在数据链发展的早期，为了充分利用有限的链路能力，美军将各类作战应用基于格式化的消息与专门的协议进行表达、传输与协同；相比于采用 IP 协议的民用网络，应用与链路的绑定过多，造成系统的开放性不足；同时，Link 11、Link 16 等现役数据链的基本原理是几十年前的，虽然一直在利用当前技术进行改进，但由于历史的原因，新研发的链路要与原有链路兼容，从而背负了较多的历史负担，造成积重难返。杀伤链向杀伤网演化，可能必然带来数据链应该向数据网变革，从而为加速推进"连接"问题的解决提供了挑战与机遇，甚至在全新的装备上催生实现全新的网络。

四是"技术形态"与"作战形态"的关系。打什么样的仗，就需要什么样的装备；什么样的装备，就能够支撑打什么样的仗，这一点实质上是技术与需求的双轮驱动问题。马赛克战的主体是分布式作战，从技术上说，"分布式"早已被发明，以雷达为例，早在新世纪之初，"分布式孔径"就是雷达的研究热点；无论美军是否从分布式雷达的概念中得到启发而提出分布式作战，都不妨碍研究者更加关注新的技术形态对作战形态的影响。类似的还有"低零功率作战"。外辐射源探测、无源侦收定位等低零功率探测技术很早就被发明了，最终美军将其上升到了作战样式的高度，有低零功率探测，就有低零功率作战；有分布式雷达，就有分布式作战。所以，马赛克战进一步强化了对技术与作战相互关系的认识，并为技术问题的思考提出了重要的方向和方法。

◇"联合全域指挥控制"概念可以认为是"马赛克战"概念的内涵和实现依托。2019 年，美国 MITRE 技术与国家安全中心发布《一种新的多域作战指挥体系架构——对抗同等对手的力量投送》（图 11-17 左），阐述了发展 JADC2 的动因、现状与理念，可谓金句频出、言犹在耳：

"传统的指挥系统面临着诸多障碍，包括不同作战域、不同保密级别、不同军兵种和盟友之间；

决策过程中，效应器^①划给了军种或作战域，而单个军种或作战域又无法充分理解实现预期效果所需的全部能力。如果消除掉作战域和军种之间的界限来使用传感器和效应器，则可以极大地缩短对多个机动目标的交战时间。

国防部多年来在这个问题上投入力量很大但收效甚微，JADC2 需要开发全新的指挥控制方法，因为现有方法仍然是去冲突系统，而不是集成系统；

在缺乏通用兵力设计情况下，每个军兵种在为 JADC2 开发各种要素时，主要关注的只是本军种的特定需求；

对于国会中的倡导者来说，相对于无形的连接和数据，更切实和更生动的平台更容易获得支持；

各个军种不愿意放弃对本军种能力的掌控，将一个作战域的资产控制权交给另外一个作战域的指挥官；

在竞争或拒止环境中，不太可能有足够的带宽将所有数据传输到高端作战所涉及的每个系统和平台，而且大多数数据与大多数用户无关，许多用户和系统会被大量的数据压垮；

战役级指挥控制单元可通过'动态市场'来调配战术能力，一套完整的任务功能单元或能力将作为卖方，向市场出售它们在任何时间能够产生的效果，战役级指挥控制单元作为买方，根据任务来购买能力，并对时间、机会成本、成功概率和生存能力等变量进行优化……"

美军多年来在体系化作战能力推进方面不遗余力，有成功也有失败，特别是对跨军兵种联合作战能力提升方面存在的问题有着深刻的认识。1997 年，美军提出 JTRS（联合战术无线电系统）计划，旨在开发一种适用于所有军种要求的电台系统系列，后向兼容传统系统实现多种新的先进波形，极大增强部队之间的互通能力，适应 21 世纪数字化部队对军事通信系统的新要求。但国防部在花了 150 亿美元和 15 年时间开发后，没有部署一款无线电系统，这项计划就这样无疾而终了。2012 年，美国马里兰大学发布《联合战术无线电系统：经验教训与前进之路》（图 11-17 右），认为其失败的原因之一是"……这种架构使各军兵种优先考虑的是自主权而不是协作，并使技术要求和经费分歧的解决变得困难"。现在看来，ABMS 与 JTRS 的相似度较高，都是由某一军兵种牵头，其他军兵种辅助（JTRS 由陆军牵头，ABMS 由空军牵头），但 ABMS 的四次成功试验似乎已经证明了 JTRS 的教训已经被吸取，JADC2 的能力建设正在顺利进行。也许，美军将来不会再发布《联合全域指挥控制：经验教训与前进之路》。

2023 年 5 月 3 日，美国智库米切尔航空航天研究院发布了一份名为《规模、范围、速度和生存能力：赢得杀伤链竞争》的研究报告。报告认为，由于大国竞争时代技术的快速进步和扩散，美国杀伤链的主导地位正在削弱；因此，报告提出了杀伤链的四项原则——规模、范围、速度和生存能力，以指导美国空军在发展能力和作战概念等方面威慑并在必要时战胜与之竞争的大国军队。其中，"规模"是指可以同时闭合的杀伤链的数量；"范围"是指可以攻击目标的距离、区域和持续时间；"速度"是指超越对手反制措施的能力，以拒止、破坏或打破其杀伤链；"生存能力"是指即使在受到攻击

---

① 作者注：可以理解为对传统武器系统的扩展，包括动能、非动能、赛博和电磁攻击等手段。

的情况下，也能很好地保持其杀伤链的完整性和有效性。空军必须迅速部署新的能力和开发新的作战概念，以提供更灵活、更有弹性和更致命的杀伤链选择，而实时识别、构建和执行这些杀伤链就是空军先进战斗管理系统（ABMS）计划的主要目标。ABMS必须支持具有高度韧性可互操作性的杀伤链，并且具有大量分布式节点，匹敌攻击者更难以击败，为此，ABMS 将通过跨大型传感器和平台网络连接和快速共享信息，增加跨不同作战域的可能杀伤链路径的数量。例如，ABMS 可以帮助创建运行起来很像自愈网状网络的"杀伤网"，而不是单独的线性杀伤链（图 11-18）。线性杀伤链中的一个节点或数据链的丢失可能会阻止任务成功，而杀伤网络中可用的多个节点、数据链和其他功能则可以创建其他选项来完成发现、锁定、跟踪、瞄准、交战和评估过程。同时，杀伤网中的每个节点必须能够针对特定的目标集完成相应功能（例如空空雷达就不是地面目标集的正确节点）；进一步地，每一步处理的信息必须具备正确的属性，节点之间必须是可以互操作的，而数据链路的种类也必须是正确的，以适配所需传输的信息的质量。

图 11-17　美国 MITRE 公司发布的多域作战指挥体系架构相关重要文献

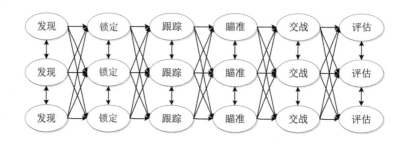

图 11-18　杀伤链和杀伤网的比较

第四代预警机

毋庸置疑，第四代预警机将在作战体系中被设计与运用，同时服从各类武器装备发展的无人化和智能化等普遍性趋势，但与前三代预警机发展中世界各军事强国均有比较明确的规划布局相比，目前对2030年后预警机装备并没有给出全面展望、系统规划与清晰定义。如前文所述，美军曾经多次提出利用分布式的无人平台来替代2030年后全面到寿的E-3预警机，但在2022年2月，美国空军正式确认采购E-7预警机替代E-3服役。从这个结果来看，似乎可以判断美军此前的想法过于激进、步子迈得太快；而在E-8C已经被替代的同时，仍然保留大型有人预警机，也说明在未来相当长的一段时间内，没有有人预警机的作战是难以想象的。其原因可能在于，一是人工智能技术快速发展，但在决策方面仍然不能代替人，有人预警机应该继续发挥其不可替代的优势；二是基于大平台的有人预警机在性能上有可能比小型无人平台仍然占有较大的技术优势，通过分布式、无人化、低成本的多平台集成，在短时间内难以形成与大型平台相当的战斗力。因此，马赛克战的实现道路困难而漫长。

第三代预警机所拥有的战斗管理能力，在第四代预警机上可能与探测感知分离，从而使得第四代预警机主要执行探测感知任务；而之所以存在这种分离，主要是因为第三代预警机具备的战斗管理能力是在有人条件下实现的，虽然无人化要求实现智能化，但二者难以同步发展，无人化在一定程度上可能领先于智能化，基于人的战斗管理能力在一段时间内难以通过智能化技术在无人平台上与探测感知同步实施。随着人工智能技术的进一步发展，无人预警机实施战斗管理也许在新一代的预警机上能够变为现实。

在第四代预警机将战斗管理任务从自身中剥离的同时，探测感知任务也将在分布式节点之间进一步分离，这种分离有两种含义。一是原来集中在一个大平台上实现的探测感知任务将分散到不同平台上实现；二是探测感知任务内部的细分，例如发现、跟踪和识别，也可能由不同平台来完成，而作战体系内的分离也必然要求共享，正是通过共享，才能使各个分离的平台与任务能够整体发挥作用，从而构成OODA杀伤链的一环及杀伤网的功能节点，即"能力涌现"。另外，通过共享，每一个节点被赋予超出自身之外的能力，自身在体系中找到定位并实现价值提升，即"体系赋能"。

虽然从装备定位上看，预警机将作为协同作战体系中执行探测感知任务的空中主要节点存在，似乎与第一代预警机类似，但正如否定之否定规律所揭示的，第四代不是向第一代简单地回归与重复，而是随着作战样式的演进与技术的发展，呈现出有时代特色的四个总体特征。

机电融合。机电融合是指机体、电子整合。在第三代预警机任务载荷与平台一体化设计的基础上，以微波雷达为主的任务载荷与飞机的集成将实现从"加改装"向"深度融合"的跨越，为功率孔径积的提高找到了全新的有效途径；而执行不同任务的任务电子系统自身也更加作为一个整体，一体化和多功能程度持续提升。第四章介绍传感器飞机时提出的"智能蒙皮"，主要还是指共形化的雷达，可以看作机电融合的早期形态，但未来的智能蒙皮可能是多功能集成系统，在与预警机应用的结合中应该有新的内涵，以一体化为基础，以智能化为核心，其具体含义有四点。一是更宽频带，从隐身目标探测来看，目前的频段主要是针对四代机设计的，对于截面积更小但其尺寸并不小的新型隐身目标，需要进一步加大天线孔径，甚至是因为需要将主用频段进一步下扩甚至达到米波，从而要求更大的天线面积，为此需要利用蒙皮化天线，甚至是贯彻"传感器飞机"理念来定制飞机，从先天上加强飞机设计对传感器需求的适应性。二是更优密度，为提高探测性能和适装性，需要进一步提高单位蒙皮面积的功率密度和耐功率密度，并降低重量密度。三是更多功能，基于更宽频段提高功能系统的集成度，实现雷达、通信、侦察和干扰等多种功能，并自适应感知外界电磁环境。四是更小截面，在蒙皮具备适度隐身性能的同时，基于对辐射能量的更精确管控，降低截获概率，支撑在强对抗环境下执行任务。

第四代预警机基于智能蒙皮解决硬件的集成问题，以此为基础，通过网络化基础环境提供成员接入体系的接口，以及下层硬件与上层应用系统之间的接口。与第三代预警机的操作系统运行环境和中间件主要为基于本平台局域网的各种异构平台运行提供支持相比，第四代预警机的网络化运行环境需要更多地为基于跨平台无线网络的各种异构平台运行提供支持，在借鉴民用基于互联网环境的网络操作系统概念的基础上，通过新一代网络化软件基础环境，提供多链组网管理、空中协同节点资源虚拟化管理和分布式服务等能力，将是第四代预警机的重要技术特点。在此基础上，应用程序在实现彼此间解耦及与下层硬件解耦的同时，可以统一调度网络内的各类资源，并智能化完成各类功能。因此总的来看，第四代预警机总体上将呈现出"蒙皮化传感器+网络化基础环境+智能化系统应用"的技术特征。

单群并重。单群并重是指单体、集群并重。第四代预警机的单体和集群形式同时存在于未来作战体系，是其产品形态的重要特点。从平台形式来看，第四代预警机将以无人为主；但在其演进过程中，传感器集中在单个平台上运用的单体预警机形式和分散在多个平台上运用的分布式或集群预警机形式将并行存在，反映了第四代预警机发展过程中其产品形态的多样性。两者将以智能蒙皮为共同的技术基础，但在平台规模上有较大差异，不能偏废。其中，单体形式规模比较灵活，其最大起飞重量可能从数十吨乃至上百吨左右一直减少到 10t 以内，利用无人平台的通用性优势，如低成本、高升限和长航时等特点，执行常态化警戒任务，是第四代预警机发展早期的主要形态；集群形式则由于其平台规模相比集中式平台显著减小，其载荷在重量、体积和功耗等方面的要求相对较高，其普及速度将取决于微系统技术的充分发展；同时由于单个平台上载荷能力有限，分布式协同运用将成为其拓展能力的主要手段。

微光互补。微光互补是指微波、光学互补。第四代预警机在载荷形式上的另一个重要特点可能是，在以微波（及米波）为主的同时，采用光电手段（最为典型的波段为红外光电探测系统）执行对隐身空气动力目标的探测任务。相对于传统的红外光电探测系统，其在任务能力上可以对低热辐射目标进行全方位搜索，在信号处理上将传统的高信噪比成像转变为低信噪比检测。

微波与光电互补的必要性在于，光电系统是无源工作系统，相比于有源微波系统，其对低/零功率作战适应性更好，作用距离更远，抗干扰能力也更优；相比无源微波系统，其方位分辨能力和精度更好，便于区分密集目标，并改善目标识别性能。此外，由于其载荷对平台的安装要求低，相比微波系统而言，对平台的适应性更强，可以进一步丰富第四代预警机"单群并重"时期的载荷形式，为其多样性特点提供有力支撑。

光电预警探测系统用于机载条件下的预警探测，其可能的主要技术途径包括：研制预警探测专用器件，通过扩大探测器谱宽和加大单元能量接收面积，提高能量利用效率；在进一步加大孔径的同时，引入自由曲面设计技术和离轴多反光学系统，或在低成本平台上采用非制冷技术，降低装机代价；借鉴相控阵微波雷达工作模式设计和基于概率的信号检测基本思想，以时间换能量，并采用恒虚警、检测前跟踪、多波段协同和模式识别等先进算法，降低检测信噪比。

光电预警探测系统也仍存在一些突出问题需要解决。一是相比传统的光电成像与搜索跟踪系统，由于其探测距离更远，且下视需求更为突出，受地物、海面等背景的影响比较严重，传播路径损失也更大，反背景杂波问题需要进一步研究解决。二是为提高情报与信息质量，希望光电预警探测系统提供距离信息，真正实现被动光电系统的"三坐标"能力，为此需要开展多基地协同测距、多波段协同测距与激光协同测距等研究。三是为适应更小的无人平台，需要载荷进一步轻小型化。四是为适应分布式与集群应用，相比于微波系统的"三同步"问题，光电系统解决难度更大。

有无协同。有无协同是指有人、无人协同。作为第四代预警机在作战运用上的重要特征，未来的预警机必须是编队作战的，编队协同是联合作战条件下实现装备体系赋能和能力涌现的重要途径。从协同效能上看，有人、无人协同可以实现探测增程、识别增准、打击增速，创新作战样式和提升作战能力。从装备体系构建角度上看，有人预警机通常是领先建设的，是装备存量；无人预警机是后发研制的，是装备增量，通过有人预警机与无人预警机协同工作，也是实现现有装备效能最大化的必然需求。从协同样式上看，可以分为三类，一是有人预警机与无人预警机的协同，二是无人预警机之间的协同，三是有人预警机之间的协同。与前两类协同方式相比，有人预警机之间的协同容易被忽视，而从实现协同的技术途径上看，有人预警机之间的协同相对来说更容易实现，可以为有人—无人协同和无人—无人协同积累技术与经验，同时也是用好存量的重要措施。

预警机从单机使用转向多机协同，并不断增强协同的广度和深度，具有重要意义。多机由于从不同的角度观察同一目标（例如分别探测迎头和侧面），因此可以获得一定的 RCS 增益；如果一架机被主瓣干扰，另外一架机则一般不会同时处于主瓣被干扰的位置，从而可以接力完成任务；一架机以一定的数据率搜索空域时，另外一架机错开半个周期也以相同的数据率进行搜索，理论上对该空域的实际数据更新率就可以提高一倍；如果某些目标对于一架机来说处于探测的低速盲区，则对于另外一架机来说就可能被检测出来；如果一架机因在执行火力控制任务而难以顾及搜索，发现新目标的任务就可以由另外一架机来完成；两架机同时对辐射源进行定位，既可以缩短单机三角定位的时间，也可以提高定位精度……将多架机的探测、识别、通信及人力等各类资源均进行统一调配，甚至于使得这些资源就像都部署在一架机上一样，并通过智能化手段在能量、时间、链路、工作模式、阵位、航线及兵力/火力的分配、引导和控制等方面实现高度的自动化，有望有效克服单架预警机的能力不足，提高态势生成的质量，提高信息通联的效率，扩大指挥与战斗管理的规模，从而为杀伤链的构建与运行提供更多支持。

◇ 总的来看，预警机之所以能够作为骨干担负起杀伤链的构建、组织与优化任务，根本原因还是在于其信息优势以及基于信息所形成的决策优势，具体体现在四个方面，并因此带来了四类作战效益。

一是预警机的信息具备"远"的优势，可以获得更"广"的作战空间。预警机将地面/舰基雷达对低空目标的探测距离拓展接近一个数量级，即使对于中高空的目标，同样具备更大的探测视距，如果预警机还具备对隐身目标的探测能力，其探测威力也将远远大于四代机自身的火控雷达，从而为解决"打得远、看不远"的问题提供一种高效手段，可以极大地拓展己方作战空间而压缩敌方作战空间，从而在反隐身作战、远程打击高价值空中目标、反巡航导弹等作战任务中发挥重要作用。

二是预警机的信息具备"全"的优势，可以链接更"多"的作战单元。随着预警机上集成的信息化手段越来越多，预警机的多元化情报正在迅速向全域化拓展。在不断完善对空中和海面目标探测性能的同时，国外先进国家正在加快天基情报的引接与运用，并通过协同电子战飞机及无人侦察机等其他作战单元，使得预警机的情报正在日益覆盖陆、海、空、天、电、网等各个作战域，从而为协同多域和多军兵种的作战单元创造了条件。而预警机的信息所具备的远和全的优势，也为预警机的定位从战术预警向战略预警和战术预警兼具的转变提供了有力支撑。

三是预警机的信息具备"准"的优势，可以具备更"快"的响应速度。长期以来，预警机的探测威力虽然较"远"，但精度相对较差，识别能力也相对有限。随着技术的进步，预警机单平台有望具备更高的探测精度和更可靠的识别能力；如果通过与其他平台的协同实现"预警机＋"，则信息的准确性将得到进一步提升，从而具备对火力的直接支持能力，可以减少杀伤链的运行环节，从而实现以"快"吃"慢"。

四是预警机的信息具备"智"的优势，可以实现更"灵"的作战样式。预警机的"智"首先体现在它所搭载的作战人员显著多于其他空中平台，拥有较高的智力水平，从而具备对其他作战平台实施指挥和控制的能力。未来的体系化作战、无人化作战和全域化作战将空前加强战场的复杂性，而正是预警机具备"智"的特点，通过人及人工智能的加持，将这种复杂性变为优势，支撑杀伤链向杀伤网拓展，使得作战要素的组织更加灵活。虽然这种灵活性从现阶段看，主要来自有中心（即预警机）的组织，但只有把有中心的组织研究和实现得比较透彻，才能真正在未来无中心的作战中获得制胜的先机。

参考文献

[1] 陆军，郦能敬，曹晨，等. 预警机系统导论[M]. 2 版. 北京：国防工业出版社，2011.

[2] 陆军，乔永杰，张先超. 导弹武器打击链构建理论与方法研究[J]. 中国电子科学研究院学报，2015（11）：341-345.

[3] 陆军，张瑶，乔永杰. 不确定性打击链的闭环时间表征和评估[J]. 中国科学：信息

科学，2017（2）：207-220.

[4] 高坤，戴江山，张慕华. 基于大数据技术的电子战情报系统[J]. 中国电子科学研究院学报，2017（2）：111-114.

[5] 曹晨. 预警机发展 70 年[J]. 中国电子科学研究院学报，2015（4）：113-118.

[6] 曹晨. 第四代预警机发展研究[J]. 中国电子科学研究院学报，2020（9）：809-814.

[7] 杨任农，沈堤，戴江斌. 对联合作战空战场管控问题的思考[J]. 指挥信息系统与技术，2019（1）：1-6.

[8] 梁维泰，戚志刚. 指挥自动化系统的软件开发策略[J]. 计算机工程，2000（10）：107-108.

[9] 丁轶，陈元. 军用地理系统参考研究[J]. 电子质量，2019（11）：79-85.

第十二章　铸大国重器 挺民族脊梁

——中国预警机事业的发展

　　预警机是现代电子与航空技术的制高点之一，世界上只有少数几个国家具备研制能力。我国预警机装备的发展，起步较早、历经坎坷、大业始成，大致可以分为早期尝试、国际合作、零的突破、系列发展和引领前行 5 个阶段，不仅实现了从无到有，而且形成了适合国情的装备谱系；不仅跨入了国际先进行列，而且在部分领域已经形成了领跑；不仅在国内形成了一定数量的装备规模，而且还完成了从国际合作到出口的转变；不仅完成了装备研制，而且形成了"自力更生、创新图强、顽强拼搏、协同作战"的预警机精神，激励着广大国防科研工作者努力奉献、不断超越，持续谱写出新的奋斗之歌。如今，我军正在紧紧扭住"能打仗、打胜仗"的根本指向，加快提升基于网络信息体系的联合作战和全域作战能力，从而为预警机赋予了新的作战需求并带来了新的发展机遇；作为联合空中作战的核心装备，预警机也必将为维护国家尊严、领土完整和利益拓展作出更大的贡献。正所谓：逐梦网信，使命达疆场，体系擘画三军伟业；铸剑云天，忠诚写丹青，重器奠定大国基石。

自主研制的早期尝试——空警-1号

　　新中国成立后，我国台湾地区的国民党空军经常派出飞机从低空和超低空骚扰我大陆地区，但我大陆地区所部署的雷达无论是数量还是质量都难以应对。我大陆地区早期的地面雷达，如 208 雷达和 406 雷达（图 12-1），作用距离只有大约 150km，且误差高达 2km。由于测量误差较大，虽然能将战斗机引导到目标附近，但是在复杂天气或夜间，战斗机飞行员依旧无法利用肉眼发现目标。1956 年，人民空军开始从苏联引进三坐标的 Π-20 雷达并装备部队。这种雷达有两个天线，一个天线工作在 S 波段，用于测高；另一个天线工作在 L 波段，用于测距离和方位，其对高空飞机目标的探测距离达 300km 以上。由于这种雷达工作在更高的频段，在相同的天线尺寸下，容易获得更窄的天线波束，所以分辨力较高，测量精度也较好，在引导战斗机接近目标时，往往能精确地引导到飞行员的目视距离内。

与 Π-20 雷达同时装备人民空军的还有装有雷达的
米格-17Φ 战斗机。不久，Π-20 雷达与米格-17Φ 战斗
机的配合就显示了良好的作战效果。1956 年 6 月 22 日
夜间，在拦截国民党空军 B-17 侦察机的作战中，部署
在衢州的空 5 军 Π-20 雷达首次成功地引导一架昼间型
的米格-17Φ 战斗机进入了目视距离内，并两次进入，
三次开炮齐射，将其击落在江西岭底乡溪后村的山谷
中。由于国民党空军侦察机安装的设备需要在比较好
的能见度下使用，因此这些飞机的进犯一般选取在晴
朗的月夜进行，这也有利于人民空军的拦截。在 6 月
22 日夜间的作战中，由于 Π-20 能精确测定 B-17 的航
向、高度和位置，使米格-17Φ 飞行员在 9km 外就发现

图 12-1　我国自行设计的第一部
雷达——406 雷达

了月光下的 B-17 轮廓。随后在 8 月 22 日夜间作战中，虽然是下弦月，但上海虹桥机
场附近的 Π-20 同样将一架昼间型的米格-17Φ 战斗机引到了离目标 800m 处，击落了 1
架 P4M-1Q 电子侦察机；同年 11 月 10 日夜，部署于杭州的 Π-20 雷达再次引导昼间型
的米格-17Φ 战斗机击落了一架 C-46 运输机。

国民党空军自 1956 年侦察活动受到沉重打击后，便开始调整战术，经常在没有月
光的暗夜和 300～500m 低空下活动。由于 Π-20 对高空飞机目标的最远警戒距离只有
不到 100km，再加上大陆东南沿海省份的丘陵山区地貌造成的遮挡，雷达的视线距离
进一步缩短，对低空飞行的目标其探测距离只有不到 50km。1956 年年底，这些分布在
东南地区的 Π-20 雷达网就发现了国民党飞机的低空活动情况，但只能提供一些时断时
续的空情。由于取得了在大陆雷达的电子侦察情报及低空活动的经验，此后国民党空
军侦察用的 B-17 飞机开始大肆活动。1957 年全年，B-17 窜入中国大陆 53 次，人民空
军起飞 69 架次进行拦截，但全部落空。在这些升空拦截的战斗机中，甚至包括 1956
年引进的装有截击雷达的米格-17ΠΦ 战斗机。尤其是当年 11 月 20 日全暗夜间的活动，
一架国民党空军 B-17G 飞机从福建惠安进入后，由于沿海和湖南、江西等二线省份有
Π-20 和 Π-3 雷达，还能继续监视该入侵目标，而穿过湖南的平江上空后，这架 B-17G
就进入了缺少雷达的大陆腹地，竟然西达潼关北上太原，而人民空军判断该机只会在
京广铁路西侧 150～200km 的雷达空白区活动，故派出 18 架次带截击雷达的米格-17ΠΦ
战斗机在京广铁路西侧搜索，但是全部扑空。在 9h13min 的进犯过程中，竟然有 3h8min
不知去向，直到这架 B-17G 窜到石家庄西 65km 处，才被一台破旧的 270 雷达发现，
数分钟后该机又消失在雷达视野外。此后直到 1959 年 5 月都没有能成功击落国民党飞
机。而自 1960 年开始，国民党空军改用 P2V-7U 电子侦察机后，防空拦截作战形势更
加严峻。

1958 年 6 月，人民空军开始在图-2 轰炸机上安装 PΠ-5 雷达，用以拦截低空飞行
的国民党飞机，其续航时间可长达 8h。图-2 飞机的缺点是速度慢，大陆地区将安装了
雷达的图-2 分散部署在重要地区的机场，如江西向塘、江苏硕放、河南郑州等地。然
而这种企图采用图-2 拦截 P2V-7U 的战术并不成功。PΠ-5 雷达只能对前方作左右范围
60°的扫描，而 AN/APS-20 雷达却能扫描 360°；而且图-2 的最大飞行速度只有 547km/h，

低于 P2V-7U 的最大飞行速度 556km/h，因此，图-2 的的技术指标对于完成拦截任务是非常困难的。在 1959—1964 年，图-2 夜间战斗机没有取得任何战果。虽然在基于图-2 加装雷达未能达成既定目标的情况下，之后人民空军又提出了在图-4 轰炸机上加装"钻"轰炸瞄准雷达的方案，但因为其探测距离本来仅有 100km，且在东南沿海省份山区杂波条件下进一步恶化，仍然无法有效遏制国民党飞机的窜扰，夜间的艰苦拦截战斗持续了近 11 年。1969 年 9 月 26 日，中央军委发出了研制空中预警机的指示，并将其命名为"空警-1 号"（图 12-2）。

图 12-2　空警-1 号预警机

预警机研制启动以后，项目组参考了几种当时的国外预警机——美国的 E-1B、E-2A 和 WV-2E 及苏联的图-126 "苔藓"。当时，项目组分析这些预警机后认为，它们都属低速飞机，多由运输机改装；天线罩都呈扁圆形，装在机身背部上方；大多数都是多垂尾飞机，如双垂尾、三垂尾或四垂尾，只有图-126 "苔藓"是单垂尾。由于早在 1953 年，苏联赠送了我国 10 架图-4 飞机，其机体较大，且接近上述特点，所以项目组选择了在图-4 飞机的机背上加装天线罩的方案，并分析了由天线罩引起的涡流可能会影响尾翼的效率。为弥补这种影响，项目组采取增大垂尾面积、加装腹鳍和端板以及降低垂尾高度以避开天线罩涡流的办法，还做了三垂尾和四垂尾的模型，经过风洞试验进行选型。根据风洞试验的结果及理论计算，决定天线罩选取直径为 9m（后改为 7m）、厚度为 1.6m 的圆盘（重量增加 5t），装于距机身上表面 2m、距机头 16m 处，采取杆支撑的固定形式，并加转台制成旋转天线罩，转速每分钟 6 转（扫描周期为 10s）。由于天线罩装上后，全机的阻力增加了约 30%，原机的每台功率为 2400 马力的四台 AЩ-73TK 活塞式发动机功率不足，因此，将发动机更换为 4 台 4000 马力的 AИ-20K 发动机，发动机总功率增加了约 67%。

由于新的发动机为涡轮螺旋桨发动机，它的输出功率 90%来自螺旋桨旋转所产生的向前的拉力，10%来自发动机尾喷管向后喷气所产生的推力，为布置好带尾喷管的新发动机，机翼下方的发动机短舱必须向前延伸 1770mm，这就造成了飞机的纵向稳定性明显下降（图 12-3）。这是因为，发动机短舱在飞机重心前面，相当于增加了机身的面积，当飞机在平衡状态飞行时，若受到上升气流影响，则迎角增大，机身上仰力矩也增大，会加剧机身上仰，不利于机身下俯以自动恢复平衡；若受到下降气流影响，则迎角减少，机身上仰力矩也减小，会加剧机身下俯，不利于机身上仰以自动恢复平衡，因此，加大了的机身不利于飞机自动恢复平衡，所以，需要在机身重心的另一侧，加大水平尾翼的面积，同时又加装了端板。由于装上天线罩后，飞机的方向稳定性有所下降，因此，在飞机后部加装了面积近 3.4m² 的腹鳍。

对于雷达天线罩的旋转对飞机操纵特性的影响，项目组进行了分析。当天线罩旋转时，飞机前方的来流和螺旋桨的滑流会打到天线罩上，旋转着的天线罩会扰乱垂直尾翼和水平尾翼前的气流，经计算，只引起不到 1.5°的侧滑角的作用，影响非常小，可以忽略。如果把匀速旋转的天线罩视为一个陀螺，则当飞机做机动飞行时，就会产生进动力矩，这种力矩只需副翼或升降舵偏转极小角度就能克服，也可以忽略这种力矩的影响。因此，可以得出结论，天线罩的旋转对于飞机操作性能的影响可以忽略。

空警-1 号预警机雷达的发射机、天线和接收机采用了国产 843 雷达的改进型——843 甲（图 12-4），它本来是一型测高雷达，高度方向上的尺寸要小于方位方向，在改装为预警雷达时，转 90°再放置，采用椭圆形抛物面，长短轴分别为 6m×1.3m，以 4～6rpm 的转速水平 360°旋转；显示装置则来自 440 雷达，采用了当时比较先进的平面位置显示器。雷达工作在 S 波段，峰值功率达 2MW，脉冲宽度 3μs，PRF 为 428Hz。

图 12-3 空警-1 号预警机的发动机短舱　　　　图 12-4　843 甲测高雷达

在预警机的制造史上，中国的改装速度可谓世界第一。从 1969 年 12 月开始画图到 1971 年 6 月 10 日空警-1 号开始首次试飞，只用了 1 年零 7 个月；到 1979 年 1 月下旬结束海面上空的试飞，整个研制历程共 9 年零 3 个月。首飞的结果证明，装上天线罩后飞机的操纵性和稳定性基本上与不加圆盘型天线罩时接近，雷达在空中也能正常工作，但是在起飞过程中，首先发现飞机跑偏，飞行员极力控制飞机，才使得沿跑道中线扭秧歌一样地滑跑起飞和降落，升空后在飞行时也有偏航滚转的趋势，飞行员在数小时的飞行中，时刻要用力蹬舵。后来经过测试发现，是发动机功率加大后，螺旋桨侧洗流打在垂尾上造成的偏航力矩导致的。图-4 原装的 АЩ-73ТК 活塞发动机是右旋，而 АИ-20К 发动机是左旋，原设计对右旋的气动力矩补偿措施全部失效，造成飞机左偏右倾。而中国的技术人员在解决这个看似很棘手的问题时却只用了一把扳手，将左右发动机油门推杆调整成固定 10°的油门，造成左右推力不同来补偿这个偏航力矩。

另一个在试飞中出现的问题却没有如此简单。由于位于垂尾前方的雷达罩厚度大且边沿钝，在飞行中罩后气流产生分离引起紊流，作用在垂尾上就产生严重的尾部抖振，称为"颤振"。飞行员在飞行中能非常明显地感觉到这种颤振。颤振不仅容易使空勤人员感觉疲劳，也容易使结构疲劳。从 1971 年 7 月开始，设计组开始着手排除颤振。先后采取了机身刚度加强、改变天线罩的迎角和改进天线罩底座的整流效果等方法，但效果都不大，飞机仍然不能正常飞行。根据颤振产生的原因，先后研究了 17 种排振方案，并在风洞中进行了测量颤振的风洞试验，证明在天线架上安装船形整流罩效果较好，能排除全部颤振的 25%；后来又研制出了 12Hz 的吸振器（12Hz 是空警-1号的主要颤振频率），并加装在垂尾上，经过 2 年多的反复的试验，证明这两种手段是有效的，飞机从此可以正常飞行。

排振结束后，空警-1 号开始了以雷达为主的飞行试验，并不断改进雷达，一是新研了高稳定频率源并采用相参处理，将接收机灵敏度提高了 4dB；二是增加了动目标显示（MTI）能力，更加有效地抑制海浪杂波；三是改进了显示装置，将当时比较先进的舰载雷达显示器移植到飞机上，更加方便操作员分辨和测定目标；此外还进行了天线罩探伤检查、天线罩防雷击试验、发射机损耗测试、海浪干扰强度测量等工作。

雷达试飞在各种不同地形条件下进行，结果表明，在平原、沙漠和山区的地物回波都很强，雷达没有下视能力，但在青海湖湖面能发现低空目标并能比较连续地掌握，这说明，湖面的回波强度比陆地小得多，因此，可以推断此时的雷达在海面上空有下视能力，为此，从 1976 年 3 月开始，分别选用安-24、强-5 和歼-6 等飞机为配试目标机，在海面上空的不同高度进行了试飞比较，测得预警机在 1500～3000m 高度时对 500m 高度的目标机观测比较连续，作用距离约 220km。同时，由于海浪杂波变化较大，在海面上空探测目标时，还是受到较严重的海浪杂波干扰；而在陆地（包括平原、沙漠、山区等地形）上空看低空目标时，由于地杂波干扰太强，不具备下视能力。

总体上看，经过共计 782h、685 个起落的飞行，在排除颤振以后，飞机飞行正常，操纵性和稳定性良好，这表明空警-1 号的载机改装是成功的，为后续类似的飞机改装积累了宝贵的经验。但空警-1 号研制完成后，并没有进入空军服役。一方面，我国当时的脉冲多普勒技术尚未成熟，雷达基本不具备在复杂地形和海情下发现敌机的能力；另一方面，进入 20 世纪 70 年代，国民党飞机的袭扰渐渐平息。到 20 世纪 80 年代末期，空警-1 号再一次出现在国人眼前时，已经不再能遨游长空了，而成为了北京小汤山航空博物馆的展品，并一度成为其馆标。虽然空警-1 号未能服役，对于希望中国有自己预警机的人们也许有些遗憾，但对于当时的空军来说，对预警机的钟情和探索从未停止过，在这些从未停止过脚步的岁月里，我们的战略思想和观念获得了新生。

新时期的"两弹一星"——国产化相控阵预警机的研制

虽然空警-1 号由于雷达技术未能突破而制约了它形成正式装备，但我国雷达界很早就形成了自力更生的传统，也是我国较早跨入世界先进行列的技术领域之一。从 20 世纪 50 年代起，我国就开始自主研制雷达。当时很多人都没有见过雷达是什么样的，更不知道该怎么入手，有的研究人员就来到中苏边界用望远镜观看苏联的雷达。

20 世纪 70 年代后期，我国的雷达工作者总结空警-1 号的经验教训，下定决心要攻克机载预警雷达的"三高"技术。经过一个五年计划的技术攻关，我国首个超低副瓣天线（图 12-5）早在 80 年代初期就研制成功了，并荣获国家科技进步一等奖。之后不久，高纯频谱发射机也完成研制，唯一待解决的是高性能处理器。当时的集成电路已经开始小规模发展，到 80 年代末期已发展成为中大规模。集成电路技术的突破也促进了计算机技术的发展，基于集成电路实现脉冲多普勒雷达的信号处理正在成为可能。曾经的多功能处理器，像十几个柜子那么大，现在一块集成电路板就有望实现。

图 12-5 我国自行研制的首个超低副瓣天线

1991 年爆发的海湾战争标志着世界军事开始全面转型。1990 年 8 月到 1991 年 3 月，以美国为主的多国部队打击伊拉克，入侵科威特，其显著特点之一是掌握空、海军绝对优势。这场战争以空中打击为作战的主要手段，战争共 45 天，其中空中打击持续了 40 天，地面部队进攻仅用了 5 天，共 100h。预警机在这次战争中充分展示了强大功能以及对战争形态的决定性影响。对伊拉克飞机的迎战，都是在 E-3 与 E-2C 预警机的引导下进行的（参见第二章），而伊拉克的防空指挥体系一开始就被摧毁和干扰，进而瘫痪，因此它的战斗机基本上是盲目迎战，虽然伊军战斗机也有性能很好的米格-29、幻影 F-1 等，但在与美军及沙特空军的 F-15C 和 F/A-18 的战斗中都被击落，甚至没能击中对方 1 架战机。战后，美国参联会在总结这场战争的经验教训时说："机载预警与控制系统（AWACS，即 E-3 预警机）是首要的指挥控制平台，没有机载预警与控制系统，美国是不会参战的！"

　　预警机在局部战争中的出色表现，对我国开启军队的现代化建设产生了极其重要的启示。1992 年 5 月 18 日，在海湾战争结束仅一年的时间内，中央军委便发出开展预警机研制工作的通知，展示出我国发展高科技武器装备的迫切需求与国家意志。但在当时的条件下，国内关于是否具备自主研制预警机的能力，尚不能在短时间内形成统一意见。虽然预警机雷达的超低副瓣天线和高纯频谱发射机先后完成关键技术攻关，但毕竟从未开展过型号研制，同时，预警机上还要加装电子侦察、通信与数据链、指挥控制等多种电子信息系统，众多而复杂的信息系统要在机载条件下完成加装与集成面临着很多未知与风险。尤其是当时瑞典、以色列等先进国家已经研制出相控阵预警机，国内到底应该发展什么样的装备，仍然需要时间来做出选择。因此，国内首先于 1992 年 9 月邀请了已经研制出相控阵预警机的先进国家来华介绍相关产品与技术情况，并探讨合作方式，签署了备忘录。1992 年 10 月—11 月，我国组织多名专家启动了对新型相控阵预警机及 A-50 预警机的考察工作。其间，考察团分别与先进国家的机载雷达、电子、飞机等方面的专家和技术人员进行了技术洽谈，仔细阅读并分析了对方提供的技术资料，集中提出了数百个问题，还参观了许多设备、实物、工厂和实验室，观摩到了机载相控阵预警雷达所用的固态收发组件生产线，虽然规模不大，但工艺和测试很严格，产品一致性非常好，成品率很高。同时参观了正在研制中的搭载相控阵预警雷达的预警机，并看到了机舱内的通信电台及终端显示设备等。经比较，考察团总体上认为，相控阵预警机技术先进且系统已经成熟，国内可以考虑将其作为发展型装备与国外合作研制。但出于研制周期原因，为解决军兵种应用急需，可以先行谈判 Argus 2000 预警机，在机头和机尾布置天线，但载机选用 IL-76 飞机。

　　1993 年 2 月，中外双方就相控阵预警机的合作谈判正式开始，技术谈判专家来自我国电子工业和航空工业最优秀的研究所，按照专业与外方进行对口技术谈判，确定了预警机应配备有源相控阵和脉冲多普勒体制的预警雷达，载机选用俄罗斯 IL-76 飞机；中外双方联合设计、联合开发、联合生产、合理分工。3 月，中外双方再度举行会谈，针对外方此前提出的在飞机前机身两侧和机头共布置三块天线阵面（即"F3"），并可于机身尾部和后机身两侧再布置三块阵面实现全方位覆盖（即"F6"）的方案，中国雷达专家王小谟院士认为这种方案存在全方位探测距离严重不均衡等问题，提出了基于 IL-76 飞机的圆盘三面阵方案，即"D3"，在 IL-76 飞机上采用背负圆盘型固定天线罩、内装三块等边三角形天线阵面，并在方位和俯仰两个方向上都实现相控阵扫描（即二维有源相控阵）；中方据此进行指标核算后认为，如果将三面阵的其中一面与机

图 12-6　三面阵布局减少垂尾的影响

翼平行放置、另外两个阵面的交点对准尾部，可以最大限度减少 IL-76 飞机高垂尾带来的尾部遮挡，实现 360°覆盖（图 12-6）；此外还论证了天线罩安装形式、外形尺寸及对气动特性的影响，认为 D3 方案可行。外方专家经论证后同意了中方提出的 D3 方案，而为保证在采用三面天线阵条件下每块天线仍有足够大的面积，中外双方共同讨论了在 A-50 预警机天线罩尺寸基础上进一步加大的可行性，从而决定采用世界上直径最大的圆盘型天线罩，项目此后也因背部的圆盘被称为"圆环（Ring）"工程。

1996 年 4 月，经过中方专家组多次赴国外考察谈判、国外专家多次来华考察相关研制单位以及多轮技术与商务谈判等工作后，双方正式完成合同签约。虽然双方经历多轮交互，但其基调和指导思想却是在谈判之初就确定下来的。中方一开始就立足通过与先进国家的合作，将谈判目标确定为先行研制一架技术验证机，以掌握技术和最终具备自主研制能力，而不是采购多架装备；在这个目标确定之初，并没有预见到之后的双方合作会因故中止，因此凸显了中方的高度前瞻性和战略眼光。谈判过程中，一方面由中方提出了预警机的总体方案框架，同时要求国内参与对外方的设计进行评审，以更好地开展反设计和掌握关键技术；另一方面双方明确了合作研制的基本方向，雷达收发组件、世界上最大的天线罩等关键核心设备，由中方在外方的指导下负责研制，中方同时提供计算机、显示器、电台和惯性导航等设备。同时，中方要求外方在合同执行过程中对中方技术人员开展在岗培训（On the Job Training，OJT），以帮助中方掌握关键技术。此外，在国内同步安排工程配套，在外方的验证机验收后，采取逐步替换国内同步配套研制设备的办法，以正式装备的形式投入长期使用。

1998 年 9 月，鉴于"圆环"工程前期的顺利进展，为使军兵种尽快拿到可用装备，决定将相控阵预警机由技术验证机转化为正式装备并进一步增加系统配置和拓展功能，同时中止"Argus 2000"项目谈判，国内关于预警机的装备发展路线因此变二为一。同年，国内配套工程总体方案也完成评审，并于次年全面进入设计出图及生产阶段。此后，中方先后派出多人次赴外方参加软件在岗培训和生产过程监控，软件 OJT 人员克服重重障碍，尽一切可能坚持到研制现场，熟悉先进的开发环境，掌握先进的开发方法，想方设法走完软件系统开发的全过程，为掌握关键技术和支撑国内自行开发作出了巨大贡献。

此外，由于原定"圆环"技术验证机被决策转为装备机，国内同步研制的配套设备完成研制后将缺乏用以安装与验证的载机平台，中方于 1999 年年底决策采购一架退役 IL-76 飞机并将其改装为地面集成样机，作为联试平台以验证关键技术；2000 年年底，地面集成样机改装工作结束，至今这架飞机仍作为预警机总体研发环境的一部分和见证中国预警机研发历程的珍贵信物停放在机库中，无声地诉说着中国人掌握预警机关键技术的伟大历程。

◎ 20 世纪 90 年代末期，受苏联解体的长期影响，俄罗斯内部政治和经济秩序仍未走向正轨，一架 IL-76 飞机被转手到了两位个体户手里。他们急于变卖，售价仅为 80 万元人民币。在中国空军的支持下，飞机降落地点被选定为西郊机场。就在一切似乎都协调妥当、飞机可以起飞之时，两位货主却因货款分配问题未能达成一致，只能继续等待。2000 年 2 月 29 日，这架飞机成功着陆北京西郊，此时还剩余 8t 燃油，这些燃油对于将飞机迁至位于西山的科研基地是无用的，于是赠送给了西郊机场，由此免除了飞机为期 2 个月的停靠费用。在飞机降落至机场后，由于它是一个庞然大物，机长 46m，翼展 50m，重达百余吨，如何将其运至科研基地是一个很大的难题。于是，飞机被大卸八块，并在北京市政府的支持下，沿路十几千米内砍树扩路、拆移电线杆和平整路面，飞机终于在 2000 年 4 月 27 日运抵科研基地，并在较短的时间内被迅速组装起来，又在原地盖起机库与试验大楼，从而构建起支撑国产预警机研制的重要科研环境。

在合同执行过程中，由于西方国家认为中国同外方合作研发的预警机系统将显著改变地区的"军事平衡"，于是开始强行干预外方取消研制合同。当时，国际上预警机装备建设正蓬勃兴起，我国周边国家和地区也拥有了越来越多的预警机。日本先是从美国购买了 13 架 E-2C 预警机，并且还装备了 4 架 E-767 预警机，中国台湾地区当时也从美国购买了 4 架 E-2T 预警机（后来又增加了 2 架），印度则正在同以色列谈判，希望也采购"费尔康"系统。2000 年 7 月 12 日，外方来华正式告知中方，因来自大国压力，"圆环"项目合同已不能继续。此时中方承担研制的 T/R 组件、雷达罩、计算机、显示器、电台和惯导等设备已交付外方，圆盘型天线罩内的雷达和 IFF/SSR 等分系统正在进行罩内集成的相关工作。IFF/SSR 已经基本完成天线方向图测试，雷达发射波形正在调试，国内配套设备也已基本完成生产，正在开展集成试验（图 12-7）。

图 12-7 正在外方开展气动力验证飞行的预警机载机（尚未集成任务系统）

◎ 经过艰难而又漫长的早期尝试、对外谈判和边研边学，中国预警机的发展好不容易看到了能够形成先进装备的曙光，但随着对外合作被单方面迅速中止，国内又重新站在了需要做出选择甚至是无所选择的艰难当口。在对外谈判与合作期间，中方团队始终立足掌握关键技术和争取早日自行研制，完成了系统总体的反设计，学习了国外研发预警机的基本流程，并在外方指导下自行研制出了相控阵雷达收发组件、天线罩和系统软件，自行开发了具有军队特色的机载指挥控制系统。其中，收发组件经历了五代改进，已经全面达到指标并比外方的更轻、更小，天线罩的各项指标均高于 E-3，系统软件在资料不全的情况下完成了详细设计，并初步实现了模块之间的连通。即使是作为谈判选项、并未列入正式合作研制内容的机载短基线时差测向系统，国内也完成了自行研制，功能、性能与外方的同类系统基本相当。但对外合作中止后，面临装备急需，系统集成与部分分系统关键技术的验证工作仍然难以在短时间内全部完成，国内立项仍然面临一定风险，因此当时也有不少观点认为，国内技术力量仍然相对薄弱，难以具备自行研制能力。面对当时已经在外"买不到"但又可能在内"造不了"的复杂局面，以王小谟院士为代表的项目团队一方面多次向国家和军队高层领导汇报，坚决力主自行研制，在激烈争议面前慷慨陈词甚至泪洒会场——中国人一定能行，而且中国人已经做好了很多关键的工作，另一方面利用国内配套设备继续抓紧开展关键技术的攻关与验证，争分夺秒、排除万难，为在较短时间内迅速达成国内共识提供了坚实支撑。

图 12-8　腾空而起的空警-2000
大型预警机

面对世界新军事变革形势下我国维护国家安全和统一的紧迫需求，党中央、中央军委果断决策依靠我国自己的科研力量研制国产预警机，江泽民同志亲自作出"工业部门要争一口气，否则总是要被别人卡脖子"的重要指示，希望尽早研制出中国人自己的"争气机"。国产化大型预警机（图 12-8）——空警-2000 很快立项，并被时任中央军委领导誉为新时期的"两弹一星"工程。

在国产化预警机的研制过程中，有很多技术难关需要攻克，例如，固态收发组件的大批量生产。为了满足相控阵天线的低副瓣要求，对收发组件的加工工艺要求非常高，并且，由于收发组件的数量众多，生产出来的每一个收发组件的一致性应该非常好。这个难点在短时间内能克服，一方面得益于中国电子科技集团有限公司相关单位在"八五"期间就在国家支持下开展了预先研究，十几年来没有中断，积累了一定的经验；另一方面得益于当时在对外合作过程中，我们在外方的指导下坚持了自己制造。以前，国内的生产普遍缺乏工艺规范，从张三换成李四就不一定能作出来；即使第一个作出来了，第二个也不一定能作出来。外方当时对中方收发组件生产的要求可以用"吹毛求疵"来形容。比如一个盒子的一个角都明确作出尺寸和公差要求来，要求照这个规范做。而过去我们从来没有这样要求过，图纸上写成倒角就行了，工艺师傅就照此做，不合要求再调整。有的工人师傅不理解，认为中方的设计师是"卖国贼"，说"你们为什么要迁就外方"。我们最初做了一批，外方认为没有达到要求，就退了回来，说必须按照他们的要求做。这回我们严格按照外方的要求重新作出来后，一检验就通过了，不用再反复调试。于是我们就理解了外方的做法，非常服气。通过这次跟外方的合作，我们有了经验，完善了收发组件的批量生产的经验，做一个成一个，质量逐渐稳定了，并且比外方的同类产品的性能还要好很多。

研制世界上最大的雷达天线罩（图 12-9），也是我们要攻克的一个很大的难点。天线罩不光是保护雷达天线和改善飞机气动外形的一个结构件，还要把它里面的电磁波透出来，同时又不能让波束产生过大的变形。它中间厚两边薄，是异形结构，精度要

求高，很难做；而国产化大型预警机所采用的相
控阵雷达就更难了，比美国 E-3A 预警机的天线
罩要复杂得多。因为相控阵雷达的天线是不转
的，波束本身相对于天线罩要左右转动 60°，
所以天线打到罩体上的入射角不一样，而且相
控阵天线本身随着扫描角的增大，性能会下降，
因此，相控阵天线罩需要在各个入射方向上都
做好。而 E-3A 预警机的天线罩是跟着天线一起
转的，天线波束始终对着罩体的一个位置入射

图 12-9　正在进行测试的世界上
最大的雷达天线罩

出来，只需要把对着天线波束的这一部分的透波性能做好就可以了。外方曾经认为，
这是整个工程中最具挑战性的项目之一，中国无论是在理论上还是在生产能力上都不
具备条件。一方面，天线罩在设计过程中需要非常复杂的计算和模拟，在科研攻关的
过程中，我国迅速组织攻关团队并自主开发出相应的软件，可以在生产之前先计算模
拟出来。另一方面，天线罩采用复合材料，里面做成蜂窝状，然后灌上树脂，再在热
压罐里加压固化，出来就成形了（类似于飞机机翼的生产工艺）。对于国产化大型预警
机如此巨大的天线罩，不仅模具要做得很大，还要大的高温热压罐。我国原来只有小
的，因此要现做。在科研攻关过程中，国家给予了大量的经费支持，我们制造出了一
个亚洲最大的热压罐。

　　除了雷达等分系统有很多关键技术完成突破，在任务电子系统的总体集成方面也
有系统软件集成和电磁兼容等不少重大难题需要攻克。系统软件首先要为各个分系统
提供将其软件接入和集成至系统的通道，这个通道基于局域网，各个分系统通过其主
控计算机和相应软件接入网络。网络必须具备充分的开放性，要尽量减少网络单元之
间的耦合与限制，以便硬件和软件的更换与升级。而由于在预警机上运行的计算机、
操作系统和基础软件种类较多，将它们集成起来绝非易事。此外，由于预警机软件需
要执行的功能多样而繁杂，需要在控制各类设备的基础上，对本机传感器获取的情报
和数据链传送过来的信息等进行综合，以形成战场统一态势，同时生成指挥引导战斗
机的指令与方法。其间还要选择合适的传输通道并对传输过程进行控制，同时提供数
据库、时空基准、数据存储/记录/回放以及信息的输入、输出和显示等基础服务，因此
程序代码量极大，多达数百万行。针对预警机上对来源多样、性能各异而又流量巨大
的信息处理要求，软件技术专家们分别建立了实时总线、信息总线和虚拟多总线，通
过实时总线，适应传感器的强实时信息传输；通过信息总线，解决其他信息的传输需
求，实现实时信息与大容量非实时信息的分流传输；通过虚拟多总线，分离情报数据
和控制命令，有效地解决大容量数据的冲突问题，保证了数据的可靠传输。同时，建
立了"分布处理—逐级汇聚—统一融合"生成单一空中作战态势图的基本处理流程，
为有效实现多传感器信息融合提供了技术支撑。针对数百万行源代码规模、由数十家
承制单位分头开发的复杂软件系统，构建了分层分级管理的软件体系架构，研发了专
用中间件软件系统，在充分实现系统交联关系的前提下，最大限度地降低了软件模块
的耦合度，提高了系统软件开发的效率。国产预警机在软件集成过程中始终严格采用
软件工程化方法，充分重视做好顶层设计以及接口和软件运行环境的统一规划，建立

了软件开发环境与试验系统，严格开展各类测评工作，为各种异构平台之间的硬软件集成和应用功能开发提供了重要支撑。

国产预警机研制技术专家们面对难度空前的全机电磁兼容问题，系统性地突破了四项关键技术。一是系统电磁兼容总体设计技术。以电磁场理论为基础，应用先进的计算机技术和数值计算技术，研发出系统电磁兼容预测分析软件系统，从电磁发射与敏感度控制、天线间干扰控制、线缆间干扰控制、电磁防护、搭接和接地、雷电防护、静电防护与电源设计八个方面，对系统的电磁兼容问题进行预测、分析、仿真和试验，发现不兼容或过设计时及时修改迭代，为确保电磁兼容设计一次成功提供技术条件。二是电磁计算技术。由于预警机设备众多、电磁尺寸各异、工作模式复杂、电磁兼容控制精度要求较高，因此系统电磁兼容预测所要求的仿真计算难度非常大。在运用传统的电磁时域计算、频域计算和时频域混合计算方法的基础上，建立了专用计算平台，研发出专用仿真算法，先后实现了从"算得了"到"算得快"再到"算得准"的三步跨越，为预测平台天线布局、辐射场强、电缆耦合、频率优选、性能降级和系统级电磁干扰提供了核心能力。三是试验评估技术。基于对全机电磁兼容问题的预测和对已有相关标准规范的拓展与裁剪，不仅构建了针对特定问题的专用实际测试平台，而且还系统性构建了历史上规模最大的系统级电磁兼容评估环境，明确了系统研制的各个阶段需要验证的电磁兼容试验项目，在此基础上形成了更为完善的测试规范和系统设计指南，强化了从顶层上形成对产品的基本设计约束。四是电磁兼容控制技术。根据预警机上的电磁环境与设备特点，分别从空间分离、频率分离、时间分离和能量控制等方面形成了系统性的系统电磁资源管理与控制方法。其中，空间分离控制是指优化不同设备间的空间隔离度，并对干扰源的辐射矢量与空间取向进行控制，同时适当调整敏感设备的接收能力；频率分离控制是指通过统一划分和指派频率、同频错开、监测和动态调整频率，等等；时间分离控制是指使有用信号在干扰源停止发射时传输，或者在强干扰信号发射时，使敏感设备短时关闭；能量控制则是指利用屏蔽、滤波和接地等措施，减少干扰能量。上述四项关键技术的突破，不仅确保了全机众多设备协同和兼容工作，而且为解决后继型号上更为复杂的电磁兼容问题奠定了技术基础，并为实现战场电磁频谱管控与电磁协同提供了重要技术支撑。

为了攻克一个个难关并使我国自行研制的预警机早日装备部队，研制全线长期自发坚持实行"7·11"工作制，也就是每周工作 7 天，每天工作 11h 以上。在预警机从开始研制到完成设计定型的 7 年间，很多设计师和管理者没有在家度过一个春节，都是在试验场或部队度过的。大家一天当作两天用，用 7 年的时间走完了先进国家近 20 年的路。

就在空警-2000 国产大型预警机开始研制后不久，国家考虑到空警-2000 采购成本较高，难以大批量装备，同时也为了化解我国预警机装备技术起点高、研制难度大所带来的技术风险，迅速决策研制空警-200 国产轻型预警机，以期与空警-2000 在部署方向和数量上搭配使用，从而开辟了我国国产化预警机系列化发展的道路。

空警-200 基于国产最新型运-8 中型运输机改进型平台,配装当时世界上主流的"平衡木"天线构型，是我国在国产飞机平台上研制预警机装备的第一次成功实践。1997年，我国雷达专家在国外考察时，看到了瑞典研制的"平衡木"型预警机。后经研究后认为，国外"平衡木"天线构型都是在最大起飞重量为 20～30t 的小型平台上改装的，这种构型对飞机阻力影响小、改装实施难度较小，便于快速形成装备；而国内可选的载机平台——运-8 飞机的最大起飞重量远远大于国外小型平台，其加装"平衡木"更可行，经过攻关后应该具备研制能力，因此迅速安排了预先研究和演示验证（图 12-10），并在演示验证成功后转入型号研制。

2009 年 10 月 1 日 11 时 09 分，在中华人民共和国成立 60 周年阅兵典礼上，空警-2000 预警机作为空中梯队的领队机，与八一飞行表演队飞过天安门（图 12-11）；而空警-200 预警机则与国产歼-11B 飞机组成编队（图 12-12），接受党和人民的检阅。在这一庄严而激动人心的时刻，所有人都在为我国突破国外封锁、实现我国空军信息化建设的重大突破而感到欢欣鼓舞。国产化相控阵预警机代表了我国电子与信息技术领域的先进水平，填补了我军空

图 12-10 基于运-8 飞机开展轻型预警机演示验证试飞

中预警与指挥手段的空白，是空军信息化建设的标志性装备，对提高信息化条件下空中联合作战能力具有关键性的作用。

图 12-11 国庆 60 周年大阅兵上的空警-2000 预警机

图 12-12 国庆 60 周年大阅兵上的空警-200 预警机

运-8 也能背盘子——飞出国门的"喀喇昆仑之鹰"

运-8 飞机加装"平衡木"型雷达，助力我国预警机装备快速形成了系列化和高低搭配的合理谱系，同时也开启了我国基于国产载机平台开展预警机研制的新征程。从装备性能上看，圆盘型天线罩拥有更好的全方位探测性能，但由于圆盘型天线罩对飞机的改动影响要远远大于"平衡木"，在当时亟须解决装备的条件下，尚不具备开展运-8 飞机背圆盘探索的条件。随着国产两型先进相控阵预警机先后进入立项研制，2002 年 1 月，王小谟院士提出了发展出口型预警机的设想，一方面以开辟国际市场的方式延续中国的预警机事业，进一步储备人才队伍，并为刚刚走出校门的新一代科技工作者提供成长的平台，另一方面从技术上探索运-8 飞机可以承载的圆盘型天线罩大小、

图 12-13　ZDK03 预警机

重量、厚度等参数，为基于国产飞机平台发展性能更为优良的预警机奠定技术基础。该型预警机被命名为"ZDK03"（图 12-13），其中"ZDK"为"中电科"的拼音缩写，"03"则表示由中国电子科技集团有限公司继空警-2000 和空警-200 之后主导研制的第三型预警机装备。

2011 年 11 月，我国研制的首架出口型预警机——ZDK03 成功交付国外用户，并举行了盛大的成军仪式；2014 年 10 月，最后一架 ZDK03 预警机也顺利成军。ZDK03 被称为"喀喇昆仑之鹰"，即使在山区，仍然具备良好的探测性能。由于运-8 飞机在最大起飞重量上要显著小于 IL-76 飞机，若采用与空警-2000 类似的全相控阵扫描，就需要三个天线阵面，但每块天线阵面积都会较小，因此，ZDK03 的雷达采用机械扫描和相控阵扫描相结合的方式，在圆盘内布置单块天线阵，获得较大天线面积和较窄的波束，从而保证了天线的低副瓣性能和在强杂波下的探测能力。ZDK03 无论是载机还是电子信息系统，很多性能均超过了外方先期采购的西方预警机，是其空军预警机的主力机型。"昔日买不来，今日走出去"，它的研制成功和交付国外用户，标志着我国在经历国外合作短短十余年后，实现了从进口向出口的转变，并使得我国成为继美国、以色列和瑞典后，世界上第四个能够出口预警机的国家。同时，ZDK03 也是我国预警机国产化、系列化和规模化发展的重要组成部分，不仅为此后空警-500 及其他预警机的研制提供了可以直接利用的技术成果，也进一步充实了我国预警机事业的人才储备，为国内预警机装备的发展作出了重要贡献。

"小平台、大预警"——空警-500

在 ZDK03 预警机启动研制后，我国雷达科技工作者意识到全数字阵列技术将是未来雷达重要的发展方向之一，于是在国际上最早开展了机载数字阵列预警雷达的技术攻关和工程应用。数字阵列雷达本质上仍然是有源相控阵雷达，但是其在工程上有着传统有源相控阵雷达难以比拟的优越性。传统的有源相控阵雷达为产生足够高频率的发射信号，必须逐级进行变频，因此电路多，复杂度高，可靠性相对较低；数字阵列雷达直接以数字的方法产生一定频率的发射信号（即直接数字合成，Direct Digital Synthesis，图 12-14），省却了多级复杂电路，重量大幅度减轻，体积大幅度缩小，特别适合重量和体积严重受限的机载场合。而且，在接收信号时可以采用数字化波束形成技术，灵活地设置雷达天线对信号接收最强和最弱的方向，比如将天线对信号接收最弱的方向设置在敌方干扰比较强的方向，这样雷达抗干扰的能力会大幅度提升。

数字阵列雷达的技术特点还使小飞机、大威力成为可能。因为有源相控阵雷达的基本单元——收发组件做轻、做小之后，在单位体积内就可以安装更多的组件，这对于提高功率是有利的。而且，数字化雷达单元之间的连接可能不再需要数量巨大的专用电缆，有可能光纤就可以实现，从而也可以大大减少线缆的重量，这些都是在工程实现上的巨大优势。

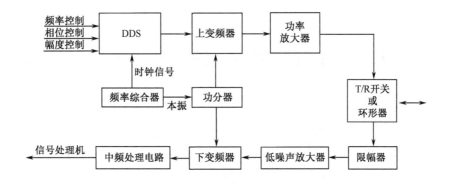

图 12-14　数字阵列雷达的收发组件组成

如果说空警-200 的研制摆脱了我国预警机的发展对国外平台的依赖，"喀喇昆仑之鹰"的出口，为在国产运-8 飞机上采用圆盘型天线罩提供了可能，机载数字阵列预警雷达完成技术攻关，则为利用运-8 飞机和圆盘型替代 IL-76 平台，实现空警-2000 这种大型预警机的基本功能和性能，扫清了机载预警雷达集成的最后障碍。2007 年，俄罗斯 IL-76 飞机不再对外销售，我国当时又缺乏类似的平台，大型预警机的发展没有可用的飞机，而此时空警-2000 的装备数量尚不能满足我国的需要，空警-200 又是作为与大型预警机高低搭配和化解大型预警机技术风险而研制的，在作战能力上不能完全代替空警-2000，因此我国预警机的发展再一次面临重大难题。在需要再一次响应国家重大需求的关键时刻，全体预警机研制战线的科技工作者们再一次展现了高瞻远瞩的眼光和不断创新的特质，并继续发扬自力更生的传统，通过运-8 飞机背圆盘的探索和数字阵列雷达技术的攻关，已经为国家重大需求的满足提前准备好了现实和直接的解决方案——历史也许会重演，无论是早期的对外合作合同中止，还是后来的国外大平台买不来，都是中国预警机事业发展的困难与坎坷所在，但是由于拥有自力更生和自主创新的不变法宝，全体预警机人就始终能够在国家最需要的时刻站出来、顶上去！

2015 年，在我国纪念抗日战争胜利 70 周年阅兵式上，空警-500 预警机（图 12-15）第一次公开亮相，不仅标志着我国基于国产飞机平台发展出高性能、新一代预警机，完全掌握了预警机装备发展的主动权，也以第一款数字阵列预警雷达领先世界。4 年后的 2019 年 10 月 1 日，在中华人民共和国成立 70 周年阅兵式上，装备人民空军的空警-2000、空警-200 和空警-500 三型预警机均作为编队长机率队而行，

图 12-15　空警-500 预警机

同时，装备人民海军的空警-200H 和空警-500H 预警机也与运-8 反潜巡逻机和运-8 技术侦察机共同组成海上巡逻梯队，作为海军新型信息作战力量首次集体亮相，再一次展示出我国预警机装备系列化发展的伟大成就。

擎举中国雷达，共圆强军梦想——国产运-8系列中型运输机

在强烈的国家意志和坚定的领导决心为中国预警机事业的发展提供第一推动力的基础上，不仅国家电子工业自立自强，国家航空工业也锐意进取，二者共同写就了国产预警机装备发展的辉煌篇章。

在我国目前已经发展的国产预警机装备中，运-8系列飞机是主要的载机平台，它是我国在20世纪60年代末期由陕西飞机工业公司以苏联安-12B飞机为原准机经测绘后发展出的全国产中型运输机，经不断改进，在军用飞机方向形成了运-8C、运-8G和运-8W的三代型谱，或称为运-8Ⅰ、运-8Ⅱ和运-8Ⅲ类平台，并在民用领域发展出Y-8 F200和F400等机型。

运-8飞机原型机从1969年年初开始研制，1974年12月首次试飞，1980年2月完成设计定型并投入批量生产。其机长为34.02m，翼展为38m，机高为11.16m，最大起飞重量为61t，最大平飞速度为每小时662km，最大升限为10400m，巡航速度为每小时550km，最大航程为5620km，在最大商载量20t、运载10t货物的情况下，可从北京飞抵全国任何一个省份的机场。

运-8飞机原型机完成设计定型后，应我国海军航空兵需求，开始研制海上巡逻机。在基本保持运-8原型机气动外形不变，主要受力构件未作较大更改，操纵、燃油等系统也没有变化的情况下，机头下方加装了搜索雷达、红外搜潜系统、声纳浮标、通信电台、惯性导航系统及自卫系统，还增加了雷达员、搜潜员座椅和救生装置；此外，为提高防腐能力、延长使用寿命，该型机的外部蒙皮、钢制零件及所有非气密部分的镁合金件，都采取了防盐雾、防湿热和防霉菌的三防措施。1984年年底，第一架运-8海上巡逻机交付海军航空兵部队使用，它的成功研制不仅为我国海军航空兵部队填补了空白、满足了急需，也开创了基于运-8系列飞机发展特种飞机的新局面（图12-16）。

我国当时从美国引进的"黑鹰"武装直升机由于航程短、升限不够等原因，难以进藏，在海上巡逻机首飞同年，针对这一问题，我国开始了将运-8原型机改进为"黑鹰"直升机载机的研制任务。其改进主要是将运-8原型机的货舱自31框以后的非受力锥型顶棚向上提高120mm，使中央翼后的货舱高度达到2.72m，同时将货舱两扇向内收起的侧大门改为一扇向下开兼作货桥的大门，并设计了收放大门的液压系统、电气系统、门锁机构、辅助货桥、盒式货桥等。1985年12月，改装后的运-8原型机搭载"黑鹰"直升机进藏试飞成功并交付部队使用，首创了我国大飞机装运小飞机的历史，填补了我国

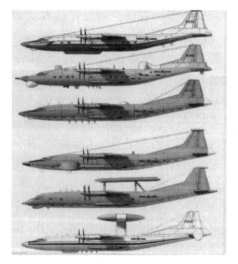

图12-16　基于运-8系列的特种飞机

航空工业史上的空白。

自 1984 年年底开始，运-8 飞机进行首次重大改进，将非气密货舱改为气密舱、原内开式货舱大门改为下开式货桥大门，更改了空调系统，从而具备了在货舱内安排电子设备操作人员的基础，从而形成了运-8C 型飞机。该机型于 1990 年 12 月首飞，1993 年年中交付使用，后续成为运-8 系列飞机中生产数量最多的机种，是我军装备数目最多的中型军用运输机，也是我国空降兵部队运输机群的中坚力量。气密型飞机极大地拓展了应用范围，可用于空运货物、人员和空投、空降，运送鲜活物，并为后续各类军用特种飞机和民用飞机的研制奠定了基础，是运-8 飞机发展史上的里程碑。

1986 年 4 月，运-8 飞机在北京航展上展出，吸引了许多外国客人参观。运-8 飞机以其宽敞的机舱、大容量的装载赢得了航空界的广泛兴趣。不久，斯里兰卡就和我国签订了购买两架运-8 飞机的协议。后续根据用户提出的改进要求，换装和增装了部分机载设备，货舱内增加了简易座椅。1987 年 11 月，首架 Y-8 出口型飞机正式签字交付，并由昆明飞往斯里兰卡，揭开了我国中程中型运输机出口的第一页。随后，又引入国外先进航电系统，对飞机的货运、导航、通讯、雷达等系统进行改进，以符合全球各地机场和空中管制通用标准，在全球各地安全使用。

1986 年，我国空军提出基于运-8 飞机发展能够携带并空投无人机的需求，经论证，运-8 飞机可以改装成"长虹一号"无人机的空投平台。改型方案于 1988 年 10 月确定，随即投入试制。1990 年 10 月，顺利完成无人机单、双挂的挂飞和投放试飞，随后交付空军使用，成为我国第一种可以挂载和投放无人机的母机，再次填补了我国军机史上的空白。

随着我国改革开放的步伐不断加快，肉用活羊向阿拉伯国家出口很有市场前景，但运输需要发展民用空中运输工具，Y-8F 飞机进入改装研制阶段，需要加装可运装活绵羊的羊笼。1988 年 11 月，一架改装后的 Y-8F 飞机载 223 只活绵羊从乌鲁木齐飞往喀什机场，成功地进行了第一次装运试飞。1989 年 12 月，第一架 Y-8F 飞机交付使用。1993 年 12 月，Y-8F 飞机成为我国第一个取得型号合格证的货运飞机，并于 1994 年 12 月取得生产许可证。Y-8F 飞机一次可运活羊 550 只，其性能完全符合新疆至中东航线的要求，为运-8 飞机开辟了一个新的应用领域，并为我国内陆经济腾飞铺设了一条空中"丝绸之路"。

作为 Y-8F 型飞机的首个改进型，Y-8F100 成为我国邮政航空使用的第一种飞机。机上换装了先进航电设备，重新设计了货运系统，并首次按 CCAR25 部适航条例要求进行了全面改装，使得在复杂、恶劣条件下的全天候安全飞行能力有了质的飞跃。1995 年 7 月，该机型取得了中国民航总局颁发的型号合格证。为适应鲜活货物的安全运输，并便于机动车辆的驶入及货物装卸，在 Y-8F100 飞机基础上，利用 Y-8C 飞机的成果改进形成了全气密民用货机 F-200，于 1997 年 7 月取得中国适航当局颁发的型号合格证和生产许可证，并于 2003 年 10 月成功出口坦桑尼亚。在 Y-8F200 飞机基础上，通过改进又形成了 Y-8F400 飞机，2001 年 8 月完成首飞，2002 年 11 月获得中国民航总局颁发的型号合格证。它将原有五人驾驶体制变为更先进的三人驾驶体制，以 CCAR25 部和 CCAR121 部适航条例为标准，主要用于货运，可空运散装、集装货物，最大商载量为 15t。货舱为气密舱，可远距离、长时间运输各种鲜活物品。进行装卸时，机组人员可利用一台机内手动梁式吊车进行散装货物的装卸或搬动，并可装运自行式车辆。

在军用飞机发展方面，从 2000 年开始，在运-8 Ⅰ类平台/Y-8C 飞机基础上，对机身进行减阻修型设计，加装了机身副油箱，采用了当时新的 WJ-6D 发动机，新研了新的大功率三相交流发电机和可地面使用的大功率三轮式座舱环控系统，从而形成了 Ⅱ类平台，提高了飞机的续航能力和环境保障能力。2003 年，在继承和借鉴运-8 军民领域飞机既有成果基础上，采用三人驾驶体制，新设计了内部空间宽大的机身前段和减阻尾段，改进了垂直尾翼和水平尾翼的构型，新研了更大功率的发动机和配套 6 叶复合材料螺旋桨，配装了机翼整体油箱，增加了最大起飞重量，采用了 EFIS（电子飞行仪表系统及自动驾驶仪）和 EICAS（发动机参数显示和成员告警系统）综合显示系统等先进技术，促成了Ⅲ类平台的诞生。

空警-200、ZDK03 和空警-500 预警机的载机平台虽然是以运-8 系列飞机的成果为基础设计的，但是与此前的各个型号相比，已经发生了脱胎换骨的变化，重新设计量超过 80%，无论是飞机的技术先进性还是使用的安全性与可靠性，无论是使用效能还是人机工效，都与 Ⅰ类和 Ⅱ类平台已经不可同日而语。而运-8 飞机被改装为预警机不仅带动了Ⅲ类平台的发展，直接催生出运-9 飞机，使我国中型运输机拥有了更优良的性能，而且也为国产预警机及其他特种飞机的后续发展，提供了载重量更大、续航能力更强、适用范围更广、使用安全性更高和经济性更好的载机选择，为我国国防建设作出了重大贡献，同时还支撑实现了出口，证明了国产中型运输机的国际竞争力。

◇ 运-8 平台在被改装为空警-200 预警机时，新设计了气动总体布局，新研了飞机的驾驶舱、机身、机翼、尾翼、发动机吊舱和"平衡木"型天线罩等结构，以及燃油系统、防火系统、液压系统、座舱环境控制系统、雷达冷却与加温系统、氧气与救生系统、防除冰与除水系统、飞行控制系统、航空电子设备、电源电气系统、内装饰与降噪、座椅与生活设备等，提高了飞机寿命和可靠性，改善了续航能力。从外形上看，空警-200 前机身变胖了一些，再加上机头的天线罩，就像一只顽皮可爱而又富有灵性的巨型海豚（图 12-17 左）。当然，其最大的外形变化还是其背部完全不同于常规运输机的大型"平衡木"型天线罩。为了发挥运-8 平台的优势，"平衡木"的尺寸是世界上最大的。为了减少"平衡木"带来的阻力，其撑腿形式由早期设计的"前三后三"更改为"前二后三"。同时，由于飞机在巡航状态下为维持足够的升力，飞行中都要向上保持一定的迎角，因此，"平衡木"在设计时刻意保持一定的下倾角（参见图 3-24），以保证飞机巡航时"平衡木"及其内部安装的雷达天线处于水平状态。此外，由于飞机的垂直尾翼用于维持飞机的航向稳定，但由于在运-8 飞机背部加装了"平衡木"后，气流流过天线罩对垂直尾翼产生了干扰，降低了垂直尾翼的效率，影响了航线稳定性，经过分析和试验，继承了 ZDK03 的设计成果，在水平尾翼的左右翼尖各增加了一个端板（图 12-17 右），用来补偿航向稳定性的下降。

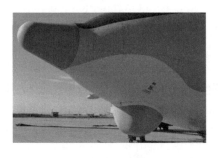

图 12-17　空警-200 预警机的前机身（左）与尾部端板（右）

空警-2000 预警机的载机虽然是采用俄罗斯 IL-76 运输机进行改装的，但中国航空人也作出了卓有成效且富于开创性的工作。在缺乏 IL-76 原机技术资料的情况下，攻克了世界上最大、最重雷达天线罩体（含支架）的加工与安装难题，克服了气动外形变化、重量增加和重心移动等多种因素对飞机性能的不利影响，实现了操纵性和稳定性与原机水平相当，这标志着我国对大型飞机改装气动力的设计达到了国际先进水平；将数字化设计全面引入大型飞机的改装设计，用数字样机代替实物样机，减少了技术风险并节省了研制经费；新研了辅助动力系统、大功率交流发电机和低压大流量液冷系统，保证了雷达及其他电子系统的工作需要，为将空警-2000 打造为世界先进预警机提供了有力支撑，并为基于未来国产大型平台实施特种飞机的加改装积累了宝贵经验。

我国预警机在网络信息体系和"三化"融合中不断发展

当前，我军正在基于网络信息体系加快提升联合作战和全域作战能力，并大力推动机械化、信息化和智能化"三化"融合发展，从而为预警机的装备研制提供了基本遵循和设计指南，这必将对装备的设计理念与实现形态产生深刻影响。

网络信息体系是以网络中心、信息主导、体系支撑为主要特征的复杂巨系统，是信息化作战体系的基本形态，是打赢信息化战争的基础支撑。网络信息体系概念的提出极大地丰富了网络、信息和体系的内涵，并为预警机等武器装备的描述提供了全新的话语体系，可以从作战、技术和系统三个视角来更好地理解（图 12-18）。

图 12-18　描述与理解网络信息体系的三个视角

一是作战视角（图 12-19）。这个视角刻画了网络信息体系的本质，即它首先是作战体系，是信息化战争中作战体系的基本形态，是以信息系统为核心对各种作战力量、作战要素和作战单元的融合并支撑战斗力生成、运用和提升的作战体系。其中，作战体系是指由各种作战系统按照一定的指挥关系、组织关系和运行机制构成的有机整体；作战力量是指用于遂行作战任务的各种组织、人员及武器装备等的统称；作战要素是指构成作战单元或某一作战系统的必要因素，例如指挥控制、侦察情报、火力打击、信息对抗，以及机动、防护和保障等；作战单元则是指由同一层次的不同作战要素组成、能在一定范围内独立遂行作战任务的作战单位，包括各种作战编组和具有单独遂行作战任务能力的建制单位，如突击集团、纵深防守群、特种作战组以及步兵旅、坦克营等。

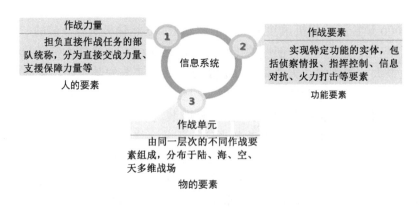

图 12-19　网络信息体系的作战视角

二是技术视角。网络信息体系以"网络中心、信息主导、体系支撑"为主要特征。其中，"网络中心"是指网络成为作战体系的运行平台和基本结构形态，它不仅是指传统意义上的通信网络，也包括了从作战角度出发所要求的信息保障关系及相应的控制规则等。体系基于网络构建，能力基于网络生成。"信息主导"是指网络信息体系的核心与主体是信息，能力是基于信息的，因为作战能力的提升必须基于对信息的利用；信息又是基于能力的，因为与作战能力无关的信息是无用的。信息的产生、传递与运用必须以网络的形式组织，信息需要在正确的时间、正确的地点、用正确的形式传递给正确的用户，信息的种类、质量、可用性、易用性等指标都要能够满足用户的需求。同时，信息的概念也更加广泛，敌情我情、战场环境、指挥规则、设备与人员状态等，只要是与作战能力有关的，都是信息。能够获得比敌方更多的信息，能够比敌方在杀伤链的更多环节获取信息，能够比敌方更快地传递信息，能够比敌方更广泛、更高效地利用信息，就更容易取得胜利，而如何获取这些信息优势，正是网络信息体系建设的永恒主题。"体系支撑"则是指基于网络和网络上的信息，将整个作战空间内的传感器、指挥机构、火力系统等各类作战力量、作战要素和作战单元连接起来，实现整体联动与目标聚焦，每一类要素通过网络在体系中发挥作用并获得能力增长，称为"能力涌现"，同时又是体系及体系中的其他要素反哺能力，称为"体系赋能"。

三是系统视角。从逻辑功能的角度看，网络信息体系包括联合战场感知、联合指挥决策、联合行动控制、联合支援保障和这些功能之间以及各级机关和部队日常业务（如机要保密、训练管理、纪律检查和国际合作等）之间的协同。从物理组成的角度看，可以认为包括节点、连接和数据三大部分，其中，"节点"包括组织（即与作战直接或间接相关的各级、各类组织机构，如军委、战区、军兵种各级指挥机构、机关各部门；各类作战部（分）队、保障部（分）队等）、人员和装备（即用于作战和保障作战及其他军事行动的武器、武器系统、电子信息系统和技术设备、器材等的统称），它们承载着独立的作战能力，是网络信息体系直接力量的体现。"连接"主要是指规则，包括对军事活动过程起指导、规范、约束和支撑作用的法律法规、条令条例、规章制度、政策、标准规范以及各逻辑功能领域内的已有知识与方法等，是将各要素组织形成体系、实现能力涌现与体系赋能的关键。"数据"是指各逻辑功能域在作战、保障、战备训练建设与其他各类业务活动中产生的各类输入、输出，包括情报、指挥、武器控制、保障与基础运行等数据，跨领域共享使用的通用业务数据（主要包括机构、人员、装备、设施等基本信息），以及预先定义的共用基础数据（主要包括数据元标准、信息分类代码标准、数据模型及接口标准，以及部队设施建设、装备配备、后勤供应、专业保障、管理评价标准数据）等。而将"数据"专门作为网络信息体系系统视角的一部分，有利于重视对数据的设计与运用。

★ 之所以认为网络信息体系可以为预警机装备提供基本遵循和设计指南，主要出于以下三个方面的原因。从网络信息体系的作战视角看，包括预警机在内的各类装备必须是网络信息体系中的一员，它应该为构建"能打仗、打胜仗"的作战体系提供支撑，因此，战斗力才是评价预警机装备性能的唯一标准。从网络信息体系的技术视角看，预警机在设计上必须充分体现与网络的融入，必须不断提高信息的产生与获取、传递与组织、共享与利用的能力，同时不断强化从体系中获取更多信息并向体系贡献更多信息的能力。从网络信息体系的系统视角看，虽然整个体系可以看作由节点+连接+数据构成，但体系中的某一类具体装备仍然可以如此被看待。例如预警机，它所包含的"节点"就是构成预警机的基本单元和功能载体，如雷达、通信、电子战等各个功能或物理分系统，甚至是一件件的设备。它的"连接"定义了不同节点间的连接与组织形式，对外接入体系的通信网络可以作为"节点"的一部分，但从字面上看，也可以作为"连接"的一部分，无论如何，连接还要包括"规则"，因此必须强化预警机对相关作战规则的实现（或者实现既有规则，或者牵引发展出新的规则），以及基于作战规则对装备内外各节点的组织；它的数据就是预警机上信息的重要体现形式，是装备运行的基本驱动力，也是一类重要资产，因此必须高度重视与数据有关的设计与使用。

网络信息体系向预警机装备发展提供的遵循和指南可以认为包含如下四个方面。

以共享为核心。为提高信息共享能力，人们在装备设计与集成时可以采取两类措施。一是不断强化顶层设计。改变长期以来基于"烟囱"的自底向上式装备集成与体系构建方式，突出自顶向下，统一标准规范，甚至要求一次性将装备体系架构、各类体系成员及其交互关系定义好，即通过研制"体系化装备"来实现"装备体系化"。这一点在实践上难以做到，但可以尽力逼近。二是不断变革产品形态。如果将预警机按照节点、连接和数据三大部分来考察，在节点形态方面，预警机在架构设计上要注重去中心化，在功能设计方面，注重组件化和功能解耦，将通用服务或通用设施作为作战资源统一管理；同时针对数据融合和数据交换等信息共享需求专门设计系统架构，从而推动软件化、分布式趋势加速发展。在连接形态方面，不同节点间所连接的传统通信网络正在拓展成为包括通信连接、信息交换等机制在内的逻辑网，节点内部基于有线网络的集成正在向跨节点的基于无线网络的集成转变；通信与网络的技术体制变革成为信息技术发展最活跃的部分，民用无线通信与网络技术的快速发展可能深刻地影响装备形态，以适应包括预警机在内的空中作战平台在分散部署或高速移动条件下的信息共享需要。在数据形态方面，传统的数据交换需要双方分别对接数据内容、格式和交换接口，为适应网络信息体系条件下数据的共享需要，数据不仅应可用可见，更要可理解、可信赖，数据的规范化程度不断提升，数据交换模型应加快实现标准化统一。

以速度为焦点。网络信息体系条件下，由于信息需要在更大的网络中流动，存在降低杀伤链闭环速度的因素；另外，空中打击武器的飞行速度越来越高，又要求进一步缩短从传感器到射手的时间。这就需要从两方面入手。一是要提高装备的智能化水平。因为网络信息体系中越来越多的传感器和平台应该以战术速度处理和传输大量不同的数据，这很容易超越时间敏感环境中的人类认知能力。二是信息的组织架构应该更为扁平。这里说的"扁平"，本质上是指对信息组织方式与流程的"大跨度、小递阶"的一种形象化表述，系统架构应该避免信息流转到不必要的环节，充分实现按需推送或调用。此外，从当前状态看，人在信息处理中担负了主要和核心工作，很多情况下任务执行有赖于人，但人可能成为指挥信息环路的瓶颈因素，因此智能化处理也将为架构扁平化创造条件。

以生存为前提。生存性要求武器系统能够适应复杂对抗环境，避免硬摧毁和软杀伤。网络信息体系条件下，生存性问题是影响作战概念创新、作战样式变革和装备形态变化极其重要的因素，无人作战、分布式作战、零功率与低功率作战、马赛克战和杀伤网等作战概念的提出，生存性都是其中的重要考量。但网络信息体系对生存性的要求正在发生质的变化，正在从重视个体生存向重视个体生存与体系生存结合转变，也就是说，更加重视杀伤网中特定功能系统的集合作为一个整体的生存性，这种生存性相比此前的杀伤链，更加允许个体的消失，只要整体功能仍然能够涌现与保持，因此可能使得包括预警机在内的各类装备具备一些新的特点。一是性能更为改善。预警机的生存性除了依赖于战术运用，对信息质量和信息利用效率的要求更加突出，还要求基于更远的探测距离，及早发现威胁并贡献给网络；基于更快的态势形成速度和情报分发速度，及早调度体系内作战单元处理威胁。二是形态更为多样。无人平台替代有人平台，同时增加无人平台数量并保持适当冗余，降低个体的生存性要求来提升体系的生存性与有效性；分布式小平台替代集中式大平台，或者将各类武器系统在地理上尽量分开，减少被集中攻击的可能性；信息系统按零功率或低截获概率设计与使用，减少不必要的电磁资源暴露，增加敌方的定位难度等。总之，预警机可能的形态变化将不断体现出安全性理念的深刻变革。

以集约为支撑。网络信息体系中的信息系统构成与交联关系空前复杂，尤其需要重视信息系统的集约性，以加快共享速度、提高共享效率；即使是因为安全性或体系稳健性等考虑，需要增加冗余性，但仍需要不断提高信息系统效费比，冗余性与效费比二者应该也能够统一，因为冗余性是着眼于体系的安全性与功能保持，并不是以额外的成本研制体系或系统中的无效组成部分；因此，实现冗余的同时仍然需要实现集约。而受限于空中作战平台在重量、体积与能源等，集约性要求更为突出。一是改善适装性。利用微系统和软件化等技术，提高设备的硬件集成度和软件占比，采用新一代半导体技术提高能量利用率，都是改善适装性的重要措施。随着无人化的发展，从信息系统的需求出发去研制平台（例如美军传感器飞机），将信息系统与平台先天一体设计，有效利用平台提供的物质与能量等各类资源，也可能是重要趋势。二是提高扩展性。对于预警机而言，通常存在"一代飞机平台、多代信息系统"的特点，因为飞机平台的生命周期通常较长，而信息系统由于技术更新快，机载装备的工作环境、安装空间与允许使用的能量等方面条件苛刻，研制难度大，成本高，强调在集成架构上的开放性、可扩展性和兼容性，尽量解耦硬件与软件，并规范数据应用方式，从而兼顾当前与未来，既有利于提升能力，也有利于降低成本。

预警机作为基于飞机平台的典型信息化武器装备，自诞生以来一直是机械化和信息化的高度结合体。随着战争形态的演变和智能技术的发展，预警机也必将充分体现出"三化融合"，而"三化融合"因为既是制胜机理的融合，也是技术手段的融合，必将成为驱动预警机发展的新动力。

从制胜机理看，物质、能量和信息是客观世界的三大要素，战争行动的制胜机理本质上也来源于对三大要素的运用方式。如果说机械化战争是以物质和能量制胜，那么信息化战争就是以信息制胜。以信息制胜并没有淡化物质和能量的作用，反而在信息的主导下，进一步提升了物质和能量的效率。在网络信息体系条件下，"网络"中产生、存储和流转的正是信息，也正是对信息的组织和运用，才形成了能够达成作战目标的"体系"。到了智能化战争时代，人工智能使得信息的获取、传递与使用方式被赋予了人类意识的很多特性，进一步提升了信息的质量和利用效率，因为未来战争形态下对环境和目标的感知、各种作战要素的动态组合与按需响应，以及杀伤链的快速闭环，都必须通过智能化才能更好地解决。智能化是对信息利用方式的革命，它可以把物质、信息和能量这些战争制胜的要素深度融合起来，并全面提升物质、信息和能量三者的利用效率，这正是新的制胜机理所在。

从技术手段看，多年来预警机始终致力于信息赋能，无论是信息系统种类的增加，还是其性能的提升，其目的始终都是在干扰和对抗环境下确保信息优势，并将信息优势转化为决策优势。但可惜的是，无论是信息优势的获得，还是决策优势的形成，由于战场环境日益复杂化和威胁目标新质化发展等因素，在技术手段上都存在难以突破的瓶颈，可能必须依靠智能技术才能有效解决。从信息感知角度看，在复杂地理环境和电磁环境下对虚警的判别、航迹中断后的批号接续、目标特征判读等方面，人类占有相当优势，要立足人工经验，强化机器学习，更多实现人的能力，同时对于长期执行任务所积累的海量数据，可能也只有通过人工智能技术才能有效挖掘出有用情报；从人机交互角度看，无论是在感知、通信、控制和管理等哪个环节，都有较多的设备级操作，而预警机的设备集成度高、种类繁多，操作负担较重，为适应高对抗实战环境，应该尽量减少操作员在设备级交互的时间与精力，所以要将有些人工的操作交给机器来执行；从指挥决策角度看，联合作战与全域作战所要求的全要素与杀伤链/杀伤网所要求的快响应，增加了战场的复杂性，从战前的规划推演、战中的计划执行与临机调整，以及打击效果的实时评估，均对战斗人员提出了空前的要求。这些要求可能超出人的能力，只有通过智能手段，才有可能将战场的复杂性转化为优势。总之，虽然装备的无人化发展已经非常迅速，但我们不能认为只有无人装备才是智能的，也许在预警机这样信息化水平已经非常高的有人装备上，智能技术同样有着广阔的应用空间；而把有人装备的智能化解决好了，也就能够为无人装备的智能化提供经验。

太阳每天都是新的——新时期预警机装备的试验鉴定

预警机的试验鉴定，是指对其战术技术性能、作战效能和适用性进行全面考核和判定评估。随着网络信息体系和"三化融合"驱动我国预警机装备建设进入新的阶段，预警机的试验鉴定作为装备研制的指挥棒和试金石，也必将呈现出新的时代特点。近年来，为避免装备完成考核和交付部队后出现"高分低能"，以及部队对装备的使用感受与试验鉴定结果不一致等问题，更好地适应联合作战和全域作战能力生成需要，预警机装备的试验鉴定正在结合我军作战指挥体制与机构的变革，采用新型理念和新型要求进行考核，从而可能具备"四化一全"的重要特点。

一是实战化。实战化试验鉴定的根本出发点是"能打仗、打胜仗"的战斗力标准，这是预警机装备试验鉴定的最高标准，也是唯一标准。其内涵有四。

体系环境。预警机装备一定是在体系中与其他装备联动与协同作战的，因此，试验鉴定必须要充分覆盖网络信息体系支持下联合作战与全域作战中可能的装备与运用组合。通常，我们通过单一剖面设计可以让装备性能检验做分解动作，检验出装备的单一指标，打好"一招一式"的基本功，但实战化检验一定是完成装备性能的组合动作，这种组合动作的含义既包括单装条件下完成自身的多功能检验，比如相控阵预警雷达完成对配试目标的多模式探测与跟踪；更包括与其他装备的协同与联动，比如预警机完成战斗机引导或与地面指挥所的指挥协同，甚至是完成火力系统的交战管理。

复杂环境，包括复杂电磁环境、地理环境和气象环境。其中，复杂电磁环境在未来作战中一定是预警机工作的常态，因此，仅将预警机的抗复杂电磁环境能力以一种工作模式设计，从而也仅以一种工作模式去考核，不符合装备设计与考核的实战化要求。

性能底数。装备实际使用条件通常会超出设计与考核所针对的典型环境、典型剖面与典型目标，装备试验鉴定需要在摸清基本性能的基础上，掌握装备的最大、最小能力与潜力，即性能、边界，甚至是超限使用。

人在环路。虽然在新技术的支持下，预警机的自动化和智能化水平会越来越高，但在未来相当长的一段时间内，人仍将是预警机装备使用中最具有能动性的因素。预警机不仅可以决定装备在实战中发挥出的能力上限，也可以为未来智能化代替人的活动提供指南。

二是一体化。预警机的试验鉴定可以从多个维度考察。从时间维度，通常安排研制（性能）试验和作战试验两大类，研制试验先于作战试验。从空间维度，则涉及飞行试验和地面试验，其中地面试验通常开展通用质量特性以及电磁兼容和软件测试等内容，此外对于某些难以通过飞行试验验证的能力，也可以在地面条件下开展验证。无论是飞行试验还是地面试验，一般在时间维度上都有先后关系，但部分加严试验项目（如通用质量特性中的耐久振动试验）以及不具备空中验证条件的试验，也可以空地同步开展。

基于预警机试验鉴定的时间维度和空间维度，武器装备试验的一体化特点要求前后拉通、空地统筹。其中，前后拉通首先是尽早暴露问题的需要，涉及不同阶段试验的统筹安排问题，本质上是要及早化解需求符合性风险。研制试验主要解决功能性能的逐条验证，作战试验主要解决功能性能的综合验证。如果综合验证开展过晚，针对暴露的问题再开展装备技术状态更改，可能改动较大、周期较长，再加上无论是研制试验还是作战试验，都仍然是以装备实物为主开展的。未来装备复杂度可能进一步提升，如果完全串行验证和过度依赖实物验证，装备实物与用户需求不一致的风险将更加严重。随着 MBSE（基于模型的系统工程）和数字孪生技术的发展，装备验证将更加前移和虚拟化。事实上，美军近年来在装备试验鉴定中不断推行左移计划，并提出在作战概念开发阶段就开展试验鉴定。

前后拉通也是为了满足提高试验效率的需要。性能验证和性能鉴定等研制试验所要求的某些剖面、环境与配试目标等，均可能在该阶段难以满足或代价巨大，将作战试验提前至研制阶段开展，可以为性能验证和性能鉴定提供必要数据；类似地，性能试验和性能鉴定也可能拉通在性能试验阶段应该掌握但没有掌握的某些数据，也可以利用性能鉴定数据补足，从而减少重复试验并提高资源利用效率。

为进一步提高试验效率和试验的科学化水平，应该做好空地试验项目的统筹。长期以来，通过完成包括可靠性和环境等在内的多项地面专项试验，有效暴露了装备问题，并成为开展飞行试验的前提和基础，但也存在两类不足。一是地面专项试验总体偏向于从难从严，容易造成过设计而降低产品效费比；二是即使在地面试验从难从严的情况下，装备交付部队后暴露的问题仍然较多，很多问题都未在地面试验中暴露出来，严重影响了用户体验。究其原因，一是地面试验未能充分结合空中实际使用环境与剖面而开展筹划，二是空中与地面试验的内容安排在强调一致性的同时缺乏有效区分，三是缺乏对地面试验筹划有效性的考核机制，从而未能形成对地面试验筹划的正确导向，以为一味从难从严就可以了。因此，可以考虑在型号研制中探索建立"总试验师"制度，支撑好总设计师系统和用户，对全过程的各类试验（包括空中、地面、实物、仿真以及各阶段、各专业试验等）实施顶层设计和统筹，并负责试验实施的监督与评价等工作。

三是多样化。预警机试验鉴定方法有计算、仿真、地面半实物/实物验证、全实物地面验证及飞行验证等多种方式，而强化建模与仿真在装备实物试验鉴定中的应用，则可能是未来预警机装备试验鉴定多样化的最主要特征。

试验鉴定方法应该实现多样化的原因有三。第一，对所有威胁场景、装备编配策略与战场环境的可能组合，进行全数遍历试验是成本极高和不现实的，特别是在联合作战与全域作战条件下，这些组合会越来越多、越来越复杂，部分作战场景、使用策略与工作环境只有通过仿真才能实现。第二，在强化装备实战化考核的大背景下，即使是对某些重点能力在特定的场景、策略与环境下考核，受限于空域、可参与的兵力资源及时间等原因，实战化考核剖面仍然会与真实作战环境有偏差，完全通过真实配试兵力完成考核，仍然是不现实的。第三，随着技术的进步，建模与仿真水平逐年提升，原来无法仿真或者仿真程度不足的，如今已经具备实现可能。例如，以前之所以认为机载预警雷达"仿真百遍不如实飞一遍"，一个重要原因是复杂地理环境和电磁环境等因素对探测性能的影响难以有效仿真。在未来预警机的试验鉴定实践中，如果加大对仿真试验技术攻关的经费投入力度及使用比重，就有可能使得相关部门产生足够的积极性去突破当前仿真存在的各类技术瓶颈。

◇ 四是动态化。研制程序要求状态必须适当冻结才能转入下一阶段。特别是在完成状态鉴定后要小批试生产，交付部队开展作战试验。开展作战试验的方案和大纲应提前明确，而随着装备交付后日益频繁的常态化使用，很可能产生作战试验内容之外的能力验证需求。因为部队对装备的认识，伴随着每一次的使用，就像每一轮升起的太阳，每一天都是新的，正是这些认识，不断促使装备诊断自身的问题、更新自身的细胞、健全自身的组织。因此，装备研制可能需要建立或完善快速改进和升级的机制，也需要工业部门不断提高对装备试验鉴定动态化特点的认识，即使是在完成状态鉴定或技术状态的其他阶段性冻结之后，只要部队需要，就应该自觉听取和充分尊重部队的意见建议，妥善处理好技术状态固化与技术状态调整的关系，主动作为、创造条件，尽快满足部队的需要，尽快满足"能打仗、打胜仗"的需要——正是试验鉴定的动态化特点，使得装备在交付部队后能够充满活力、快速蜕变，在使用中成长、在改进中成熟，从而最终将自身锻造为"有战用我，用我必胜"的撒手锏。

五是全周期。长期以来，武器装备考核时间段仅集中在设计定型之前，装备交付部队后便不再计入考核周期。新时期武器装备试验鉴定要求新增"在役考核"，将强化武器装备试验鉴定的全周期特性，标志着武器装备试验鉴定理念的重要改变。

装备没有退役，考核就没有结束，将在役考核纳入试验鉴定，首先有助于完成对装备的全面检验。无论是性能试验、作战试验还是在役考核，其考核目标、考核环境、时间约束和考核重点等要素均有所不同。特别是由于部队使用的长期性、剖面的综合性以及操作人员对装备的认识深化与个体差异，部分问题难以在前期试验中暴露出来。

其次有助于深化对装备研制规律的认识。基于长时间积累的数据，针对前期试验没有暴露、只有在在役考核阶段才能暴露的各类问题，开展设备故障与失效机理的深入分析，进一步发现设计缺陷，不断提高装备研制水平。

最后有助于真正形成并加速"需求—设计/改进—验证"的全程闭环。部队使用是发现装备能力与问题的重要环节，但如果不将部队使用纳入在役考核，一是可能导致问题闭环速度相比研制试验和作战试验明显减缓，二是导致部分问题（如在联合作战条件下通过跨军兵种使用暴露的问题），难以迅速反馈至装备研制主管部门形成改进输入，从而长期得不到解决。通过在役考核，在同一试验鉴定机构的组织下，意味着不同阶段、不同环境甚至是不同使用主体暴露的问题，都能被统一掌握、同等对待和及时响应，从而真正形成并加速"需求—设计/改进—验证"的全程闭环。

青山埋忠骨，伟绩慰英魂

中国的预警机事业如果从"空警-1号"的研制开始计时，已经历整整半个世纪；

预警机被用于人民空军成立 70 周年纪念活动的标识，反映了人民空军在以预警机为代表的信息化武器装备引领作战体系建设方面所取得的重要成就，是人民空军对预警机的高度褒奖和充分肯定，更是人民空军对预警机的未来期望和历史重托。

中国预警机事业的发展，有力彰显了制度优势。预警机系统高度复杂、实现难度巨大，涉及电子、航空两大行业，涵盖集成电路、软件、计算机、通信、网络、材料和工艺等各类专业，无论是早期空警-1 号还是新时期相控阵预警机启动研制工作，都是国家需求的充分体现和国家意志的坚定表达，空警-2000、空警-200 和空警-500 等预警机的研制还得到了时任国家最高领导人的批示——"研制部门一定要争口气，不能总是被别人卡脖子"，"一定要把预警机的问题解决好"。为此，中央军委制定了预警机装备发展的长远和统一规划，并指导总部和军兵种专门成立了不同级别的组织管理机构，严格按照系统工程的理念和方法，集中了成百上千家全国最优秀的军地科研院所、学校、试验基地和军事代表系统推进装备研制，过程中得到了军区/战区和一线使用部队的大力支持。正是因为研制战线各部门和人员都牢记"国家利益高于一切"，所以能够在较短的时间内统一意见、消除分歧，将预警机研制作为重要甚至是首要研制任务，将政治效益、军事效益和社会效益置于经济效益之上，全力提供人力、财力与物力保障，并全线全程打造"绿色通道"，保证了我国预警机装备在较短时间内迅速形成系列化和规模化发展的良好局面，是发挥举国体制优势办大事的又一个成功例证。

中国预警机事业的发展，充分展示了民族特质。虽然经历了空警-1 号早期的失败，但全体预警机人从未放弃自己拥有预警机的梦想，一定要争一口气。在空警-1 号完成最后一次飞行不久，我国就启动了与预警雷达有关的重大预先研究，通过"七五""八五"两个五年计划，先后研制出机械扫描超低副瓣天线、高纯频谱发射机及高性能处理器，全面攻克机械扫描体制下的脉冲多普勒关键技术；在有源相控阵预警机的国际合作过程中，中国科研技术人员抓住每一次学习的机会，并在自主创新的基础上很快完成了收发组件、超大型天线罩和有源相控阵超低副瓣天线等关键技术攻关，而在国际合作中止之后，预警机人相信中国人并不比别人笨，向国家请缨建议继续自主开展研制工作。2006 年 6 月 3 日，空警-200 预警机在执行任务过程中失事，机上包括飞行机组、电子系统设计师、飞行测试保障与评估等人员在内的 40 位预警机人壮烈牺牲于安徽广德，给我国预警机装备的发展造成了不可挽回的重大损失。胡锦涛同志批示，"一定要把预警机项目搞成功"。我国的预警机事业没有就此放弃，而是愈挫愈奋，以预警机事业的持续发展告慰英灵，先后完成了空警-200 的列装、预警机的出口及空警-500 的研制，正可谓"千磨万击还坚劲"，"不破楼兰终不还"。2009 年中华人民共和国成立60 周年阅兵式和 2015 年纪念抗战胜利 70 周年阅兵式上，空警-2000、空警-200 和空警-500 先后飞越天安门广场，全体预警机人向世界、向历史充分展示了中华民族不屈不挠、善于学习、不怕牺牲和相信自己的特质，极大地振奋了民族精神，产生了巨大的国际影响。

◎ "6·3 空难"发生后，相关部门需要将这一消息告知烈士家属。因为有一位烈士的老家位于偏远山区，烈士亲人一直未能联系上，几经辗转，终于找到具体地址。

当地政府高度重视，专门派遣警车陪同前往。烈士母亲在得知孩子牺牲后，跌坐门旁，泪流满面。被询问在后续生活方面还有什么困难或要求时，她看着门外的警车及众多聚集的人们，提出一个让所有人都意想不到的请求："能不能请乡里给我开个证明，证明我的孩子是为国牺牲，而不是出了什么事。"还有一位烈士，是40位牺牲的预警机人中最年轻的，仅有24岁，新婚两个月后即奔赴试验场。这位烈士的母亲是一所中学的数学老师，从教二十多年来从未因事、因病而请过一天假，没有耽误过学生的一节课；两年前倒在讲台上，被追授"全国模范教师"称号，事迹得到了国家领导人的批示。在安徽广德的"英烈山"陈列馆内，保存了这位烈士在上小学时写给爸爸的一封信："亲爱的爸爸，您好！工作忙吗？身体好吗？我们已经开学了，又换了新老师，老师把班上的 yaoshi 给我了。我把学习情况向你汇报一下。我上课的时候有时好有时坏，我七点十五分上学，作业能按时完成，上课不能积极发 yan，家里听妈妈的话，妈妈工作很忙。希望你快回来。你的儿子。"据统计，有的烈士在 2005 年 5 月至牺牲前的 370 余天中，有 307 天是在外出差，执行飞行任务近百架次，飞行时间超过 400h。

中国预警机事业的发展，全面形成了精神传承。中华民族 5000 年的发展史和复兴史，形成了以爱国主义为核心的民族精神和以改革创新为核心的时代精神，即"中国精神"，是社会主义核心价值体系的精髓。在预警机研制过程中，时任中央军委主要领导提出了"自力更生、创新图强、协同作战、顽强拼搏"的预警机精神，是在武器装备研制领域继"热爱祖国、无私奉献、自力更生、艰苦奋斗、大力协同、勇于登攀"的"两弹一星"精神之后，对民族精神和时代精神作出的精辟解读，也是对重大武器装备研制的制度优势与中国道路的崭新诠释。预警机精神已经成为全体预警机人的基本特质，在预警机系列化和规模化发展中不断传承到一代代的研制者，并因此诞生了一代代的装备。正是在预警机精神的凝聚、感召和指引下，构建了有中国特色的预警机装备体系，探索了有中国特色的信息化武器装备研发模式，走出了有中国特色的高科技武器装备发展道路。

（1）自力更生。预警机研制全线继承和发扬了我国雷达界乃至中华民族长期以来形成的自力更生的光荣传统，在空警-1 号未能形成装备的情况下，依赖自己的力量，通过两个五年计划持续攻克传统机械扫描预警机雷达的关键技术，并且在国家决策发展预警机后，第一时间提出了自主开展研制的建议。考虑到当时采用相控阵雷达技术的预警机即将成为发展趋势而我国暂时不具备研制条件，于是国家决策先行寻求国际合作以解决装备急需。同时，在合作开始之初，在没有预料到后期会意外中止合同的情况下，中方就确立了"共同制定技术方案、自行研制关键设备"的合作框架，并始终坚持全程学习技术、掌握技术，为合同中止后中央军委迅速决策自主研制提供了关键技术支撑。而在后续空警-200、ZDK-03 和空警-500 等装备的研制中，又先后解决了立足国产载机平台推进装备系列化发展以及其他基础软硬件和关键元器件的自主可控问题，从而将预警机发展的主动权牢牢掌握在自己手里。

（2）创新图强。早在国际合作阶段，中方就在国际预警机装备中创新性地提出了"圆盘三面阵"和"二维有源相控阵扫描"技术方案，并决策采用世界上最大的天线罩以满足在三面阵条件下对天线面积的需求，美国智库"詹姆斯敦基金会"因此评价，

"中国采用先进相控阵体制的预警机，比美国 E-3 和 E-2 系列预警机整整领先一代"。在空警-2000 立项研制后，又迅速提出将"平衡木"型预警雷达装上运-8 飞机，开展立足国产飞机研制先进相控阵预警机的首次尝试。此后又针对运-8 飞机背负式平衡木预警机的性能不足，在没有向国家争取经费的条件下，自行开展了运-8 飞机背圆盘的探索，并首次在世界范围内实现数字阵列雷达技术在预警机上的应用；而在发展数字阵列雷达技术的同时，也并没有预料到后续将无法从国外获得大型平台，此时正是因为运-8 背圆盘和数字阵列技术的创新，为基于国内中型平台发展高性能、新一代预警机装备准备了条件；也正是因为预警机人已经让创新成为了一种习惯，才能使得在国家需要之时能够不辱使命、不负重托。

◇ 2022 年 3 月 16 日，英国"飞行国际"（Flight Global）网站报道，美国太平洋司令部空军司令威尔斯·巴赫透露，"美国 F-35 战斗机最近在东海与中国歼-20 进行了相对近距离的接触；我们目前看到的是，他们把歼-20 飞得非常好，歼-20 所属的指挥和控制体系让我们印象深刻。他们的一些超远程空空导弹得到了预警机的协助，如何打断这种杀伤链，是我非常感兴趣的事情。"2023 年 2 月，在波音公司开始启动 2 架 E-7A 预警机原型机研制的同时，国防部宣称，"E-7A 预警机所提供的先进战斗管理系统（ABMS）能力，对提供更有效的远程'杀伤链'的雄心壮志至关重要，这被视为未来应对与中国等匹配对手的潜在冲突的先决条件。"

（3）协同作战。在研制过程中，用户管理部门、军代表系统、战区与一线部队、各级承制与试验单位跨越行业或领域之间的限制，秉承国家利益至上，立足装备研制全局，互相理解、互相支持、通力合作。老一代科技与管理专家充分发挥了战略指引作用，甚至在退休后仍然奋战在研制一线，中青年专家则构成研制队伍的主力，在老一代专家的"传、帮、带"下，突破了系统集成软硬件架构、电磁兼容、系统任务管理、人机交互等总体领域以及二维有源相控阵雷达、机载短基线电子侦察、目标识别、多链通信与集成、组合导航和空基联合作战指挥等各分系统领域的众多关键技术，并很快形成了人才梯队，为装备快速进入系列化和规模化发展阶段提供了支撑。此外，预警机研制在航空武器装备中首次设立了电子总设计师系统与航空总设计师系统（即"双总师"系统），强化了预警机作为信息化武器装备的定位，充分发挥了电子与航空两个行业的积极性。这两个行业的技术线和管理线共同为装备的战斗力负责，从而为工业部门研制全线确立了新的总体观、大局观和责任观，是我国武器装备研制系统工程管理和研发模式的重要创新。

（4）顽强拼搏。预警机研制全线多年来一直坚持"7·11"工作制，设计阶段夜以继日，试验阶段风雨兼程，构成了参研单位作息制度的基本特点和全体参研人员的基本作风。广大技术与管理人员舍小家、顾大家，多年来顶着南方和沿海的潮湿与高温，克服高原与北部的缺氧与寒冷，放弃节假日以及同亲友团聚的机会，甚至是长期带病坚持工作，不求回报、无问西东；即使经历了"6·3"事件这样的重大挫折，研制全线也迅速克服了失去战友的巨大悲痛以及重大牺牲带来的心理影响，坚守初心、不辱使命，涌现了以国家最高科学技术奖获得者、两院院士以及全国先进工作者、"五一"劳动模范、"五一"劳动奖章、"三八"红旗手和"巾帼英雄"等多种荣誉称号获得者为代表的为预警机事业顽强拼搏的人们。正是他们，用汗水践行了对烈士的誓言，用华发诠释了对事业的忠诚，用智慧构建了国器的星座，用生命谱写了对祖国的赞歌。

◇ 在 2022 年 11 月举行的中国珠海航展上，我国预警机装备发展的最新成就之一——空警-500A（图 12-21）首次公开亮相。相比空警-500，它在外观上最大的不同是在机头加装了受油管，这是我国首次在特种飞机上实现空中受油，为提升预警机的远程远海作战能力奠定了技术基础。但是，预警机作为典型的信息化武器装备，而电子与信息技术又是发展最为活跃的领域之一，因此，加装空中受油系统绝不会是空警-500A 相比此前我国各型预警机装备的唯一突破；在空中作战装备正在加速向隐身化、无人化和体系化发展的今天，正如其展板所说明的，它在预警探测和指挥控制能力等方面将有显著提升，从而成为我军新质作战力量的重要组成部分。空警-500A 预警机的问世，与其他所有国产预警机的诞生一样，再一次昭示了我国的预警机事业，必将有力响应国家的重大需求，及时应用行业的最新技术，充分回答部队的深度关切。正是——

铁关升云幄，纵目始成初。山河尤好，看我千里猛禽逐。更在长空远海，经纬信息国度，天地有中枢。任高风黑月，谈笑写成竹。

望青山，泪忠骨，继前仆。西东无问，举首春草已秋梧。只念金戈铁马，何必另余暇顾，凤诏与青蚨。国器当持铸，再立五洲殊！

图 12-21　2022 年珠海航展上的空警-500A 预警机

参考文献

[1] 中国电子科学研究院. 筑梦苍穹——王小谟院士的科技报国之路[M]. 北京：电子工业出版社，2021.

[2] 吴曼青. 数字阵列雷达的发展与构想[J]. 雷达科学与技术，2008（6）：401-405.

[3] 陆军，单博楠. 浅谈网络信息体系概念及其与信息系统的关系[J]. 中国电子科学研究院学报，2020（4）：295-298.

[4] 李超强，刘晓敏. 军用特种飞机任务系统架构技术发展研究[J]. 中国电子科学研究院学报，2017（10）：469-474.

[5] 欧阳绍修，赵学训，邱传仁. 特种飞机的改装设计[M]. 北京：航空工业出版社，2014.

[6] 刘波，沈齐，李文清. 空基预警探测系统[M]. 北京：国防工业出版社，2012.

[7] 唐晓斌，高斌，张玉. 系统电磁兼容工程设计技术[M]. 北京：国防工业出版社，2016.

[8] 张良，祝欢，杨予昊，等. 机载预警雷达技术及信号处理方法综述[J]. 电子与信息学报，2016（12）：3298-3306.

[9] 葛建军，张春城. 数字阵列雷达[M]. 北京：国防工业出版社，2017.

[10] 曹晨. 基于网络信息体系的空中作战装备发展初步研究[J]. 中国电子科学研究院学报，2020（8）：703-708.

反侵权盗版声明

电子工业出版社依法对本作品享有专有出版权。任何未经权利人书面许可，复制、销售或通过信息网络传播本作品的行为；歪曲、篡改、剽窃本作品的行为，均违反《中华人民共和国著作权法》，其行为人应承担相应的民事责任和行政责任，构成犯罪的，将被依法追究刑事责任。

为了维护市场秩序，保护权利人的合法权益，我社将依法查处和打击侵权盗版的单位和个人。欢迎社会各界人士积极举报侵权盗版行为，本社将奖励举报有功人员，并保证举报人的信息不被泄露。

举报电话：（010）88254396；（010）88258888
传　　真：（010）88254397
E-mail：　　dbqq@phei.com.cn
通信地址：北京市万寿路 173 信箱
　　　　　电子工业出版社总编办公室
邮　　编：100036